AF554429

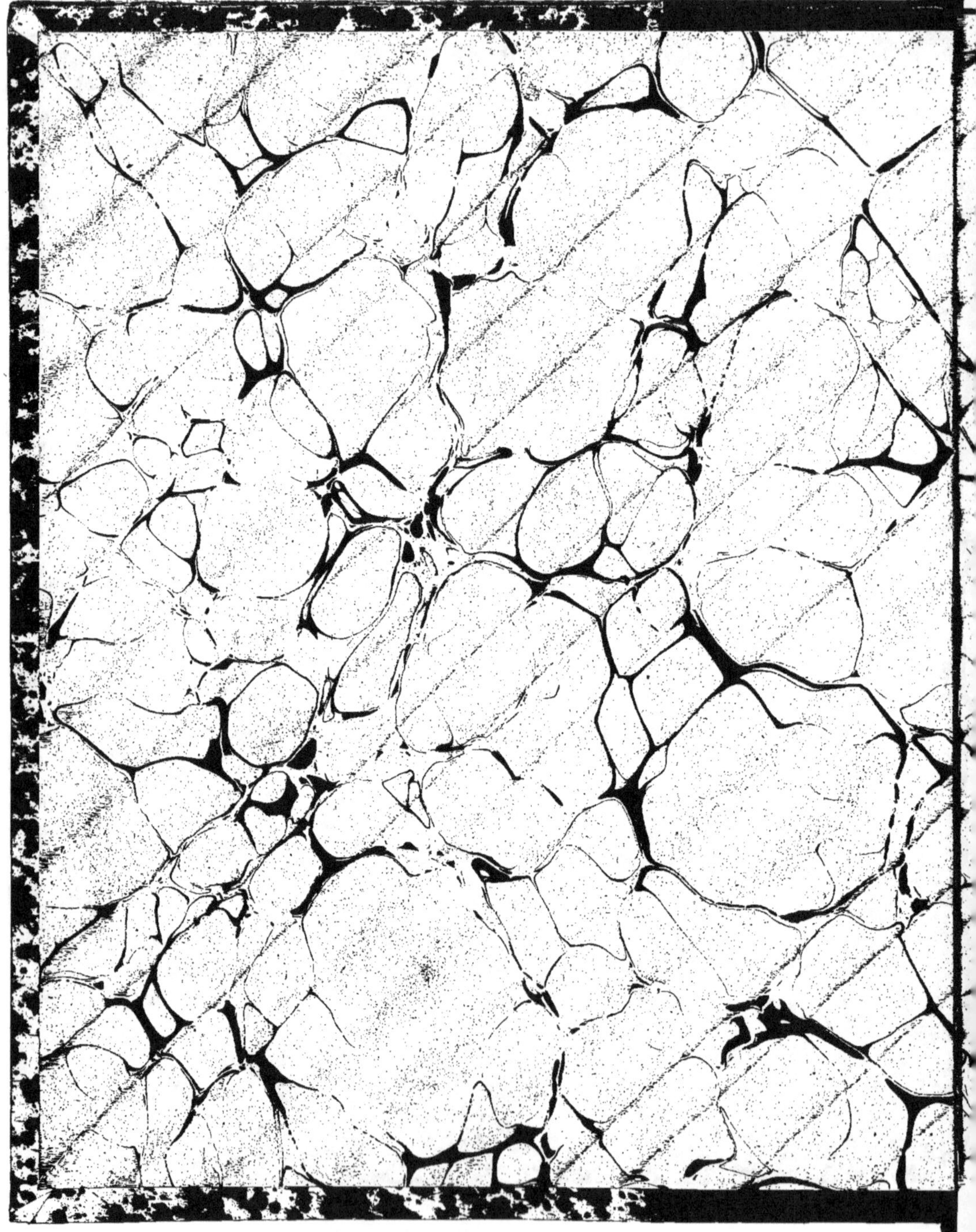

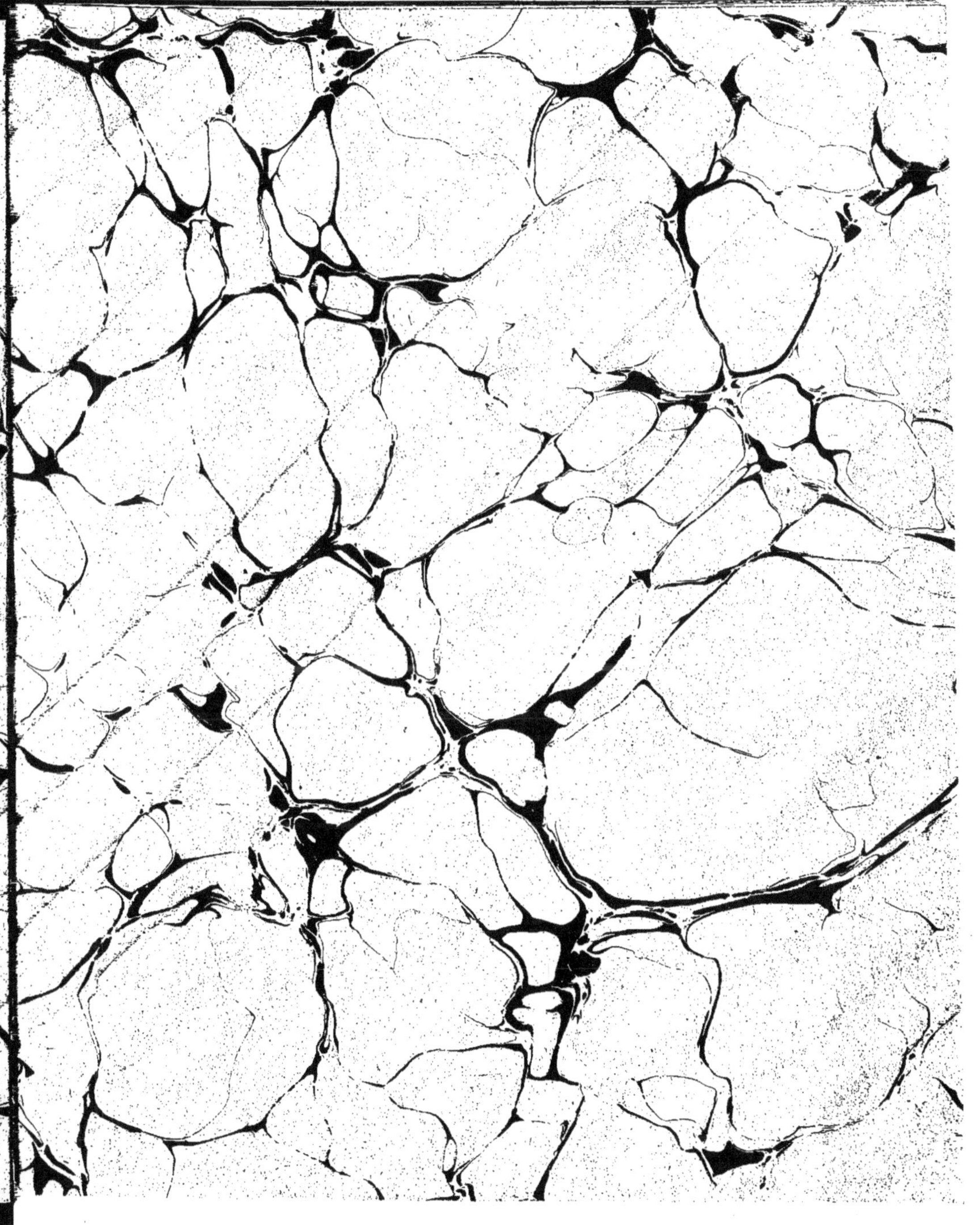

LES MEUTTES

ET

VENERIES

DE

HAUT ET PUISSANT SEIGNEUR

MESSIRE JEAN DE LIGNIVILLE

CHEVALIER

COMTE DE BEY

SEIGNEUR DE DOMBROT, DE LA BASSE VOSGE

BERLIZE, FAULCOMPIERRE

LES

MEUTTES ET VENERIES

LES
MEUTTES ET VENERIES

DE

JEAN DE LIGNIVILLE

CHEVALIER, COMTE DE BEY

INTRODUCTION ET NOTES

PAR

ERNEST JULLIEN ET HENRI GALLICE

PREMIÈRE PARTIE

PARIS

DAMASCÈNE MORGAND

LIBRAIRE DE LA SOCIÉTÉ DES BIBLIOPHILES FRANÇOIS

55, PASSAGE DES PANORAMAS

1892

INTRODUCTION

La famille de Ligniville compte parmi les plus illustres de l'ancienne chevalerie de Lorraine. Seule, elle demeure même aujourd'hui des quatre maisons désignées autrefois, à la cour de Nancy, sous les noms de grands chevaux, grands chevaliers, grande chevalerie.

Chastelet et Lenoncourt,
Ligniville et Haraucourt,
Quy chasqu'un l'aultre equyvalle
En seigneurie capitalle,
Sont tenuz suffyzamment
Pour extraicts antiquement
De nostre race ducale ;
D'où vient quy sont appeliez
Grands chevals ou chevalliers,
De noblesse sans esgalle.

La faveur dont a joui la grande chevalerie auprès de tant de successeurs de Gérard d'Alsace, ses fréquentes alliances avec la famille souveraine, semblent expliquer la tradition rapportée par le poète Jean Perrin, compatriote, peut-être aussi contemporain de l'auteur des Meuttes et Veneries; toutefois, pour la justifier, les documents authentiques font absolument défaut. Afin d'y suppléer, quelques historiens, s'appuyant sur des légendes fort accréditées, ont inventé divers systèmes, desquels il résulterait notamment que les Ligniville descendraient, soit des comtes de Castres (aujourd'hui Blieskastel, en Bavière), par les comtes de Metz, aïeux des ducs de Lorraine, soit d'un petit-fils d'Odelric, frère de Gérard d'Alsace, de Drogon de Nancy, donné de même comme ancêtre aux Lenoncourt. Malgré ces systèmes souvent rien moins que vraisemblables, l'origine des familles composant la grande chevalerie se perd dans la nuit des temps.

Lorsque Gérard d'Alsace reçut, en 1048, de l'empereur Henri III, à titre héréditaire, la souveraineté de la Mosellane ou de la Haute-Lorraine, qui devint le duché de Lorraine si longtemps possédé par les siens, il eut à lutter contre une noblesse nombreuse, remuante, propriétaire de fiefs parfois importants, peu soucieuse de s'incliner devant un pouvoir ayant mission de la réduire sous son obéissance. En usant tantôt de la force, tantôt de la ruse, le nouveau souverain sut soumettre cette aristocratie, dont plusieurs membres prétendaient être ses égaux par la naissance comme par la richesse. Mais l'antagonisme, momentanément vaincu, reparut durant les règnes de princes moins habiles ou moins heureux. Des compétitions de famille, tendant à changer l'ordre de succession au trône, certaines menaces de trop puissants voisins amenèrent la solution du différend. Pour conserver la couronne, les héritiers de Gérard d'Alsace sollicitèrent le concours des principaux seigneurs féodaux de leur duché; le prix du pacte fut, soit la reconnaissance, soit la concession, au profit de ceux-ci, de privilèges considérables. Ainsi se forma la caste appelée dans les annales de la Lorraine l'ancienne chevalerie. A quelle date précise? On l'ignore. Toutefois le testament de Thibaut II (2 mai 1302) constate qu'un corps de chevaliers, distinct du reste de la noblesse, investi de prérogatives particulières, existait avant Ferri III qui commença à régner en 1255. On ne sait pas davantage, en dehors des du Châtelet, des Ligniville, des Lenoncourt et des Haraucourt, quelles familles entrèrent tout d'abord dans l'ancienne chevalerie; aussi a-t-il été prétendu que, seules, ces quatre maisons y furent admises; de là peut-être les mots de grands chevaux, grands chevaliers, grande chevalerie, pour les distinguer, quand plus tard les descendants mâles de leurs filles alliées à des familles nobles, d'origine étrangère, mais possédant fiefs en Lorraine, prirent rang parmi l'ancienne chevalerie.

La Lorraine était pays d'états. Dans ces assemblées, l'ancienne chevalerie avait le pas sur les autres gentilshommes. En outre, il fallait lui appartenir, pour siéger aux assises des bailliages de Nancy, de Vosges et d'Allemagne. Là, plus hommes de guerre que jurisconsultes, les chevaliers jugeaient, directement ou par appel des tribunaux inférieurs, les contestations soulevées en toutes matières, comme entre toutes personnes, sans exception du prince; mais leurs décisions, dictées par l'équité, n'amenaient aucune récrimination. Les chevaliers avaient encore le droit, et ce n'était pas celui qu'ils revendiquaient avec le moins d'ardeur, de plaider devant les assises, pour eux, leurs pairs, leurs amis et les pauvres. La devise JUSTICIA ET ARMIS, *accompagnant l'écu losangé d'or et de sable des*

Ligniville, convenait donc bien à une famille de l'ancienne chevalerie lorraine.

Les Ligniville furent d'abord connus sous le nom de Rosières, emprunté, suivant l'usage féodal, à leur principale et plus ancienne possession, la ville de Rosières-aux-Salines. D. Calmet, le savant annaliste de la Lorraine, cite le texte d'une charte de 1099 à 1107, de Pibon, évêque de Toul, relative à la fondation du prieuré de Landécourt, dans laquelle figurent parmi les témoins deux seigneurs de Rosières, Walfrid ou Walfroi et son frère Waultier. Néanmoins, comme le montre l'Histoire généalogique de la maison de Ligniville, écrite en 1845 par le comte Alexandre de Ligniville, la filiation de cette illustre maison n'apparaît d'une façon certaine que depuis Théodoric ou Thierri de Rosières. Espérant que le remarquable et si consciencieux travail de M. A. de Ligniville, resté jusqu'à ce jour inédit, sera prochainement publié, nous nous bornerons à indiquer rapidement comment le grand veneur de Lorraine se rattachait à Théodoric de Rosières.

I. Théodoric ou Thierri de Rosières, chevalier, seigneur de Rosières, né vers le milieu du XIIe *siècle. En 1172, il signa comme témoin un acte de donation de Mathieu Ier, duc de Lorraine, à l'abbaye de Clairlieu près Nancy.*

II. Albert de Rosières, fils aîné de Théodoric, chevalier, seigneur de Rosières et de Lanfroicourt, garant, dans le courant de l'année 1208, avec Henri, comte de Deux-Ponts, Ferri, comte de Toul, Henri, comte de Salm, Simon, seigneur de Parroy, Simon, seigneur de Joinville, et Philippe de Floranges, d'un traité de paix conclu entre Ferri Ier de Lorraine et Thibaut Ier, comte de Bar. Albert laissa deux fils : Brun ou

Brunon qui suit et Walter ou Waultier, surnommé de Castres dans une charte de 1228.

III. Brun ou Brunon de Rosières, chevalier, seigneur de Rosières et de Bure, pleige d'un autre traité de paix fait en 1261 par Philippe, évêque de Metz, et Thibaut, comte de Bar. Il épousa Marguerite d'Essey, dont il eut : Geoffroi Ier; Simonin, marié à Isabelle de Lorraine, fille d'Eudon, comte de Toul, arrière-petit-fils du duc Mathieu Ier, cité plus haut; et Adelarde, femme de Husson de Lorraine. D'après des lettres de Marguerite d'Essey, datées de 1271, Brun aurait cessé d'exister avant cette époque.

IV. Geoffroi Ier de Rosières, chevalier, seigneur de Rosières en partie, de Bure et de Pargney-sur-Meuse. Il contracta une première union avec Polie ou Polyce de Brixey, puis une seconde avec Agnès de Fontenoy, dame de Bains. Une de ses filles, nommée aussi Polie, devint la femme de Jean de Lorraine de Vaudemont, seigneur de Gondrecourt. Geoffroi engagea une partie des salines de Rosières au duc Ferri III (1281), pour l'indemniser de pertes subies en se portant sa caution envers Huart de Beaufremont. En 1286, la dame de Bains, alors veuve, vendit à Ferri III, tant en son nom personnel qu'au nom de ses enfants, leur part et portion des mêmes salines.

V. Geoffroi II de Rosières, écuyer, seigneur de Rosières, de Montfort, Tomblaine, etc., souvent confondu par les généalogistes avec Geoffroi Ier, son père, et issu probablement du premier mariage de celui-ci. Il tenait la seigneurie de Montfort de sa femme, Adeline de Vaudemont-Lorraine, dame de Montfort.

VI. Jean Ier de Rosières, chevalier, seigneur de Montfort, Vittel et la Malmaison, fait prisonnier, en 1289, ainsi que plusieurs autres chevaliers lorrains, par Burchard, évêque de Metz, dans une guerre que soutenait ce prélat contre Ferri III de Lorraine. Un acte de 1291 constate que Jean abandonna à Ferri III, du consentement de sa mère, Adeline de Montfort, remariée avec Liébaud de Beaufremont, ce qu'il avait sur le territoire de Rosières comme « ban, justices, hommes, femmes, maisons, forteresses, salines, terres, bois, seigneuries, etc., sans rien à retenir », en échange des seigneuries, terres, justices et vassaux de Domjulien-sous-Montfort, de Girovillers, et de ce que le duc possédait à Vittel. Trois ans plus tard (1294), Ferri III déclara donner « à son ami et féal, Monsignour Jehan de Rosières, signour de la Malmaison », qui résidait, dit-on, alors au château de ce nom, la maison de Bertrand de Montfort, évidemment proche parent d'Adeline de Beaufremont, après le décès de ce seigneur.

VII. Liébaud de Rosières, chevalier, seigneur de Ligniville, Vittel, la Malmaison, Fresne, etc., fils de Jean Ier, marié à Isabelle d'Estrépy, dame de Donjeux, veuve de Guy de Joinville. Au mois de septembre 1314, le duc Ferri IV lui ayant confié la mission de recevoir du trésorier des guerres de Philippe le Bel la somme de deux mille cinq cents livres, qu'il avait dépensée dans l'armée royale, Liébaud apposa sur la quittance un sceau chargé d'un losangé, armes conservées depuis par ses descendants. Choisi comme arbitre, avec Jean de Bayon, d'un différend entre le même duc et Henri II, comte de Blamont, au sujet du château de Magnières, Liébaud de Rosières prit, pour la première fois, la qualité de sire ou seigneur de Ligni-

ville, dans la sentence de juin 1317, par laquelle le comte de Blamont fut condamné à faire hommage du château à Ferri IV. Dans son contrat de mariage de 1255 avec Marguerite de Navarre, Ferri III de Lorraine avait assis le douaire de la duchesse sur Lignielville ou Ligniville, sur Gerbéviller, « et ès chastellenies et ès appartenances de ces deux chatiaux ». Ligniville faisait donc partie du domaine des ducs de Lorraine. Or, puisqu'on ne connaît aucun acte, soit d'achat, soit d'échange, transférant la propriété de cette seigneurie à un membre de la famille de Rosières, le comte A. de Ligniville suppose que Liébaud la recueillit parmi l'héritage de sa grand'mère, Adeline de Montfort, fille ou petite-fille de Ferri III et de Marguerite de Navarre.

VIII. Geoffroi III de Rosières, chevalier, seigneur de Ligniville, Tantonville, Vittel, Domjulien, Girovillers et Montfort, fils de Liébaud, dont il partagea la succession, en 1327, avec Isabelle d'Estrépy, sa mère, Perrin et Jean, ses frères. La même année, Geoffroi III épousa Marguerite de Hans, fille de Jacques, seigneur de Hans, en Champagne, qui lui apporta en dot la terre de Tantonville, fief dépendant du comté de Vaudemont.

IX. Jean Ier de Ligniville, chevalier, seigneur de Ligniville, Tantonville, Omelmont, Vittel, They-sous-Montfort, etc., seul enfant né du mariage de Geoffroi III de Rosières et de Marguerite de Hans. Il ressort d'un contrat d'obligation souscrit par lui, en 1372, envers un sieur Philippe de Fresnel, qu'il portait seulement le nom de Ligniville, lequel, à partir de la fin du XIVe siècle, devint celui de la famille de Rosières. Depuis l'échange de 1291, mentionné plus haut, entre le duc Ferri III et Jean Ier de Rosières, les successeurs de Ferri avaient, du reste, peu à peu acquis de divers autres membres de cette famille la presque totalité des salines et de la seigneurie de Rosières. Jean Ier de Ligniville paraît être mort vers 1401 ou 1402. De son mariage avec Jeannette de Parroy, il avait eu deux filles et quatre fils, dont, Ferri, l'aîné, continua la lignée.

X. Ferri Ier de Ligniville, chevalier, seigneur de Tantonville, Omelmont, Quévilloncourt, puis de Tuméjus et de Bulligny, par sa femme, la comtesse Marie de Graux, dame de Tuméjus. Lorsque Charles II voulut assurer, au moyen d'un testament, à sa fille Isabelle, épouse de René d'Anjou, la souveraineté de la Lorraine, Ferri de Ligniville fut un des quatre-vingt-trois membres de l'ancienne chevalerie qui signèrent, le 13 décembre 1425, l'acte confirmatif de ce testament, en déclarant que le duché constituait un fief masculin et féminin, c'est-à-dire qu'à défaut de fils, les filles de ses souverains héritaient de la couronne, à l'exclusion de leurs oncles et cousins. Après la bataille de Bulgnéville (2 juillet 1431), où le duc René tomba aux mains de Philippe le Bon, duc de Bourgogne, Ferri de Ligniville et son troisième frère, nommé Guillaume, formèrent avec d'autres chevaliers une association, pour maintenir la paix dans le duché durant la captivité de René. Les deux frères firent aussi partie des quarante chevaliers qui se portèrent garants, le 4 février 1436, des quatre cents écus d'or exigés par Philippe le Bon pour la rançon du duc.

XI. Jean II de Ligniville, chevalier, seigneur de Tantonville, Omelmont, Quévilloncourt, Velaine et en partie de Ligniville, aîné des sept enfants de Ferri Ier et de la comtesse de Graux. Il fut envoyé auprès de Charles VII, avec un Beaufre-

mont, Erard du Châtelet et Philippe de Lenoncourt, pour soutenir contre Antoine de Vaudemont les droits de René d'Anjou et d'Isabelle sur la Lorraine. Son nom se trouve dans la sentence arbitrale, datée de Reims, le 27 mars 1441, par laquelle le roi de France attribua à René le duché, du chef de la fille de Charles II. Jean II de Ligniville devint plus tard conseiller d'État et chambellan d'Yolande d'Anjou, puis du duc René II, fils de cette princesse. Il contracta trois alliances : la première avec Marguerite Bayer de Boppart; la seconde avec Odette de Thuillières, veuve de Jacques de Blamont; la troisième avec Marguerite de Pulligny. De la première vinrent Ferri II et Henri, chevalier, coseigneur de Ligniville, conseiller d'État, chambellan de René II, qui succéda comme bailli de Vosges à son oncle Gérard de Ligniville, seigneur de Tuméjus.

XII. Ferri II de Ligniville, chevalier, seigneur de Tantonville, Omelmont, Velaine, et en partie de Ligniville, qualifié « conseiller maistre d'hostel » du duc René II, dans des lettres patentes de ce prince, du 6 octobre 1483. Ferri II servit le duc René très activement dans ses guerres contre Charles le Téméraire. Il contribua, en 1476, avec son frère Henri, à la prise du château de Vaudemont, ainsi qu'à celle des villes de Bayon et de Lunéville. René leur confia la garde de Mirecourt; mais peu après les deux frères, traversant les lignes bourguignonnes, allèrent se jeter dans Nancy, qu'ils défendirent jusqu'à la célèbre bataille sous les murs de cette ville, où Charles le Téméraire perdit la vie (5 janvier 1477). Ferri II fit son testament en 1508, et semble être mort à la même époque. Il avait épousé Isabelle ou Isabeau de Blamont, fille de Jacques de Blamont et d'Odette de Thuillières, seconde femme de Jean II de Ligniville, son père.

XIII. Jean III de Ligniville, écuyer, seigneur de Tantonville, etc., capitaine (gouverneur) d'Arches, fils aîné, cadet suivant quelques généalogistes, de Ferri II de Ligniville et d'Isabelle de Blamont, marié vers 1505 à Jeanne d'Oiselet, fille de Jean, baron d'Oiselet, seigneur de Vignori, descendant d'un bâtard d'Étienne II, comte de Bourgogne. On sait que Jeanne d'Oiselet était veuve en 1536. Au mois de mai 1525, quand le duc Antoine, dit le Bon, partit de Sarrebourg, pour aller attaquer les Luthériens occupant l'Alsace et menaçant la Lorraine, Jean III de Ligniville se trouvait déjà, du reste, peu capable, à cause de son âge, de supporter les fatigues d'une guerre hors du pays; aussi le duc le chargea-t-il seulement de la défense de la Haute-Moselle. Jean laissa, entre autres enfants : Ferri III qui suit; Jacques, auteur de la branche des seigneurs de Tuméjus, d'où sont issus les membres actuels de la famille de Ligniville; et Isabeau, femme de Jacques de Bohan ou Boham, seigneur d'Ay en Champagne.

XIV. Ferri III de Ligniville, chevalier, seigneur de Tantonville, etc., bailli de l'évêché de Toul. Lors des obsèques d'Antoine le Bon, faites à Nancy, le 18 août 1546, il porta la bannière de Bourbon l'Ancien, aux armes de saint Louis. D'une première union avec Nicole des Armoises, fille de Charles des Armoises, chevalier, seigneur de Barizey, et d'Yolande de Savigny, Ferri III eut Charles, chevalier, seigneur de Tantonville, Graux, etc.; Jean, chevalier de Malte; Jeanne, mariée à Richard de Raigecourt, à Thierry de Gournay, puis au comte Gratz de Scharffenstein; et d'une seconde union contractée, entre 1552 et 1555, avec Antoinette de Barizey, d'une maison de l'ancienne chevalerie, originaire de Metz, Nicolas-François. Selon certains auteurs, Ferri III mourut en 1558, tandis que la Chesnaye-Desbois, dans son Dictionnaire de la noblesse (article Ligniville), dit qu'il assista aux États généraux tenus à Nancy en 1576.

XV. Nicolas-François de Ligniville, seigneur de Dombrot et de Blondefontaine du fait de sa femme, Louise du Hautoy, qui lui apporta en dot ces seigneuries ou les recueillit dans la succession de Jean du Hautoy, son père, gentilhomme de la chambre de Charles III, gouverneur et bailli d'Hattonchâtel. D'après un titre de 1563, François de Ligniville suivit en France, fort jeune, un comte Rheingrave ou Rhingraf, colonel commandant un corps de lansquenets à la solde de Charles IX, et dont Brantôme fait beaucoup l'éloge. Une des compagnies de ce corps avait pour capitaine Christophe de Ligniville de Tuméjus, cousin germain de François, que le roi, en récompense de nombreux et signalés services, nomma son pannetier ordinaire, gentilhomme de la chambre, enfin chevalier de l'ordre de Saint-Michel. En outre de Jean venant après, on donne généralement encore, comme enfant de François et de Louise du Hautoy, Claude de Ligniville, abbesse de Vergaville de 1609 à 1632, marraine avec Jean, le 14 juin 1628, de Françoise-Dieudonnée, fille de Ferri IV de Ligniville, seigneur de Tantonville.

XVI. Jean IV de Ligniville, chevalier, comte de Bey, seigneur de Dombrot et de la Basse-Vosge, de Berlize, Faulcompierre, etc., grand veneur des duchés de Lorraine et de Bar, auteur des Meuttes et Veneries.

Après avoir emprunté la plupart des détails généalogiques qui précèdent au manuscrit du comte A. de Ligniville, nous voudrions pouvoir pénétrer dans la vie du célèbre théreutico-graphe, dont nous reproduisons les œuvres. Malgré de longues et patientes recherches, M. de Ligniville dut s'en référer, pour la notice du grand veneur de Lorraine, aux quelques lignes autobiographiques de l'épître dédicatoire de son livre; nous ne saurions être beaucoup plus heureux.

Jean IV de Ligniville naquit le jour de la Sainte-Trinité 1580. Quand il atteignit sa septième année, il quitta non sans regret le foyer paternel; car il dit qu'il en fut « retiré et enlevé », pour entrer chez son oncle, Charles de Ligniville, seigneur de Tantonville, Graux, etc., conseiller d'État du duc François Ier, chambellan du même prince, puis de Charles III, nommé par ce dernier, le 3 juillet 1576, bailli du comté de Vaudemont. M. de Tantonville était un des chevaliers les « plus relevez en pieté et en honneur », possédait grand crédit à la cour, « tenoit maison des plus honorables de son temps ». A la suite d'un séjour de cinq ans auprès de ce haut personnage, Jean de Ligniville ou plutôt Jean de Dombrot, comme on commençait à l'appeler alors, devint page du troisième fils du duc Charles III, de François comte de Vaudemont, lequel, nous apprend-il, le fit « eslever et nourrir à la vertu », lui « tint lieu non seulement de bon maistre, mais de bienfaicteur et de père ».

La chasse occupait en Lorraine une place considérable dans l'existence des princes de la famille souveraine, de la noblesse, parfois même de certains membres du clergé. Le 21 mars 1564, le cardinal de Lorraine écrivait de Baccarat à Châtelain, abbé de Saint-Hubert d'Autrey : « Pour ce que j'ai faute de chiens et de chasseurs, pour donner ici le plaisir que je desire à Messieurs de Lorraine et de Vaudemont, je vous prie de m'envoyer vos chiens courants par celui de vos gens qui les mene, et qu'ils viennent ici demain du matin, s'il est possible, ne les voulant retenir que pour un ou deux jours, et vous me ferez un bien grand plaisir. » Les ducs avaient un grand fauconnier, un grand veneur; les chiens Merlants, composant leurs meutes pour le cerf, issus, selon le comte le Couteulx de Canteleu (Manuel de venerie française), « de la variété blanche des chiens de Saint-Hubert », sont restés longtemps très estimés. Fidèle aux traditions de ses ancêtres, François de Vaudemont entretenait équipage d'oiseaux de vol et équipage de vénerie. On comprend en conséquence que, dès l'âge de treize ans, Jean de Dombrot ait été exercé dans l'art du laisser-courre, vers lequel, du reste, le portait une remarquable inclination naturelle. Quelques années après, le comte de Vaudemont l'envoya en France se perfectionner auprès des officiers des chasses du roi Henri IV. Jean accompagnait probablement son parent Jacques de Ligniville, baron de Vannes, chargé en 1598 de négocier le mariage de Henri, duc de Bar, fils aîné de Charles III, avec Catherine de Bourbon. Ainsi s'expliquerait la facilité, qui lui était accordée de pénétrer, aux châteaux de Monceaux et de Saint-Germain, dans la chambre du roi, comment il suivait ses chasses le plus souvent si matinales, ou celles du marquis de Vitry, exerçant à Fontainebleau les chiens pour chevreuil de Sa Majesté.

L'auteur des Meuttes et Veneries a laissé le tableau assez séduisant des occupations de sa « verte » jeunesse. « Pendant

ce temps, » *dit-il,* « *tantost je vas à la court, un limier à la main, une autre fois habillé en veneur, et selon les occurrences vestu en courtisan preparé à aller au bal; le lendemain disposé à monter à cheval, courre la bague, rompre des lances : bref, ma vie diversifiée et entrelassée d'un perpetuel exercice, travail et labeur.* » *La crainte de la fatigue ne l'arrêtait guère; car il ajoute qu'il lui arriva de* « *courre à pied* » *de longues heures, et qu'en une même journée il sut néanmoins* « *se trouver à la mort de deux cerfs, laissez courre l'un après l'autre* ». *Excellent cavalier, faire, le matin d'une chasse, sur des chevaux de relais, quatorze ou quinze lieues, pour se rendre à l'assemblée, ne l'effrayait pas davantage.*

Depuis le commencement de la seconde moitié du XVIe *siècle, la grande vénerie de Lorraine et de Bar constituait une sorte d'apanage de la famille de Beaufort. Jean de Beaufort, seigneur de Pulligny, la commandait en 1559; son fils, François de Beaufort, seigneur de Gellenoncourt, remplit les mêmes fonctions, du 2 août 1572 à 1602. Ce dernier, très habile chasseur de bêtes noires, possédait surtout une précieuse sûreté de main pour enferrer les sangliers avec l'épieu. Jean de Dombrot le remplaça dans son office, le 7 décembre 1602. Il avait à peine vingt-deux ans; mais des aptitudes toutes spéciales, jointes aux pressantes recommandations du comte de Vaudemont, lui valurent une semblable faveur.*

Comme ses prédécesseurs, le duc Charles III, qui régnait alors, appréciait beaucoup les plaisirs de la chasse. Non moins adroit que M. de Gellenoncourt à arrêter, soit à pied, soit à cheval, des sangliers avec l'épieu, il ordonnait parfois d'amener de ces animaux dans la cour du palais de Nancy, et là les faisait coiffer par des lévriers. Des ordonnances du 7 juin 1591 et du 9 novembre 1596 défendaient, sous peine d'amendes rigoureuses, sauf aux prélats et aux gentilshommes, « de hanter et frequenter aux arquebuzes à rouet par les bois, forests, taillis et garennes, plaines et campagnes » du pays. La simple détention de ces mêmes armes était aussi sévèrement interdite. La plaine de Saint-Nicolas, près Nancy, servait de réserve de chasse pour Son Altesse; non loin de Lunéville, à Einville-au-Jard, se trouvait un parc entouré de murs d'une vaste étendue, fort giboyeux. Quoique observant les règles d'une sage économie dans l'administration des finances de l'État, Charles III avait une cour nombreuse, récompensait largement ses serviteurs. La grande vénerie lui coûtait 5970 francs par an. Selon les comptes du trésorier général de Pullenoy pour l'année 1608, le personnel de ce service, en dehors du grand veneur touchant 800 francs d'appointements, plus 650 francs pour l'entretien des chiens, se composait de la manière suivante : trois piqueurs de la meute à 450 francs de gages, quatre autres piqueurs à 225 francs, quatre valets de limiers et trois valets de chiens à 150 francs, deux valets de lévriers à 70 francs, un maître des toiles à 200 francs, onze aides des toiles à 80 francs. Le duc faisait souvent venir des chiens d'Angleterre; Jacques Ier lui en envoya une fois quatre-vingts. Charles III ménageait peu les officiers de la grande vénerie, voulait toujours avoir de quarante à cinquante chiens, en condition, vites, sur la voie du cerf. Courant ordinairement de bonne heure, quand il résidait à Nancy, il prenait le matin un ou deux cerfs dans la forêt de Haye, et rentrait dîner vers les dix heures. Lors des réceptions assez fréquentes de princes étrangers, les veneurs de Son Altesse jouaient un rôle important au milieu des fêtes données dans ces occasions. En avril 1604, M. de Dombrot fut ainsi mis à la disposition de Henri IV, venu pour visiter sa sœur, la duchesse de Bar. Il raconte que, le roi s'étant fait suivre de sa meute, il avait « l'honneur de luy representer les pays les plus plaisants à forcer les cerfs ». On trouve aussi, dans un des chapitres de la Venerie pour le sanglier, le curieux récit d'une chasse « artificielle » organisée, au mois de février 1606, par les soins du grand veneur, sur le passage de Marguerite de Gonzague qui allait être la seconde femme du duc de Bar.

Au mois de mai 1607, Jean de Dombrot se maria avec Madeleine de Nogent, veuve de Philippe du Châtelet, baron de Bulgnéville, gentilhomme de la chambre de Charles III. Madeleine de Nogent devait nécessairement être plus âgée que Jean; car, le 15 février 1590, elle avait épousé le baron de Bulgnéville. Des cinq enfants issus de cette union, il lui restait une fille, nommée Françoise, mariée plus tard, le 5 mai 1627, à René Saladin d'Anglure, chevalier, marquis de Coublans, baron de Saint-Loup. La famille de Nogent, branche de celle de Mareuil en Picardie, portait : « d'azur, semé de croix recroisetées au pied fiché d'or; sur le tout un lion de même, couronné, armé et lampassé de gueules, marqué à l'épaule d'un cœur de gueules au chef d'hermines, chargé d'un lambel à trois pendants de gueules. »

Le grand veneur de Charles III conserva ses fonctions sous le règne du duc Henri II (1608-1624), puis quelques années de celui de Charles IV; mais la direction de la vénerie ducale devait lui laisser de nombreux instants de liberté. En effet, chambellan de François de Vaudemont, il était en même temps bailli ou gouverneur du marquisat d'Hattonchâtel, appartenant à ce prince. Charles III l'avait déjà envoyé, en 1606, auprès de Jacques Ier d'Angleterre, qui lui donna un plat d'or de la valeur de 5000 francs. Le comte de Vaudemont, les ducs Henri II et Charles IV le chargèrent de même de fréquentes missions à l'étranger. Jean de Dombrot fit, de la sorte, nous dit-il, dix ou douze fois la traversée de la Manche, visita la France, l'Italie, l'Allemagne et la Flandre. Il combattit aussi sous les drapeaux du roi d'Espagne, Philippe III, durant la guerre des Pays-Bas. Pour l'en récompenser, pour reconnaître en même temps d'importantes preuves de dévouement de la part de la famille de Ligniville à l'égard des maisons de Lorraine et d'Autriche, par un diplôme du 3 février 1620, l'empereur Ferdinand II, beau-frère de Philippe III, le créa comte du Saint-Empire, ainsi que ses cousins Ferri de Ligniville de Tantonville et Gaspard de Ligniville de Tuméjus, avec réversibilité du titre sur leur descendance, même féminine. Peu après, le 30 avril suivant, un autre acte impérial érigea en comté, du consentement de l'évêque de Metz, dont elle dépendait comme fief, la terre de Bey, que Jean de Dombrot possédait dans l'évêché.

Selon l'épître dédicatoire des Meuttes et Veneries, le comte de Bey exerça la charge de grand veneur de Lorraine et de Bar « trente ans ou environ ». Nommé le 7 décembre 1602, il dut dès lors la résigner vers 1632 ou 1633, peut-être à la suite de la mort de François de Vaudemont (14 octobre 1632), qui, depuis le mois de novembre 1625, s'appelait le duc François II. Les historiens ont longuement raconté la comédie jouée à cette dernière époque, devant les États, par Charles IV et son père, le comte de Vaudemont : révélation d'un prétendu testament de René II, établissant la loi salique en Lorraine; renonciation rien moins que spontanée de la princesse Nicole, fille de Henri II et femme de Charles IV, à la souveraineté du duché; revendication de la couronne par François de Vaudemont, en sa qualité de plus proche héritier mâle de Henri II, son frère; enfin abdication presque immédiate de François II en faveur de Charles IV. Mais, politique clairvoyant, François II donnait de sages conseils, souvent peu goûtés de l'esprit aventureux du duc Charles. Il semble donc permis de supposer que celui-ci retira la grande vénerie au comte de Bey, afin d'éloigner un haut dignitaire, dont les avis aussi prudents qu'autorisés auraient pu devenir la critique de trop ambitieux desseins. Vivant, du reste, désormais à l'écart de la cour, l'auteur des Meuttes et Veneries demeura toujours profondément attristé de la perte de son bienfaiteur. Il ne le fut pas moins par le spectacle des malheurs qu'attirèrent sur la Lorraine les fautes de Charles IV. Il dépeint en termes émus l'horrible misère de la population des campagnes, pillée, affamée par les Croates au service du duc Charles, les Suédois du duc de Weimar, les Allemands de Gallas et les soldats du maréchal de la Force. Outre les fiefs de Dombrot, de Berlize, de Faulcompierre, le comte de Bey possédait la Basse-Vosge, comprenant quarante-huit villages, selon M. A. de Ligniville; il vit ruiner ses villages, ses maisons seigneuriales; en 1636, Richelieu, maître du duché de Lorraine, comprit Dombrot parmi les nombreux châteaux forts, dont le démantèlement se trouvait ordonné au nom de Louis XIII. Une dernière épreuve lui était réservée :

après la Petite Paix de 1641, Charles IV, rentrant dans ses États, supprima les assises, ce tribunal des chevaliers si longtemps considéré comme la sauvegarde des franchises du pays.

Il résulte d'une note de l'Histoire généalogique de la maison de Ligniville que le grand veneur de Lorraine mourut probablement peu avant 1650. Il n'avait point eu d'enfant de Madeleine de Nogent, mais il laissa une œuvre qui devait faire passer son nom à la postérité.

Les Meuttes et Veneries furent commencées « en suite du commandement très exprès » du duc Henri II, lorsqu'il n'était encore que duc de Bar. Avant de monter sur le trône, le fils aîné de Charles III aimait passionnément la chasse, prenait grand soin de ses équipages; toutefois ses talents de veneur devaient singulièrement laisser à désirer, si l'on en croit cette lettre de Catherine de Bourbon à Henri IV : « Mon mary est allé à la chasse. On luy a dit qu'il y avoit un fort grand cerf; en partant, il m'a dit que s'il est tel qu'on luy a dit, qu'il vous enverra la teste; mais s'il n'est plus heureux que de coutume, je crois que vous n'aurez pas ce present. Mais s'il le prend et que ce soit chose digne de vous estre presentée, je voudrois bien en estre le porteur; ce n'est que comme cela que je voudrois porter des cornes, car en cela je suis fort fille de ma mere, c'est-à-dire de jalouse humeur. » Quoi qu'il en soit, nul ne pouvait mieux que Jean de Ligniville remplir la tâche imposée par le duc. Ayant débuté « un limier à la main », formé à l'école des meilleurs veneurs de l'époque, il joignait déjà à une remarquable expérience personnelle, acquise de fort bonne heure, la connaissance approfondie de Xénophon, du Roy Modus, de Gaston de Foix et de du Fouilloux; quelques années après (1625), la publication, par Villeroy, de la Chasse royale de Charles IX lui permit d'achever ses études sur les écrivains cynégétiques les plus en renom des siècles précédents. Les Meuttes et Veneries ne furent terminées que vers 1635. Très religieux, leur auteur les dédia à Dieu, pour le remercier de l'avoir protégé dans de fréquents voyages, et de l'avoir préservé des accidents auxquels se trouvent exposés les veneurs.

Le livre de Jean de Ligniville présente, sous des formes diverses, un des traités les plus complets sur la chasse à courre du cerf, du lièvre et du chevreuil. La partie relative au sanglier montre comment les anciens veneurs enfermaient les bêtes noires dans des toiles, afin de les attaquer ensuite avec l'épieu. L'ouvrage ne saurait cependant être considéré comme purement didactique. Au milieu des préceptes de l'art, quelques récits de chasse, certaines considérations philosophiques, des réflexions parfois assez empreintes d'humour, de nombreuses citations tirées de la Bible, d'historiens, de poètes, de voyageurs ou de moralistes, viennent tempérer l'aridité du sujet, et prêtent aux pages de Ligniville un cachet vraiment original. Auprès de l'habile veneur pouvant dire : « De mon temps, j'ay pris et aydé à prendre quatre mille cerfs, pour le moins », apparaissent l'artiste, admirateur des beautés de la nature, l'érudit, lecteur assidu de Plutarque, de Charron et de Montaigne. Les tristes événements du règne de Charles IV, dont il fut témoin sur la fin de sa vie, empêchèrent Jean de Ligniville de voir publier son livre. Depuis, deux parties en ont été imprimées :

La Meutte et Venerie pour le chevreuil..., *Nancy, Antoine Charlot, 1655, in-4° de 164 pages.*

Le même, *Nancy, Maubon, et Paris, Aubry et Bouchard-Huzard, 1861, même format et même pagination.*

La Meute et Vénerie pour lièvre..., *avec avertissement et index de H. Michelant, vice-président de la Société des Antiquaires de France*, etc., *Metz, Rousseau-Pallez, et Paris, Aubry, 1865, in-8° de 257 pages.*

Selon M. Michelant, on connaissait, en 1865, quatre copies manuscrites des Meuttes et Veneries, faites au XVIIe siècle : la première, venant de Gaston d'Orléans, conservée à la Bibliothèque Impériale, aujourd'hui Nationale (in-folio mediocri de 423 feuillets) ; la seconde (même format, contenant 702 pages), passée de la bibliothèque de M. Huzard en celle du baron Pichon, le savant président de la Société des Bibliophiles, et devenue la propriété de M. Henri Gallice, l'un des éditeurs de la présente publication ; la troisième, ayant appartenu à M. Emmery, dont M. Michelant adopta la leçon dans son édition de la Meute et Vénerie pour lièvre ; enfin la quatrième, se trouvant alors entre les mains d'un riche amateur du Luxembourg belge. La seconde de ces copies, regardée comme la plus fidèle, est celle que nous reproduisons. Nous avons cru toutefois nécessaire d'ajouter à son texte quelques passages paraissant avoir été omis à tort, et existant dans le manuscrit de la Bibliothèque Nationale.

Donner une édition complète des Meuttes et Veneries constituait une entreprise difficile, de bien longue haleine. Au commencement du XVIIe siècle, la langue française était encore rien moins que fixée, surtout en Lorraine. Les registres des ordonnances ducales prouvent combien on tenait peu compte à cette époque des règles relatives à l'orthographe et à la ponctuation. Qu'était le texte original de Ligniville? On l'ignore, mais on peut le supposer. Quoique fort érudit, le grand veneur écrivait sans prétention, comme il parlait aux officiers sous ses ordres, ou avec les amis qu'il réunissait au quartier de la Vénerie. Dans son livre, sorte de causerie consignée au jour le jour, dictée par l'inspiration du moment, les incidences viennent incessamment se greffer sur la phrase principale. Sous sa plume, l'orthographe des mots devait varier à chaque ligne, et la ponctuation faire le plus souvent défaut; de là parfois de véritables énigmes, que les divers copistes, en voulant les résoudre selon leur science ou leur fantaisie, semblent s'être complu à rendre encore plus inextricables. Afin d'éviter un pareil écueil, afin aussi de laisser à la leçon, reconnue la meilleure, des Meuttes et Veneries son caractère particulier, nous en avons suivi l'orthographe, sauf quand elle nuisait à l'interprétation de la pensée du maître. Notre attention s'est principalement portée sur la ponctuation, que nous avons cherché à régulariser, avec l'espoir de faciliter la lecture de l'œuvre de Jean de Ligniville. Le but aura-t-il été atteint? Sans nous dissimuler ce que notre travail peut laisser à désirer, nous aimons à penser que l'édition complète des Meuttes et Veneries, la première tentée jusqu'à ce jour, rencontrera un bienveillant accueil auprès des bibliophiles et des veneurs.

ÉTAT DE LA VÉNERIE

DE

S. A. LE DUC DE LORRAINE

EN L'AN 1608

ET

PIÈCES RELATIVES A UN COFFRE

POUR PRENDRE LES SANGLIERS VIFS

Estat de la Vennerie de Son Altesse
en l'année mil six cens et huict

Monsieur de Dombrot grand Veneur —— vᶜ fr

Plus pour supplément de gages —— iijᶜ fr

Pour la fourniture de tout ce qu'il fault pour l'entretenement des chiens —— iijᶜ l fr

Pour l'entretenement d'un boulanger et d'ung cheval pour mener le pain par tout dont les chiens —— iijᶜ fr

Pour les Picqueurs de la Mute

Thomas de Dambrouart —— iiijᶜ l fr

François Febvre —— iiijᶜ l fr

Jacquot fauconnier —— iiijᶜ l fr

Aultres Picqueurs

Monsieur de Chandement —— ijᶜ xxv fr

Noel Noel —— ijᶜ xxv fr

Humbert la Motte —— ijᶜ xxv fr

Jacquot Didon —— ijᶜ xxv fr

Valets de Limiers

Dominique Bramelle —— Cl fr

Jean Thibault dict la Bretonniere —— Cl fr

Jacquin Febvre —— Cl fr

Nicolas de Bailly —— Cl fr

Varletz de Chiens

Claudin Didon — c f

Aulbert Lambert — c f

Nicolas Bourguignon — c f

Varletz de l'escurie

George Urbain — l c f

Noel Daulnoy — l c f

Mre des toilles

Jean Phelippe — ii c f

Aydes des toilles

Nicolas Noel — iiii xx f

Dominique Badet — iiii xx f

Michel Bailliot — iiii xx f

Claudin petit Clerc — iiii xx f

Simon Vaulthier — iiii xx f

Dimenche Marchal — iiii xx f

Mongin de Villey — iiii xx f

Martin burgesme — iiii xx f

Jean Morgurlot — iiii xx f

Bastien l'Hermite — iiii xx f

Bastien Rouyer — iiii xx f

Simon Bathier — iiii xx f

Le Signiuille

De par le Duc de Lorraine Marchis Duc de Calabre Bar Gueldres &c.

Mre tres chier et feal Conseiller d'Estat, Auditeur en nre Chambre des Comptes de Lorraine et Tresorier general de noz finances Nicolas de Pulligny, salut.

nous vous mandons et ordonnons que des deniers de voz charges, vous ayez payé et delivré au Sr Dombrot nre grand Veneur et a noz aimés veneurs y desnommez declarez, la somme de six mille cinquante francs des deniers provenans de la vente a cels faicte des dicts francs des Receptes d'Arches et Comté de Vaudemont, pour leurs gages de l'année derniere six cens et huict, suyvant le pnt Roolle signé dud. Sr Dombrot, Et rapportant iceluy, avec ces pntes mandement, et quictance d'ung chacun particulier tout ce qu'a cest effect vous leur aurez payé et delivré vous sera passé et alloué es despences de voz Comptes par noz tres chers et feaulx Conseillers les Surintendant de noz finances, President et gens desd. Comptes de Lorraine, Auditeurs d'Iceulx, ausquelz mandons ainsy le faire sans difficulté, Car ainsy nous plaist. Donné a Nancy le vingt septiesme de Janvier mil six cens et neuf.

Henry

Pouvet

Partie faicte pour le service de son Altesse et de son commandement fournie par Mes Jacques Lallemant menusier a sad. Altesse et Nicolas Francois serrurier en l'an mil six cens et treize

Au mois de decembre avoir faict et fourny ung grand coffre de bois de chesne de double planches d'espesseur qui a huict pied de longueur et six pied de hauteur et trois pied et demy de largeur aux deux coulisses par les deux bout dud. coffre et deux bastillons aux dessus et c'est pour servir a prendre ung grand sanglier aux dedans dud. coffre de prix faict a quarante francs cy — — — xl fr

Item avoir ferrés le coffre susd. aux quatre grand bande de fer qui tourne tout a lentour et ont chascune desd. bande dix neuf pied de longueur et seize [illegible] qui ont chascune deux pied de longueur et quatre grand portant aux huict [illegible] et quatre [illegible] aux quatre bout de chesne et deux bande a charniere aux deux fermeture de cadenat et trois cent vingt huict grand clous qui servent pour attacher les susd. bande et [illegible] de prix faict a quarante francs cy — xl fr

Je soubsigne grands veneur de Loraine et barois certifie avoir marchande ung coffre pour prendre ung sanglier vif qui m'at este commande de S. A.

Ligniville

De par le duc de Lorraine Marchis duc de Calabre Bar Gueldres &c.

Tres chers et feal Conseillers d'estat Auditeurs des Comptes de Lorraine et Tresorier gnal de noz finances Nicolas de Pullenoy, salut. Nous vous mandons et ordonnons que des deniers de vostre charge, vous ayez a bailler et delivrer a noz chers et bien amez Jacques l'Allemand menusier et tourneur de nre chambre et Nicolas Francois serrurier, la somme

ld. quatre vingtz francs monnoye de noz pays qu'est a raison de
quarante francs pour chacun d'eulx, Et ce pour parties et despences
de leurs estatz qu'ilz ont faictes pour nre service Ainsy qu'il
appert par le Certifficat du Sr de Dombrot nre grand veneur
cy d'aultrepart, Et en rapportant par vous cestes nre mandement
avec lesd. parties et Certifficat et quictances desd. L'allemand
et francois de laditte somme de quatre vingtz francs icelle vous
sera passée et allouée en despence de voz prochains Comptes par noz
tres chers et feaulx Conseillers les Sieurs Surintendant de noz finances
President et Gens desd. Comptes de Lorraine Auditeurs d'iceulx
Ausquelz mandons ainsy le faire sans difficulté Car ainsy nous
plaist Donné a Nancy le vingtquatrième decembre mil six cens
& treize

Henry

Bouvet

Les soubsignés menuisier et serrurier a Son Altesse confessent avoir receu de Monsieur de Pulnoy Conseiller d'Estat de Son Altesse tresorier general de ses finances et auditeur des comptes de Lorraine la somme de quatre vingt frans et ce pour avoir faict et ferré ung grand coffre de bois de chesne pour servir a mettre ung sanglier vif comme appert par le certificat de Monsieur de Doublet grand veneur de Lorraine et laquelle somme desd. quatre vingt frans lesd. soubsignés en quitte lesd. sieur de Pulnoy et tous autres qu'il appartiendra. En foy de quoy avons signé ceste de nos seings accoustumés. Faict a Nancy le vingt cinquiesme octobre 1613

Jacques Lallemant

H. François

LES

MEUTTES ET VENERIES

EPISTRE DEDICATOIRE

ET

ABREGÉ D'UNE PARTIE DE LA VIE DE L'AUTHEUR.

DIEU tout-puissant, autheur de lumiere, pardonnez-moy, si je prend la hardiesse, et si j'ose vous offrir mes escrits de venerie, les quels je vous ay dediez et offerts depuis trente ans que je les ay commencez, pour les mettre à couvert de la censure des mesdisants et de ceux qui ont horreur de blasmer ce qui est offert et dedié à Vostre divine Majesté. Seigneur des seigneurs, donnez-moy la memoire et la force de faire icy une petite recapitulation de ma vie, puis qu'elle at esté toute laborieuse; le tout à dessein que la jeusnesse ou autres, de quelle qualité ils se rencontrent, les quels desireront se jetter et mettre en la condition du service et en la vie laborieuse, y puissent estre attirez et conviez par les faveurs et bonheurs, dont, Facteur de l'univers, vous m'avez assisté et protegé jusques à present; et dont je vous rend un million de graces, moy qui ne suis qu'un pauvre vermisseau et miserable pecheur, ô mon Dieu, qui m'avez donné naissance le jour de la Saincte-Trinité, jour remarquable entre tous ceux de l'année, jour qui m'at causé ce bonheur de vous avoir esté offert aux saincts fonts de baptesme, instruict en la foy catholique, et nourry en cette vie laborieuse depuis l'aage de sept ans, tiré et enlevé de la maison de mon pere et conduict en celle de Charles de Ligniville, mon oncle paternel, qui tenoit maison des plus honorables de son temps, et des plus relevez en pieté et en honneur. A l'aage de douze ans, j'ay esté presenté à l'un des plus grands princes du monde, Francois deuxiesme, duc de Lorraine, descendu des roys, le quel m'a fait eslever et nourrir à la vertu, m'a poussé dans les charges et honneurs, le quel m'at tenu lieu non seulement de bon maistre, mais de bienfaicteur et de pere, qui m'at donné les moyens de voir une partie du monde, les courts des puissants roys et des plus grands princes de l'Europe, ayant tousjours eu, pour la plus forte et plus puissante de mes passions, la venerie, en la quelle j'ay esté exercé dez l'aage de treize ans en Lorraine, estant plus fort en la venerie en France du regne de Henry quatriesme, après en Angleterre dans le mesme exercice en la venerie du regne de Jacques sixiesme d'Escosse et premier d'Angleterre, du quel j'ay receu des honneurs et bienfaits. Or pendant ce temps, tantost je vas à la court un limier à la main, une autre fois habillé en veneur, et selon les occurrences vestu en courtisan preparé à aller au bal; le lendemain disposé à monter à cheval, courre la bague, rompre des lances : bref, ma vie diversifiée et entrelassée d'un perpetuel exercice, travail et labeur. Et en ce qui concerne et touche la venerie, un jour je vois courre un cerf; si c'est en France ou Lorraine, le lendemain je vas voir courre le chevreuil; mais en Angleterre, l'on ne courre que cerfs et dains à la saison; et si c'est la saison de courre le lievre, je ne manque pas le lendemain à quelque heure de voir chasser une meutte à lievre. Mais estant en France et en Lorraine, là où j'ay appris l'art du cognoisseur en ma verte jeusnesse, je vas faire ma queste à pied, un limier à la main; et quelques fois je cours et vas à la chasse à pied; et assure aux jeusnes veneurs et valets de limiers que je me suis autrefois treuvé à la mort de deux cerfs, ayant courru tout le jour à pied, les quels avoient esté laissez courre l'un après l'autre : un de forcé et mort, nous en allasmes laisser courre un autre. Et en ce qui regarde les assemblées, lors que des affaires ne me permettoient d'aller coucher au quartier de la Venerie, je me trouvois aux assemblées de quatorze ou quinze lieues; me trouver aux assemblées de sept ou huict lieues, cela ne m'estoit qu'ordinaire : bref la poste ou bon courreur au relais, cela ne me manquoit pas. Et ainsy la plus part de mes jours se sont passez et escoulez aux exercices violents et laborieux, tellement qu'à l'aage de vingt et deux ans, ensuicte de mon travail en l'exercice de venerie, mon bon et cher maistre me fist l'honneur de me donner au duc Charles troisiesme, son pere, le quel me donna l'estat et la qualité de grand veneur de Lorraine et Barrois, la quelle charge j'ay exercée trente ans ou environ très laborieusement. Grand Dieu, vous m'avez preservé alors des perils de venerie, soit des chocs des cerfs, des heurts des sangliers, en les arrestant. Jusques à present mes blessures ont esté legeres : soit d'un cheval qui me passe sur le corps en ses cheutes; un autre me precipite embas ou contre un rocher; à une autre chasse, je tombe dans un precipice, fossé ou perriere; une autre fois, je passe une riviere à nage, avec un cheval fort harassé et recreu; ailleurs ou bien à quelque autre chasse, un cheval balance sous moy, tombe mort crevé; un autre jour, un cerf me chocque, porte par terre mon cheval, le blesse, me terrasse dessous mon cheval. Bref, j'ay couru de toutes sortes de chevaux, bons, mauvais, des forts en bouche, qui me portoient contre les arbres, qui chocquoient, broussoient par tout, en fort, en foible. L'on voit, Seigneur, evidement que vous assistez les veneurs, que vous tirez dės perils qu'il vous plaist, mesme des maladies qui attacquent souvent les veneurs et ceux qui exercent telle violence et rigueur de travail, comme des fiebvres continues, tierces, quartes; et ainsy ces exercices, les quels menacent de courte vie ceux qui n'ont pas la cognoissance de venerie, ou bien qui menacent de fascheuse viellesse, le travail les guarantit souvent de tels accidents; et contre l'advis de plussieurs medecins, ils se fortifient dans la peine et au travail, et vont jusques à l'aage viel et caducque et decrepité, pourveu que pendant la vie les veneurs soient sobres et temperez. Mais en ce temps de grand travail et violent, je n'ay laissé d'avoir esté employé en d'autres charges, en voyages loingtains : tantost par toute l'Allemagne, Italie, Naples, Angleterre, France, Flandres, envoyé auprès des grands roys; tantost je me trouve dans les armées, aux sieges des villes, à la fumée des coups des canons, des coups des mousquets, arquebusades, aux combats particuliers. Seigneur, vous m'avez fait la grace de sortir de ces perils et des voyages loingtains. Or, si je m'embarque pour plaisir sur la mer Adriatique, Roy des cieux, vous me faictes la grace de rentrer heureusement au port; si je voyage par necessité en mer Mediterranée, visitant et costoyant, de port en port, du royaume de Naples au royaume de France, j'ay receu toute sorte de bonheur, tantost au port de Liguornes, au port de Gennes, en celuy de Tibe, premier port de France, au port de Marseille; mais si je m'enbarque à ce grand Ocean, dans les espouvantables tourmentes, c'est alors que je ressent les effects de vostre misericorde, et particulierement en passant le destroict, d'Angleterre en France, de Flandre en Angleterre, du port de Calais à celuy de Douvre, du port de Marquet, premier port d'Angleterre, à celuy de Duncquerque en Flandre, du port de Boulogne de mesme aux costes d'Angleterre. Par tout, Facteur de l'univers, j'ay receu et apperceu les effects de vostre divine Providence envers vos serviteurs; car bien que j'ay passé ces destroicts de la mer Oceane dix ou douze fois, l'une d'icelles fust accompagnée de telle tourmente si furieuse et espouvantable, que, lors que nous estions prests d'entrer au port de Douvre, nous fusmes constraints de nous laisser porter en pleine mer, à la mercy des ondes et des flots, et la rigueur de la tempeste et tourmente nous jetta à la rade, à la coste de Saint-Jean, entre Boulogne et Calais; et le lendemain nous entrasmes heureusement au port desiré. Roy des cieux et de la terre, j'ay trouvé refuge en tous ces perils. Vous avez permis que nous ayons moüillé l'ancre au coste de Saint-Jean, du quel je porte le nom, le bonheur de ma vie. Vous m'avez, Pere eternel, tenu comme par les cheveux dans ces hazards, dans ces flots ensanglantez; car le lendemain l'on ne voyoit que batteaux eschouez, brisez et fracassez, que corps morts sur les sables et arenes des rivages de cest ocean. Mais après tous ces bonheurs, aujourd'huy j'ay pour parallelles de tous ces contentements la mort, la perte de mon cher maistre. Grand Dieu, vous avez permis que je survive mon bienfacteur, celuy qui m'a servy non seulement de maistre, mais de bon pere. Ô! qu'il m'estoit bien plus expedient de recevoir mille morts, plus tost que de le survivre, et de rester dans les naufrages du grand monde, sans port et refuge asseuré. Je suis maintemant, sans vous, ô mon Dieu! comme un vaisseau en pleine mer, sans gouvernail, sans pilote, sans mats, sans voiles, ny port asseuré sans vostre divine assistence; tous les malheurs me courrent sus et m'attacquent de toutes parts. Vous m'avez touché, Souverain des souverains, pour me donner à cognoistre, en la perte sensible de mon bon maistre, que vous estes le vray Maistre des maistres; que tout est transitoire, tout passe et prend fin, vous seul permanent et asseuré, ainsy que le Psalmiste me l'apprend par ces parolles : « Ne fondez pas vos esperances sur les hommes; ils retourneront en la terre, et en ce jour periront et finiront toutes leurs entreprises. » Vous m'avez laissé, affin que je n'aye plus autre esperance le reste de mes jours sinon en vous; car sans vostre divine assistence et bonté, mes sens ne font plus leur fonction ordinaire et accoustumée; tout ce qui paroissoit de plus beau et delectable à mes yeux et qui souloit leur donner une gaye lumiere, tout cela n'est plus à mes yeux sinon des draps mortuairs. Tous les palais des grands, des monarques, les demeures des plus puissants, que je soulois autrefois frequenter et y recevoir mille plaisirs et contentements, presentement et depuis la mort de mon cher maistre, cela ne m'est plus que tenebreux. Les esclats de ces sumptuositez d'architecture, de ces bastiments à la mode, ne me touchent plus; ce me sont des antres de la terre, des cachots, des cavernes, lieux affreux et solitaires. Rien n'est plus capable de me divertir et consoler puissamment. Comme David le royal, en ces termes : « Celuy qui espere, et qui pose les fondements de ses esperances en Dieu, ne sera jamais confus eternellement, Seigneur, tirez-moy de ces extases, que je ne pense plus jamais sinon en vous, » donnez-moy une vraye et parfaicte humilité, affin que, les genoux flechis, à mains joinctes et les yeux vers le ciel, considerant vos œuvres incomprehensibles aux yeux des pescheurs comme moy, que je vous invocque et prie continuellement pour l'ame de mon bon et cher maistre. Exaucez mes veux, Roy des cieux, assistez-moy tousjours, car je me trouve presentement environné de tous les malheurs, de la guerre, des meurtres, des assassins ; je ne vois que feux et flames : mes maisons et mes villages sont en flammes, en cendres et presque anneantis, tout est desert. Les forests, les futayes et buissons, là où je soulois prendre mes plaisirs, et les plaines de mon voisinage, là où je soulois exercer le don de Dieu, de venerie, tout cela est parsemé et jonché de corps morts, de cadavres, et de personnes languissantes et agonisantes à la mort, les quelles n'attendent plus, sinon d'estre achevées, tuées et mangées de leurs cohabitants et freres chrestiens. Les bestes mortes et charongnes des voyeries estoient, du passé, de quoy les loups et mâtins se remplissoient et vivoient ; aujourd'huy, la famine et misere sont telles, que c'est la viande la plus ordinaire de nos subjects et des peuples voisins, et plussieurs poussez et constraints à telle extremité de famine, qu'ils deterrent les corps morts pour les manger. Grand Dieu, quel horrible spectacle que je considere, et quelle douleur j'en reçois en mon ame ! Mais vos jugements estants admirables et equitables, armez-moy tousjours de plus en plus de patience, puis que c'est vostre volonté, Seigneur, qu'après avoir jouy et possedé les contentements, douceurs et plaisirs enmiellez de la vie, que je gouste et taste de l'amertume de l'aloes et de l'absinthe des miseres et malheurs communs. J'ay tousjours esté environné des roses, de leur douceur et suavité; maintenant elles me sont fanées et evanouyes; il ne me reste pour resouvenir que les espines de leurs boucquets. Il est juste, Grand Dieu, pour mes peschez, que je gouste du fiel et degoust du grand monde, affin que je sois entierement mortifié et resigné selon vostre divine volonté. Si je voyage presentement, je me treuve arresté; si je cherche repos, me voylà prisonnier de guerre; si je me retire en lieu là où je crois estre en asseurance, les villes sont surprises, mes maisons forcées. Bref, je ne vois que sang, que corps morts estendus sur les pavez et chemins; tout cela m'apprend et me donne entiere cognoissance que ce n'est pas icy ma demeure permanente. Vous voulez, Grand Dieu, que je recognoisse que tout est à vous, qu'il n'y a point icy bas de contentement, nulle asseurance sinon en vous, et que vous muez et changez tout, lors qu'il vous plaist tirer vengeance des humains. Rien n'est plus capable de me consoler, ô mon Dieu, sinon que vous estes misericordieux! Vous me fairez, s'il vous plaist, la grace, comme ces amertumes d'aloes ont la vertu de purger et nettoyer les corps mal sains, ainsy, que les douleurs que je ressens continuellement de la perte de mon cher maistre et de toutes ces mortifications mondaines, cela purgera et affranchira mon ame de ses iniquitez; et je vous louerai continuellement en mes adversitez comme en mes prosperitez, car veritablement j'ay receu consolation en tous ces perils et dangers de mort. Vous ne m'avez jamais delaissé, Seigneur, vous m'avez protegé; aussy j'ay eu du bonheur jusques à present en tous ces hazards, si bonheur se peut tirer et rencontrer dans tous les malheurs de ce temps. C'est pourquoy, ô mon Dieu, je vous loueray par tout et à tous moments, et j'espere que vous me fairez ceste grace que je vous loueray encore en chassant; car l'on parle à present d'une treve, attendant une paix generale. Je visiteray encor les forests, les deserts et les demeures anciennes de vos saincts et bienheureux. Ce sera pour y admirer et considerer, plus que je n'ay jamais fait, vos œuvres incomprehensibles et tant admirables; car dans les creus et cachots de ces lieux solitaires, mes chiens y estants bien ammeuttez de vive force, j'auray l'œil au ciel, l'œil en terre; et pressant leur droict en quelque pays de futaies, là où les arbres sont d'une grandeur qui surpasse les autres arbres en leur rotondité et hauteur, je me souviendray de ce beau et grand figuier qui receut vostre malediction, pour cause qu'il estoit infructueux, sans nuls fruicts et inutil en terre. Plus outre, si mes chiens perchassent aux lieux aquatiques, fleuves, rivieres, ruisseaux, lacs, estangs, marès et autres lieux semblables plains de roseaux, je me representeray continuellement le roseau, que vous aviez en la main pendant vostre saincte Passion, comme aussy les palmes de vostre Resurrection; et sortant de ces lieux aquatiques, ma meutte represse son droict de faire ses fuittes de nouveau aux forests, que je me trouve en ces futayes, là où les chesnes sont tous fort vieux et couronnez, j'auray pour object vostre saincte Couronne; si continuant de bien chasser, nostre droict cherche le change pour s'accompagner, en perçant et reperçant les fors, les haliers et espines, je mediteray au subject des espines de vostre douloureuse Couronne perçant vostre chef; et estant desembarassée des fors, ma meutte chasse son droict en quelques belles futaies de beaux arbres fort droicts, de haut bois, de bois levé, de gaullis, c'est alors que mon ame eslancerat et dardera ses pensées jusques aux forests du Liban. Je me souviendray tousjours des cedres du Lyban, de ce bois admirable, de ce grand mistere de la saincte Croix. Les veneurs des contrées de ma naissance tiennent le jour de Saincte-Croix pour signalé en venerie; car depuis la Saincte-Croix en may jusques à la Saincte-Croix de septembre, ils ont certains droicts et coutumes qu'ils n'ont pas aux autres saisons de l'année. Permettez-moy, Grand Dieu, qu'en qualité de veneur, en vertu de vostre saincte Croix, que je jouisse de ces droicts, non seulement de venerie, mais encor de la paix premeditée en terre, et du droict que vous avez promis à vos esleuz au ciel. Puis que vous estes le fanal du reste de mes jours, maintenant que je suis arrivé à l'aage viel et caducque, et qu'il semble que je n'ay plus rien à faire au monde sinon mourir, que je meure donc assisté et consolé de vostre misericorde! C'est là le point, là où toutes les lignes de la circonference de ma vie doivent abouttir et finir; c'est là mon souverain bien et mon but. Aristote, sur le point de la mort, s'escria en ces termes, *Ens entium miserere mei*, qui signifie, Essence des essences ayez misericorde de moy. Aristote, vous estiez payen et neantmoins vous m'apprenez des belles parolles. Grand Facteur de l'univers, puis que je suis chrestien, donnez-moy la force, assistez-moy de vos graces et benedictions, affin qu'à l'imitation d'Aristote, non comme payen, mais en qualité de vray chrestien, je puisse dire en mourant : « Ô glorieuse et saincte Trinité, ayez misericorde de moy, pauvre pescheur que je suis. Grand Dieu, octroyez-moy de mourir du tout resigné en Dieu, pour aller à Dieu. »

EPISTRE DU COMTE DE BEY,

SEIGNEUR DE DOMBROT,

AUX LECTEURS VENEURS ET AUTRES NON VENEURS.

MESSIEURS, Tous les anciens qui ont escrit de la venerie, les quels ont faict des fort beaux livres, advoüez de l'antiquité et du siecle present, ils ont mis pour chef de leurs chapitres : Comme il faut prendre les cerfs à force, les chevreux, lievres ou autres animaux. Mais pour moy, je me suis contenté de mettre, pour subscription, les reigles de venerie, que j'ay observées pour forcer les cerfs, chevreux et lievres, à cause que j'advoüe leurs escrits très plains de science et que leur travail at esté fort laborieux. Je l'ay aussi fait, pour ne chocquer les sens communs de venerie; et estime grandement le travail de tous braves veneurs, et leur methode de faire forcer à leurs chiens ce à quoy ils les emancipent de chasser, et leur faire prendre de vive force, pourveu que ce soit sans aucun autre affoiblissement, ny methode d'abbreger ce qui fuit devant leurs meuttes, sinon par la violence, vitesse et sagesse de leurs chiens. Mais comme les voyageurs vont en mesmes villes et citez par plusieurs et divers chemins, et ne laissent tous de parfaire leurs voyages, ainsy il y a plussieurs methodes de forcer, les unes plus abbregeantes que les autres.

Et comme ces voyageurs treuvent des chemins plus beaux et polis quelques fois, en se destournants des rochers, lieux fascheux et inaccessibles, de mesme les grands peuvent trouver plus de plaisir en une façon de forcer et courre avec meuttes qu'en une autre. Les uns ayment à courre brusquement; il s'y en rencontre plussieurs, les quels veuillent courre plus prudemment et avec plus de patience : qui est le subject qui m'at obligé à representer fidellement les reigles de venerie, que j'ay observées et pratiquées, pour forcer les cerfs, chevreuils et lievres, affin que si les jeusnes veneurs treuvent, en mes escrits, quelques traicts de venerie qui soient selon leurs desirs, qu'ils s'en puissent servir, soit pour le contentement de leurs maistres, ou le leur si les meuttes sont à eux. Vous trouverez donc, en la table de mon livre et de mes escrits : des abbregez de ce que contiennent les chapitres touchant plussieurs belles moralitez et curiositez qui concernent la venerie; de suicte les qualitez et fonctions du veneur, avec les parties essentielles de venerie; après, que la venerie n'est pas donnée de Dieu, en faveur des hommes avares et mechaniques; reiglement des veneries et inconvenients qui regardent les veneurs; et par ordre, sont les fondements et conceptions de venerie, qui donnent cognoissance aux jeusnes veneurs des deffaults et desordres de chasse et des chiens propres à les relever et emporter, qui sont les fondements et baze de cette science. Plus avant se trouve la Venerie Royale, qui s'explique la chasse du cerf, la façon de tenir meutte, de l'exercer et de forcer le cerf par tout où il puisse ruzer, touchant la terre. Le naturel de vingt-cincq chiens chassant en meutte y est aussy representé, avec leurs naturels, leur façon de chasser et humeur en chassant, les differents de venerie, qu'ils estoient propres à vuider et selon leurs airs. Plussieurs moralitez, à la fin des chapitres, qui regardent directement le jeusne veneur, pour en faire un homme d'honneur et de conscience, ainsi qu'Apollon et Diane dresserent Chiron à cest exercice, à cause de sa preudhonmie, bon fondement de ceste science, l'histoire de Xenophon le justifie, ces moralitez sont tirées de l'humeur et naturel des chiens adjustez et dressez en meutte, dont le parfaict veneur en a cognoissance ; ce nombre de vingt-cincq chiens suffissant pour forcer ce qu'il ameutte et chasse. L'exercice d'une meutte à lievre y est aussy, qui rend subtil un jeusne veneur, qui raffine son intellect de venerie à faire bien chasser toutes sortes de meuttes. La venerie du sanglier, plus grossiere et perilleuse, y tient son rang : comme il le faut enfermer, le forcer d'entrer au cours ; le travail du cours, des tranchées et barrieres ; bref, comme il le faut enferrer avec l'espieu et donner plaisir aux dames ou autres compagnies qui sont au cours. Et pour fin, la venerie pour chevreuil, scientifique et très difficile, y est représentée, avec plussieurs beaux traicts de venerie touchant le change pour chevreuil, avec des moralitez appliquées selon la necessité des desordres de chasse. Voilà l'abbregé du subject de mes escrits de venerie. Que si Messieurs les lecteurs ne veuillent prendre la peine de lire mon livre entierement pour y profiter, qu'ils lisent toutes les annotations qui sont aux marges ; et s'ils ont quelques doutes ou curiosité de venerie, ils trouveront en quelque endroict de quoy à les satisfaire sur les difficultez de venerie qu'ils desireront estre esclaircies, et trouveront plussieurs curiositez et moralitez tirées de braves autheurs. Ce ne seront pas icy des fictions, comme celles qui sont representées aux Metamorphoses d'Ovide. Vous ne trouverez pas une biche, qui a les pieds d'airain, la teste d'or, la quelle estoit consacrée à Diane selon les fictions, et donnée par Euristée à Hercules pour la forcer en un an. Vous verrez icy des veritez de venerie des cers, qui sont naturellement representez, sans pieds d'airain, sans teste d'or, les quels ont accoustumé, estant bien chassez, de demeurer debout devant des excellentes meuttes deux heures, trois et quatre heures plus ou moins, encore qu'ils soient bien ameuttez de vive force et perchassez jusques aux abois. Voilà ce que vous trouverez en mes escrits de venerie. Et comme j'ay tousjours esté très curieux à rechercher les excellents autheurs, pour me donner lumiere et intelligence de ceux qui ont escrit en faveur de la venerie, ou bien de ceux qui l'ont blasmée, je trouve que ce mot de chasseur est receu universellement; mais ce mot de veneur n'at aucune sympatie avec ce mot universel de chasseur, comme d'alouettes, de grives, de chasseurs de canards, bref de tireurs d'arquebuse à toutes sortes de gibier, de ces chasseurs qui sçavent si bien tirer ce qui fuit devant une meutte. Ha! ne vous mesprennez pas, cela n'est pas de l'art du vray veneur. Je trouve donc plussieurs qui nous mesestiment en leurs escrits; mais ce ne sont pas des Alexandres, des Pompées, des Cyrus ou Xenophons. Cela ne nous touche pas; nous leur sommes incognus en notre travail et en la fonction de venerie et de veneurs. Que si un jeusne veneur met le nez en ces beaux livres et graves autheurs, qu'il ne se scandalise nullement de leurs alleguez et de leurs escrits au desavantage des veneurs; car je trouve qu'ils ont raison. La venerie n'est pas souvent exercée punctuellement selon ses reigles; mais seulement c'est chasse la plus part du temps, et n'estant que chasse sans venerie, je quitte le party des chasseurs, pour fortifier le party de ces grands personnages. Et lors que les puissants roys et monarques nous ont fait l'honneur de nous appeller compagnons de la venerie, ils n'ont pas creu parler à toutes sortes de chasseurs ; seulement ce nom de veneur at esté privilegié. Les roys n'appellent pas les chasseurs d'alouettes, les tireurs de gibbiers, de cer, de faulve, leurs compagnons de venerie ; au contraire ils les font chastier. Ces censeurs de chasse ne vous blâment donc pas, jeusnes veneurs et autres, au contraire ; lisez leurs escrits, vous profiterez grandement, soit à corriger vos imperfections si aucunes en avez, soit à reprimer les erreurs de venerie que vous commettez souvent, par megard ou par trop de violence. Par leurs escrits, vous apprendrez aussy les termes de venerie mieux que vous ne pouvez faire dans les forests ; et en ce qui concerne la conscience, ce sera par ces saincts escrits et par ce livre de pieté que vous apprendrez à servir Dieu, affin que vous esperiez de recevoir la mesme consolation que receut un ame bienheureuse : « Les cerfs des montagnes vous soient un plaisant exercice. » Ce sont les mesmes parolles, que j'ay tirées de ces grands personnages. Voilà un suffisant tesmoignage que la venerie est agreable à Dieu, veu que les cerfs sont donnez pour plaisant exercice à une ame qui est à la voye et au chemin de salut. Du temps des payens, Castor et Pollux, à cause de leur addresse particulierement en venerie, furent mis par les Grecs au rang des Dieux, voyez Xenophon. Mais pour nous distraire de ce divin exercice, l'on nous represente que bien qu'il y ait eu quantité de saincts personnages, qui ont esté très excellents en l'art de venerie, que neantmoins après leurs inspirations ils n'ont plus esté veneurs ; tout cela fait pour nous et est à nostre advantage. Lequel seroit si malheureux d'entre nous, s'il estoit vray veneur, ayant ces sainctes inspirations de Dieu, qu'il ne quittat la venerie pour s'unir avec son Createur? Nous quitterions les plaisirs des deserts pour jouir des celestes, et dirions hardiment ce que dit l'ame desireuse de salut : « J'iray à Dieu, plus viste que les fans qui se sauvent, entendant une meute, ou plus agilement que les cerfs lancez de leur douce repozée. » Placidas appellé sainct Eustache, avant qu'il fut baptisé et chrestien, fut fait conestable de la gendarmerie de Vespasian, de Tite, de Trajan, et vray et franc veneur, courant un cerf, il entendit une voix : « Placide, pourquoy me persecutez-vous? » Ceste voix luy dit de plus : « Je suis Jesus-Christ qui suis mort pour vous; allez trouver le prestre des chrestiens, il vous baptisera, vous, vos enfants, vostre femme; puis revenez en queste, vous me reverrez encor et vous prescriray icy ce que vous aurez à faire. » Placide, vous avez eu cognoissance du vray Dieu en vostre art de venerie; la voix ne vous a pas dit : « Placide, pourquoy me persecutez-vous? » comm' estant veneur et exerçant la venerie, mais en qualité de payen et exerçant la loix du paganisme. Voyez à ce subject Philippe d'Angoumois, capucin, l'un des plus beaux livres du monde; il dit de plus que sainct Eustache, par cy-devant nommé Placide, vit le premier crucifix. Messieurs les lecteurs, considerez que Dieu commanda à Placide, nommé sainct Eustache, de retourner en queste et à la venerie depuis ses saincts commandements. La venerie est donc très agreable à Dieu; car aux autres exercices ou actions vilaines et infames, lors que Dieu inspire une ame, il la retire promptement des functions ou actions qui repugnent à sa divine Majesté. Or l'on nous attacque encor sur les subjects de la chasse et sur plussieurs actions, les quelles ne vaillent rien : que les paysans ne tirent, sinon pour payer ce qu'ils doivent et avoir du pain. C'est un pain bien mal asseuré, des creanciers mal satisfaits, et souvent interests sur interests; car je puis hardiment asseurer que, de tous ceux que j'ay veus ou cognuz se mesler d'estre tireurs, sans autre fonction ny mestier, tousjours de cent il ny en aura pas dix qui ayent du pain pour nourrir leur famille; les quatre-vingt et dix ou plus sont miserables, et la plus part, s'ils ont du bien, il se pert par negligence. Jeusnes veneurs, ne prennez pas icy interest, si vous estes vrays veneurs; ce mestier de tireur est bien au dessous de la fonction de venerie. Les Grecs souloient dire que les veneurs sont faits à mespriser la malice et le gain deshonneste. Ce mestier de tireur n'at ny ne doit avoir nul accès à vostre fonction. La venerie ne s'effectue pas avec armes à feu; vos armes, c'est une petite espée, une housine et vostre meutte. Mais ceux qui n'ont pas entiere cognoissance des ressors de venerie publient que le veneur ne vat au bois et ne se leve matin, sinon pour avoir un habit du roy, cincquante escus, pour trouver le hardouer. Je vous asseure que les plus pauvres d'entre nous, s'ils sont francs veneurs, ne vont nullement au bois pour l'habit ny pour les cincquante escuz du roy; mais après avoir percé et repercé les forts, les hailliers, tailles et brandes, s'ils trouvent le hardouer, l'honneur qu'ils esperent de recevoir, en le presentant au roy ou prince, cela les pousse à ne craindre l'esguail ny la rosée, tellement qu'ils sont percez comme s'ils avoient esté plongez dans l'Ocean, et les forts, halliers et espines ont tellement brisé leurs habits, que souvent ils ne paroissent plus que des lambeaux; et si au retour, à l'assemblée, les roys et les grands ont quelque souvenance de leur travail, et qu'ils usent de quelque liberalité, à l'un pour avoir un habit, à l'autre pour un cheval, celuy qui aura l'habit du roy en aura peut-estre usé ou dissipé une douzaine plus ou moins, l'autre qui reçoit les cincquante escus aurat crevé et fait mourrir plussieurs chevaux, en accompagnant les chiens à quelque cerf qui se forpeize des relais et fuit au rebours de son droict. Pourquoy nous censurez-vous d'esperer et recevoir legitimement les bienfaits des roys et des grands? Ce n'est pas que je n'advoüe vos escrits pour ceux qui le font, comme vous dites; mais le franc veneur jamais ne vat à la campaigne et au bois que pour l'honneur. Sa science depend seulement de l'intellect, et at tellement accoustumé à bien faire, qu'il ne sçauroit faire mal sinon par megard; il faut aussy qu'il soit traicté honnorablement. Je veux, Messieurs, qu'il s'y rencontre quelque infame qui se dit veneur, il n'est pas pourtant vray et parfait veneur, il n'en a que l'apparence; et quand il s'y trouve quelques infames dans une secte ou en quelque ordre, l'on bannit ceux-là, l'on les punit et oste de la compagnie des gens d'honneur; les sectes, les ordres, ne laissent d'avoir leurs mesmes perfections; il en est de mesme de la venerie, celuy qui a l'ame mal faicte et de travers, cela est esloigné et ne touche pas aux vrays et parfaits veneurs. Allons plus loing: vous accusez plussieurs souvent visitez de n'aller à la chasse, sinon pour couvrir leur table de levraulx, de canards, de perdrix. Si c'est pour les veneurs, tout le monde sçait que ce seroit un repas mal asseuré, de convier un ami sur l'esperance de sauver un levreau d'entre les gueulles d'une meutte à lievre. L'on ne tient pas des meuttes, pour aucun gain mercenaire ou proffict qui en reussisse ; l'on sçait assez à quoy monte la despence de quarante ou cincquante chiens de meutte; l'on ne les tient sinon pour le plaisir seulement. C'est pour quoy les veneurs qui ont envie de tenir table n'abuttent pas leur journalier sur une meutte de chiens; ils ont des pourvoyeurs, et s'ils n'en ont, les marchez des villes voisines sont bien plus asseurez, pour les ragousts et pour fournir les tables. Mais s'il arrive que mes chiens ayent forcé quelque cerf ou chevreuil, ayant fait curée et droict à mes chiens, tel droict et curée que chiens chassant en meutte pour le cerf doivent avoir, je ne fairay pas porter le reste de la venaison à la voirie; je m'en serviray, soit pour servir sur table, ou en envoier à de mes amis. De mesme, si je sauve un lievre ou levrau de quarante chiens courants, je ne le jetteray pas au coing d'un buisson pour les corbeaux; je le serviray à un ami ou luy envoyeray. Or dites-moy, je vous supplie, cela peut-il rendre un veneur coupable de quelque censure? Ce n'est pas ma croyance, cela ne ternit en rien la grandeur et la gloire de ceux qui exercent ce divin exercice. Ce n'est pas tout, l'on nous fait voir un Esaü grand chasseur; je l'advoüe pour tel, mais je ne l'advoüe pas pour veneur, pour compagnon de la venerie. Bien que le mot de chasseur soit universel, cela ne deroge en rien à ce don de Dieu, de venerie, l'Escriture le justifie; car lors qu'Esaü receut commandement de son pere, Isaac, d'aller à la chasse, ce fust en ces termes : « Mon fils, Esaü, prennez vos armes, vostre trousse, vos fleches, que je mange de vostre chasse. » Voylà qui est bien esloigné de l'art de venerie. Nos armes, comme j'ay dit cy-dessus, c'est une meutte, une espée, une housinne. Si mes chiens ont reduit un cerf en quelque riviere, fleuve, estang, que mes chiens l'ayent reduict à ceste extremité selon les reigles de l'art, et que ce cerf est rendu aux abois, craignant qu'il ne tue les chiens, ne se gaste et devienne fourbu, alors si quelqu'un passe avec une harquebuse, je souffriray qu'il le tue, ou bien j'envoyeray querir une harquebuze au village voisin, s'il est impossible que les chevaux abordent le cerf sans estre à nage. Mais, lecteurs, cela n'est pas venerie ; la venerie c'est la science qui at adjusté les chiens, la meutte, à reduire le cerf à l'extremité qu'il se voit hallant, aux abois, au milieu de ces eaux. Esaü, vous n'estiez donc pas mon compagnon de venerie, puisque vous n'aviez pas de meutte et que vous aviez donné vostre legitime, à ce que dit l'Escriture, pour une escuelle de potage ; cela vuide le different que vous n'estiez pas veneur. Il est suffissament justifié par ceste action ; neantmoins s'il en restoit quelque doubte à quelque curieux, qu'il s'addresse à un vray veneur d'art et de science, et il verra que si ce veneur espere quelque legitime ou patrimoine, il ne donnera jamais son droit pour une escuelle de lentilles, comme fist Esaü, quant bien on y adjousteroit du musque ou de l'ambre gris. Jeusne veneur, courage, vous ne perdrez pas la benediction de vostre pere, comme Esaü la perdit, si vous exercez punctuellement l'art de venerie ; Dieu vous benira de ses graces, qui vous causera la benediction de vostre pere et de vostre maistre. Je vous oppose, icy, à cest Esaü des Achilles, des Diomedes et Ulisses, les quels furent cause de la prise de Troye la Grande, tous braves veneurs disciples de Chyron, selon l'histoire des guerres grecques. Monsieur le chevalier de l'Escale, cavalier vertueux et de merite, m'apprend par un fort beau livre, qu'il a fait de la cure des chiens, que Xenophon appelloit la venerie invention des Dieux ; luymesme, Monsieur le chevalier de l'Escale, l'appelle divin exercice ; mais moy qui suis chrestien, je l'appelle don de Dieu ceste science de venerie. Caïn, vous n'avez pas ce don de Dieu ; neantmoins plussieurs nous renvoyent au principe de l'antiquité, et là ils vous figurent estre un grand chasseur. Je le veux que vous soyez tel, mais non pas veneur, car les veneurs de l'antiquité pour la plus part estoient des hommes illustres; mesme des femmes ont esté du nombre : la chaste Diane deifiée par les payens, à cause qu'elle exerçoit la venerie; de mesme Procris, et la belle et courageuse Attalante qui enferroit les sangliers. Or la venerie est composée de multitude, d'où derive ce mot de meutte; où auriez-vous, Caïn, assemblé vos veneurs, de quelle province? Non, non, bien, chasseur, pas veneur. De quel pays les auriez-vous assemblez, puisque le monde n'estoit pas encor peuplé? Vous estiez, Caïn, un jetteur de pierres, un jetteur de fronde; tout cela n'est pas equipage de venerie; encor vos arcs, vos flesches, vostre masse, encor moins armes de venerie. Cette petite espée que portent les veneurs, ce n'est pas pour tuer les cerfs, au partir de leur reposée, ny du laissé-courre; c'est pour coupper les jarrets à un cerf, lors que la meutte l'at affoibly : soit en passant une plaine, l'attrapper de la vistesse d'un courreur, ou bien à pied, à la faveur et à couvert d'un chesne ou autre arbre, d'un hallier, ou à la plaine à couvert de quelque terme ou d'un fossé relevé. Les veneurs tuent les cerfs aux abois, en la sorte et non autrement. En Angleterre, ils les tirent avec des arbalestres, lors qu'ils sont aux abois, cela ne deroge en rien à la venerie, car ils sont à l'extremité; c'est affin que les cerfs ne tuent et blessent trop des chiens; et ainsy ils conservent leurs bons chiens, sans faire tort à ceste science, puisque les chiens les ont reduits à ceste extremité. Mais de plus, pour faire abhorrer la venerie, l'on represente les perils qu'il y arrive des arquebuzes : l'un tombe mort d'une harquebusade; l'autre estropié, qui d'un bras, d'une jambe, qui defiguré le visage, les yeux percez de trente, quarante dragées; tout cela est veritable, je l'advoüe, mais cela n'est pas venerie. Ceux qui sont blessez en la sorte ne sont pas blessez en exerçant la venerie, mais bien à la chasse des tireurs; et comme ce mot de chasseur est universel à toutes personnes qui vont à la campagne, le mot et terme de veneur ne l'est pas. Que si l'on voit passer des cavaliers avec meuttes, leur qualité doit estre veneurs, à cause que c'est leurs chiens qui chassent, et les veneurs les font chasser. Je dis d'un chien de change, voylà un hardy chasseur; d'un autre, c'est un chien qui chasse hardiment au double ou voyes doublées, ou bien aux chaleurs. J'use de ces termes touchant mes bons chiens; mais c'est moy, en qualité de veneur, qui les fait chasser. Or si un arquebusier est seul à la campaigne pour tirer un cerf, chevreuil ou lievre, ou bien s'il vat sur la riviere giboyer, alors voylà un chasseur, par ce que c'est luy qui chasse; ainsi d'autres petites chasses, comme tendeur d'alouettes, chasseur de pipée, voylà des chasseurs, mais non pas veneurs. Le veneur, prennant un' arquebuse et allant tirer, comme un autre il peut estre chasseur; alors il irat tirer un lievre, un canard sur la riviere; il participe en ceste action à ce mot universel de chasseur, cela luy est familier, et ne laisse pourtant de conserver sa qualité de veneur, l'ayant acquise de jeusnesse par l'exercice. Mais le tireur et chasseur ne peut estre veneur, s'il ne l'at apprins; donnez-luy le plus grand et monstrueux cor à la mode, faites-luy menner tous les chiens d'une venerie, c'est tousjours un chasseur, pas veneur; car il n'at pas apprins ceste exercice et ceste science : grande et notable distinction. Nous avons deux sortes d'exercices de venerie : la plus scientifique est celle de forcer avec meuttes; l'autre, d'enfermer avec toilles et pans les bestes farouches, furieuses et devorantes, comme lions, leopards, onses, pantheres, tigres, sangliers, laies, bestes de compagnie, ours, loups, loups-cerviers, faire dresser des beaus acours pour levriers, ou bien applanir des cours fermez avec toilles, et à coups d'espées ou d'espieux affronter et tuer ce qui entre au cours. Voylà les effects de bons veneurs, exercice fort dangereuse particulierement en Afrique et en Asie, là où sont les lions et tigres et autres bestes devorantes. Nous avons, en ces pays, les sangliers et les cerfs très dangereux aux abois; à ce subject, les histoires me font voir l'empereur Basile, de Grèce, tué d'un coup d'andouillier aux abois d'un cerf. J'en ay veu tuer deux de mon temps et blesser plussieurs; mais cela à la venerie sont accidents, rencontres, et souvent la faute des blessez à se precipiter à qui tuera le cerf, le premier. Je veux que les perils y soyent grands, et frequents dangers de mort, des cheutes, des membres brisez, fracassez; la venerie demeure tousjours en sa splendeur, en son innocence; que, s'il n'y avoit aucun peril en cest exercice, il appartiendroit plus tost à des chambrieres de jouir du contentement de venerie, que non pas aux roys, princes, aux hommes vigoureux et qui ont veritablement la qualité d'homme. Vous me mettez en ligne de compte ces perils de venerie; vous ne me dites pas que ceux qui se conservent le plus tombent souvent en d'autres inconvenients, dans leurs maisons, exerçants leurs plaisirs delicats et effeminez : l'un se trouve mort dans son lict; un autre, une catarre le surprend à table, ou ailleurs une apoplexie, litargie, tout en discourant du passé, du present et du future; il y at des perils de mort partout. Dites-moy, je vous supplie, si c'est en la venerie seule qu'il y at peril et danger de mort? Non, c'est par tout, sous ceste voute azurée, qu'il y at perils. Voyez Xenophon, le quel atteste que les hommes addonnez à la venerie sont ordinairement vigoureux, robustes au travail, que la veue, l'ouir, s'en conservent mieux et en deviennent meilleurs, qu'ils ne sont pas si tost vieux et caduques. Or voyons si dans l'antiquité vous me donnerez encor quelques compagnons de venerie que je puisse advoüer. J'apperçois David, vous me le presentez. David jettant des pierres, jouant de sa fronde, jettant par terre les bestes farouches qui vouloient ravir et devorer ses moutons, brebis et agneaux, il n'est pas veneur. Mais depuis qu'il est le royal David, qu'il at cognoissance de venerie, qu'il en parle sciemment et dignement en ces termes : « Comme le cerf va cherchant et suivant le cours des eaux, ainsi mon ame vat après vous, vous cherchant et desirant, mon Dieu. » Ha! presentement vous estes veneur, puis que vous avez cognoissance d'un cerf reduit à ceste extremité. Le Psalme quarante et un justifie ces parolles. Et vous, bienheureux sainct Basile, ne vous advoüiez-vous pas aussi veneur, lors que vous addressiez ces parolles à la Vierge : « Tout ainsy que les cerfs desirent et cherchent les eaux des fontaines, de mesme, Vierge sacrée, mon ame ne respire autre chose que vous? » Jamais un veneur de conscience, d'art et de science, n'at parlé plus pertinemment et sciemment de la venerie que cela; car, lors qu'un cerf est reduit à ceste extremité que de chercher les eaux, nos chiens redoublent de jambes et de force et redoublent la voix, de là nous tirons conjecture asseurée qu'il serat bien tost sur ses fins et aux abois. Voylà de nos autheurs de venerie! Voyez ces beaux livres de venerie. Si vous en voulez encore sçavoir nos autheurs, vous y trouverez nos compagnons veneurs de l'antiquité : des Æneas,

Ascanius, Silvius, Brutus, des Turnus, qui viennent de Troye la Grande, tous mouillez de leur naufrage ; des Doncherribes, roy de Barbarie et de Mauritainie ; des seigneurs Gaston de Foix, du Fouillou, les quels ont fait des fort beaux livres de ceste science ; des Huet de Nantes. Voyez le livre de Monsieur le chevalier de-l'Escale, qu'il at intitulé la *Sinozophie ou Cure des chiens;* vous y trouverez que des empereurs, des roys, des cardinaux, des princes ont fait des livres de cest exercice de venerie. Le grand sainct Hubert n'est-il pas aussy un de nos autheurs de venerie et de conscience? Le seigneur du Fouillou le tesmoigne, au traicté qu'il a fait de la race des chiens, dont il n'oublie pas la race des chiens noirs de Sainct-Hubert et de Saint-Eustache, et dit qu'il est à conjecturer que les bons veneurs les ensuivront en paradis. Le roy Charles neufiesme, aussi admirable en ceste science, a faict un livre de venerie, auquel l'on ne peut rien adjouster. Je treuve, par ses escrits, que le roy sainct Louis, estant à la conqueste de la Terre Saincte, fut fait prisonnier, et estant sur le point de sa liberté, il apprit qu'il y avoit une race de chiens en Barbarie qui estoient fort excellents pour le cerf; à son retour, il en ammena une meutte de chiens gris, couleur de lievre, à ce que dit l'histoire. Ne vous estonnez pas, Messieurs, qui estes ennemis de venerie et des incommoditez que y rencontrent les incognus de ceste science, comme du froid, du chaud, des frimas, des pluyes et rosées froides, du travail violent et excessif d'aller aux bois, de demeurer dix-huit heures à cheval à la campagne, tantost à pied en sueur, plus loing refroidy; voilà à la verité les incommoditez, que vous vous figurez estre en venerie, comme il y en at, si le parfait veneur ne sçait en user avec prudence et moderation ; mais neantmoins ce sont les exercices et contentements de ces saincts, de ces ames bienheureuses, esleües de Dieu, les exercices de ces puissants roys, qui sont les oints du Seigneur; nous avons des admirables autheurs. Je vous fais voir ce mot de veneur au plus haut poinct que vous l'ayez encor consideré; et des siecles passez et du present, en quelle consideration ont esté les veneurs, en France, auprès de leurs roys. En la Grande-Bretaigne, autrement Angleterre, Escosse, Irlande, et autres pays voysins, ils ont tousjours esté privilegiez et favorisez des monarques et potentats de la terre. L'on nous fait encor plussieurs attacques, avec des recruës des ragousts de ces festins, qui se font en plussieurs assemblées, tout cela n'est pas de l'essence de venerie; de ces assemblées qui se font aux villages, avec quantité de desseins en faveur de Venus. Nos assemblées anciennement se faisoient dans le creu des forests, comme elles se doivent faire; les ragousts, du pain et du vin, ainsi que Cyrus le Grand, empereur des Perses, admirable veneur, se contentoit à ses assemblées de pain et d'eau. Le jeusne Cyrus de mesme mange du pain et boit de l'eau à ses assemblées, à dessein d'estre compagnon d'Adonis. Cela demeure dans ma plume, de crainte que je ne chocque les sens de plussieurs; touttes fois je ne laisse de dire et de publier que ces grands personnages, les quels ont escrit contre le desordre de venerie, qu'ils ont juste raison de blasmer ce qui est contre Dieu et la bienesceance; mais j'ose dire que cela ne chocque pas le vray veneur, car à un beau jour, choisi pour le plaisir de son maistre, il n'at autre soing, sinon de gaigner le temps pour exercer cette science de venerie. Monsieur le chevalier de l'Escaille me fait encor voir, dans Suetone, que l'empereur Tibere nota d'infamie un officier d'une legion, à cause qu'il avoit envoyé quelques soldats à la chasse. Ce ne pouvoit pas estre, à la venerie exerçant une meutte, le subject que cet officier receut infamie; mais bien pour avoir fait abandonner le quartier à ses soldats, peut-estre contre l'ordre de son general ou legionaire, puis que mesme, en ces siecles passez dont il est question, la venerie estoit en aussi haut poinct qu'elle puisse estre presentement, comme il se voit par l'histoire de Placidas, depuis qu'il fut chrestien nommé sainct Eustache, du temps de Vespasian, de Tite, de Trajan. Mesme du regne d'Alexandre le Grand, il est fait mention, dans Pline, d'un chien qu'Alexandre faisoit porter à la chasse, et puis à un deffaut celuy qui l'avoit devant luy à cheval le mettoit à terre, et alors ce vieux chien faisoit des merveilles de venerie. Si ce grand Alexandre, le miroir des monarques conquerants, exerçoit la venerie, il ne faut pas croire que cest officier legionaire aye receu cette infamie, pour avoir envoyé exercer la venerie à ses soldats, mais bien pour les avoir envoyez à quelque autre chasse, ou plus tost pour avoir manqué aux loix, ordres et commandements de la milice, qui estoient pour lors donnez et publiez à son quartier ou poste. Le grand Cyrus, luy-mesme, menne ses soldats à la chasse; puis, estant en paix et repos estably par ses conquestes, les exerce à la chasse des animaux furieux, comme lions, ours, sangliers; disoit, pour les entretenir aux exercices de la guerre, pour estre prompts à cheval en tous lieux, en plaines, montagnes, descentes; dit qu'elle rend les hommes agiles à ce que l'on peut requerir d'eux; enjoint aux gouverneurs des provinces de son royaume de menner souvent à la chasse les seigneurs de leurs gouvernements. Le jeusne Cyrus de mesme, lors qu'il passa l'Arabie Deserte avec une armée; Xenophon estoit avec luy, il le menne avec luy à la chasse avec plussieurs soldats. Xenophon, au traicté qu'il a fait de la cavallerie, allegue que les veneurs sçavent soulager les chevaux : en montant, qu'ils se panchent sur le devant; descendant, ils se tiennent en arrière, sur la crouppe; et allant de costé sur les panchants des montagnes et rochers, ils se sçavent donner le contrepoix, pour empescher le cheval de glisser ou tomber; que cela sert grandement, à la guerre, à un cavallier armé, de se donner le contrepoix, pour n'estre souvent terrassé. Voicy encor, dans l'histoire grecque, Lycurgue qui ordonne, à Sparte, que la jeusnesse aille à la chasse, disant que cela lui estoit exercice honnorable. Mais plussieurs Romains n'estoient pas exercez à la venerie, car leur laissé-courre estoit à des empires, royaumes, republiques, provinces et principautez, et leurs cerfs aux abois estoient des roys, des republiques, des princes et des peuples subjuguez. Touttes fois le grand Pompée est pour nous, il nous est favorable; car commandant en Afrique, après avoir subjugué et mis à la raison les Afriquains, il y exerce la venerie, le voilà un de nos autheurs. Que si les Romains, senateurs ou autres, eussent eu cognoissance des ressors de venerie, ils auroient fait sans doute estat des veneries, comme des très puissants seminaires de jeusnesse, les quels leur auroient produit quantité de braves hommes pour servir en leurs conquestes, comme il se voit presentement dans la France, et par les registres des guerres ou dans l'employ, qui fait voir comme la milice et la venerie ont quelque correspondance et nulle repugnance. Xenophon, general de l'armée grecque, dit que les veneurs laissent les voluptez infames et qui sont inutiles, que ce sont les exercices de la venerie entre tous les autres qui font les meilleurs soldats et les sages chefs d'armées; represente qu'un veneur posé au premier rang que l'on ne le verra pas reculer. Mais considerons, je vous supplie, ces braves hommes dans la France, tirez des veneries des roys, ou bien qui sont excellents et admirables en venerie, dont il y en at qui meritent d'estre mis et colloquez au nombre des hommes illustres. Je vous fais voir des soldats, officiers, des capitaines d'infanterie, cavallerie, des maistres de camp, adjudans, mareschaux de camp, des mareschaux de France, des gouverneurs de provinces, des gouverneurs de places frontieres, des generaux d'armées; et dans la cour, auprès de la personne de leurs roys, l'on les voit posseder des premieres et plus honnorables charges de la cour. Lecteurs, voilà de nos braves autheurs, soit de l'antiquité ou du present. Ce ne sont pas des infames, que plussieurs historiens se sont figuré estre des veneurs. Mais ils se sont grandement mespris, à cause du mot general et universel de chasseur, dans le quel ils ont incorporé et confondu le mot de veneur, sans en faire aucune distinction, comme je fais presentement, sous l'authorité de ces grands autheurs de venerie. Voilà ce que j'avois à representer aux lecteurs veneurs et autres non veneurs, en faveur de la juste cause de venerie, et de quoy je veux faire un retranchement general contre la tyrannique censure. ADIEU.

APPROBATION

Nous, Hercules de Rohan, duc de Montbazon, pair et grand veneur de France, gouverneur et lieutenant general, pour le Roy, de Paris et Isle-de-France, le sieur comte de Bey ayant mis ses escrits de venerie à nostre censure, après les avoir considerez, nous les approuvons et les avons jugez en estat d'estre mis sous la presse, affin d'estre manifestez à tous veneurs et autres, curieux de ceste science. Fait à Paris, ce douziesme jour d'Avril mil six cent trente six.

H. DE ROHAN.

A Monsieur,

Monsieur de SAINCT-RAVY, Gentilhomme de la Chambre privée de Sa Majesté, le Roy de la Grande-Bretaigne, et Grand Veneur de la Reine.

MONSIEUR, Encor bien que j'ay esté, par plussieurs et reiterées fois, sollicité de mes amis de mettre sous la presse mes escrits de venerie; mesme par un livre, imprimé depuis deux ans ou environ, j'en ay esté très particulièrement convié, ce livre intitulé, la Sinozophie ou Cure des chiens, *fait par un très brave gentilhomme nommé Monsieur le chevalier de l'Escalle, le quel depuis m'at esté solliciter, par plussieurs fois, de mettre mon livre sous la presse; mais, comme les hommes se trouvent rarement universels en ceste science de venerie, que les anciens ont appellée divin exercice, j'ay tousjours differé, esperant que Dieu et ma bonne fortune m'en fairoient rencontrer par occasion quelqu'un, qui aye les qualitez necessaires pour estre advoüé universel et parfait en venerie : qui est estre bon cognoisseur, sage et prudent chasseur, hardy et consideré picqueur. Or, comme ces qualitez se rencontrent en vostre personne, et qu'elles vous sont familieres, qui vous rend universel en la pratique et teorique de venerie, à dresser et adjuster les meuttes à forcer ce qu'il vous plaist; à ce subject, j'ay osé vous supplier de considerer et prendre la peine de lire quelques-uns de mes escrits de venerie, si vostre commodité ne vous permet de lire et voir le tout, pour y augmenter ce que vous y treuverez d'obmis et diminuer et reprimer les erreurs. Ce sera effectuer les effects de votre probité et bienveuillance envers la personne du monde, sur qui vous ayez le plus puissant ascendant, et qui honore le plus vostre personne et vos merites. Je vous convie donc de ne me pas denier la faveur de m'escrire vostre sentiment de venerie, au subject de mon foible travail. Cela fortifiera et appuiera le dessein, que j'ay de mettre mon livre au jour et sous la presse; faira d'autres bons effects envers les jeusnes veneurs, curieux de la science de venerie, les quels auront, à la posterité, obligation à vostre memoire, et vous fairont renaistre au Temple de l'immortalité, tellement qu'après que vous aurez continué ce divin exercice de venerie, quatre-vingts ou cent ans, dans les deserts et lieux solitaires, vous serez, à l'imitation des saincts bienheureux, sainct Ravy en ces deserts et en terre, et après Dieu vous appellera sainct Ravy au ciel, et moi je seray qualifié, vivant et mourant,*

Monsieur,

Votre très humble et très obligé serviteur,

JEAN DE LIGNIVILLE,
Comte DE BEY.

De Paris, ce 20 janvier 1636.

A Monsieur,

Monsieur le Comte de BEY.

MONSIEUR, J'ay veu la lettre que vous m'avez fait l'honneur de m'escrire, et suis honteux des louanges que vous m'y donnez, les meritant si peu. Je suis veneur très ignorant et moins capable, que pas un de ceux que vous avez veus, de vous conseiller en vostre dessein. J'advoüe pourtant trouver vos escrits parfaitement bons, et ne doute point que tous les veneurs, tant jeusnes que vieux, ne vous eussent de l'obligation de les mettre au jour, y voyant pour eux tant de matieres d'apprendre. Pour moy, qui en ay plus de besoing que personne, je ne sçaurois m'empescher de les avoir tousjours à la main, et de les aymer singulierement, tant pour les bonnes choses que j'y remarque, que par ce qu'ils viennent de vous, que je suis obligé d'honnorer et estimer sur tous les hommes du monde, et d'estre toute ma vie,

Monsieur,

Votre très humble et très affectionné serviteur,

de SAN RAVY.

De Paris, ce 25 janvier 1636.

AU COMTE DE BEY,

GRAND VENEUR DE LORRAINE.

Il ne faut point doûter que ton experience,
Comte, que ton bon sens, ton travail, tes escrits,
Ne monstrent clairement, aux yeux des beaux esprits,
Que des meilleurs veneurs sont faits par ta science.

Leur art qui paroissoit confus, dans l'oubliance,
Qui n'avoit que du bruict, pour estre mal compris,
Se voit, par ton discours, tiré hors du mespris,
Et remis en son droict par ton intelligence.

Qui te peut trop louer? Est-ce offenser les Dieux,
Que dire hautement qu'ils n'ont jamais fait mieux?
Puis que les imitant, ainsi comme un oracle,

Tes beaux enseignements ont si bien debattu,
Que d'une passion s'est fait une vertu.
Ont-ils jamais fait plus que de faire miracle?

CHASTENAY.

LA MEUTTE ET VENERIE POUR LE CERF

LA

MEUTTE ET VENERIE

POUR LE CERF

LES QUALITEZ ET FONCTIONS DU VENEUR, ET DES PARTIES ESSENTIELLES DE VENERIE, FAITES ET PRATIQUÉES PAR LE COMTE DE BEY.

C'est une matiere assez difficile à traicter, à cause de la varieté des humeurs et opinions; mais selon mon sentiment, le vray veneur doit estre accompagné des qualitez de bon cognoisseur, sage et prudent chasseur, hardy et consideré picqueur. L'art du cognoisseur est icy posé comme le fondement d'un grand et somptueux edifice, car c'est le fondement de venerie. C'est une science admirable; celuy qui s'en sçait bien acquitter et qui la pratique bien punctuellement en une venerie, il doit y estre grandement loué. D'aucuns l'ont negligée, pour les grands travaux qu'il y at et incommoditez des rosées et pluyes; d'autres negligent les autres qualitez, et s'attachent seulement à travailler en l'art du cognoisseur. Mais je desire que le veneur, que je veux icy representer, ne soit nullement partisan qu'il aye ses qualitez familieres, qu'il les ayme et estime esgalement. Le bon cognoisseur se fait admirer, en ses rapports fidelement faits, en son travail. J'appelle bon cognoisseur celuy qui, rencontré d'un cerf courrable, dans sa queste, le quel il juge cerf de dix cors, il le brise ou se met en suicte, comme il le juge à propos et à l'esgal des difficultez qu'il rencontre; que s'il prend les devants, de tailles en tailles, de chemins en chemins, il trouve passées plussieurs autres bestes faulves, quantité d'autres cerfs, neantmoins il at cognoissance que ce n'est pas son cerf. Je veux qu'il y aye des cerfs, qu'il treuve passez, en prenant ses devants, qui ayent plus de pied, plus de solle, que son cerf; neantmoins il neglige cela, il passe outre, ce n'est pas son droict, il a cognoissance que ce n'est pas son cerf; il passe outre encor jusques à ce qu'il trouve ce qui luy faut; ou bien si son limier est excellent, il va reprendre les voyes de son cerf, suit secretement, espluche cela, le pousse, le desmele, desembarasse ses voyes des voyes d'autres cerfs ou d'autres faulves, comme biches, fans, ou autres embaras, et vat toute une matinée en ces desordres et en ces difficultez de venerie, jusques à ce qu'il aye brisé son cerf, en lieu raisonnable pour demeurer. Et ainsy il vient à bout de son dessein, destourne son cerf et en fait rapport fidelement, comme aussy de son travail; mais je presuppose encor qu'il y aye d'autres cerfs, qui soyent dans la mesme enceinte ou d'autres faulves. Voilà une partie du travail du parfait cognoisseur. Mais voicy d'autres difficultez et d'autres differents de venerie : il faut laisser courre ce cerf, le donner aux chiens à propos, puis que l'art dit qu'un cerf bien donné aux chiens est à moitié mort. Vostre travail at esté jusques à present incognu; mais au laissé-courre, vostre science sera manifestée au roy ou prince que vous servez, si dans ces difficultez de venerie vous donnez à propos ce cerf aux chiens, si vous laissez courre ce mesme cerf, dont vous avez parlé de ses jugements, qui vous l'ont fait juger cerf de dix cors, et que à la mort ces mesmes jugements se justifient, en considerant le pied, la solle ou quelque autre petite ou longue cognoissance. Voilà, Messieurs, le travail d'un vray cognoisseur. Je veux que dans le laissé-courre il y aye bondy d'autres cerfs; neantmoins il ne s'emporte pas. Vous le voyez tantost les genoux en terre; il souffle la poudre, considere les foulées, la terre brisée; après cela il considere le bois porté ou tourné. Il at cognoissance que ce n'est pas ce qu'il desire, que ce n'est pas son cerf, il retourne arriere, requeste doucement ses voyes. Bref, il le donne aux chiens, d'art et de science et non de hazard. Le bon cognoisseur se fait aussi admirer et se fait cognoistre, lors qu'il y a quelque vieux cerf en sa queste ou dans une forest, et qu'il vat au bois trois ou quatre jours de suicte et que tous ces jours il le destourne, en vient à bout et le donne aux chiens, et que ce cerf est recognu à la mort par une partie des jugements, qu'il en a fait rapport, vrays effects de bon cognoisseur. Le bon cognoisseur se fait aussi cognoistre en un defaut. Je presuppose que les chiens ne chassent plus; ou qu'ils chassent, que le droit est accompagné. S'il n'y a nul chien qui garde le change, ce cognoisseur revoit des fuittes de plussieurs cerfs; il a cognoissance de son droict, par les fuittes ou d'assurance; et quelques fois il ne voit qu'un peu la terre esgratignée, ou bien la terre qui n'est pas de la mesme couleur à l'autre, la quelle n'est pas encore hallée, s'il fait soleil ou chaud. S'il fait autre temps, les voyes ne sont pas encore surpluiées, pleines d'eau. Si c'est dans les marests, il considere le souillar, l'eau qui n'est pas encore reclaircie; de même aux chemins pleins d'eau, l'eau dans les voyes est ou trouble ou à moictié reclaircie ou entierement. Bref, cela donne cognoissance du temps à peu près qu'il y at que son droict fuit, et de quel temps il peut estre forlongé, si donc ses chiens ne luy en donnoient nulle cognoissance. Mais si ce cognoisseur se treuve en deffaut en quelque pays de rochers ou grands chemins, il souffle les poudres et sables hors des airres et voyes; il considere la terre foullée, prend cognoissance de son cerf. Si le chemin est ferré, pierreux, il apperçoit la pierre, le rocher, un peu blanchis du costé de la solle ou du bout des pinses, comme si l'on avoit fait cela de quelque ferrement ou cousteau. Science admirable que celle du vray cognoisseur, qui doit donner à tous bons veneurs intelligence des œuvres admirables du Tout-Puissant, car ce travail se commence après l'aurore! Combien de fois, Grand Dieu, attendant l'heure de commencer ma queste, j'ay esté au coing des forests, buissons ou guaingnages, dans les tailles, brandes ou bruieres, près des eaux, des rochers, attendant ce point du jour, ceste aurore tant desirée des francs veneurs et cognoisseurs, ceste separation de la nuict au jour, separation des tenebres à la lumiere! C'estoit alors que, les mains jointes, considerant vos merveilles, j'ay tousjours imploré vos graces et faveurs, affin que par icelles je puisse dignement m'acquitter d'une fonction si honnorable, que les anciens, scavoir, Xenophon, Alexandre le Grand, Pompée, souloient appeller divin exercice. En après, ayant commencé ma queste et rencontré d'un cerf, et le jour suffissant pour en revoir par tout, j'apperçois le retour de ce grand flambeau du jour, le soleil, la merveille de vos œuvres. Ce sont les considerations du vray cognoisseur, et sur les quelles je pose les fondements de venerie, pour en eslever un veneur d'art et de conscience, capable de servir les roys et princes. Mais s'il arrive que ce cognoisseur laisse courre une biche, après avoir donné tant de preuves de sa capacité, d'avoir laissé courre souvent dans les desordres et difficultez de venerie, ne le mesestimez pas pourtant; l'œil peut estre quelquefois trompé, c'est un sens fort aisé à se mesprendre. Celuy qui laisse courre souvent, au mois d'avril, peut tomber en ces inconvenients : les biches pleines se jugent, comme un jeusne cerf, les cerfs ont mis bas; les jugements sont douteux et trompeurs en ce temps. Comme de mesme ne tenez pas pour bons cognoisseurs legerement, ceux qui auront rencontré d'un cerf seul, qui vient des guaingnages pleins de bled, de poix ou d'autres legumes, rempli de ces viandes, le quel se rembuche seul. Celuy qui rencontre ce hazard et qui destourne ce cerf seul, il faira un beau laissé-courre, il donnera ce cerf plaisament aux chiens; mais, jeunes veneurs ou courtisans, cela n'est pas assez pour vous donner les qualitez de cognoisseurs; il faut plus de science que cela; il faut avoir laissé courre souvent dans les desordres cy-devant representez. Mais ce beau laissé-courre est bien un acheminement et commencement au jeusne veneur à estre bon cognoisseur, et à se donner de guarde de ne pas laisser courre une biche. Mesme s'il courre sans limier, qu'il aille lancer à la trolle, à la billebaude, qu'il ne courre jamais biche, s'il est possible. De mesme s'il chasse chevreuil, qu'il ne laisse pas ameutter les chevrettes à sa meutte; les veneurs qui le font, si ce n'est par mesgard, ils ruinent tous les pays, toutes les forests et buissons; c'est estre ennemi de nature, de la generation, de courre esgalement tout ce qui bondit devant des chiens. Du regne et du temps de Sertorius, pour rendre son peuple plus soupple à ses commandements et plus zelé à la religion, bref affin qu'il aye plus de croyance à ses loix, lui fit entendre qu'une biche blanche privée qu'il avoit, la quelle alloit souvent dans les forests et le revenoit treuver, qu'elle luy apportoit de la part des Dieux tous les conseils, qu'il prenoit avant la publication de ses ordonnances. Jeusnes veneurs, qui courez tout ce qui part, biches, fans, chevrettes, vous n'eussiez pas reussy en un tel regne; car les biches estoient en la protection de ce peuple, l'on ne leur faisoit aucun mal, elles avoient leur sauf-conduit, comme elles doivent avoir, selon l'art de venerie, devant des braves hommes du mestier. Revenons à mon droict. Or, un cerf bien donné aux chiens, selon la premiere partie essentielle de venerie, il faut considerer le sage et prudent veneur. Je le voïs, lors que l'on sonne pour chiens, que l'on emancipe les chiens à presser et enpaulmer les voyes de leur cerf lancé; il attend à picquer, que le dernier chien soit descouplé et passé. Si donc l'on avoit menné la meutte, toute descouplée au laissé-courre, et ainsi toute la meutte s'en iroit tout d'un temps et tout d'un air, alors il se met à la queue de la meutte, sans presser ny troubler les chiens; mais il les secourt moderement de la voix, les laisse bien ameutter de vive force. Alors, s'il y a quantité de chiens bien fermes au change et bien separant leur droict accompagné, l'art du cognoisseur est comme en despost en son intellect, au quel ce veneur aura recours, à la necessité des inconvenients de venerie et des deffauts, si ses chiens ne le tirent de ces desordres, qui arrivent souvent aux forests bien peuplées. Je presuppose que la meutte bien ameuttée ira longtemps sans desordre, si elle n'est troublée, mais accompagnée prudemment, selon les reigles de venerie. Le veneur prestera l'oreille souvent, pour entendre si les chiens chassent bien ensemble et en corps de meutte, afin que l'ouïr et l'oreille du maistre ou des assistants veneurs soient satisfaits. Que si les chiens faisoient une longue file, et par consequent le bruict et les menées ou voix seroient espars, il faut qu'un bon veneur arreste un peu les premiers chiens, pour donner loisir aux chiens de derrier de se rallier avec les premiers ; et par ce moyen l'oreille, ce sens de l'ouïr seront satisfaits, qui donnera cognoissance aux assistants veneurs de la sagesse et prudence d'un tel picqueur, de conserver ce corps de meutte ensemble, affin qu'ayant toute sa meutte devant luy, il aye des chiens propres à le secourrir aux desordres qui luy arriveront. Que si c'est un retour, que ses chiens demeurent, il advertit ses chiens doucement; il parle, sans les troubler, il tourne la teste de son cheval d'où il est venu. En ce temps, cest art de cognoisseur, qui estoit comme en depost, il s'esveille : ce veneur considere s'il en revoit; si les branches retournent à luy; s'il y a des feuilles sur les bois, si elles sont tournées à leur rebours, contre leur levant; s'il voit des fuittes ou foullées de son droict qui refuit en arriere. Voilà un grand advantage qu'il a sur celuy qui n'est pas cognoisseur. Ce n'est pas assez que le bon veneur soit bon cognoisseur, par le pied d'un cerf, mais il le doit estre à veue. Lors qu'il at eu la veue d'un cerf, soit au partir du laissé-courre, de sa reposée ou ailleurs, après l'avoir consideré, son corsage, la teste, son pellage, cela doit estre imprimé en sa memoire, pour le recognoistre à une autre veue, à des relances; ou s'il le voit accompagné, pour juger si c'est son mesme cerf, si c'est son droict. Et comme le bon cognoisseur discerne et recognoist son cerf par le pied, s'il est long, court, rond ; ainsi de mesme il doit discerner son cerf à son pellage, à sa couleur, et doit avoir bien consideré s'il est brun, faulve, blond, rouge, affin de ne se plus mesprendre le long de la chasse : voilà l'une des fonctions du bon cognoisseur. Bien considerer si la teste est haute, ouverte, chevillée, paulmée, bien nourrie et semée de quantité d'espois et antouilliers; si la teste est bien bruinée, noire ou rougeastre; si les antouilliers sont blancs au bout; bref, bien considerer de quelle couleur est la teste; que si le cerf n'a pas encor touché au bois, le bon cognoisseur prendra jugement de la couleur de la teste, de mesme comme de la couleur du pellage; car ceste peau, ces lambeaux sont differents selon les pellages des cerfs, les uns ont la teste brune, les autres faulve, d'autres l'ont blonde : voilà des grands accessoirs du bon cognoisseur. Ce n'est pas assez de l'estre du pied d'un cerf, il le faut estre de toutes les parties de son corps, à veue, comme ne le voyant pas le matin au bois, afin qu'à une relance, ou en passant des plaines ou autres descouvers, estant accompagné, il soit recognu pour le droict et cerf de la meutte. Il faut aussi que ce bon cognoisseur de veue, voyant un cerf, qu'il juge à peu près du temps qu'il y a qu'un cerf courre, à sa contenance en ses fuittes : s'il halle, s'il a de l'escume à la bouche ou s'il n'en a poinct; s'il est retraict ou non; s'il at le col enflé ou non, car un cerf qui a couru quelque temps, ayant les parties qui luy donnent haleine eschauffées, comme les poulmons, il a la gorge et le col plus enflés, que lors qu'il n'a point fait de trait et qu'il ne halle pas, il a les nazeaux plus ouverts. Les veneurs anglois sont excellents cognoisseurs à un cerf qui at courru; ils le recognoistront à veue, par les signales susdits, entre cent autres qui n'auront pas beaucoup courru et ne viennent pas de loing. Lors qu'un cerf a courru et qu'il est eschauffé, qu'il se peut recognoistre, le voyant, les veneurs anglois usent de ce terme : il est *inbost;* alors ils ne se mesprennent plus, le voyant, lors qu'il s'accompagne. C'est estre vray bon cognoisseur, de tirer quelque advantage de tous ces signales de cerf mal mené, pour bien dresser et adjuster des chiens pour les plaisirs de venerie. Il faut aussi qu'il cognoisse tout ce qu'il desire de forcer, à veue, à leur contenance et air, soit chevreuil ou lievre, comme il en est amplement traicté aux livres que j'ay faits de ces chasses. Je veux que les chiens relevent et demeslent ce different d'eux-mesmes, comme ils le fairont, s'ils sont bien à la voye et adjustez, car ils reviendront, la teste haute, muguettants les branches, par la mesme coulée et piste qu'ils sont venus; et le premier, qui a cognoissance de quel costé de ces doubles ou retour les voyes se jettent, il en criera, et à sa voix toute la meutte tourne à son droict, accompagnée en fort et en foible, s'il est possible, de ce veneur qui la secourre tousjours moderement de la voix, parlant doucement au premier chien qui tient la teste de la meutte. Tantost il parle à luy d'une voix dure, pour luy donner de la crainte et moderation, s'il chasse trop furieusement, balançant ou ondoyant et outrepassant les aires de son droict. Plus loing, si le chien qui tient la teste s'allentit, ne parle pas de son air accoustumé, il parle à luy plus guayement, pour luy augmenter la fougue, selon la necessité des lieux là où ils se rencontrent. Ce sage veneur preste souvent l'oreille, escoutte si ses chiens changent ou redoublent de furie, s'ils changent point leurs airres accoustumez en chassant. Que s'ils changent leurs airres accoutumez, il juge promptement de la cause par les actions de ses chiens. Si tous parlent, jeusnes et vieux, sages et fols, cela est tesmoignage que c'est leur droict raproché ou relancé. Mais si, en ce redoublement de voix et d'airres et de furie, les chiens sages et bons et bien guardans change ne parlent pas, qu'ils s'estonnent et chassent mollement, ce veneur les faira chasser en crainte ; il les intimidera d'une voix rude ; et je m'asseure qu'il les verra tourner en arriere, plaisamment requester le droict ; et comme nous avons trois naturels ou trois sortes de races de chiens guardans change, il faut les secourrir differemment et les ayder selon la race. Il y a les hardis chasseurs au change, qui ne s'estonnent nullement du bruict ; à tels chiens il faut parler hardiment. Mais chiens timides au change, les quels viennent derriere les chevaux, il les faut secourrir d'une voix plus douce ; que si l'on parle à eux trop furieusement, ils viennent derriere les chevaux et ne requestent point. Ne vous estonnez pour cela ; prennez vos devants un peu esloignez du desordre ; et bien que ces chiens timides au change soyent derriere les picqueurs, ils ne laisseront de se rabbattre et enpaulmer les airres de leur droict, si vous le treuvez passé et que les voyes soyent desembarassées du change ; car volontiers chien timide ne chasse pas le temps que son cerf est accompagné. Nous avons encor d'autres humeurs et races de chiens, les quels ne crient jamais, du temps que leur droict est accompagné ; entre les bons hommes du mestier, l'on appelle ces chiens-là muets au change. Il faut parler à ces chiens muets, tantost doucement, plus loing avec plus de furie, pour leur donner de l'ardeur et fougue, à l'egal qu'ils s'esbranlent et vont en avant. C'est plaisir et vray contentement de venerie, de voir travailler ces chiens de trois ans ou plus, et secourruz de la voix d'un sage et prudent veneur ; car il a l'œil aux chiens, l'œil en terre, l'œil aux branches ; et ainsy il associe ces deux parties essentielles de venerie : le vray art de cognoisseur, et le vray art de faire chasser les meuttes et chiens en la perfection de venerie. Mais, cognoisseur, prennez guarde aux actions de tous vos vrays bons chiens ; car, si vous avez trop longtemps l'œil en terre, je crains que quelque chien muet ou autre chien, qui at perchassé et pris advantage, n'emporte vostre droict, et vous demeureriez avec une partie des chiens, considerant les voyes de vostre droict et la terre foullée et brisée des voyes et airres de vostre cerf. Alors et en ce temps, il y aurat quelque picqueur qui aura cognoissance que quelque chien emporte le droict ; il irat à ce chien, et irat prendre le cerf, sans parler ou sonner que fort peu souvent ; et vous qui estes retardé, si cela vous arrive souvent de ne vous treuver pas à la mort des cerfs, ces advantages publieront que vous n'estes pas bon picqueur, ou les courtisans, qui n'ont pas entiere cognoissance de venerie, ils en diront le mesme. Or pour obvier à cela, il faut faire comme un excellent peintre, le quel a plussieurs pinceaux pour faire et peindre un beau tableau ; tantost il prend un pinceau, et lors qu'il est necessaire de pollir et adoucir son ouvrage, il en reprend un autre couloré differemment. Faites de ce pinceau du cognoisseur, au desordre de chasse, qu'il agisse, mais non avec tant de passion, qu'il vous empesche la cognoissance de l'air, de l'humeur de vos chiens de change, ny que ceste action de cognoisseur vous empesche de prester l'oreille, pour entendre si quelque chien dresse, affin de vous porter incontinent à ce chien, pour y rallier les autres avec l'ayde de vos compagnons. Cela estant, vous ne serez pas censuré de plussieurs, les quels ne sçavent pas tant que vous, et ce desordre relevé, et vos chiens bien ralliez par ces deux parties essentielles de venerie : celle du cognoisseur et celle de la science de bien cognoistre les chiens, qui est l'effect du sage et prudent veneur. Vous voyez l'inconvenient qui arrive souvent en ce desordre, soyez donc en guarde. Mais ce n'est pas assez de chasser plaisamment pour vous, il faut souvent considérer, si vostre maistre est avec vous, s'il a du plaisir; il faut souvent rallier les chiens. S'il demeure derriere, pour quelque retardement de chasse, comme un pays fascheux, quelque fossé qu'il ne peut passer, il le faut attendre, en arrestant souvent vos chiens, ou vous rebutterez vostre maistre et luy fairez haïr la chasse, si vous prennez souvent les cers sans luy, sans qu'il aye du contentement de sa meutte. Il y a des maistres les quels ne vont à la chasse, sinon pour courre, ils n'y prennent autre plaisir. L'un ayme à courre aux plaines, qui n'ayme pas à voir chasser aux fors, qui prend plaisir à l'ouïr des chiens, à leur bruict; un autre ayme à les voir quester, requester et briller comme espagneux. Mais le vray veneur ne prend plaisir, sinon en temps que sa meutte appuie bien fermement les airres de son droict, juste et sans barrer ny balancer. La plus part ne vont à la chasse, sinon pour prendre; les maistres de telle humeur ont rarement et difficilement des meuttes excellentes; mesme ils ne prennent aucun plaisir en toute une chasse, sinon au moment de la prise. Telles personnes ne meritent pas la qualité de veneurs, car le vray veneur a plus de contentement à voir bien chasser et perchasser tout un jour, que non pas au moment de la prise; il ne se soucie pas de prendre, sinon pour faire droict et curée à ses chiens. Allons plus loing : si le cerf se forlonge par quelque riviere ou estang, que les voyes soient forlongées, c'est icy que les assistants voyent si ce veneur assiste ses chiens, par les reigles de l'art, à raprocher ce cerf forlongé. Tantost il parle furieusement à un chien qui barre, balance ou ondoye trop furieusement les voyes; il le rejette dans la meutte à un chien juste qui tient les voyes; il luy augmente son airre, et parle à luy plus puissament : bref, il n'y a pas un chien dont il n'aye cognoissance de ses mouvements, mesme à son airre. Lors que quelque chien reprend des airres, qu'il n'en crie pas encor, ce sage veneur, à l'air et façon de ce chien qui s'allonge, qui n'ose encor parler, il le fait resoudre à en crier, il parle à luy asseurement. Ce chien, à la voix de ce veneur prudent, se recrie, monstre à la compagnie que le droit perce, et avec patience et prudence de venerie il fait repartir son droict. Mais disons un mot des belles actions que les chiens font au change : les uns portent le nez aux branches, et ayants cognoissance du change retournent furieusement requester le droict; d'autres vont, pissant et compissant aux branches, par desdain de ces nouvelles airres qui leur sont incognues. Ce veneur en voit quelques autres qui le regardent fixement, droit à la veue, d'un œil triste et dedaigneux de ce desordre; plussieurs aussy viennent derriere les chevaux et ne chassent plus. C'est donc à vous, cognoisseurs de ces actions des chiens au change, de prendre le pinceau de ces cognoissances, puisque vous estes cognoisseurs de ces belles actions de venerie, pour les secourrir et leur faire perchasser le droict. Je vois, aux escrits du seigneur de Montaigne, livre II, chapitre XII, en l'Apologie de Raymond de Sebonde, que les cosmographes rapportent qu'il y a des nations, qui choisissent et reçoivent un chien pour leur roy, qu'elles donnent certaines interpretations à sa voix et à ses mouvements. Mais voicy icy un grand changement : je veux bien, comme ces peuples, tirer l'essence et quintessence des actions et mouvements, que les chiens ont accoustumé de faire en venerie; leur voix ne m'est pas incognue, par icelle j'ay cognoissance de leur droit, qui est le cerf de la meutte, et des voyes qui vont de bon temps ou de hautes airres, s'ils chassent de forlonge, s'ils rapprochent ou relancent. Tout cela m'est manifeste par la voix et les actions d'un vray bon chien; mais je ne les idolastre nullement, je les chastie à l'egal des desordres qu'ils peuvent faire. Je choisis un beau chien courant, à sa taille, à ses mouvements; je donne bien interpretation asseurée à sa voix, à ses actions et mouvements; je tire consequence de la moindre de ses inclinations, comme de la plus violente, affin que je puisse, en mon art de venerie, en servir et divertir les roys, ainsy que l'on en souloit divertir le grand Cyrus et Alexandre; mais je ne recognois pas les chiens, comme ces peuples des terres qui nous sont incognues, qui en font des roys à leur mode. Nous nous en servons, en nos plaisirs, de plussieurs sortes; particulierement en venerie, en nos vies retirées et innocentes. Plussieurs tiennent que les chiens ne guardent pas souvent le change aux grandes ardeurs du soleil; mais mon sentiment est qu'ils le guardent tousjours, pourveu qu'il n'ayent pas par trop l'estomac eschauffé. Le remede est à cela de les arrester, affin qu'ils reprennent haleine, et ayants reprins haleine et le sentiment entier, ils guarderont le change. Les chiens ne guarderont pas souvent le change, pour estre trop pressez, trop violentez en leurs airres; l'on ne leur donne pas loisir de se recognoistre; l'on picque et sonne au premier chien qui emporte les airres, bien que ce soit un chien ardent et fol qui ne sçait que c'est du change; et les chiens sages sont derriere les picqueurs et le change bondit, alors vos chiens premiers et ardents vont après. Tout vous presse tousjours à ceux-là, et ainsi vous guastez la chasse et vos chiens de change. Mais si vous laissez passer les chiens sages et ayant creance à eux, ils esplucheroient et desmeleroient vostre droict; car je ne voudrois jamais presser des chiens, s'il n'y en a vingt ou trente devant les picqueurs. Mais si ce veneur at esté exercé aux meuttes pour chevreul, qui est une chasse scientifique, ou pour lievre très delicate, soit à raprocher un chevreul forlongé ou bien un lievre forlongé, il faut aussi une grande patience, pour aller requerir un lievre ou chevreul de la nuict, je n'entends pas qu'il le lance à la billebaude, les chiens escartez, mais ce corps de meutte tousjours ensemble, les chiens se pressant et poussant de l'espaulle à qui aura les voyes entre les jambes, et ainsy en criant par tout de leur droict ils le font partir. Le veneur, qui est ainsy universel et exercé, at un grand advantage, pour avoir bientost cognoissance des difficultez, que j'ay cy-devant representées et des autres que j'ay deduites, au traicté que j'ay fait de courre et forcer les cerfs. Celuy qui fait chasser sagement et prudemment des meuttes, c'est ce somptueux edifice du quel j'ay parlé au commencement de ce traicté. Je luy ay donné, pour baze et fondement asseuré, l'art du cognoisseur ; presentement l'edifice est eminent et propre à estre manifesté devant les roys et princes. Mais il faut encor adjouster une couverture solide, qui tienne le tout en estat, et empesche les desordres des inconvenients de venerie : c'est l'art du hardy et consideré picqueur, troisiesme partie essentielle de venerie. Ce picqueur serat aussy accompagné de la prudence et sagesse du bon chasseur, prudence appellée par plussieurs grands personnages le sel de la vie, l'ageancement universel de toutes les œuvres de l'univers. Voyons ses fonctions et la methode de son travail. Un cerf estant bien donné aux chiens, le picqueur aura patience que toute la meutte soit passée, qu'elle soit bien ameuttée, avant que les presser; car incontinent qu'il voit passer trois ou quatre chiens, s'il vat à ceux-là, ce n'est pas estre veneur consideré, mais violent. Cela est dangereux à estropier les chiens, à picquer inconsiderement; l'on n'entend que chiens crialler : l'un passe sur le ventre à un chien; l'autre en blesse, leur brise une jambe, les espaulles ou les hanches, et les rend inutiles en venerie; ou pour le moins ils les estourdissent de telle sorte, qu'ils ne font rien qui vaille à ceste chasse; et souvent il arrive que ce sont les chiens les mieux servants aux meuttes à qui cela arrive, comme chiens de change, de secours aux voyes doubles par retour ou par plussieurs voyes qui refuient par mesme coulée. Quel desordre et confusion! Cela n'est pas venerie, ce n'est que furie. Le hardy picqueur est en guarde de ne commettre telles erreurs de venerie; ce n'est pas là qu'il veut faire voir qu'il est hardy picqueur, c'est lors qu'il serat en lieu là où il peut appercevoir un chien malitieux, qui se tire à l'ouvert, qui courre hors des airres, trop esloigné de la meutte. Alors le hardy et consideré picqueur pousse, à toute bride, à ce chien; il l'intimide de la voix, le presse à se rejoindre à ce corps de meutte, ou le frappe de la gaulle, s'il ne veut fleschir à sa voix, avec consideration neantmoins de ne pas estropier ce chien et le rendre inutil à ceste chasse. Cela fait, il se remet à la queue des chiens, attendant de faire quelque autre effect de consideré picqueur. Que s'il aperçoit un chien qui trouve un retour, comme volontiers vieux chiens ne vont pas au bout des ruses, mais ont cognoissance du retour de leur droict, et ce chien prend trop d'advantage et feroit impossible à la meutte de rejoindre ce chien, sans qu'il arrive quelque autre retour, vous voyez ce hardy et consideré picqueur pousser à ce chien et l'arrester, jusques à ce que le fort de la meutte soit à luy. Il l'emancipe alors à empaulmer et chasser les airres de son droict, avec toute la meutte; en la sorte tout va d'un temps, sans confusion. Mais ce droict, eschauffé et desja hallé, il fuie de nouveau les fors, pour chercher et faire bondir le change; ce picqueur pousse hardiment et considerémment dans ces fors, par la mesme coulée que les chiens entrent aux fors, tenant la bride d'une mesure si juste que, s'il y avoit quelque arbre qu'il n'aye pas preveu, qu'il puisse parer et arrester son cheval sur les hanches, et luy faire donner de la crouppe en terre; car souvent il faut picquer, la teste basse, par crainte des yeux, la veue droit au bord du chapeau, pour n'estre surpris d'un arbre panché à gauche ou à droicte. Le plus asseuré est de picquer par la mesme piste et coulée que les chiens ont fait, affin de ne tomber en quelque trou ou precipice. Mais toutes fois, si la meutte passe en quelque hallier espais, que je prevois que mon cheval ne pourra plier le bois, je le pousse et passe au long, par quelque lieu ou coulée plus raisonnable, et quelques fois l'œil en terre, pour revoir, tout en courrant, des foullées et fuictes, plus loing, l'œil aux branches, pour revoir des portées et du bois traisné, brizé ou escorché. En mesme temps je preste l'oreille, j'escoutte si mes chiens sont tousjours unis ensemble, s'ils chassent d'un air esgal, s'ils ne s'escartent point. Mais, dans cest interval, en ces mouvements, si j'apperçois une petite coulée, un pas ou deux de decouvert, je pousse mon cheval pour ne perdre nul temps, mais plus tost pour regaigner l'advantage, que j'ay perdu dans ces grands fors; et ainsi je mets en pratique ces trois parties essentielles de venerie : de cognoisseur, en considerant les fuittes, foulées et portées du cerf; de prudent chasseur, en prestant l'oreille au bruict et à la voix de mes chiens, pour les faire chasser moderement, en considerant les chiens sages; de hardy picqueur et consideré, en perçant les fors, neantmoins avec consideration de ne me pas precipiter. Tout cela effectué, je puis posseder alors legitimement la qualité de veneur, puisque les parties essentielles de venerie me sont familieres. Que si je vois deux arbres ou bellivaus, à mon passage, de la largeur de mon cheval et fort serrés, je jugeray si je puis passer; alors je pousse vigoureusement, un genouil un peu plus avancé que l'autre, et en la sorte il faut bien du malheur, si je n'accompagne les chiens, et si dans ces fors et demeures les chiens s'esquartent. Si le change parte, le consideré picqueur vat après les chiens sages, il se sert de l'art du hardy et consideré picqueur; il les accompagne, en fort et en foible; il grimpe, monte les rochers, les montaignes, si elles sont raisonnables, et picque embas de mesme vigueur. Il est tousjours en guarde et à soy, car l'agitation de la venerie luy esclaircit les esprits : c'est leur vray element qu'une chasse bien reiglée et ponctuellement pratiquée. Il est tousjours en action, neantmoins sans se precipiter, tousjours par les reigles du mestier. Mais je ne juge pas moins hardys et considerez picqueurs les autres picqueurs, qui vont rompre et rallier les chiens qui courrent et chassent le change, pour les rallier aux chiens sages; car celuy qui picque les chiens du droict ne fait que les maintenir et accompagner; mais les autres qui vont aux chiens de change, ils restaurent et rallient ce corps de meutte, qui estoit en desordre par le moyen du change, hors de ceste difficulté de venerie. Et tous les chiens ralliez, si la meutte donne en quelque futtée ou lieu clair, dessous là où il y a tousjours quelque chien malitieux qui prend advantage, le hardy et consideré picqueur preste souvent l'oreille. S'il entend quelque chien qui a plus de jambe que les autres, le quel va forlongeant les autres, ce hardy et consideré picqueur pousse à ce chien, gaigne pays; il prend quelque advantage, s'il peut, en fort, en foible, par les routes et chemins, bref il picque tellement, qu'il l'arreste jusques à ce que la meutte est à luy, vrays effects de bon et consideré picqueur. Et si le droict, eschauffé et hallé, fuie aux plaines, aussy que quelque chien vat à costé de la meutte, il pousse et picque à luy, de mesme. Si un chien se transporte, qu'il ne donne loisir aux chiens justes de tenir les airres, il le chastie ou parle à luy, et ainsy sans desordre il presse tousjours son droict. Mais sur la fin d'un cerf, lors qu'un cerf va souvent par plussieurs fois sur les mesmes airres, et sur ses mesmes voyes, que nous appellons voyes doublées par plussieurs fois, la plus part des chiens s'estonnent en telle difficulté, car ils croient desja avoir chassé cela. En ce temps, le picqueur consideré ne les presse pas; il donne loisir aux chiens sages de se recognoistre, de porter le nez aux branches, pour recevoir l'air de leur droict; plus loing, ils portent le nez en terre; en après ils en crient, si le droict perce : vray contentement de venerie, à voir ces chiens jouer de leurs subtilitez, pour relever ce desordre de chasse, avec l'aide du picqueur, qui parle à eux moderement, et relance tousjours le droict et le contraigne à rendre les abois. Voilà les beaux effects du hardy et consideré picqueur, le quel ne sonne que moderement, qui ne trouble jamais ses chiens par trop de bruict, mais seulement se sert, tantost de l'art du cognoisseur, de l'art de bien cognoistre les chiens, leurs voix, leurs airres en chassant, leurs airres au change et difficultez de venerie, qui est la subtile science de celuy qui sçait bien faire chasser toutes sortes de meuttes. Joint à cecy, le hardy et consideré picqueur, c'est la perfection de ce somptueux edifice representé au commencement de ce discours; c'est veritablement ce qui tient le tout en estat, que le hardy et consideré picqueur. Mais je n'appelle pas hardy et consideré picqueur celuy qui se perd avec un chien seul, et va prendre un cerf sans la meutte; cela gaste et desadjuste les chiens sages, faict perdre cœur aux jeusnes chiens, enleve les plaisirs que les roys, princes ou autres, peuvent avoir à la chasse. Je prend icy, pour mes recors de venerie, Monsieur de Sainct-Cer, lieutenant de la Venerie, et Monsieur de Carbignan, sous-lieutenant de la Venerie, qui sont des plus braves et excellents veneurs qui soyent de ce temps; les quels ont autres fois dressé et adjusté des meuttes, tellement fermes au change, et adjustées à courre en corps de meutte et ensemble, qu'elles prennoient les cerfs par tout, sans nulle difficulté, en quelle forest de la France elles ayent chassé; et si l'on les eust donnez à un cerf, ces chiens ainsy dressez, ils le pouvoient prendre, sans aide d'hommes, en fort, en foible, dans le change, bref par tout, ruzant, pourveu qu'il touche la terre. Ces chiens, que Monsieur de Sainct-Cer avoit en charge, estoient à deffunct Monsieur le comte de Soissons, et ceux, que Monsieur de Carbignan avoit si bien adjustez et reglez, estoient à Monsieur le duc de Vendosme. Ces meuttes prennoient quelques fois cincquante, soixante cerfs, sans en faillir. Or je renvoye Messieurs les censeurs de venerie à ces braves hommes de ceste science. J'ay autres fois dressé et adjusté des meuttes de cincquante ou soixante chiens, par les reigles de venerie predites, qui estoient tellement à commandement et obeissants à la voix des veneurs que, lors que l'on leur parloit, ils s'arrestoient à nos voix; et ayant repris haleine et un peu hallé, en leur disant : Allons, la meutte s'en alloit comme auparavant; et si son Altesse n'estoit aux abois premiers que le cerf rendoit, à ce mot de Bellement, tous les chiens demeuroient de nouveau. Alors je les tirois hors et esloignez des voyes et airres de leur droict, et attendois que le maistre soit arrivé. Je guardois seulement un picqueur avec moy, pour guarder les chiens, et j'envoyois tous les autres, par les routtes et chemins que nous jugions qu'il devoit venir, et estant arrivé, nous mennions la meutte sur les airres. Alors ils estoient emancipez de chasser, et ainsy les plaisirs de venerie se font pour les maistres, car le cerf estoit incontinent relancé et aux abois. Nous ne sommes pas excusables de prendre les cerfs sans nos maistres, ny de conduire impertinemment nos meuttes, s'il n'y at excuse legitime receue en venerie; mais bien de faillir quelque cerf par quelque desordre inevitable, c'est autre chose. Il en faut faillir quelqu'un, cela doit estre excusable par les maistres raisonnables, les quels jugent legitimement du desordre arrivé. J'ay autres fois chassé avec tant de patience, que les dames de nostre court, estantes en haquenée et passant des tailles, plaines, brandes ou bruyeres, je faisois arrester la meutte, jusques à ce que les dames soient sur les voyes du cerf, pour voir repartir les chiens et passer les descouvers, et souvent elles se trouvoient à la mort. Il y en a qui ne veuillent pas croire que l'on puisse dresser des chiens de France en la sorte, et disent que beaucoup ne peuvent faire ce qu'ils publient; ils ont raison pour d'aucunes choses; mais pour ces effects de venerie, ils se peuvent, car les chiens que j'ay dressez et adjustez en la sorte, c'estoient des chiens de France. Un homme seul ne peut cela, mais une venerie qui obeit le peut; car si je suis à la queue des chiens, si je vois un chien hors des voyes, à gauche ou à droicte, trop esloigné de la meutte, je commande à un de mes compagnons d'aller à ce chien, si je n'y puis aller; ou si un chien va trop viste, de mesme j'envoye l'arrester; s'il trouve un retour, tout de mesme, l'on les tient ensemble et à commandement; ailleurs, si je juge qu'il soit à propos, je les fais arrester. Voilà ce qui les rend obeissants, et tout cela se fait par mes ordres et commandements, et en la sorte c'est moy qui agis; car il est dit, en droict, que celuy qui fait et agit par autruy, il est censé qu'il le fait luy-mesme. Il faut de l'ordre en toutes choses, particulierement en venerie; il faut observer certaine mesure, en agissant, en toute sorte d'exercice. Le limier ne s'emporte, sinon de la longueur de son traict; s'il s'emporte et ne peut sortir des airres, sinon de ceste longueur, c'est sa mesure, encor souvent la voix de celuy qui le fait suivre le tient en une subjection plus courte et restrainte. Les oyseaux que l'on dresse ne vont pas plus loing que leur longe et filliere; estant plus asseurez, l'on les leure à certaine distance, au jugement et à la discretion d'un brave faulconnier. Si les oyseaux quittent la volerie, de mesme les faulconniers jugent le temps de les leurer; ils observent certaine mesure et methode de faulconnerie. Mais plussieurs veneurs ne veullent estre nullement astraints à aucune distance, pour forhuer leurs chiens; ils les laissent emanciper, et estant à perte de veue, esgarrez par les plaines et escartez, alors ils sonnent, ils forhuent; mais il n'est plus temps, ils sont hors de mesure pour estre tenus en obeissance et en crainte. Il faut observer une distance convenable, pour tenir des chiens en obeissance et les faire chasser ensemble, et ne jamais attendre qu'ils soyent trop esloignez ny emancipez pour cest effect, et pour les tenir sous la justesse de venerie. Bref, il faut estre reiglé en venerie, pour tenir la meutte à commandement et bien ensemble, et y observer et pratiquer certaine distance. J'ay veu autres fois les chiens de deffunct Monsieur le prince de Comty si justes, qu'il prennoit par tout, avec cincquante, soixante chiens à la mort d'un cerf. Deffunct Monsieur le cardinal de Guise me fit un jour commandement d'aller voir courre ses chiens; à l'assemblée, il n'y avoit aucun rapport, sinon un daguet, qui estoit avec une harde de huict ou dix bestes faulves, qu'un veneur avoit veu, le matin, à la taille. Le veneur dit qu'il ne pouvoit donner cela aux chiens avec le limier, qu'il n'estoit cognoissable. Mais il prit dix ou douze chiens sages, chiens de change, et les menat aux briséez; ils allerent lancer la harde et separer le daguet; à demy-heure de là, l'on luy donna cincquante chiens, qui le prindrent en trois ou quatre heures, tous à la mort. Voicy d'autres merveilles de venerie, du regne de Henry quatrieme. Tous les chiens de la meutte alloient au laissé-courre, descouplez, trente, quarante chiens, qui ne partoient pas, que l'on ne sonne pour chiens, et que les veneurs et valets de chiens ne les emancipent. Je les ay veus plussieurs fois separer un daguet de sa mere et le prendre; c'estoient excellents hommes du mestier qui les avoient dressez en la sorte. J'ay veu, en Angleterre, les chiens de Sa Majesté, un jour, prendre un cerf qui se mesloit et accompaignoit dans des hardes de dains, et les chiens ne changent pas; et le lendemain, ces mesmes chiens courre un dain qui passe dans des hardes de cerfs, et ils guardent le change, ils ne les cognoissent plus. Jeusnes veneurs, je vous donne tous ces ragousts de venerie, et ces beaux effects des chiens bien dressez, affin que vous voyez que cela se fait, par veneurs qui ont les qualitez que j'ay representées, et par ceux qui agissent avec les parties essentielles de venerie. Messieurs les lecteurs, je vous supplie d'avoir ce petit travail pour agreable, et si vous estes vrays et francs veneurs, obligez-moy de m'advoüer pour vostre compagnon de venerie. Que si vous prennez la peine de voir les escrits, que j'ay faits, de forcer les cerfs, chevreuils et lievres, et d'enfermer et arrester les sangliers avec l'espieu, vous jugerez asseurement qu'il y a peu de ressors en venerie, dont je n'en aye autres fois recognu et praticqué les mouvements.

DES FONCTIONS, TRAVAIL ET QUALITEZ D'UN BON VALET DE LIMIER, ET LE PLUS HAUT POINT LA OU L'ON DOIT TIRER UN LIMIER EN LA PERFECTION DE VENERIE.

Le bon valet de limier, pour manifester sa capacité, et monstrer les fonctions de son travail, et l'excellence de son limier à aller requerir un cerf, de hautes airres, au haut du jour, je presuppose que la terre soit bonne à chasser, qu'il fait beau revoir, qu'il peut aider son limier, il ira destourner un cerf en quelque buisson ou forest; et quand la rosée serat abbatue et esvanouie de l'ardeur du soleil, s'il en fait, sinon du temps et de l'heure qu'il serat, il le doit aller lancer et briser au sortir de l'enceinte, si c'est au forest; si c'est au buisson, il le brisera au sortir du buisson. Et puis il retournera au quartier de la Venerie ou à son logis, après avoir bien caressé son limier; et se souviendra ponctuellement, pour estre recognu, lors qu'il s'accompagnera, des cognoissances qu'il peut avoir : quel pied de cerf c'est, si c'est un pied rond ou long, court ou pied de nasselle, affin de ne le pas mescognoistre. Il faut un pays qui ne soit pas tant peuplé, de crainte qu'il ne vienne pas au bout de son dessein. Or le lendemain, après que la rosée sera abbatue, qu'il y aura vingt et quatre heures que ces voyes sont faites, il les ira prendre, ira frapper à routte, eschauffera son limier petit à petit, affin de voir son air et sa contenance, car souvent nos limiers cognoissent les voyes comme des hommes. Il luy faut donner loisir de se rabattre, bien resentir des voyes, de les pousser doucement au pas. Il faut, pour cest effect, un limier qui porte le nez, de voye en voye, aux plaines; aux forts, tantost le nez aux branches, puis en terre; recognoistre de quel air et de quelle furie ce limier suict, affin que, s'il change son air, qu'il juge promptement de la cause de ce mouvement plus violent ou plus lent; car un limier ne peut changer de voye, qu'il ne change d'air, qu'il ne fasse quelque action qui le tesmoigne, comme aussy en renouvellant les voyes du cerf qu'il suit. Que si ce valet de limier a repris les voyes aux plaines, et son limier commençant à les emporter doucement, il considere tousjours les voyes, ayde son limier. Tantost il change de terrein, alors son limier diminue ou augmente son air, selon que le terrein luy fournit de sentiment des airres, comme pour exemple le limier suit mieux dans les lieux frais, que non pas dans un pays pierreux, des terreins difficils. Le limier emportera mieux les voyes dans des bleds verds, dans des avoisnes, que non pas aux guerrets, dans des hersiers, dans les prairies; si elles sont fort spongieuses, pleines d'eau, le sentiment y est bientost diminué. Alors, en ces lieux-là où le limier a peine d'emporter ses voyes, ce brave valet de limier l'ayde; il en revoit, il gaigne pays, il monstre les voyes à son limier, le quel vient doucement et patiemment prendre les voyes, là où son maistre luy en remonstre. Ce chien pose le mufle dans la voye, et à ce terme, Vauleci fuyant, après, compagnon, le limier se recrie, il en parle. Mais pour cest effect, il faut un limier le quel ne bande pas son traict, sans raison, s'il n'est sur les voyes; car un limier qui allonge tousjours le traict, qui bande comme un cheval de charette, le quel tire un pied de langue, qui vat hallant et s'estouffe le sentiment par ses actions violentes, un limier de telle humeur n'est pas propre à aller requerir des voyes qui vont de vingt-quatre heures. Il faut un limier autrement dressé et adjusté que cela, le quel plie et obeisse à la voix de celuy qui le mene. Que si j'use de ce mot, Hé, va il là, s'il y va, mon limier bande le traict et parle; s'il n'y va rien à luy, il ne parle pas, il ne m'incommode plus à tirer contre moy; mais obeit encor à ce terme : Ha, velecy, revary, ha, il reva arriere. Ce limier dressé à commandement vient reprendre la voye, met le nez en terre, là où l'on en revoit : Aga, tien, il vat icy fuiant. Mais ce brave valet de limier l'ayde par tout : si c'est au bled verd, il voit le bled abbatu dans les voyes; tantost en quelques endroicts il revoit des fuittes à son aise, des os, de la jambe, du tallon; ailleurs il ne voit que du bout des pinces. Que s'il trouve des guerrets, hersiers, il le voit qui les brise, le gazon est emporté et retombe à costé des voyes. Que s'il passe des prairies molles, fort aquatiques, il apperçoit les voyes, les trous des fuittes qui vont en avant. Il ayde son limier tousjours, si de hazard il balance et s'emporte hors des airres; et quelques fois il ne voit qu'un trou plein d'eau, mais le dessus des herbes se couche en avant, et la terre couchée et forcée en avant, cela luy donne cognoissance que c'est son droit. Et si les prairies estoient assez seiches, qu'il n'y aye point d'eau, que fort peu d'humidité ou point tout à fait, il voit quelques brins d'herbes brisez, d'autres couchez; en quelques endroicts l'herbe n'est pas relevée, ailleurs elle l'est à moictié, plus loing tout à fait, mais elle est d'autre couleur qu'elle ne doit estre, pour avoir esté pressée et estreinte, foulée de la pesanteur du cerf. Et ainsi il tire conjecture, il ayde son limier là où il en revoit; et son limier ne luy laisse perdre nul temps, là où il n'en revoit pas, tellement que bon valet de limier en revoit par tout, soit à l'œil, de veue, ou par la veue du jugement qu'il en fait sur l'action de son limier, qui luy en remonstre par son action où il en crie, en parle. Et ainsy il est certain par tout de son travail, puis que son limier ne parle jamais à faute ny hors des voyes. Mais plus loing, dans des plouzes, je considere souvent ce brave valet de limier, les genouils en terre; je le vois considerer ces lieux feultrez d'herbes, de thin, de pollier. Il voit l'herbe brisée, les foulées des fuictes; et son limier, qui emporte ses voyes sans furie, il va muguettant la superficie des herbes et mousses; et lors qu'il rencontre l'une des fuittes, ce brave chien se recrie, en parle hardiment. En tel lieu, il faut regarder en avant; s'il fait mou, l'on voit tousjours deux petits trous plus longs que ronds, qui levent l'herbe et la mousse et les poussent en avant; s'il fait fort sec en tel lieu, l'on ne voit, en ce lieu feustré, que quelque endroict qui est un peu foulé, l'on voit tousjours en quelque lieu l'herbe plus pressée qu'ailleurs; et ainsi il passe ceste plouze. Que s'il demeuroit en tel lieu, il prendroit des devants en lieu plus aisé, mais ce ne sera qu'à l'extremité, car il est dans son travail pour faire emporter les airres à son limier par tout. Or, si de là il rencontre quelque petit terme ou montée, alors il ne revoit que du bout des pinces, il ne peut revoir sinon la terre esgratignée; et quelques fois il pense avoir changé de voye, car il ne peut voir de la solle entiere, ny du tallon, ni des os; il n'y a que son limier, qui suit tousjours de mesme temps et de mesme air, qui luy donne cognoissance qu'il n'a pas changé de voye. Il ne voit, en montant, que sinon les pierres un peu blanchies du bout de la pince, que le rocher esgratigné; mais en descendant de l'autre costé de ce terme ou en quelque vallée, alors il voit à son aise du tallon, de la jambe, des os; il apperçoit de grandes glissades, la terre bien brizée, enfoncée du tallon, des grandes rayes des os, des costez de la solle. En ce temps son limier doit suivre avec plus d'ardeur, car la terre estant brisée et les herbes bien foulées par toutes ces descentes, le sentiment des voyes est plus entier et violent, qu'il estoit là où le cerf ne donnoit que du bout des pinces en terre. Mesme en montant, si un cerf va costoyant un costeau, qu'il ne monte pas droict, il n'appuie que le costé de la solle, que le costé et la pince qui sont contre la montaigne, et quelques fois l'on mescognoit son droict, si l'on n'y prend guarde. Et comme les cerfs fuient volontiers le chemin, s'il est sec, voilà ce valet de limier soufflant la poudre, pour en revoir, ou bien la terre foulée, brisée, dans le chemin; mais il ne peut juger si c'est son cerf, jusques à ce que la poudre est soufflée au vent; il ne peut voir s'il a le pied creu, s'il a les mesmes cognoissances. Que si le chemin est ferré de rochers, de pierailles, il ne voit sinon des deux costez de la solle et du bout des pinces, qui ont un peu blanchy la pierre, un peu esgrattigné et rayé, comme si c'estoit de quelque ferrement. Science admirable, de prendre ainsy cognoissance par tout d'un cerf qui fuit, ou qui va d'asseurance. Mais si le bestail, les hardes des villages, avoient passé par là, qu'ils ayent rompu les voyes, il faut prendre des devants hors de là, plus loing que les tracques et passages de ces hardes de bestail; puis rencontrant les voyes, les faire resentir à son limier. Ce bon valet de limier travaille avec une telle subtilité, jusques à ce qu'il a poussé ses voyes au fort et au couvert, avec l'ayde de son chien; alors le limier est en son element, il a le sentiment entier, il reprend des airres en terre, aux branches, le cerf touche par tout. Il voit ce brave limier reprendre de son droict, tantost le nez en terre, aux branches de sa hauteur; plus loing ce chien se leve debout, vat aux branches que le cerf a tournées; il emporte les voyes hardiment : le cerf ne va plus d'effroy, comme il alloit aux plaines; il n'est plus forhué des passants, des paysans qui le rencontrent; il n'est plus courru des mâtins qui guardoient les hardes de bestail aux plaines. Le cerf va, estant au couvert, tantost fuiant, puis il s'avance, en après il va d'asseurance; ces inegalitez de fuites, de s'avancer, d'aller tantost d'asseurance, tout cela luy donne cognoissance que c'est le cerf qu'il suit. Alors c'est l'effect de ce bon valet de limier, de prendre guarde à ne changer de voye; car les bestes et cerfs qui vont de la nuict embarassent souvent son limier, tout cela vient barrer les voyes; mais il vient considerer le bois porté, les foulées. Un cerf qui s'avance treine, emporte et escorche les branches, bien plus furieusement que celuy qui va d'asseurance ; c'est à luy de jouer des effects de son art, de ceste admirable science. Mais ce cerf cherche les demeures, tout cela est à son advantage ; il voit par tout des foulées, abbatures et bois brisez ; ce cerf fait ses ruses aux chemins, en tous les faux-fuiants qu'il rencontre ou aux petits sentiers, puis ayant rencontré quelque belle enceinte, quelque belle demeure, il se met sur le ventre et prend repos jusques à l'heure de son relevé. Le limier, estant à la reposée et ayant renouvellé les voyes, il suit plus gayement, car ce sont les voyes de son relevé ; le valet de limier prend cognoissance de cela, il considere la reposée et le pousse tousjours, en rejouissant son limier, jusques à ce qu'il trouve quelque taille ou gaignage là où ce cerf a fait sa nuict. Mais un cerf qui at esté lancé et fort esveillé, volontiers le lendemain il ne va pas au gaignage ; il fait peu de pays, si ce n'estoit qu'il ne veuille changer de pays tout à fait, en tel temps il iroit loing. Or ce limier va tousjours après, et rien ne l'empesche plus, ayant ses voyes qui vont de la nuict, sinon les autres cerfs et biches, qui ont fait leur nuict aux mesmes tailles et lieux, là où ce cerf a fait ses viandis et sa nuict, mais ayant, pour cest effect, choisy un cerf bien cognoissable, et que la terre est douce, qu'il fait beau revoir. Pour cest effect, il faut un pays, une contrée, là où il y a peu de cerfs ; car s'il treuvoit des hardes de cerfs, à tout moment, de cincquante, soixante cerfs et biches, il seroit impossible d'y faire ses effects, comme aux forests bien peuplées. Mais là où il y a peu de cerfs et de faulves, il le demesle tousjours ; que s'il change de voye, il retourne promptement là où il en a reveu, à sa dernière brisée ; et ainsy, d'art et de science, il va lancer son cerf, qui est la vraye fonction et le travail d'un bon valet de limier, et le plus haut point, là où l'on peut desirer un limier en la perfection de venerie. Mais comme tous les valets de limiers ne sont capables d'un tel travail, ny de dresser des limiers à suivre de si hautes airres, voyons les communs, qui veullent estre capables de faire aller requerir un cerf, à un deffaut, devant une mauvaise meutte. Ainsi que nous faisons chasser nos meuttes deux ou trois fois la sepmaine, de mesme un valet de limier doit exercer son limier deux ou trois fois la sepmaine, luy faire lancer des cerfs deux fois ou trois fois. Ce n'est pas assez d'aller destourner, le matin, à la rosée, il faut aller lancer ce que l'on at destourné, à midy, lancer au haut du jour. Tous chiens peuvent destourner, mais ils ne sont pas propres pour lancer. J'ay dressé des chiens d'Artois, des chiens bastards; j'ay veu un de mes voisins avoir dressé un mâtin pour limier, et destournoit avec ce mastin; mais pour aller bien requerir un cerf à trois heures après midy, il faut des chiens de bonne race qui parlent bien, en suivant et emportant leurs voyes; et pour les bien exercer, le valet de limier destournera un cerf, et à dix heures il l'ira lancer, lors que la rosée est passée et abbattue, et le brisera au premier chemin; puis il ira prendre sa refection ou se reposera trois ou quatre heures, qui est le temps que l'on peut demeurer en deffaut, sans avoir limier. Après il ira reprendre les voyes de son cerf et l'ira relancer, pour apprendre à son limier à suivre des voyes qui fuient, un cerf qui fuit; car un limier, accoustumé à suivre telles airres, difficilement changerat-il ses voyes, sans en donner cognoissance par ses actions à celuy qui le fait suivre, s'il est capable de les considerer, pour en tirer proffit et conjecture de venerie, ainsi que faisoit Xenophon ès siecles de l'antiquité, le quel, au renouvellement des voyes que ses chiens emportoient, il en avoit cognoissance, mesme par les mouvements des oreilles, des yeux, de la queue de ses chiens. S'il est possible, il faut que ce valet de limier fasse cest effect aux buissons, affin qu'il passe des pleines, ou au bout de quelque forest, que le cerf passe des futayes, quelque grand pays de brande, qu'il puisse ruser en quantité de chemins qui sont dans les forests. Voilà comme les bons limiers se doivent exercer deux ou trois fois la sepmaine, pour estre en estat de relancer des cerfs, à un deffaut, devant une mauvaise meutte, comme aussi devant une bonne meutte, si le deffaut est causé par quelque riviere ou estang, pays aquatique et plein d'eau. Voilà aussi le moyen, pour tenir un brave valet de limier en exercice, et en estat de faire des longues suictes à des deffauts. Les limiers se doivent exercer ainsi et non les jours des chasses, aux quels un chascun doit estre à son devoir. Voyons ces valets de limiers, ainsi bien exercez, à quoy ils me servent à la Venerie. Je leur donne des questes, comme s'ils estoient veneurs et appointez à cheval, à cause qu'ils sont capables; ils laissent courre ainsi que mes compagnons, neantmoins si un veneur a destourné un cerf, le veneur sera favorisé, si son cerf est aussy cerf que celuy du valet de limier. Que si c'est un veneur, un de mes compagnons, qui laisse courre, si son cerf n'est pas destourné, qu'il s'en aille, depuis qu'il est de retour du bois, ou que son limier l'aye surallé le matin, incontinent que le cerf est hors de son enceinte, s'il y at apparence de faire une longue suicte, je commande au veneur de monter à cheval. Je ne veux pas qu'un veneur, qui est sous ma charge, employe sa force et sa vigueur à routailler; je veux qu'il l'emploie à tenir la meutte bien ensemble, qu'il guarde sa force, pour accompagner les chiens toute la chasse, les faire bien chasser et perchasser, secourrir un desordre de change, aller rompre des chiens qui font les fols et qui courrent le change, bref faire tous les efforts qu'un bon picqueur et veneur est obligé à faire, et laisser ce valet de limier achever la suicte et le laisser-courre ; car quelque fois au rut, l'on est une heure ou deux en suite ; ou aux grandes chaleurs des jours caniculaires, un valet de limier faira bien mieux une suitte, s'il est capable, car il est en haleine, il va mieux à pied et est habillé à la legere. Le veneur aagé de quarante ou cincquante ans, avec des grosses bottes, un cor à la mode pendu au col, sa casacque de chasse, cela n'est pas propre à faire une telle diligence que le valet de limier; c'est pourquoy je lui conseille d'agir bien à cheval, et laisser travailler les valets de limiers en leurs fonctions. J'ay veu des gentilshommes et veneurs s'opiniastrer à faire des longues suictes, et dans les grandes chaleurs tomber en foiblesse ; la venerie n'est pas marastre de ses professeurs, elle ne demande que ce qu'un homme peut, mais l'ambition cause cela, c'est qu'ils veullent tout faire. Il faut que les bons veneurs prennent guarde aux vieux chiens et sages, ces chiens bien dressez n'employent pas leur force tousjours ; ils la conservent pour les desordres de change, de chemin, de voyes doublées, pour des longues traictes ; les veneurs doivent faire ainsi, n'employer pas leur vigueur, comme vallets de limiers, mais comme veneurs. Or un cerf estant donné aux chiens, ayant laissé courre, ce bon valet de limier suivra la chasse au dessous du vent ; et lors qu'il n'entend plus la chasse, il mettra son limier devant ; et s'ils sont plussieurs, ils les mettront devant, tantost l'un, tantost l'autre, affin que leurs chiens ne se mettent pas hors d'haleine ; et ainsy la chasse ne peut passer à eux, que leurs limiers ne se rabattent, si les veneurs n'avoient jetté aucunes brisées, en passant les routes ou chemins; et ainsi ils sçauront tousjours à quelle main ils laissent la chasse, pour prendre les devants continuellement, pour relever les deffauts devant une meutte aucunement bonne. C'est plaisir de voir ce valet de limier ambitieux de bien s'acquitter de sa charge; il va continuellement au trot, au pas; il ne tarde nullement, mais il gaigne tousjours pays; et s'il arrive à un deffaut, il prend promptement les devants, si c'est une riviere ou estang; si c'est aux chemins ou plaines, il fait prendre et emporter les voyes à son limier; il considere bien les fuites, la solle, si c'est un pied rond ou long, quelle cognoissance il a, affin de ne pas changer de voye. Son chien à commandement, à ce terme de Aga, tien, veleci allé le cerf, il vient prendre les voyes et ne s'en vat, sinon à l'égal qu'il peut emporter les voyes. Ce cerf va battant les eaux, les ruisseaux, cela luy donne cognoissance que c'est son droict, qu'il est hallé, qu'il se rafreschit. Il se souille dans les chemins, dans les mares, alors ce valet de limier voit du souillar par tout, sur les branches, sur les bois, sur les feuilles, le voilà satisfait de son travail, c'est son droict. Ce limier va bravement renouvellant les voyes de temps en temps, dans les futaies, dans les chemins; il ruze, il desmesle tout avec l'ayde de ce limier bien en exercice; il le pousse au couvert, aux grands fors, il voit alors des portées par tout. Que s'il change de voye ou s'il lance d'autres cerfs, il retourne promptement là où il en at reveu, à ses dernieres brizées; car autant de fois qu'il en revoit assurement, il brize tousjours; et s'il en revoit en quelque beau lieu, il appelle tousjours les vęneurs, pour leur faire voir que c'est tousjours luy-mesme, qu'il n'at pas changé de voye; bref, il le relance enfin, et fait redonner les chiens, et puis continue de reprendre ses devants, comme auparavant, jusques à la mort du cerf, qui est la fonction et le travail d'un bon valet de limier. Mais je vous veux faire voir des belles suittes et longues, que quatre valets de limiers ont autres fois faites, estant sous ma charge, et s'appelloient Jacob de Maxeuille, Noël de Frouart, Hubert de la Motte, Dimanche de Bouxiere, les quels par après j'ay appointez à cheval, ont esté veneurs et se sont dignement acquittez de leurs charges, chascun, selon la portée de son jugement et de son esprit. Nous laissasmes courre un cerf derriere l'eglise de Herbeviller, au dessous du haut bois de Remereville, et ayant esté bien chassé il ne trouva nul lieu de repos, touchant la terre; il vint se rendre à la riviere de Nancy qui est la Meurthre, entre Bosserville et Tombelaine, et se mit en une isle entre deux bras de la riviere, ceste isle couverte de saul et d'aulnée; il estoit tard, nous n'avions point de batteaux et fusmes constraints de nous retirer. Le lendemain, nous prismes les devants de la riviere et le trouvasmes sorty, qui s'en retournoit; voilà ces quatre valets de limiers à routailler; ils poussent les voyes dans les bois de Tombelaine et de Bosserville. Il passe les bois de Saulsure, va derriere les estangs de Lenoncourt, au bois derriere Cercueil; il passe à Fredeterre, au bois de Romemont derriere Vellaine; il retourne au haut bois de Remereville; et tantost il vat sur les mesmes fuittes qu'il estoit venu le jour auparavant, tantost il s'escartoit de demy-lieue; pendant ce temps les voyes sont tousjours fournies de ces braves valets de limiers, avec leurs limiers, les quels font maintenir les voyes à leurs chiens, qui emportent tousjours les voyes à plein traict. Mais ce cerf ne peut faire aucun retour ou ruze, que l'un de ces valets de limiers n'apperçoive le retour, et promptement il ne fasse desmesler ce retour à son limier; et celuy qui suivoit et qui faisoit emporter les voyes à son limier, il le met derrier luy, laisse reprendre haleine, jusques à ce que celuy qui est devant perd les voyes; et ainsy chascun à son tour fait faire effect à son limier et jamais nul temps perdu, les voyes sont tousjours fournies de l'un des quatre limiers. Ce pendant la meutte suit le long des grands chemins, pour ne pas harasser les chiens; deux picqueurs se tiennent avec la meutte, pour empescher qu'elle ne s'escarte. Mais nous trouvons souvent des difficultez : d'autres bestes et cerfs viennent de leurs viandis, les quels croisent et barrent souvent les voyes; ces valets de limiers sont souvent les genouils en terre; ils soufflent la poudre en plussieurs endroits, pour voir asseurement si c'est tousjours le mesme, et s'ils se treuvent embarassez, ils nous appellent. Je fais venir celuy qui l'a laissé courre voir si c'est son cerf, nous voilà tous pied à terre et faisons une consultation de venerie, et si c'est le nostre, nous ne perdons nul temps; je suis alors exact à empescher que l'on n'approche trop près des limiers, affin qu'à un retour les chevaux ne rompent pas les voyes ny les retours. Mais dans les fors, si quelque cerf parte ou autre beste, le limier qui fait la suitte vat à ses voyes, qui vont de bon temps, qui ne font que d'aller; mais ce valet de limier ne se haste pas, il ne s'emporte nullement de furie, il va considerant si le bois est tourné; s'il voit des portées, il vat après, jusques à ce qu'il aye cognoissance que c'est le cerf de la meutte, et suit jusques en lieu propre à en revoir, et en dit son sentiment, et fait mettre pied à terre au veneur qui l'a laissé courre, affin de ne se pas mesprendre. Mais pendant ce temps les autres valets de limiers sont demeurez sur les voyes du cerf de la meutte, et le poussent doucement par les portées, pour voir si ses voyes vont droit d'où est party ce qui est lancé. Si le droit ne va pas là, ils sonnent deux mots; nous allons à eux, et suivons nostre droit, qui va droit au pays, là où il at esté laissé courre le jour auparavant. Il passe sous le haut bois de Remereville, et va battre et percer les enceintes derrier Herbeviller, et va demeurer en celle qu'il avoit esté donné aux chiens le jour auparavant. Le voilà relancé, après avoir fait ceste fuitte de quatre lieues pour le moins, au pays qu'il fist; le voilà donné et redonné aux chiens, deux jours en une mesme enceinte. Incontinent qu'il fut devant la meutte, il fuye au rebours du jour precedent et va passer au bois Sainct-Jean, de là en Fau, en la Vernelle, au mont de Vic, de là aux plaines, et va se jetter à la riviere, auprès de Vic, en un grand pays perdu, inondé, plein de roseaux. Nous voilà encor en deffaut, il ne touche plus la terre. Nous allons avec des nasselles dans ces roseaux; mais la nuict arrivant, nous ne peusmes le relancer. Le lendemain matin, nos valets de limiers prennent les devants de la riviere, au point du jour; nous voylà, comme le jour auparavant, à routailler; ils le treuvent passé et retourné sur ses mesmes voyes qu'il estoit venu, passe les mesmes bois et pays, et l'allasmes relancer sous le haut bois de Remereville, derrier l'eglise de Herbeviller, en la mesme enceinte qu'il avoit esté lancé; bref, il fut lancé et relancé trois jours de suicte dans une mesme enceinte. Après que ces braves vallets de limiers eurent fait ceste suicte de deux ou trois lieues, nous lui donnasmes tous nos chiens, jeusnes et vieux, je fis tout donner; il ne courrut pas longtemps, et fut pris aux environs de son pays ce troisiesme jour. Vous avez veu des deffauts, mais ils sont causez par les eaux ; nostre droict, nostre cerf, ne touchoit plus la terre, ce n'estoit pas la faute des chiens ny des veneurs ; mais chascun de nous ayant fait son devoir, les valets de limiers, ayants fait leurs fonctions de bien travailler à pied, et les veneurs, à cheval, voilà nostre cerf aux abois. Il n'a treuvé nul lieu d'asseurance ny de repos, et les suictes faictes avec plus de diligence, que si des veneurs les avoient faites ; mais les veneurs estoient tousjours proches, les quels presidoient et commandoient ce qu'il leur sembloit à propos ; Son Altesse, le duc François, estoit present à toutes ces suittes et lances et relances et à la mort du cerf. J'ay laissé courre un autre cerf, à la forest de Parroy, proche Luneville. Aussi tost qu'il fut donné aux chiens, il quitta la forest, passe au bois de Veaucourt, au bois de la Guarde ; il passe sous Mezieres, aux grandes plaines, va droit en Allemagne et passe le lac de Lindre, à l'endroit de Tarquinpol, où l'on voit encor les fondements des fortifications, que l'on dit avoir esté faictes par les Tarquins, et sorte à un petit costeau hors de ce lac, à l'endroict de Romersberg, qui est un bois entre les queues de ce lac, et l'on tient que les Romains, du temps de Jules Cæsar, y camperent quelques jours, et porte ce nom qui signifie montaigne des Romains, pour cause du sejour qu'ils y firent. Je l'allay relancer, avec la meutte, dans ce Romersberg ; il alla de là plus avant tousjours, et s'alla rendre à l'estang d'Anguille, à un bourg d'Allemagne, qui est encor un estang, grand comme un petit lac. N'y ayant aucuns batteaux, nous fusmes constraints d'attendre au lendemain, pour le requester. Nous prismes les voyes, le matin, au point du jour, au sortir de l'estang ; nous l'allasmes relancer au Romersberg, à une lieue de là, qui est à present un bois, plus de plaine, comme il estoit du temps des

Romains de Jules Cæsar. Il courut deux heures, et se voyant pressé et maintenu en fort, en foible, il s'alla rendre, comme le jour auparavant, dans le lac de Lindre; et n'ayant point de batteaux, nous fusmes encor constraints de le laisser. Le troisiesme jour, je fis tenir des batteliers avec plussieurs batteaux de pescheurs, que j'avois envoyé querir aux deux bords de ce lac, puis nous prismes les devants et nous mismes en suitte. Le cerf retourna les mesmes voyes qu'il estoit venu le premier jour; nous fismes une suitte de quatre lieues, tousjours les voyes emportées de bons limiers et d'excellents valets de limiers, qui sçavoient leur faire maintenir le droit. Bref, nous le relançasmes, dans une plaine entre Mezieres et la Guarde, en une haye, un hallier, qui n'avoit pas plus d'un traict de limier de longueur, et tellement petit que les valets de limiers n'avoient pas voulu le pousser, et n'estoit pas plus grand qu'une chambre. Nous luy donnasmes tous nos chiens, jeusnes et vieux; il retourna sur les mesmes aires, quatre lieues, droict au lac; nous le prismes à mil pas du lac, qu'il n'eust pas la force d'aller jusques à l'eau et rendit les abois. Vous voyez de nos suittes avec des limiers, elles sont causées par les eaux. Le lecteur considerera que cette traicte fut, le premier jour, de dix lieues de Lorraine, au chemin que le cerf fit, qui fait voir que les veneurs et valets de limiers, qui sont soubs ma charge, n'ont nul soing des retraictes, sinon en temps que le cerf est mort : ils suivent tousjours, comme ils peuvent, à l'esgal de leur vigueur et force. Je vous ay suffissamment fait voir les effects de bons et excellents valets de limiers, en leurs fonctions et travail; mais neantmoins, s'ils n'ont que cette partie essentielle de venerie, ils ne peuvent avoir la qualité de veneurs : il faut avoir cognoissance des actions et de tous les mouvements, que chiens chassants en meutte ont et sçavent faire. Les puissants roys et princes de l'antiquité donnoient des bidets à ces braves valets de limiers, lors qu'ils venoient sur le retour de l'aage ; alors leur qualité estoit cognoisseurs, et suivoient la chasse avec leurs limiers, qu'ils attachoient à l'arson de la selle. C'est de ces braves valets de limiers, que je fais des bons veneurs, pour la peine, la fatigue ; mais il les faut mettre à cheval, avant qu'ils ayent diminué et affoibly leur vigueur, à vingt-cincq ou vingt-six ans ; plus vieux, difficilement seront-ils capables de tous les ressors de venerie. Et pour les gentilshommes qui veullent se rendre capables d'avoir des meuttes en charge, je les fais aller au bois, pour apprendre à estre cognoisseurs, et ont un cheval pour courre, pour faire tirer les chiens ensemble. Et de mesme comme nos chiens les plus justes sur les voyes, ceux qui tiennent le mieux les voyes, sont plus tost dressez à guarder le change, et le guardent mieux, que les autres chiens qui ne sont pas justes ny attachez à la voye, ainsy ceux, d'entre ces jeusnes garçons, qui sont les plus vigilants à tenir les chiens ensemble, et qui les font le mieux tirer à la meutte, ce sont ceux qui se rendent les plus excellents en venerie, et universels à faire chasser toutes sortes de meuttes ; et ainsi ils se rendent capables, tout d'un temps, d'aller au bois, estre cognoisseurs et de faire bien chasser les meuttes ; car, s'ils sçavent bien tenir une meutte ensemble et en obeissance, ils la sçauront aussi bien tost faire chasser en la perfection de venerie. Mais si j'ay l'honneur d'apprendre la venerie à quelque prince ou seigneur et gentilshommes, les quels ne veuillent pas faire leur fortune à la venerie, je leur fais voir les ressors de ceste science, sans les incommoder. En allant au laissé-courre, je leur fais voir les brizées, les jugements de ce cerf que l'on veut courre. Comme il est devant les chiens, en courrant, je leur monstre des portées; je leur fais voir les fuittes, la jambe, les os; à un retour, dans un chemin, je leur donne cognoissance du retour; s'il va d'asseurance, je leur fais considerer. Bref, en courrant, je leur fais tirer jugement des cerfs; et ainsi, en passant leur temps, ils apprennent. Je fais destourner un cerf, un beau jour que l'on ne courre pas, et quand la rosée est abbatue, je les mene avec ce valet de limier. Il nous mene là où le cerf a fait sa nuict, ses viandis; il nous fait voir ses brizées, le tour de l'enceinte; après il lance son cerf; et ainsi, sans nulle incommodité, ces jeusnes princes et seigneurs apprennent les ressors de venerie; et alors qu'ils sont ainsi doucement poussez dans les intelligences de venerie, s'ils ayment d'aller au bois, cela depend de leur volonté : je leur ay desjà donné cognoissance des jugements que l'on a des cerfs de dix cors. Qui fait autrement, l'on leur fait haïr bientost la venerie, et n'y vont pas longtemps. Un jeusne seigneur qui vient de voyage ou des estudes, des academies, de prime abord vous le menez au bois à pied, et il ne fut jamais à pied; vous le tenez cincq ou six heures dans les frimas, dans les neiges, dans les verglas; et si c'est l'esté, le voilà dans les rosées, dans l'esguail; le bois est tout mouillé, il faut percer les fors, le voilà comme s'il avoit plongé dedans l'Ocean; il n'est nullement accoustumé à cela, il n'a pas encor souffert la rigueur des temps, car il vient souvent des estudes, et il ne cognoist la rigueur des freiches matinées, ny des grands chauds et halles : voilà donc une fascheuse curée pour son commencement, car il revient avec une rume ou fluction sur quelque partie. Et souvent il vat au bois, avec un petit habit à la mode, des petits souliers bien faits; cela n'est nullement propre à estre dans la boue, dans les chemins fangeux ; les bas de soye encor moins propres, pour percer les halliers, les espines. Si ce jeusne seigneur veut prendre de gros souliers, il n'en at encor jamais porté, il revient du bois, un tallon escorché ou les doigts des pieds : voilà un homme mal menné. Mais de plus, l'on luy donne souvent un gros limier, qui tire comme un cheval de charette ; le voilà esgrattigné, percé d'espines, les jambes, le visage, les mains tout en sang. Je le vois alors qui fait protestation qu'il n'y retournera plus ; vous ne l'y tenez plus jamais, il n'aura de là en avant rien tant en horreur que la venerie. Ce n'est nullement en la sorte, que les seigneurs doivent avoir cognoissance des ressors de cest art ; il faut qu'ils soyent auparavant poussez dans le genie de ceste science, par des moyens plus doux ; et comme ils les auront compris et goutez, s'ils ayment d'aller au bois, sçachant que c'est, ils sçauront s'accommoder à propos et s'accoustumeront, petit à petit, au travail, à la peine et dans la rigueur des temps et saisons. Que s'ils ne veullent jamais aller au bois, ils ne laisseront pas d'agir à cheval, et dresser des meuttes, à l'imitation des Anglois, les quels les adjustent et dressent dans la perfection, et neantmoins ils ne se servent pas de limier en leurs chasses ; mais il faut que les forests soyent bien peuplées pour cest effect.

DES VALETS DE CHIENS ET DE LEURS FONCTIONS ET TRAVAIL; DES CHENILS ET LIEUX PROPRES A LOGER LES CHIENS CHASSANTS EN MEUTTES; DE CE QUI CAUSE LES PERTES ET ANEANTISSEMENTS DES MEUTTES ET DES CHIENS EXCELLENTS.

Je presuppose que le valet de chiens ayme les chiens, qu'il soit sobre et vigilant, et obeissant aux commandements des veneurs, soigneux à bien panser les chiens, les jours qu'ils ne vont pas à la chasse. Ils se peuvent panser à toutes heures du jour, la plus propre est le matin. Plussieurs se servent de peignes et de bouchons de paille ; d'autres, avec brosses, comme celles avec quoy l'on panse les chevaux; en quelques pays, ils les pansent avec des guardes et brosses, avec les quelles on accomode les laines et les draps ; il y en a d'autres, qui les pansent avec de petites estrilles, comme celles dont l'on accomode les chevaux, mais elles sont plus petites, les dents plus menues; il n'y doit point avoir de manche, les valets prennent ces petites estrilles par le milieu, et en pansent les chiens, la main legere. Toutes ces sortes de panser les chiens sont bonnes, pourveu que le valet de chiens qui agit aye bonne volonté. Les peignes sont bons, mais si les valets de chiens les oublient et laissent auprès des chiens, les chiens les mangent, de mesme les brosses et autres inventions delicates;

mais ils ne peuvent manger les estrilles, c'est pourquoy les valets de chiens, qui ont esté sous ma charge, ont pansé mes meuttes avec de petites estrilles et des brosses. Si la brosse est mangée, l'on se sert du bouchon avec l'estrille, en la sorte les chiens sont tousjours pansez. Allant par pays, il suffit une fois le jour de panser les chiens, mais de deux jours l'un pour le moins, sans cela ils ne seront pas polis, le poil beau et bien fourny. Il y en at qui ont opinion, à ce qu'ils disent, que de panser les chiens leur deffournit le poil : rien moins, ce discours est fait en faveur des valets de chiens paresseux; mais bien est-il vray que, si l'on pansoit des chiens inconsiderement, à l'estourdy, cela blesseroit les chiens, leur fairoit douleur là où ils ont esté picquez et blessez des espines. Mais un consideré valet de chiens ne panse pas une meutte de chiens, comme il fairoit un cheval; il y va plus delicatement, et sçait obvier et prevenir cest inconvenient. Il pose les deux pieds de devant du chien qu'il veut panser, sur le banc, de la paille ou sur quelque blocq ; en après il menne et manie son estrille ou son peigne, depuis la teste du chien jusques à la queue, le long des costez et des reins et cuisses, sans faire douleur ny mal au chien. Puis, autant de chiens qu'il a tenus, il donne de l'estrille en terre, ou sur le bord et seuil de la porte du chenil; et fait un rang de toutes ces poudres, comme fait un bon palfernier qui panse un cheval à plaisir; et ainsy il voit combien de chiens il a pansez et tenus, car autant de chiens il fait, autant de marcques, en deschargeant la poudre de l'estrille; en la sorte nul chien ne demeure, sans avoir esté tenu, ce qui ne se peut faire avec un peigne. Après avoir esté pansez de l'estrille, l'on les brosse pour addoucir le poil. Que s'ils ont esté le jour auparavant à la chasse, il les faut decrotter avec un bouchon de paille, la brosse seroit trop delicate; de mesme les petites dents de l'estrille s'esmouseroient à decrotter les chiens. Le bon valet de chiens doit laver les pieds des chiens, au retour des chasses, leur faire donner des cendrées, s'ils en ont affaire et s'il a le loisir; c'est donc, pour plussieurs occasions, que les bons veneurs demandent du jour de reste. Les valets de chiens doivent entendre la voix des chiens qui se mordent au chenil, ou de ceux qui crient ou font bruict à toute heure et hors de temps, affin que s'ils n'y peuvent aborder à temps pendant leur desordre, qu'ils les puissent bastre et chastier; car tels chiens gastent une meutte, estropient leurs compagnons, mesme si le valet de chiens at esté exact à chastier les chiens qui font souvent desordre au chenil. S'il ne vient à temps pour les voir, et qu'ils soyent desja deshardez et separez, à l'action de celuy qui at esté le plus mutin, qui a commencé à mordre son compagnon, le valet de chiens, en ouvrant le chenil, en aura cognoissance à la contenance du chien mutin et à son regard; mais il faut estre bon cognoisseur de son action, pour ne pas chastier un chien pour l'autre. Le valet de chiens sera discret de ne frapper les chiens, d'un coup de pied ny de baston, de crainte de leur faire venir des apostumes ou de les estropier et faire grand mal. A ce suject, il les chastiera de coups de housine convenable à cest effect ou de fouet ou d'escourgée, sans les frapper par les yeux, en leur parlant d'une voix rude, pour leur apprendre à discerner la voix rude de la guaye et joyeuse, afin que la voix rude les tienne en obeissance et la guaye les emancipe et tienne joyeux. Ils doivent apprendre aux chiens mis nouvellement aux couples ces termes de venerie : Tire à la meutte; Oultre à luy ou Va sellà; Derrier, bellement; Aga, tien à moy; voilà des grands advantages pour bientost adjuster un jeusne chien. Le temps propre à leur apprendre cette obeissance est en les promenant, en leur faisant prendre de l'air, pour le moins une fois le jour. Nos autheurs de venerie appellent cela mener esbattre les chiens, c'est ce qui rend les chiens guays et joyeux. Le bon valet de chiens, estant aux champs, à la campaigne, il doit bien considerer les actions de tous les chiens, s'ils n'ont point changé leurs airs et façons accoustumez ; car chien malade et blessé change son air et sa façon de faire. Elle est plus guaye, plus joyeuse ou plus melancolique, particulierement si la rage les veut saisir ; quelques jours auparavant, ils changent d'humeur, par interval ils sont plus joyeux ou melancoliques et tristes. Mais de toutes ces actions differentes le valet de chiens fairat rapport au veneur, si le maistre n'en veut avoir aucune cognoissance. Il faut à la campaigne considerer tousjours les chiens et non regarder ailleurs, sans cela il laissera souvent des chiens derrier les hayes et buissons, c'est une grande faute de negligence en venerie. Je ne laisse pas souvent sortir les chiens du chenil, que celuy qui les fait chasser n'y soit present, à cause que le veneur qui les fait chasser est plus interessé à conserver une meutte, que celuy qui ne la fait que panser. De mesme pour les faire manger, il faut que celuy qui en doit jouer y soit present. Pour estre une meutte bien tenue, il faut que l'œil du veneur considere de quel air les chiens mangent, pour faire donner du potaige à ceux qui ne mangent pas, ou les enfermer et separer jusques à ce qu'il ayent mangé. Mais estant à la campaigne, avant les remenner au logis, il faut leur laisser manger du chienden, herbe propre à guerrir les chiens malades de plussieurs maux. Il leur faut souvent monstrer les trouppeaux des villages, les bergeries; aux champs, les vaches, porcqs, chevres, et bien chastier ceux qui branlent et balancent à cela; leur apprendre le flegme, la patience, aller à la campaigne descouplez; leur laisser manger des bleds en herbe ou avoisnes, s'ils en desirent ou en veuillent prendre en passant, comme aussi de toutes autres herbes. Bref, si vous ne gouvernez vos chiens, en les promenant et esgayant, vous n'en viendrez jamais à bout en chassant, lors qu'ils seront en furie, ardeur et fougue. D'aucuns font panser leurs chiens à la campaigne, mais je fais panser les miens au chenil. Je veux que mes valets de chiens ou ceux qui sont sous ma charge n'ayent autre soing à la campaigne, sinon de prendre soing aux chiens, pour rendre compte de toutes leurs actions. Et lors que les valets de chiens remettent les chiens au chenil, ils les doivent tousjours compter et nombrer, en entrant au chenil, affin que si quelque chien s'estoit caché ou demeuré derrier, qu'ils le cherchent subitement, avant que le chien soit esgaré et esmancipé. Faut qu'ils leur donnent de l'eau fresche, deux fois le jour, dans des cuveaux ou vaisseaux de bois ou de pierre. Faut nettoyer et ballier le chenil autant des fois le jour qu'il est necessaire, à cela il n'y a point de reigle precise. Le valet de chiens doit bien sçavoir faire les couples des chiens. Je veux que les chiens aillent à la campaigne descouplez, neantmoins il faut des couples, pour menner relais, harder des chiens, les chastier souvent ou pour les panser; il faut des traicts pour les limiers. Cela est exercice de valets de chiens curieux de leur mestier, c'est pour les divertir au logis. Disons un mot des chenils et lieux propres à loger les chiens chassants en meutte. Les chiens doivent estre logez chaudement l'hyver et freschement l'esté; à ce suject, les chenils d'hyver doivent estre petits, et les chenils d'esté grands et spatieux, bien aerrez. Je ne puis donner reigle à cela, ce doit estre, selon la quantité des chiens qu'il y at aux meuttes; mais les chenils d'esté de ma meutte avoient trente pieds de diametre d'un costé, et vingt et huict de l'autre, les chenils d'hyver vingt de diametre de longueur et de largeur dix-huict pieds, cela suffit pour trente ou quarante chiens. Selon la taille des chiens et leur grandeur, il faut les chenils grands ou petits. Il n'importe pas aux chevaux de manege, de combat, de journée ou aux chevaux de chasse, que leurs escuries soyent peintes ou fort elabourées et artistement basties, il leur suffit d'estre bien tenus, bien pansez, bonne litiere et raisonnablement traictez; il est de mesme des chiens, pourveu qu'ils soyent tenuz nettement. Il ne faut pas faire tant de ceremonie pour les chenils; ils doivent estre bien planchez d'ais, de planches ou paltrages ; leurs bancs, pour mettre la paille, doivent avoir un pied de haut, c'est à dessein qu'ils ne reçoivent l'humidité de la terre, venant de la chasse ou bien de faire journée : c'est là une des choses qui ruinent toutes les meuttes, de coucher sur l'humidité de la terre, ayant fait traicte. J'ay consideré, en plussieurs pays, des chenils fort appropriez ; les uns ont des grandes courts et parquets, parsemez de beaux arbres qui leur donnent ombrage; d'autres, des ruisseaux qui passent dans ces courts, des fontaines ou des puits, selon la commodité des lieux. J'advoüe que cela est beau à qui a moyen de loger ses chiens en la sorte; mais ceux qui n'ont ny les moyens ny la commodité de loger leurs chiens en la sorte, soit pour l'incommodité des terrains et situation des lieux, comme crouppes de montaignes ou autres lieux constraints et serrez, ou bien pour l'impuissance de la despence, ne laissent d'avoir d'aussy excellents chiens que les autres : c'est l'exercice bien reiglé qui fait les excellentes meuttes. Que si vos meuttes, pour estre bonnes, ne debvoient pas loger sinon dans des lieux bien appropriez, peu de personnes pourroient avoir des meuttes bien forçantes toute sorte de droict, car souvent les cerfs vont mourir loing. Il faut que les chiens logent, par toutes les retraictes, au plus près de la mort des cerfs, s'il est possible; le chevreuil de mesme, d'aucuns font des longues fuittes ; ou bien vous allez courre loing, soit lievre ou chevreuil, et l'on est constraint après des longues chasses de laisser coucher les chiens aux retraictes plus voisines, tellement que, si vos chiens ne devoient loger sinon en ces grands et beaux chenils, vous perdriez vos meuttes, car rien ne gaste tant des chiens chassants en meutte, sinon les longues retraictes. Le bon veneur fait retraicte par tout; le bon valet de chiens sçait accommoder ses chiens, aussi tost que le lieu est choisy pour loger les chiens; il cherche, par toutes les maisons, s'il peut recouvrer des planches ou des clayes et les approprier en un coing, et là dessus il y fait la paille de ses chiens, affin qu'ils ne tirent aucune incommodité ou humidité de la terre. Surtout les jours que les chiens on travaillé, il les faut loger chaudement. En deffaut de claies ou de planches, il faut mettre tant de paille que les chiens ne reçoivent l'humidité de la terre, ou bien il y en aura des estropiez et gastez. Le valet de chiens faira bonne paille à ses chiens, paille de bled, s'il en treuve, ou de seigle, sinon de ce qu'il trouvera, paille d'orge, d'avoisne, de lentilles, de poix, de feves, de bled sarazin. Pourveu que les chiens n'ayent pas la frescheur de la terre, il suffit, quand bien ils coucheroient sur la planche. Mais s'il trouve tout à souhait, il prendra de la paille de bled ou seigle, ces pailles tiennent les chiens en force et vigueur; toutes autres sortes de pailles rendent les chiens plus foibles, qui leur en donneroit ordinairement. Les logements des chiens sont bons par tous les villages; si c'est pays de labourage, les granges sont propres à loger les chiens l'esté; si c'est pays de vignoble, il y a souvent des grands pressoirs comme halle. En deffaut de l'un ou de l'autre, vous trouverez tousjours, au village, quelque vielle chambre, là où il ne loge personne, cela est excellent pour loger les chiens une nuict. Que si les chiens ne pouvoient loger par tout, les meuttes ne pourroient estre bien exercées; ce seroit, sans comparaison, comme plussieurs les quels ne peuvent dormir, s'ils ne sont couchez dans le lict qu'ils ont accoustumé de dormir, et achaptent souvent leur lict, d'une retraicte de six ou sept heures de chemin et d'un bon rume qu'ils gaignent, au serain, en leur retraicte. Les chiens logent bien par tout, s'ils sont accompagnez de bons valets de chiens, les quels travaillent par tout avec l'ayde des veneurs. Les logements pour les chiens sont excellents aux villages, par pays, à cause que l'on les peut rechanger de lieu, de vingt-quatre heures; et il n'y at autre moyen, pour bien conserver une meutte, que de luy changer souvent le logement, cela l'exempte de plussieurs maladies; c'est pourquoy ceux qui n'ont qu'un chenil, en leur maison, difficilement guarderont-ils leurs meuttes sans des maladies. Ils se desdaignent, après avoir longtemps logé dans le mesme chenil, ils s'empoisonnent de puanteur et particulierement ceux qui mangent des carnages; plussieurs ont les yeux enflez, la teste plus grosse que de coustume, ils deviennent melancoliques, ne mangent plus de leur air accoustumé; les yeux chassieux deviennent maigres, et finalement vont à la rage mue, et de là à l'ardente et furieuse, si l'on n'y prend bien guarde. Qui voudra bien guarder une meutte longtemps en mesme lieu, il faut qu'il y aye plussieurs chenils, et quand ils ont esté vingt-quatre heures en un chenil, l'on les met autant en un autre. Mes chiens avoient quatre chenils, là où je me tenois, le plus souvent deux d'hyver et deux d'esté. L'hyver, lors qu'il faisoit quelque beau jour de soleil, l'on les mettoit l'après-disné ou tout le jour dans un chenil d'esté, affin de les bien airrer; et l'esté, quand il avait pleu et qu'ils avoient esté refroidis de courre par les pluyes et nues, au retour l'on les mettoit dans un petit chenil d'hyver, affin de les rechauffer et restaurer du froid. Quatre chenils ne fassent pas peur aux lecteurs et veneurs qui en voudront faire faire, car la despence des miens n'estoit point excessive, c'estoit seulement la hauteur d'un estage. Il vaut mieux plussieurs chenils qu'un avec tant de ceremonie et de despence. Il se faut accomoder, pour les fenestres et jours, selon la commodité et situation des lieux; les fenestres et jours des chenils sont bien au midy, la chaleur du haut du jour et le soleil en sa vigueur, donnant dans les chenils, les desseichent, attirent l'humidité et puanteur; mais les chiens y ont plus d'incommodité, qu'en un là où le soleil du levant ou couchant donne seulement; neantmoins s'il est à mon choix de pouvoir choisir les jours, pour la situation du lieu, je choisirois le midy pour y faire les jours et fenestres des chenils, pour les raisons predites, veu que les puanteurs des chenils empoisonnent les chiens et les perdent. Pour eviter cela, le bon valet de chiens tient les chenils nettement; il se donne de guarde de ne pas ballier les ordures des chiens contre les murailles, car elles seroient toutes inbibées d'ordures, villenies et puanteurs; il balliera, droict à la porte ou au milieu du chenil, pour porter les ordures dehors, sans gaster les murailles. D'aucuns assemblent les ordures des chenils, en un coing ou derrier la porte, pour les vuider une fois le jour, il faut empescher cela; il faut oster les villainies des chiens, quand l'on peut, promptement s'il est possible; elles s'aigrissent d'estre ainsy assemblées, empuantissant d'advantage les chenils. Les valets de chiens doivent mettre le fumier des chiens, le plus loing qu'ils peuvent des chenils, s'il y a de la commodité de le placer loing, sinon il faut s'astreindre aux lieux que l'on rencontre. Si les lieux permettent, il est necessaire de placer les fumiers et ordures des chiens, du costé des chenils là où les fenestres et jours ne sont pas ; car s'ils estoient à l'opposite des lieux percez, lors que le vent donneroit de ce costé-là, les chiens en recevroient les puanteurs qui leur causeroient avec le temps des maladies, ou leur aneantiroient le sentiment. Ceux qui n'ont qu'un chenil pour leurs chiens, se peuvent donner de guarde, aux actions de leurs chiens, lors qu'ils le desdaignent, qu'il est par trop infecté et empuanti. Si le logement des chiens est en cest estat, quand les chiens viennent de promener, qu'ils viennent de dehors, s'ils le desdaignent, ils n'y veullent plus entrer de gayeté, il leur faut dire plussieurs fois : Tirez à la paille. Les chiens fous et furieux, les jeusnes, y entrent à cause de leur fougue et ardeur, mais les chiens sages et froids n'y veullent plus entrer, sans y estre poussez de la voix ou de la houssine. Alors il est temps d'y apporter remede ; un boiseau de chaux fait la raison de cela; pour relaver les murailles, pour demy escu l'on est quitte; mais si les bancs et planchez sont à moictié pourris et infectez des pissats et ordures des chiens, il en faut refaire d'autres et renouveller les chenils; en la sorte voilà comme il faut conserver les meuttes. Les pelles, avec quoy l'on nettoye les chenils, sont bonnes avec un peu de fer au bout, une lame de fer comme un racloir de jardin, avec quoy l'on nettoye les allées, affin que cela raze le planché, que nulle ordure n'y demeure, ny que les pissats y croupissent là où les chiens se couchent. Il faut une planche contre la muraille, affin que les chiens ne touchent pas la muraille, qu'ils ne reçoivent pas la froidure de la muraille. Les bons chiens se conservent en la sorte. Les valets de chiens doivent faire un petit trou à la porte ou au ventillon, pour considerer les chiens querelleux et qui grondent et mordent leurs compagnons, affin qu'ils puissent considerer les chiens fascheux et autres, voir leur contenance et leur air, sans que les chiens voyent les valets de chiens; car les chiens, estants veus, ils se constraignent en leur air et humeur; mais quand ils ne croient pas estre apperceus des valets de chiens, ils monstrent leurs fantasies et humeurs; et ainsy les valets de chiens apprennent aussy, n'estants pas apperceus des chiens, leur grondement et leurs voix et abois en se mordants, affin qu'ils les puissent entendre, lors qu'ils ne les peuvent voir, et qu'ils soyent une autre fois certains du chien qui fait la noise et le desordre. Les chenils pavez ne vaillent rien pour les chiens; outre le froid que la pierre rend, les chiens se gastent les pieds; ils ne peuvent demeurer longtemps dans un chenil pavé, qu'ils n'ayent le dessous des pieds eschauffé, plein de crevasses, la solle à moictié pourrie. Les chenils qui ne sont ny pavez ni beauchonnez, qui est à dire planchez, ne vaillent aussy rien; lors que les chiens y ont esté quelque temps, que la terre est humectée, elle rend trop de puanteur;

et si les chiens passent là dedans, se gastent les pieds, et portent la terre après leurs pieds sur la paille, et la souillent entierement; ainsy les chiens ne peuvent estre beaux de leur couleur naturelle, et sont continuellement souillez et ne peuvent estre bien tenuz ny pansez. Il faut les chenils planchez ou beauchonnez, avec des petits trous pour couler l'urine des chiens, que le chenil soit un peu en pente. Il faut que le logement des valets de chiens soit près des chenils, affin que les chiens ne s'estranglent. Je ne fais point faire de cheminée au chenil; l'on fait chez moy ce qu'il faut faire pour les chiens, à la chambre des valets de chiens, les onguents et autres choses. Il y a tousjours dans mes chenils de l'onguent, pour mettre sur quelques galles ou dartres qui arrivent aux chiens promptement; aussy des cataplasmes, pour chiens dessolez et les pieds aggravez. L'onguent que je trouve le meilleur pour la galle est l'huille de cheneviex avec de la poix noire et pulverizée et du souffre; et pour les chiens dessolez, un œuf, du vinaigre et de la suie, battus ensemble. Voilà des petits soings, à quoy le bon valet de chiens est exacte et curieux. Il doit avoir soing que les chiens, des quels l'on fait aligner et couvrir les lices, soient en bon corps, en leurs humeurs naturelles; que s'ils n'y estoient, il en donnerat advis aux veneurs, affin que l'on choisisse d'autres chiens pour faire alligner les lices; car si le chien n'estoit en bon estat, les petits chiens ne vaudroient rien, car ils n'auroient aucune force. Pour la lice, il n'importe pas si elle est grasse. La lice estant nouée et pleine, il en donnerat advis, affin qu'elle ne courre plus qu'elle n'aye fait ses petits; estants faits, il en aurat un grand soing, soit pour empescher que la lice ne les tue, ne les estouffe; estants grandelets, leur apprendre à manger; à trois sepmaines ou un mois, les laisser tetter, tirer la mere, jusques à ce que l'on juge qu'ils font tort à la lice, qu'elle ne les souffre plus. Voylà des bons fondements pour avoir une bonne meutte. Voyons ce qui cause souvent les pertes et aneantissement des meuttes et des chiens excellents : c'est qu'ils ne sont quelques fois traictez ny saignez à temps, ny à propos; plussieurs valets de chiens n'entendent rien à cela. Je fais saigner les chiens en plussieurs endroits : des veines du jarrest; des deux veines du col, comme l'on saigne les chevaux; aux oreilles, au palais; leur fendre le troisiesme degré du palais; des veines des deux jambes de devant, que l'on appelle la basilique. Je leur fais arrester les veines, s'il est necessaire, effect de bon valet de chiens, pour tirer du sang tant que l'on desire. Il faut fendre le cuir au long de la veine, la veine sort comme un petit boudin, et vous tirez tant de sang qu'il vous plaist; puis il faut faire recoudre le cuir d'un petit point d'esguille. Un chien saigné à temps, cela le guarantit quelques fois d'estre forbu, estreffé ou boutté, ou du sang caillé au corps, par quelque veine qui se rompt de l'effort qu'il fait, en chassant continuellemnt de gueulle. Il se refroidit aussi, si l'on l'arreste, après avoir fait effort; en après le cuir, la peau, s'attache à la chair, et les petites veines, muscles et membrannes, qui donnent nourriture entre cuir et chair, et font que les pores donnent soulagement à nature, tout cela ne fait plus sa fonction naturelle, le chien devient etique, languissant et maigre. Le saigner à cela sert grandement, sinon il le faut souffler par tout le corps, que le vent aille jusques au bout des ongles. Un chien forbu se doit aussy saigner, arrester les veines et souffler. Le boutte, qui est une enfleure qui luy vient aux jointures de devant, il le faut aussy souffler; puis luy coupper une piece de cuir ou peau, au droit de la jointure, et luy donner deux ou trois coups de canivet, sans coupper les nerfs, car il est dangereux. J'en ay autrefois guerry un d'une vielle boutture; je fis fendre la peau, au droict de la jointure, et luy fis donner deux coups de poinçon jusques au milieu de la jointure; il en sortit une humeur glutineuse, blanchatre, le chien fut guerry. C'est hazard si les jointures ne demeurent un peu grosses; mais il ne laisse pas de courre, estant desroidi, et sert bien après. Pour la mesme boutture, je leur fais autre incision entre les doigts des pieds, au haut des pieds; puis je fais prendre un petit baston, accomodé comme une spatule, avec quoy les chirurgiens estendent leurs onguents; et fais dissoudre et separer la peau de la chair à l'entour de la jointure, jusques à deux doigts plus haut que la jointure, et avec bonne huille bien manier le nodus, et faire glisser le sang et humeur par les trous de dessus le pied, et tous les jours les faire jetter l'ordure et frotter de beure frais ou d'huille propre à cela. Il y at des bouttures qui se guerissent seulement à raser le poil et bien picquer l'enfleure avec une esguille, puis mettre des cataplasmes sur la partie enflée. J'ay veu aussy guerrir des chiens de forbure, les quels vont, comme s'ils alloient sur des espines, trouver un lievre en forme : ouvrir les deux veines du chien forbu, les deux basiliques, tout au haut de la jambe, puis donner le lievre de veue à la meutte; et le chien saigné, avant que le lievre soit pris, pert tout le sang qui est presque dans ses veines, et ainsy il guerrit, et le sang qu'il refait par après est sang qui n'est plus corrompu ny alteré. A plussieurs de ces maux, il faut que le chien soit quarante jours sans courre, le lascher par le logis, qu'il marche pour redonner une bonne nourriture à la partie offencée. Il y a deux sortes d'estreffures : l'une à la jointure du haut de la cuisse, l'autre à la jointure du milieu de la cuisse; l'on n'appelle pas ces maux estreffures, jusques à ce que la cuisse, n'ayant plus de nourriture, elle devient etique, desseichit, alors l'estreffure est formée. A ce mal qui vient à la jointure du milieu de la cuisse, je fais coupper une piece de la peau, au droict de la jointure du milieu de la cuisse, sur le mal; et donne deux coups de canivet de haut embas, non de travers, de crainte de coupper quelque nerf. Cela donne air et ouverture à la jointure, fait que, s'il y a quelque humeur en l'enboiture de la noix ou os du mouvement, que ceste humeur s'evapore, s'escoule. Le chien ne peut avoir mal en cest endroit, sinon que la noix ou petit os de mouvement soit hors du lieu, ou bien quelque goutte ou humeur qui s'est glissée, conglutinée et refroidie dans l'enboitture du mouvement. Avant que rien faire au chien, il le faut souffler le jour auparavant; et d'autres font seulement une fente, au droit de la jointure, un peu au dedans, puis separer la peau de la chair, le large d'un souls; et estant separée, l'on prend un petit rond de cuir, on le plie un peu pour le faire glisser sous la peau; puis par l'incision cela luy sert d'une cautere, cela jette tous les jours de l'apostume, et ainsy la partie se purge et guerrit. Il faut nettoyer cela de vingt-quattre heures à autres, et remettre un autre cuir, quand celuy qui y est ne tient plus, et ainsy continuer un mois. D'autres tirent la peau de la cuisse, y font des trous avec un poinçon tout rouge; d'autres font des taillades, cincq ou six, avec un cousteau, le chien estant soufflé trois jours auparavant. Mais si la noix estoit hors de son lieu, il la faut bien frotter tous les jours avec bonne huille ou graisse, la manier doucement, pour la faire reglisser en son lieu. L'estreffure qui est causée du mouvement du haut de la cuisse, qui est estre eshanché, c'est l'os qui sort de sa place, ou bien une goutte, une humeur, qui s'est congellée dans l'enboitture, empesche le mouvement de l'os, engourdit les nerfs qui ne font plus leurs fonctions : la cuisse devient etique et l'estreffure se forme. Il faut promptement razer le poil de la cuisse, la souffler, faire deux ou trois trous plus bas que la hanche, affin que cela apostume, et donnant ouverture et air aux pores, cela peut soulager la partie. Puis il faut, tous les jours, bien frotter et oindre toutte la cuisse de bonne huille ou graisse, pour ramollir les nerfs, que le tout soit chaud que le chien le puisse souffrir sans estre bruslé. Puis il faut dessoler l'autre pied du chien, soit devant ou derriere que vous pansiez le chien, ou bien luy brusler le dessous du pied, affin qu'il soit constraint de poser l'autre en terre. Il le faut laisser aller par la maison, le temps que vous le traictez, affin qu'il soit constraint de poser le mauvais pied en terre. Ce mal de la hanche aux chiens est comme la sciatique aux hommes. Un vieux chasseur me dit, un jour, qu'un chien estant ainsy estropié de la hanche, sans nul remede qui y aye agi à le pouvoir guerrir, il prit le chien par le pied de la cuisse estreffée, et à deux mains il fit tourner le chien en l'air plussieurs fois, et que le chien en avoit esté guerry; mais je n'ay pas veu cela, ni traicté si rudement un chien. J'en ay veu, en Angleterre, qui prennoient les chiens estreffez, par le pied, et tournoient plussieurs tours, le chien estant en l'air. Un chien guerryt d'une invention, un autre n'en guerrira pas; le principal, c'est de les traicter promptement. Toutes les apostumes des chiens se doivent percer, avec des poinçons ou petites broches de fer tout rouges, affin que les trous demeurent plus longtemps ouverts, sans cela les apostumes se remplissent de boue et reviennent. Le fourchu se doit percer avec un canivet ou lancette, et le percer entre les doigts des pieds, sans cela le chien se mangeroit le pied ou la gangrenne s'y mettroit. Le valet de chiens doit coupper les ongles aux chiens, lors qu'ils sont trop longs; car le contre-coup, que l'ongle donne dans la chair, blesse sa racine, fait que le doigt s'enfle, s'appostume et pourrit l'ongle; que s'il n'y est remedié, l'ongle tombera, et le chien ne sera jamais si ferme ny fort de ce pied-là. Il faut coupper l'ongle, le plus près de la chair que l'on peut, le faire saigner et mettre un peu de sel sur le mal; il courra incontinent, et tout en courrant il se refait un nouvel ongle; mais si l'ongle estoit tombé ou arraché, il ne reviendroit plus. Il faut aussy qu'un bon valet de chiens sçache tirer l'ongle, qui vient aux yeux des chiens : c'est un morceau de chair qui se nourrit au coing de l'œil, qui blesse les membranes et tendrons de l'œil, offusque la lumiere et rend le chien aveugle. Il faut prendre une esguille et du fil, et passer dans ce morceau de chair, et tirer ceste chair qui est l'ongle, et avec un canivet bien affilé, trenchant subtilement, desraciner ceste masse et morceau de chair et la coupper; mais si l'on n'agit à propos et à temps, le chien sera aveugle. J'ay representé une partie des inconvenients et maux, qui arrivent le plus souvent aux bons chiens chassants en meutte, les ruinent, aneantissent les meuttes, si les chiens ne sont secourrus; car il n'est pas possible qu'un bon chien demeure, sept ou huict ans, dans une meutte, que quelque accident ne luy arrive, à cause des efforts continuels qu'il fait. Il y avoit anciennement plussieurs medecins de chiens, qu'on appelloit chiniatres et leur profession chiniatrie; plussieurs philosophes et autres ont escrit des remedes pour guerrir les chiens : Monsieur le chevallier de l'Escaille le fait bien cognoistre, par le beau livre qu'il a fait de la cure des chiens, intitulé, la *Sinosofie et Cure des chiens*. Cela estoit cause que les meuttes de l'antiquité estoient bien meilleures et mieux conservées en bonté; et semble que les valets de chiens doivent bien entendre à medicamenter les chiens malades et blessez, comme ces medecins des chiens de l'antiquité, ou pour le moins les panser et agir comme chirurgiens, et travailler, de l'ordonnance des veneurs capables et experimentez, aux inconvenients qui arrivent aux chiens chassants en meutte. Ce n'est pas sans cause, que le seigneur Gaston de Foix vouloit que l'on mist un enfant de sept ans, pour apprendre et estre valet de chiens excellent; et à quatorze qui sont autres sept ans, qu'il aye appris tout ce qu'il faut faire à l'entour des chiens; à quatorze ans, luy apprendre à aller à la chasse, à pied, luy apprendre à estre bon cognoisseur; à vingt ans, le mettre à cheval. Puis qu'il est bon valet de chiens et bon valet de limier et bon cognoisseur, alors estant à cheval, il apprendra à estre bon ayde, c'est à sçavoir : faire tirer les chiens à la meutte, les tenir et faire bien chasser ensemble. Presentement voilà un veneur, comme le seigneur Gaston de Foix les demande; il n'est plus valet de pied, son temps a esté bien employé. Mais j'ay passé trop legerement sur ses premieres fonctions de valet de chiens; il faut icy faire recapitulation de son travail à la campaigne. Puis que ce valet de chiens a produit les chiens, entre les mains des veneurs, à l'assemblée, lesquels sont en estat de bien chasser, il ira au laissé-courre. Si les chiens vont descouplez, il aydera, en ce qu'il pourra, que les chiens ne s'en aillent au laissé-courre, sinon lors que l'on sonnera pour chiens; et si les chiens n'alloient descoupplez, il menera la premiere coupple ; et lors qu'il aura descouppl é, il aydera les autres à descoupplcr, ceux qui sont les moins habils. En après il suivra la chasse au dessous du vent, qui est à bon vent, affin qu'il entende la meutte de plus loing ; et autant de fois qu'il entend les chiens, il escouttera s'il n'y a point quelques chiens derriere ; ou si quelque chien chassoit seul, il taschera à le reprendre et jetter une brizée là où il l'aura repris, de crainte que ce ne soit le cerf de la meutte ou autre beste que l'on aye laissé ameutter aux chiens. De mesme s'il rencontre la chasse, si elle passe à luy, que quelque chien soit trop loing devant la meutte, qu'il passe à luy, il l'arrestera, s'il peut, jusques à ce que le fort de la meutte soit arrivé ; que si la meutte est à commandement, que les chiens soyent obeissants, ce premier chien, à sa voix criant, Bellement, il s'arrestera ; puis laisser passer les chiens ensemble ; alors qu'ils sont passez, sonner pour chiens. Il doit demeurer quelque temps sur les voyes de ce que l'on courre, affin que, s'il y avoit des chiens derrier fort loing, qui soyent affoiblis et malmenez, il les puisse reprendre, et coupper, s'il peut, les devants de la chasse, pour les redonner au corps de la meutte, lors qu'ils auront repris haleine et force. Mais surtout qu'il prenne guarde de ne pas laisser refroidir les chiens qu'il aura repris, qu'il marche tousjours doucement, de crainte qu'ils ne deviennent fourbus. Et ainsi, en une venerie, si chascun fait bien sa charge, si tous sont soigneux de leur devoir, les meuttes se conserveront, et difficilement les chiens se pourront perdre. Mesme voilà le moyen de les conserver des loups, de les reprendre soigneusement, en suivant la chasse, aussi de les faire chasser ensemble ; peu de loups se jettent au milieu d'une meutte, si ce ne sont loups enragez, ou du tout acharnez à prendre les chiens qui chassent en desordre. Que si l'on chasse en pays peuplé de loups en curées de chiens, ils vont incontinent à la voix des chiens et au son des cors; et s'il y a quelque chien qui ait pris advantage, qui soit à douze ou quinze pas devant la meutte, il est incontinent estranglé et emporté. De mesme, si des chiens demeurent outrez derrier la meutte, les voilà en pieces et devorez. Que si la meutte donne dans une enceinte, là où une louve aye ses petits louveteaux, dans les grands forts, que quelque chien s'escarte de la meutte, la louve ne manque pas d'aller à luy. Le remede à cela, c'est que tous ceux qui sont à la chasse fassent devoir de tenir les chiens ensemble, jusques aux valets de chiens et garçons de chiens; ma meutte à lievre prit un loup, à la montaigne de Margeville, tous mes chiens tournerent à luy, je le tuay entre leurs dents. Par plussieurs fois des loups ont pris de mes chiens, dans des montaignes et rochers, que l'on n'y pouvoit aborder, des chiens escartez que l'on n'avoit peu rallier, à cause du pays inaccessible; mais s'ils eussent esté ensemble, cela n'eust pas arrivé, car j'ay veu souvent la meutte pour les cerfs de Son Altesse tourner tous ensemble à des loups, et les chasser cent pas, puis revenir reprendre leurs airres et leur droict; les loups fuyent, si les chiens tournent à eux, et s'en vont. Un jour, en la guarenne de Luneville, deux loups se mirent parmy les chiens, aux bruieres et landes de Bleinville, Monsieur de Marcoussant en tua l'un à coups d'espée, et je tuay l'autre. J'estois monté sur un cheval de Hongrie, que Monsieur le comte de Pochaim m'avoit envoyé; je luy avois envoyé une meutte de chiens quelque temps auparavant; Monsieur de Marcoussant estoit monté sur un cheval d'Angleterre : il est grandement necessaire d'avoir des bons chevaux à la venerie.

Les valets de chiens à cheval sont necessaires aux meuttes; comme il y en a plussieurs, ils suivent la chasse plus diligement, reprennent quantité de chiens aux desordres, les redonnent à propos; mais ils doivent estre discrets à ne les trop tirailler et harasser, car plussieurs chiens ne mangent pas bien, au retour des chasses, d'avoir esté foulez des couples en les menant drès à cheval : la couple leur foule le col, le gosier, le sifflet et nœud de la gorge, et sont quelques jours qu'il n'avallent pas, sans se faire mal, et ne mangent pas de leur air accoustumé ; en voilà souvent la cause. Les valets de chiens qui sçavent leur mestier, tels que je vous les represente, sont capables de mener des meuttes par pays; mais non pas des garçons de chiens tantost faits, comme souvent des jeusnes seigneurs prennent un garçon au village, et le mettent valet de chiens, ou un laquay, et trois mois après ils laissent leurs meuttes à la discretion de ces valets de chiens si tost dressez. Ils sonnent bien, voilà incontinent une meutte ruinée et aneantie. Ces garçons vont, seuls, par pays avec les meuttes, les mennent esbattre et promener, seuls; de mesme au premier village, ces garçons boivent et laissent refroidir les chiens ou les logent mal, ne prennent pas guarde à ceux qui mangent bien ou mal; aujourd'huy un chien se perd ou se gaste, demain un autre, voilà la ruine des meuttes. Tels valets de chiens ne doivent mener les chiens par pays, seuls, ny les mener esbattre, si ce n'est par grande necessité. C'est une chose trop pretieuse en venerie, que des chiens de change, de voyes doubles, de chemin, de retour et ruzes, des chiens qui chassent de forlonge et en tous ces lieux difficiles; fier ces braves chiens de secours, entre les mains et à la discretion de mauvais valets de chiens, cela n'est nullement l'ordre de la venerie; et j'ay veu plussieurs jeusnes seigneurs, à qui trois ou quatre meuttes avoient passé par les mains en un an, et tout cela ruiné et leurs meuttes aneanties : il faut de braves valets de chiens. J'en ay veu qui faisoient chasser des meuttes dans la perfection; d'autres faisoient tirer les chiens à propos, voilà leur vray mestier, ceux là peuvent mener les meuttes par pays. Ma meutte ne va jamais par pays, que celuy qui la fait chasser ne soit à la teste, comme le capitaine. Je ne souffre pas que la meutte pour le cerf de Son Altesse aille jamais en campaigne, qu'il n'y aye un veneur qui les menne; mesme il y a tousjours un veneur qui les voit manger, si je n'ay le loisir d'y aller moymesme; car ceux, à qui il touche de faire chasser et perchasser une meutte, ont bien plus d'interest à sa conservation et à la conservation des bons chiens, que non pas des garçons, les quels sont incapables d'une telle consideration. J'avois huict veneurs à commander; il y en avoit tousjours un, en sepmaine, à prendre guarde aux chiens et à les conduire par pays; neantmoins il y avoit sous ma charge des braves valets de chiens, et très capables de mener une meutte par pays; ceux qui en auront de tels, ne doivent faire nulle difficulté de leur laisser mener leurs meuttes par pays. Ils estoient très soigneux de se treuver à la mort des cerfs, de prendre guarde que les chiens ne s'escartent, de compter promptement les chiens, pour sçavoir ponctuellement combien il y en avoit à la mort du cerf, et combien il y manquoit et quels chiens c'estoient. Je vays icy agiter un grand different, et dis que ce n'est pas le service des maistres, que les valets de chiens recherchent les chiens perdus et esgarez. C'est icy la cause seule de l'aneantissement des meuttes et de la perte des bons chiens; de plus, l'on mesuse de la force, du travail de ces pauvres valets de chiens. S'ils arrivent à la mort d'un cerf, bien mouillez et harassez de la traicte, l'on les envoye rechercher un chien perdu : cela est le subject que plussieurs ne s'interessent gueres à venir à la mort, ny se trouver des premiers à la fin de la chasse. Vous leur envoyez chercher ce qu'ils n'ont pas perdu, c'est espece d'une injustice ; ce sont les veneurs qui les ont perdus, c'est eux qui doivent sçavoir jusques là où ils ont esté à la meutte, la cause pourquoy ils sont demeurez, si c'est qu'ils soyent oultrez ou qu'ils ayent changé de voye, cela est incognu aux valets de chiens ; si les veneurs les avoient fait chasser ensemble, nul ne s'auroit escarté. Mais pour demeurer, les veneurs peuvent sçavoir s'ils ont suivy jusques à quelque riviere, plaine, estang, maret, taille, ou s'ils sont demeurez, en passant quelque plaine, vers quelque village. Bref, les veneurs peuvent sçavoir là où les chiens sont demeurez oultrez, s'ils se sont couchez au pied d'un chesne, en quelque futaye. Que si les veneurs, passant les plaines, les tailles et futayes, comptoient leurs chiens, ils sçauroient si le nombre y est encor ; et s'il n'y estoit pas, envoyer un page ou garçon, s'ils en trouvent, après. Mais si c'est un chien excellent, s'ils sont trois, l'un d'eux doit aller après ; il est plus à propos de faillir un cerf que de perdre un bon chien. Et semble que les valets de chiens sont obligez de mettre les chiens entre les mains des veneurs, aux assemblées ou à la campaigne, lors que l'on veut chasser ; mais les chiens estant esmancipez, ils ne sont plus à la charge des valets de chiens, ils sont à la charge des veneurs ; ils doivent les remettre au chenil ou les rendre entre les mains des valets de chiens. Et quand il n'y auroit autre raison, sinon qu'un homme à cheval fait plus de diligence qu'un homme à pied, cela est suffissant pour vuider ce different ; car un chien perdu, oultré, rendu et couché au pied d'un chesne, un homme à cheval se porte promptement là où il juge que le chien est demeuré; et le temps fait beaucoup, car si un loup passe, qu'il aye le vent d'un chien perdu, il va à luy, le mange et devore. Mais plussieurs disent : ce n'est qu'un chien perdu. Ce n'est pas grande perte, je l'advoüe, si c'est un chien fol, un esguillonneur de vos clefs de meutte, de ces chiens si vistes qui emportent tout, qui barrent, balancent et qui ondoyent, en chassant. Mais si c'est un chien sage perdu, un chien de secours au change, aux voyes doubles, au chemin, voilà vostre meutte affoiblie ; et si cela arrive souvent, la meutte sera en peu de chasses en desordre. Combien de veneurs sont peu soigneux de leurs chiens, en questant, en lançant un cerf avec la meutte sans limier, un chevreuil ou un lievre ? Ils ne prennent pas souvent garde à leurs chiens; ils en laissent escarter et perdre avant qu'ils ayent rien lancé, sous esperance qu'ils ont, que les valets de chiens les iront rechercher et requester : voilà une negligence estrange, vous faites tort à ces pauvres valets de chiens. C'est aux veneurs à les aller rechercher; que s'ils sçavent qu'il touche à eux d'aller rechercher les chiens qu'ils ont perdus par leur negligence, ils seront après très curieux de tenir les chiens ensemble; cela fairat un excellent effect pour conserver les meuttes. Il n'y a pas longtemps qu'un de mes amis me dit qu'en questant un chevreuil, le meilleur chien de sa meutte, le plus sage, fut esgaré et perdu, et sa meutte ayant ameutté un chevreul, il creut qu'au bruict des chiens son bon chien viendroit à la meutte, et courut deux ou trois heures ; mais voyant que ce chien ne venoit pas, il fit rompre les chiens, et promptement alla luy-mesme avec tous ses gens en queste après son chien, lequel il retrouva à trois lieues de là, qui avoit chassé un autre chevreul; or, sans une telle diligence, ce chien estoit au hazard d'estre mangé des loups. Quelle negligence à un veneur de perdre ses chiens, avant qu'avoir lancé ! Cela est manque de ne considerer la meutte en quelque taille, au sortir des fors, aux futayes, par tout où il se peut nombrer la meutte. Que si l'on eut seulement envoyé un garçon après, adieu le chien, c'estoit pour une curée au loup. Je n'ay jamais perdu un seul chien, en courrant le lievre, et peu en courrant le chevreuil ; mais en courrant le cerf, j'ay pris souventes fois cent et six vingt cerfs, sans perdre un seul chien à la mort d'un cerf. Nous voyions jusques là où l'on avoit veu les chiens qui manquoient, puis l'on gaignoit le temps ; des picqueurs alloient promptement chercher les chiens qui n'estoient à la mort. Je ne croy pas qu'il y aye veneur au monde, s'il est veneur d'art et de science, et en estat de pouvoir monter à cheval, que si on luy disoit : « Il y a un brave chien, à trois lieues d'icy, à une lieue, à deux lieues ; c'est un chien de change, de chemin, de double, de retour, de forlonge ; si vous allez là, l'on vous le donnera, vous l'aurez infailliblement. » Hà ! ce veneur iroit gayement querir ce chien. Vous avez ces bons chiens, Messieurs, et pour ne faire quelques fois un quart de lieue, cent pas, une lieue, deux lieues, vous les perdez, vous les laissez devorer aux loups ; vous envoyez un pauvre valet de chiens, tout mouillé, crotté, les rechercher, le quel n'a plus la force de se porter. Et lors que je courrois cerf, s'il y avoit un chien perdu excellent, et qui donnoit plaisir à Son Altesse à son air de chasser, moy-mesme avec mes compagnons nous nous separions, en retournant, à la retraicte, pour le retrouver promptement ; et si ce jour il n'estoit retrouvé, le lendemain, au point du jour, j'envoyois en queste après, comme si l'on eut voulu requester un cerf :

c'est là le moyen de perdre peu de chiens, et faire subsister les meuttes en perfection et bonté. Je vois, à la saison que les volleries et faulconneries sont en estat de donner plaisir aux roys et princes, si un gerfault, un sacre, est perdu, un faucon ou allet est hors de veue, je ne vois que faulconniers, que picqueurs parsemez, et courreurs, par ces plaines, chercher leurs oyseaux, d'arbre en arbre, de montaigne en montaigne, de forest à autre; bref je n'entend que voix percer les nues, en leurrant, pour reprendre leurs oyseaux et empescher leur perte. Mais si je me rencontre à la mort d'un cerf, je vois un pauvre garçon qui n'a plus la force de se soustenir; l'on l'envoyera rechercher le plus excellent chien de la meutte qui sera resté oultré, voilà le suject de la perte et aneantissement des bonnes meuttes. Les veneurs de l'antiquité ne faisoient pas si peu d'estat du plaisir de leurs maistres; que s'ils n'alloient rechercher les chiens, pour l'amitié qu'ils leur portoient, ils les alloient rechercher, pour le plaisir qu'ils devoient donner à leurs maistres et s'acquitter dignement de leurs charges. Les faulconniers n'envoyent pas rechercher leurs oyseaux perdus à leurs garçons; ils y vont eux-mesmes, affin de conserver le plaisir de leurs maistres. Mais je demanderois volontiers aux veneurs negligents en leurs charges, sçavoir quelles patentes d'exemption ils ont de ne pas rechercher leurs chiens; et je crois qu'ils ne m'en sçauroient produire d'autre, sinon le peu de soing qu'ils ont à servir dignement. Xenophon, vous estes un de nos meilleurs autheurs, autheur de deux mille cincq cents ans ou environ; vous estiez l'un des grands capitaines de vostre temps; vous estiez aussy admirable en venerie. Qu'eussiez-vous dit si, allant à la guerre, vous eussiez apperceu un de vos capitaines aller à la charge avec ses soldats escartez, point ensemble, en desordre? Vous l'auriez asseurement blasmé, si en une retraicte il n'avoit eu aucun soing de rallier ses soldats; qu'il eut fait sa retraicte, en confusion, sans les soustenir et faire desengager de la mellée, s'il estoit en son pouvoir, vous l'eussiez fait reprimer. Qu'eussiez-vous dit d'un soldat, à qui l'on auroit donné des bons pistolets, une bonne espée, et par negligence un jour il perd un pistolet, dans huict jours un autre, en après il en recouvre ou achepte d'autres fort beaux, des quels les ressors ne vaillent rien, qui a une bonne espée, qui la perd ou laisse en quelque part, et puis il en prend une autre avec une belle garde, mais la lame est esmoussée, elle ne vaut rien, point trenchante? Ce soldat n'est pas en bon esquipage, pour faire un bon effect dans une occasion. Xenophon, vous me publiez et m'apprenez, par vos escrits, que la venerie est la vraye et vive image de la guerre; il semble donc, ensuicte de vos parolles, que ce capitaine qui va à la charge, ses soldats escartez, point en ordre, que c'est un capitaine de venerie, un grand veneur ou lieutenant, le quel fait ameutter à ses chiens, estans escartez, en desordre, un cerf, un chevreuil ou un lievre; qui fait de mesme la retraicte, la chasse estant finie, un cerf estant forcé; qui n'a nul soing de rallier ses chiens, qui les laisse esgarez et perdus, à la mercy des loups; celuy là n'eut pas esté ami de Xenophon. Ce soldat qui auroit perdu ses bonnes armes et se presente au combat, c'est le veneur qui en plusieurs chasses a perdu ses chiens excellents, de secours, et qui vient paroistre en bonne compagnie, avec de beaux chiens qu'il a remplacez pour servir de nombre. Mais un cerf estant ameutté, si vous donnez dans du change, nul chien de change; dans les voyes doubles, nul chien de double; dans les chemins, nul chien qui aspire et respire les poudres, pour recevoir l'air de son droict; point de chien qui chasse de forlonge. Voilà alors ce soldat aux occasions, duquel les ressors de ses pistolets ne vaillent rien, duquel l'espée est moussue; vostre meutte est fort belle, mais les ressors ne vaillent rien; il n'y a point de chien de difficulté de chasse; si vous donnez dans des eaux, dans des lieux aquatiques, point de chien servant à cela; dans des rochers, des hersiers, de mesme. Voilà l'espée du soldat moussue; vostre meutte est moussue, il n'y a point de poinctes, point de ressources. Vous avez perdu vos chiens servans, aux chasses precedentes; vous n'avez eu nul soing de les rallier, les tenir ensemble, de les envoyer rechercher, y aller vous-mesme, affin que vous puissiez servir dignement vos maistres et chasser à la Xenophon. Les veneurs et peuples de l'antiquité ne faisoient pas si peu d'estat de leurs chiens excellents. Les Agrigentins, outre le soing qu'ils avoient eu de leurs bons chiens, qui leur avoient donné du plaisir pendant la vie, ils avoient en usage de les enterrer serieusement. Les Egyptiens de mesme enterroient leurs chiens en lieux sacrez, enbaulmoient leurs corps et portoient le deuil à leurs trespas. L'ancien Xanthipus fit enterrer son bon chien, sur un chef ou haut de la coste de la mer, qui a depuis porté le nom du Chien. Asseurement ces veneurs-là eussent allé rechercher leurs chiens perdus et esgarrez de la chasse, sans nul contredit ny constrainte. S'il vous reste icy quelque doute au subject de l'amitié, que ces peuples payens portoient à leurs chiens, et des ceremonies à leurs memoires, voyez les escrits du seigneur de Montaigne, livre II, chapitre XI; voilà mon garand.

QUE LA VENERIE N'EST PAS DONNÉE DE DIEU, EN FAVEUR DES HOMMES AVARES ET MÉCANIQUES.

Je tire de Xenophon, que le roy Agesillaus orne sa maison d'actes vertueux et de toutes choses honestes; mais il remarque particulierement qu'il nourrissoit quantité de chiens courrans en meutte, que les nations estrangeres appelloient chiens de chasse. Xenophon loue la despence que Agesillaus fait, bien reiglée, pour prevenir la necessité et reprimer l'excès; il a raison, car s'il y a quelque manquement, soit à l'entretenement des veneurs, à la nourriture des chiens et en ce qui concerne les chevaux, le plaisir du maistre ne peut estre entier; où il y a manquement, rien ne peut estre exercé par ordre ny à l'egal des reigles de l'art. C'est plus tost la figure et representation de misere et villainie, que non pas de venerie, si les veneurs ne sont tirez de la necessité, et qu'ils n'ayent suffissament pour se parer de la misere. Si cela n'est, ils ne peuvent travailler ponctuellement de leur science, à cause que le plus grand travail de venerie se fait par le jugement, bien que ceux à qui la venerie est incognue, tiennent qu'elle se fait par le travail du corps. Mais rien moins; car si le travail de l'esprit ne fait mouvoir et ne precede celuy du corps, ce n'est pas art ny venerie, c'est furie et vraye follie. Il faut eviter ce desordre, et accompagner le travail et mouvement du corps de prudence et de jugement. Cela estant, vous fairez proffict, et vous reprimerez les fautes et erreurs, desordres, qui sont arrivez aux chasses precedentes, affin d'y apporter l'ordre et le remede aux chasses suivantes. Mais que dis-je sur ce subject? C'est l'impossible : le veneur ne le peut faire, ayant rencontré des maistres avares et mecaniques. Vous ne pouvez demeurer en la contemplation seule de venerie, de vostre science, puis que la pauvreté vous a assiegé de toutes parts. Si vous estes en vostre maison, vous considerez vostre femme et vos enfants, les quels, la plus part du temps, ils n'ont pas du pain la moictié de ce qu'il leur faut pour leur hyver; et en ce qui touche vostre personne, je sçay que, si vous estes franc veneur, vous avez tellement percé les fors, que vos habits sont devenuz des lambeaux; le coude a percé la manche, le pied le bout de la botte; et pas un sol à la bourse, pour apporter remede à une telle misere. Vous estes reduit à tel estat, que tout vous fait horreur; vous fuyez les compaignies, affin que l'on n'ait pas entiere cognoissance de l'estat au quel vous estes reduit. Quel subject pouvez-vous donc avoir de demeurer en la contemplation seule de venerie, des fautes des chasses preçedentes, pour apporter le remede convenable avec un cataplasme de diligence? Je conclud que cela ne se peut. Il faut que la prevoyance du maistre y apporte l'ordre; il faut traicter les veneurs honnestement, sans nul excès, les tirer de la necessité; et s'ils sont gens de bien, ils serviront dignement, pourveu qu'ils ne soyent pas rebuttez, lors qu'ils font bien leur devoir; car plussieurs maistres font de leurs veneurs, comme les mauvais veneurs ont accoustumé de faire de leurs bons chiens : ils les huent et forhuent hors de temps, tellement qu'en peu de chasses ils les rebuttent, et ne viennent plus à la mort de ce qu'on leur a donné et permis d'ameutter; et cela continuant plussieurs chasses, tous ces bons chiens sont gastez et perdent cœur. Quantité de maistres font de mesme à leurs veneurs; lors qu'ils veullent bien travailler, à propos, secourrir un desordre de venerie, vous entendez rebutter ces pauvres veneurs; ils sont huez, disant : « Vous tuez mon cheval, demeurez derrier; » et ainsy les chiens sont seuls ou très mal accompagnez, cela n'est pas le moyen d'avoir des excellents chiens. Il faut laisser les chevaux à la discretion des veneurs, les quels n'en doivent pas mesuser; mais au contraire ils leur doivent conserver la force et l'haleine, comme bons veneurs ont accoustumé de faire, de conserver les chevaux et chiens. Que si vos veneurs ne sont discrets et soigneux de vos chevaux, chassez-les, et vous en treuverez d'autres, en faisant une despence honnorable, et comme vous les pouvez souhaitter; car un vray veneur a plus de soing de son cheval que le maistre, et ne le forcera jamais sans necessité de venerie. Mais ainsy que les vieux chiens, pour demeurer en leur perfection et bonté, doivent venir à la mort de ce que l'on courre, de mesme il faut que le veneur, pour estre continué en l'exercice de l'art, et pour estre tousjours en estat de bien et dignement servir, qu'il vienne souvent à la mort de ce qu'il a donné ou permis d'ameutter à ses chiens; sans cela il se rebutte et perd cœur. Or passons à la nourriture des chiens; après nous voirons d'autres subjects. Le reglement se fait souvent par des officiers, à qui la nourriture d'une meutte est du tout incognue ; ils ne sont nullement sçavants en cela, la nourriture des chiens chassants en meutte leur est incognue, car selon le travail qu'ils font et la saison, ils mangent plus ou moins. Donc si le maistre desire de faire un estat et reglement asseuré, il les doit communiquer à ses veneurs; ils ne desireront nul excès, au contraire ils ne doivent demander, s'ils sont vrays veneurs, que ce qu'il faut raisonnablement. Mais, après que l'estat et reglement sont faits de la quantité de livres de pain, qu'il faut aux chiens par jour, il y faut adjouster quelque chose pour du laict ou du potage, lors qu'il y a quelques chiens malades ou harassez au retour des chasses, les quels ne mangeroient pas, s'il n'y avoit quelque liqueur ou douceur pour destremper leur pain. Ceste despence n'est pas excessive, aux maisons là où l'on tient menage; car il y a tousjours quelque laict ou puron de laict, qui sert à cela, ou du potage de reste, et par ce moyen les chiens seront tousjours en bon corps. Cela estant, vrays veneurs, servez dignement vos maistres. Je leur representeray, par mes escrits de venerie, les moyens d'avoir du plaisir, en vous donnant du contentement; car s'ils ne vous en donnent, vous n'en pouvez esperer nul autre de personne de la maison. Que s'ils ne veuillent se servir des ordres et reigles de venerie, que je leur propose, qu'ils les treuvent trop obscurs, et qu'ils m'en demandent l'explication plus familiere, je dis, en termes de venerie : qu'ils fassent chasser leurs chiens par les menus, qu'ils apprennent à leurs chiens à chasser de forlonge, à raprocher leur droict, et ils chasseront bien et auront du plaisir. Les maistres doivent avoir creance à leurs veneurs, s'ils sont capables; s'ils ne le sont, ils tesmoignent n'aymer la venerie, que pour dire qu'ils ont des chiens, de se servir de veneurs ignorants, les quels corrompent l'art. Les seigneurs qui desirent d'exercer la venerie, il faut qu'ils ayent soing des bons veneurs, lors qu'ils les rencontrent, à l'imitation de Licurgue, le quel, commandant à Lacedemone, dans le pouvoir qu'il y avoit, il a tellement soing de ses veneurs en toutes choses, que mesme particulierement il ordonne que l'on garde à souper et des bonnes viandes à ceux qui reviennent tard de la chasse, et qui sont demeurez à la campaigne. Agesillaus a raison, comme maistre, d'avoir soing de ses veneurs ; car si les maistres n'ont soing de leurs veneurs, ils se souviendront du premier mot de venerie, en l'art du cognoisseur, le quel dit : Va outre ; ils iront plus outre, chercher un maistre plus raisonnable. Il faut que les maistres prennent les veneurs en leur protection, s'ils desirent en recevoir contentement ; car c'est hazard si toute la maison n'est bandée contre les plaisirs, que le maistre reçoit de sa venerie et de ses veneurs. En premier lieu et par preciput, la dame du logis se plaindra que son mary va trop souvent à la chasse. La plus part des dames, après les veneurs, ne haïssent rien tant que les chiens, tellement que si le maistre a mal au bout de l'oreille, il n'y a autre pretexte que les veneurs et les chiens qui en sont la cause. S'il y a quelque autre mauvais mesnage, soit d'economie, ou autre chose qui n'est necessaire de mettre icy en avant, les veneurs et chiens causent ceste despence : bref, toute l'imprudence qui se commet en une maison, pauvres veneurs, vous avez tout cela sur les espaulles. Si le veneur va à la chambre du maistre, il est regardé de travers ; les messieurs de la chambre l'accusent qu'il est cause qu'ils se levent trop matin. S'il va à la garderobbe, ceux à qui il touche de decrotter les bottes et les habits de chasse, ils luy donnent son cas. S'il se trouve à l'escurie, les palfreniers l'appellent bourreau de chevaux ; l'escuyer plus discret ne dit pas ce qu'il en pense. Retournez à la cuisine, lors que vous vennez de la chasse, bien mouillé, pour vous approcher du feu, vous essuier, ou demander quelque bouillon ou potage de reste, pour quelque chien malade et harassé de la chasse et traicte qu'il a faites, alors le cuisinier se souviendra qu'il a esté à l'assemblée autrefois bien mouillé et crotté ; vous ne sortirez pas de la cuisine, sans avoir quelque lardon. Jusques aux laquais, vous les avez pour ennemis, pour avoir menné des relais ou avoir suivi la chasse. Bref, en quel coing de la maison que vous vous trouviez, vous ne manquerez jamais de rencontrer subject d'employer vostre rethorique. Puis vous aurez, pour dernier appareil à vostre douleur, quelque intendant, maistre d'hostel ou controlleur, les quels attendent l'occasion et le temps de quelque desordre de chasse et inconvenient de venerie. Alors voilà vostre extreme-onction; infailliblement vous estes servy à couvert et comme il faut, pour estre bien tost chassé, vendu ou trocqué. Plusieurs maistres se laissent porter à cela, car il y en a plusieurs qui n'ayment la chasse que pour forme; une boutade passée, ils sont feneans, avares et mecaniques, et naturellement ils retournent à leur centre et premiere humeur, comme toutes choses retournent volontiers à leur principe. Mais, vrays veneurs, ne perdez pas courage pour tout cela, pourveu que vous aiez le maistre pour protecteur. Usez d'une grande discretion; s'il est franc de cœur et de courage, vous ne sortirez pas mal satisfaits de luy; s'il n'est tel, allez outre, ne perdez plus de temps, puis que mon discours ne tire à autre but, que de monstrer clairement que la venerie n'est pas donnée de Dieu, en faveur des hommes avares et mecaniques et à deux cœurs; car, comme ils n'ont pas le cœur entier, ainsy leur plaisir va de mesme, il n'est pas entier. Il arrive un pareil effect et manquement de plaisir aux maistres, les quels n'ont nulles parolles veritables; ils chassent tous les jours et ne chassent pas, ce ne sont que remises et parolles; et ainsy toute la sepmaine se passe, sans que les chiens soyent exercez; ce n'est pas que ces messieurs ayent envie de voir chasser, c'est pour amuser les veneurs. Cette tromperie n'est à l'interest de ces personnes sans parolles asseurées, car elles n'ont jamais chiens qui vaillent, ce n'est que confusion et desordre, les chiens ne sont pas en estat. Elles feignent quelques fois d'avoir des affaires de consequence, mais c'est affin que les chevaux soyent plus pleins et en bon corps, et aussy que les livrées et habits durent davantage, bref affin de conserver leurs attirails. Je ne fais pas ce discours, à dessein que les grands ou autres aillent à la chasse, plus souvent que les affaires leur permettent et que leur humeur leur convie; mais c'est pour representer ce qui leur enleve le plaisir, et ce qui leur cause si peu de contentement, avec une despence grande et inutile. Il est plus à propos de n'avoir point de meutte, que de mesuser ainsi de l'art de venerie, et abuser des pauvres veneurs et leur enlever l'honneur; car c'est une grande difference entre les vrays veneurs et les feneants et paresseux: les vrais veneurs ne perdent nul temps pour donner plaisir à leur maistre, et les feneants et paresseux perdent le temps propre à cest exercice. Si l'on n'a pas envie de chasser, il faut laisser aller exercer les chiens aux veneurs, pour avoir meutte excellente, et laisser chasser les veneurs, remettre le tout à leur disposition, particulierement de ceux qui commandent, s'ils sçavent leur mestier, et vous verrez des chiens et meuttes excellents; et s'ils ne sçavent l'exercice de venerie, donnez-leur une autre occupation ou les chassez comme ignorants. Les Spartiates ne mesusoient pas ainsy de leurs meuttes et veneries, du temps que leur republique estoit florissante; ils prioient leurs amis d'aller à la chasse, lors qu'ils n'y pouvoient aller; et prestoient leurs meuttes et chiens et leurs chevaux à ceux qui n'en avoient pas; et ainsi le tout se tenoit en exercice. Or il y a des maistres, les quels ne sont pas veneurs, neantmoins ils veullent de tout disposer. Ils ont raison, comme maistres, mais souvent ils ne l'ont pas, comme veneurs; car ils envoyent les relais au rebours du droict; ils envoyent les chiens là où il ne les faut pas, contre les reigles de cette science. Ces pauvres veneurs n'osent dire leur opinion, car ils sçavent qu'elle ne seroit pas suivie. De plus, ils envoyent les picqueurs encor de mesme à rebours; s'ils en affectionnent quelqu'un, c'est celuy-là qui fait tout, les autres ne font rien à leur fantaisie. Ce n'est pas estre sçavant en l'art : c'est travailler par ostentation, affin que l'on croye qu'ils sont plus sçavants que ceux qui ont esté nourris de tout temps en la venerie, par passion, à cause qu'ils envoyent un hardy picqueur et bon sonneur, avec quelques chiens qui leur aggreent. Tout cela corrompt l'art; celuy qui commande demeure assoupy, et ne fait plus rien sinon à regret. Dedans une telle confusion, les autres veneurs plaignent leur temps perdu, à cause que leur science ne peut estre manifestée avec des personnes qui n'ayment que l'apparence, prennent l'ombrage pour le corps et laissent les bons effects; rien ne leur plaist de tout ce que les vrays veneurs ont accoustumé de faire, il faut quelque advantageux pour les contenter, quelque insolent qui en une assemblée, en toute une chasse, ne dit pas un mot veritable. Il est necessaire que le travail de venerie se fasse esgalement, par les ordres de celuy qui commande, sans nulle passion; sans cela le maistre ne peut avoir plaisir entier, ny celuy qui commande, ny ses compagnons, nul honneur. Il faut laisser exercer l'art de venerie, et vous verrez toute chose par ordre : tantost un picqueur à un relais, une autre fois l'envoyer à un autre relais, et ainsy il apprendra l'air et l'humeur de tous les chiens en chassant; une autre fois, il le faut mettre à la meutte, affin qu'il cognoisse les voix et menées et façons de tous les chiens chassant en meutte, qu'il cognoisse la voix des sages et des emancipez ; car si l'on met tousjours un picqueur à un relais, ce n'est pas l'ordre, il ne connait que les chiens de son relais, c'est contre les reigles de venerie, c'est semer jalousie parmy les compagnons. L'on ne peut jamais avoir plaisir de travailler en la sorte, et si l'on mescontente tous les veneurs, les quels negligent ce qu'ils font et le negligeront tousjours, estans traictez en la sorte, sans ordre. Et en ce qui touche les retraictes, le maistre a raison de s'en aller, lors qu'il s'ennuie à la campaigne, à la chasse. Mais si l'on est en deffaut, il doit laisser requester les veneurs à leur discretion, les quels ne travaillent, sinon pour luy donner plaisir et pour tenir les chiens en haleine et en estat de bien chasser, si donc le maistre ne vouloit recourre le lendemain. Plussieurs repartent qu'ils ne tiennent des chiens, sinon pour leur plaisir et non pas pour le plaisir des veneurs, qu'ils veullent aller à la chasse, quand il leur plaist, et sonner la retraicte de mesme. C'est là où je les attend, pour les advertir que, s'ils ne laissent travailler leurs bons hommes à l'egal de leur science, ils ne peuvent jamais avoir plaisir de leur meutte et n'en auront jamais ; au contraire ils tiennent un attirail, pour recevoir toute sorte de desplaisir et de confusion. Je veux qu'ils ayent tous les chiens du monde, les meilleurs, accompagnez de ces bons picqueurs et sonneurs ; ce sera confusion, les chiens ne seront nullement en haleine, il n'y aura rien de reiglé ny d'exercé, c'est toute extremité. Voicy encor un mot au subject des chiens de relais : l'on les envoye souvent là où il ne faut pas, au contraire de l'art ; un chien qui chasse bien aux plaines, l'on l'envoye à l'entrée d'une forest ; l'autre qui chasse bien au pays fort et couvert, l'on l'envoye souvent au descouvert; les chiens de change, qui doivent estre placez là où il y a du change, l'on les envoye quelques fois au pays le plus ruiné de bestes et despeuplé de faulve. Et ainsi des veneurs de mesme; ces perce-forests, on les envoye tousjours là où ils apportent confusion, cela n'est pas la science. Les perce-forests se doivent mettre, comme les chiens ardants, en lieu là où ils n'apportent nulle confusion, comme aux lieux forts, dessous fenasses et bruyeres, pays espineux et fors; les chiens trop ardants se mettent en tels lieux à la raison, et ainsy les perce-forests. Ces picqueurs estourdis se doivent mettre aux entrées des pays forts, bois levez, gaulis, montagnes et rochers, et ils n'apporteront nulle confusion. Mais au prejudice des plaisirs de toute une venerie, l'on les met aux lieux aisez à picquer, tout le reste ne peut travailler devant leur confusion; ny bons veneurs, ny nuls chiens sages ne peuvent faire leurs effects, ny travailler de justesse. Mais l'art est si juste, que l'on voit ceux qui travaillent d'une telle fantaisie revenir à l'escolle, au premier desordre de chasse. Il faut attendre les bons chiens, comme aussy les vieux veneurs. Ceste furie est passée, il faut chercher l'ombrage, les lieux frais, ce n'est plus à vous à travailler; mais n'est plus temps, l'on ne peut apporter remede à tel desordre, vous avez mis les chiens et les hommes au rebours. C'est pour quoy, si vous aviez laissé mettre les relais selon l'art, vous auriez des chiens placez, selon la necessité des desordres et du lieu là où vostre droict fuict. Mais rien moins de cela; si celuy qui commande desire de mettre des chiens en quelque relais, là où il sçait qu'il aura necessité de quelqu'un de ses vieux chiens, quelqu'un à qui la venerie sera incognue, il dira : « Il sera bien mieux ailleurs. » Alors l'on craint de lui deplaire, et cela estant, à un deffaut ou desordre, les veneurs n'ont nuls chiens propres à les secourrir. En tel lieu, il faut laisser placer les chiens à ceux qui en doivent travailler, les faire chasser et perchasser aux deffauts, puis que vostre mestier est en tel temps de vous coucher au frais dessous les arbres, attendant que le deffaut soit relevé et que les desordres soyent finis. Il y en a encor plussieurs qui s'interessent envers ceux qui commandent, s'ils n'envoyent tousjours ces bons sonneurs au relais, que l'on juge que le cerf doit prendre le premier, tellement que rien ne peut estre fait à leur contentement. Je veux bien envoyer ces picqueurs estourdis au relais le plus asseuré. Mais si à ceste chasse, ils ont relayé, à l'autre chasse suivante, je les envoyeray à un relay, là où je crois qu'il n'y doit passer personne ; c'est à dessein que, si la chasse ne passe à eux, ils la cherchent subitement ; et ils relaieront sans doute, car ils ont tant d'envie d'estre admirez des incognus en cette science, que cela sert grandement à exercer les chiens ; et fairont tant, qu'ils arriveront à temps pour relayer, tellement que ce relay qui n'eut courru et n'eut pas esté exercé, ne perd nul temps et toute la meutte ainsi est exercée. Vous voyez les desordres que les relais apportent. Que vous estes heureux, Messieurs les veneurs d'Angleterre, de chasser si franchement, sans que vous ayez affaire de nuls relais, les quels n'apportent sinon confusion aux veneries, si ce ne sont tous chiens sages et de change ; mille fois plus heureux d'avoir des maistres, les quels sont excellents veneurs et honnorables en leurs actions ! Lecteur, Cyrus le Grand, roi de Perse, estoit veneur splendide, courageux et genereux en ses entreprises. Il l'a fait voir et manifesté à tout le monde par ses conquestes; neantmoins il a tousjours eu soing de ses veneurs, soit par ses liberalitez, ou dans l'employ mesme. S'ayant acquis la monarchie de Babilone par les armes, par le droit de la guerre, il choisit de ses veneurs, pour s'en servir en charges honnorables et de grande importance, estant certain de leur probité et fidelité. Mesme ès siecles de l'antiquité, devant et depuis les regnes d'Apollon et de Diane, il estoit tenu pour constant et très asseuré, que les bons veneurs estoient ordinairement devotieux, et donnoient les primices de leurs chasses et prises à la deesse et chaste Diane, et tenoient, par enseignement immortel, que les Dieux ont pris plaisir à voir les hommes addonnez à un exercice si innocent que la venerie, la quelle est esloignée de gain mercenaire et deshoneste. C'est donc presentement que je vous fais voir, par ces raisons, que la venerie n'est pas donnée de Dieu, en faveur des hommes avares et mecaniques.

LES FONDEMENTS DE LA SCIENCE DU VRAY VENEUR, POUR COGNOISTRE TOUTES LES ACTIONS DES CHIENS AUX DIFFICULTEZ DE VENERIE, EN CENT QUATRE-VINGTS ARTICLES.

I

Tous veneurs qui parlent, à tous moments et hors de temps, sans raison et necessité, aux chiens, ils representent plus tost des insensez ou desesperez, qui sont abandonnez au milieu d'une forest, que non pas des veneurs sages, les quels parlent prudemment, et donnent les raisons pourquoy il est necessité à secourrir les chiens de la voix. Grande difference de parler

Ne parler hors de propos.

aux chiens par necessité et jugement, ou par furie et chaleur. Le travail avec le jugement satisfait les maistres, et l'autre action, violente et furieuse, leur enleve et volle le plaisir; car nul chien du monde, dressé et adjusté, ne peut travailler, s'il est violent par les boutades des veneurs imprudents; car les hommes troublent davantage les chiens sages, aux desastres de chasse, que les jeusnes chiens, bien que les jeusnes chiens sont cause la plus part du temps de faire faillir et d'apporter les deffauts. Neantmoins cela n'est si dangereux et n'apporte tant de confusion; la raison est qu'il y a tousjours quelques vieux chiens, les quels n'ont nulle creance aux jeusnes et ne s'emportent point à leurs voix et à leur bruict; ils ne laissent de retourner juste reprendre leurs airres où ils ont failly et laissé leur droit. Mais si c'est un veneur ardant qui trouble les chiens sages, ils ne peuvent nullement travailler et faire leurs effects. Quelques fois il les intimide de la voix, hors de temps, et les picque si furieusement, que, si un chien sage en quelque desordre veut tourner en arriere, requester son cerf, ce brave picqueur luy passe sur le ventre. Voilà donc un chien bien traicté pour requester; et à ce bruict, les autres chiens sages, lesquels ont creance que l'on bat et gourmande leur compagnon, n'osent tourner et ne font rien qui vaille. Mais il m'est advis que je vois ce veneur, de cette mesme furie porter tous ses chiens, au bruict des chiens fols qui chassent le change; ceste action et travail c'est veritablement chasser, mais non pas selon l'art, ny pour donner plaisir aux maistres.

II

Lors que les chiens font quelque erreur, faute ou action mauvaise, le bon veneur les doit ayder de la voix et

Du change.

les advertir, car chiens sages et aydez de la voix de leur maistre se tiennent en guarde, et jouent de leurs tours, lors que leur cerf est accompagné dans le change. Mais il ne faut advertir, ny presser tels docteurs de chasse, hors de temps et sans raison, car un chien, qui est forcé et pressé en son humeur, ne fait rien qui vaille, par ce qu'au change tout se fait par la prudence d'un bon veneur, et jamais rien qui vaille, par furie.

III

De cognoistre les chiens.

Un bon veneur et subtil en l'art de venerie a cognoissance par ses vieux chiens, à leur façon de chasser, de l'estat au quel est reduit ce qu'il veut forcer, soit cerf, chevreuil ou lievre, ou quoy que l'on a accoustumé de forcer, mesme de l'action et des ruses que fait ce qui fuit devant ses chiens. C'est la science du parfait veneur; et je crois avoir representé ailleurs qu'un medecin a cognoissance, ayant envisagé son malade et consideré la couleur des parties qu'il a offencées au corps; mais le vray veneur a aussy veritable cognoissance de l'estat et de l'action, aux quels est reduit ce qui est devant ses chiens, par les actions de ses vieux chiens, que nous appellons docteurs de chasse, les quels ne se trompent jamais, si l'imprudence du veneur ne les force à s'emporter. J'ay donc cognoissance, comme vray veneur, recevant les actions de mes vieux chiens, sans les troubler, de l'affoiblissement et des ruses de ce que je ne vois point, sinon par mes chiens et leur façon de faire, en diminuant sa vie et ses forces, comme le medecin de son malade. Ne vous troublez, jeusnes veneurs, recevez les actions de vos bons chiens, à leur façon de chasser, pour travailler aux desastres de chasse, forcer et donner plaisir à vos maistres. Les bons chiens, par leurs actions, ne seront jamais cause de vous faire commettre erreur de chasse, si vous estes capables de considerer et recevoir leurs actions et travailler par icelles; car Dieu a donné aux chiens la perfection et l'excellence du sentiment et de l'odorat.

IV

Les chiens ont cognoissance du change.

Les vieux chiens pour le cerf ont cognoissance de leur droict, à cause que le sentiment est plus ardant, le pied eschauffé, l'haleine plus forte que les autres cerfs, qui n'ont encor courru; de plus, son haleine s'attache aux branches et aux feuilles, en brossant; de mesme la sueur de son corps humecte les branches. Toutes ces causes apportent difference et cognoissance, aux vieux chiens subtils, d'un cerf malmenné et de celuy qui est frais, qui n'a encor courru aux plaines. Les chiens ont mesme cognoissance, car quelque fois les cerfs fuyent la teste basse, lors qu'ils sont mal mennez, et donnent de leur haleine en terre, qui donne cognoissance aux chiens que c'est leur droict, par ce qu'il a l'estomac eschauffé et, par consequent, l'haleine plus forte et violente qu'un autre cerf, qui ne fait que partir de la reposée. Les chiens ont encor cognoissance par les fuittes de leur droict, comme j'ay representé, à cause du pied humecté et ardent; et je diray à tous veneurs, que j'ay autresfois eu des chiens, qui avoient cognoissance de tout cela. Mesme j'en ay amené d'Angleterre, si excellents, si sages et adjustez au change, que je les ay veus aux plaines, lors que leur droict estoit accompagné, si la terre estoit fresche et bonne à chasser, mettre le nez jusques aux yeux dedans les voyes, sans parler, si ce n'estoient les voyes

Du change.

de leur droict. En après ils chassoient hardiment vingt pas, cincquante pas, jusques à ce que les autres voyes venoient à rebarrer et estouffer celles du cerf de la meutte; alors j'avois contentement de veneur, de voir ces chiens sages s'arrester de nouveau et appuyer le nez dedans toutes ces voyes, avec crainte de faillir et sans parler, jusques à ce qu'ils avoient repris les voyes de leur droict. En après ils s'en alloient comme auparavant. Les chiens pour le change ont bien plus aisé aux forts que non pas aux plaines; car la sueur et l'haleine, qui s'attachent aux branches, ne peuvent estre dissipées entierement par d'autres bestes, qui fuient après et qui sont accompagnées avec le droict. Cela emporte bien une partie du sentiment; mais les bons chiens y chassent tousjours au pas ou au trot, ils gaignent tousjours païs, et celuy qui les sçait ayder, a grand plaisir à les voir porter le nez aux branches. Ils ne s'amusent point à mettre le nez à bas, par ce que le sentiment d'embas leur peut estre osté par une harde de bestes qui fuit après; mais ce qui touche aux branches et aux feuilles ne se peut perdre entierement: c'est pourquoy les chiens subtils au change, lors qu'ils sont embarassez aux forts, portent plustost le nez aux branches que non pas en terre.

V

Les vieux chiens ont aussy cognoissance des retours et sont tellement subtils, qu'ils ne vont au bout des ruzes, mais tournent court là où la ruze se desmelle. En ce temps qu'ils trouvent le retour, je les arreste, pour attendre leurs compagnons, affin qu'ils s'en aillent tous ensemble; car tout ne vaut rien, qui ne chasse en corps, les chiens tous ensemble. Mesme aux desastres de chasse, il faut que les veneurs et les chiens tournent, tous

Tourner, unis avec les chiens.

d'un costé, pour trouver le retour, si donc ils ne veullent revenir en arriere par où ils sont venuz, qui est le vray art de venerie et juste pour trouver et desmesler les ruzes. Lors que nul vieux chien n'a eu cognoissance du retour, il ne faut pas s'estonner si les vieux chiens se laissent emporter, estans hors d'haleine, jusques au bout des ruses; car les jeusnes chiens les emportent et les haslent, et les picqueurs violents les oultrent et forcent en leurs airs et façons de chasser, tellement qu'ils n'ont loisir de rendre les effects de leur bonté et subtilité. Mais encor que ce soit grande erreur de chasse, de forcer les chiens au retour, si est ce que le veneur à ceste difficulté de chasse y peut apporter ordre, par plussieurs belles cognoissances et jugements certains, que le veneur doit avoir, en l'exercice de son art, pour desmeller et trouver les retours et les ruses. Il juge aisement, aux plaines, si son cerf retourne sur luy, lors qu'il a consideré ses chiens demeurer court et ne perchasser; que s'ils n'estoient trop hors d'haleine et oultrez, il les faut encor porter quelques pas en avant, affin que, si le cerf perçoit et dressoit, les chiens en ayent cognoissance et en puissent reprendre; si non, il faut retourner en arriere. A cela l'œil subtil du bon veneur y sert de beaucoup, car quelque seicheresse qu'il puisse faire, l'on voit en quelque lieu la terre brisée et foullée du cerf, et de plus aux actions des chiens; cela forme l'intelligence au bon veneur de son travail, pour trouver et desmeller telles ruzes. Aux forts, là où le cerf fait des portées et tourne le bois, il est bien facile au veneur d'avoir cognoissance du retour; et comme ils suivent après, les chiens, par les portées et aux bois tournez, incontinent que le cerf fait sa ruze, si le veneur entend son mestier, il voit le bois et les branches qui retournent à luy, et là il doit s'arrester et

Avoir cognoissance du retour.

advertir ses chiens de la ruse. Mesme j'ay veu, lors que les cerfs ont la teste molle et en sang, à cause d'avoir fuit les forts, ils enseignent le bois; et quand bien le bois ne seroit assez espais, pour y faire des portées et pour le retourner, neantmoins ils chocquent tousjours de leur teste quelque grosse branche, à laquelle ils laissent du sang, qui donne cognoissance au veneur du retour; car comme il alloit en avant, il appercevoit tousjours quelque gouste de sang; et lors que le cerf refuit sur soy, le bois est taché et enseigné de l'autre costé, si bien que, si le veneur se tourne, il apperçoit le sang, qui luy donne cognoissance que le cerf fuit en arriere. Mais aux bonnes meuttes, les veneurs n'ont souvent la peine de regarder de si près, car les bons chiens, avec un peu d'ayde, demellent tout et relevent les desordres.

VI

Eau froide oste le sentiment, si le cerf est mouillé.

Il y a grande difference d'un cerf mouillé et humecté de sueur, et de celuy qui est mouillé d'avoir passé des rivieres ou ruisseaux; mesme d'un pied mouillé de l'eau, qui distille du corps, du long des jambes, et à celuy qui est mouillé et humecté de sueur et ardant, pour estre venu de loing. Les effects sont differents pour le sentiment des chiens; car ce pied ardant donne cœur aux chiens, avec la sueur, qui distille du long des jambes, dont il en distille des goustes dedans les voyes et en terre, qui augmente le sentiment et le rend plus violent. Au contraire, si un cerf passe une riviere, estang ou ruisseau, il est rafraichy, et ceste eau froide luy tombe du corps, le long des jambes; cela coule dedans les voyes, perd et alentit le sentiment des chiens, jusques à ce que ceste eau est evanouie, et que le cerf reprend sa chaleur naturelle et violente, pour estre venu de loing; alors les chiens reprennent leurs airs accoustumez, et chassent de mesme furie qu'auparavant. Cela est, lors qu'un cerf est forlongé, que les chiens se trouvent empeschez, quand un cerf a passé des eaux. Mais si le cerf n'est forlongé, ceste difficulté est peu de chose; les chiens le pressent par tout, puis qu'il ne fait que d'aller; l'eau n'a assez de temps, pour faire cest effect, d'estoupper et evanouir les voyes et le sentiment aux chiens.

La sueur rend le sentiment violent.

VII

Advertir les chiens.

Aux difficultez de change, il faut advertir les chiens fols, les intimider, avant qu'ils soyent esbranlez et emancipez à courre le change; car il est difficile et penible d'empescher leurs bouttades, si l'on n'a pris le temps, avant qu'ils chassent de furie, et qu'ils ayent emporté leurs compagnons. Mais si l'on ne peut empescher tel desordre, et que l'on aye pris le temps juste et à propos, et que la plus part des chiens se soyent emportez au change, il faut qu'un veneur s'arreste, et qu'il fasse requester les chiens sages. Et si les chiens percent et poussent le droict, par l'ayde qu'il leur a donné, ou bien que ces chiens sages ne se soyent estonnez au change ny balancez, il les doit laisser chasser, jusques à ce que son droit est separé hors du change, et que ses chiens soyent en lieu raisonnable pour les arrester; et là, il faut demeurer ferme, jusques à ce que les compagnons ayent ramenné les chiens qui courroient le change, affin de les rallier et de leur faire cognoistre leur faute. Ce n'est rien de rompre des chiens , si le veneur ne les sçait chastier à propos, affin que s'ils ont esté battus quatre ou cincq fois, comme il faut, qu'ils n'apportent plus de desordre et de confusion; pour le moins, s'ils s'emportent aux changes, qu'à la voix des hommes ils se rompent aisement. Il ne faut battre les jeusnes chiens, qui ne sont encor bien dressez; mais les vieux chiens, qui sçavent leur mestier, il les faut chastier, comme il appartient; car de les reprendre, sans les battre, c'est les gaster; ils croyent avoir bien fait, donc il leur faut faire payer la debte sur le champ. Quelque veneur me dira que, s'il chastie les chiens rudement, il ne sera pas aymé des chiens, et qu'une autre fois il ne les pourra reprendre. Pour moy, je suis veneur, et ne m'importe pas d'estre aymé des chiens fols; je veux estre aymé des chiens sages seulement. Mais je veux dire, en passant, aux veneurs qui ne chastient pas les chiens, que ceux qui dressent les chiens couchants battent leurs chiens furieusement, et en mesme temps qu'ils ont fait la faute; neantmoins ces chiens leur sautent incontinent au col, leur font feste, et se couchent à leurs pieds, tellement qu'ils sont fort aisez pour reprendre.

De chastier les chiens aux changes.

Les chiens communement sont sages, si le jugement et l'esprit des veneurs sont capables de les rendre sages; et n'y a d'autre moyen, sinon de les chastier à propos; ce qu'ayant fait, il faut diligenter à ramenner les chiens fols, les quels ont esté chastiez, avec les autres qui courrent le droict; et comme ils sont ralliez, alors ils prennent cognoissance de leurs fautes, car on les laisse chasser à leur fantaisie, pourveu qu'ils ne barrent ou balancent. Quelque veneur me dira encor que d'arrester les chiens qui courrent le droict, si longtemps, cela est cause que le cerf se forlonge, il est certain. A cela je repond que nous courrons, pour deux fins et pour deux subjects : le premier est pour dresser des chiens, et les rendre capables pour donner plaisir aux roys et princes; l'autre suject, que nous courrons, lors qu'ils sont dressez, c'est pour prendre et forcer en presence de nos maistres. Que si mon maistre est à la chasse, je tasche de prendre neantmoins d'art et de science; toutes fois, si j'ay grand desordre ou de change ou d'autre difficulté, je me sers de subtilité de veneur, pour donner contentement à mon maistre. Mais si je suis seul et le maistre de la chasse, je fais observer toutes les reigles du mestier, le plus exactement qu'il m'est possible : soit à chastier les chiens qui font des follies, soit à les arrester, affin que tous viennent à la mort, lors que le maistre sera à la chasse, et qu'ils chassent à beau bruict.

VIII

Differeuce de chastier les chiens ardants ou timides.

Un jeusne chien ardant se doit traicter et chastier differemment à celuy qui a le naturel plus doux et delié, et comme dit le vieux proverbe: « A ces chiens furieux, il faut qu'ils soyent battus, en chiens. » Mais les autres qui ont le naturel doux et timide, les quels sont de bonne nature, il les faut chastier subtilement : tantost doucement de la voix, à un autre temps plus rudement, jusques à ce qu'ils sçavent parfaictement chasser ; autrement ils seroient subjects à estre rebuttez et trop timides. Pour moy, je ne les espargne point, lorsqu'ils sçavent leur mestier; je ne leur pardonne nulle faute ou erreur de chasse, s'il m'est possible.

IX

Il faut avoir patience d'un jeusne chien de race excellente, et de race que l'on cognoist, non d'un chien de race incognue; car il est très difficile de forcer le naturel d'un chien, qui n'est de race tirée de longtemps de chiens de secours. Ce naturel n'arrivera donc jamais au point, là où les bons veneurs le souhaittent, par ce que toutes les parties, necessaires aux chiens de secours, ne se rencontrent pas au naturel de chien de race incognue, qui sont, la force à chasser tout un jour, parler bien en chassant, le sentiment excellent et la vitesse. Jeusnes veneurs, quand vous aurez pris la peine d'adjuster des chiens de race que vous ne cognoissez, vostre travail et vostre patience seront inutiles, car quelqu'une de ces qualitez necessaires aux chiens de race manquera. Mais la patience, que vous aurez d'un chien de race, qui a les qualitez necessaires et cy-dessus representées, cela vous contentera à la fin de vostre travail; ce chien tardif à venir à son poinct vous satisfaira à la fin. J'ay eu autres fois patience de mes jeusnes chiens six mois, un an; mais à la seconde année de leurs chasses, ils me donnoient l'interest de mon attente et contentement de chasse; mon travail n'a jamais esté infructueux, à dresser et attendre le courage du jeusne chien de bonne race.

Qualitez necessaires aux bons chiens.

X

Un veneur qui a l'humeur changeante aux races de chiens, et change souvent de chiens, ou qui les donne, sans en avoir patience, difficilement aurat-il une meutte parfaicte, par ce qu'il donne ses chiens servants, dressez et adjustez, pour en garder quantité de jeusnes, qu'il appelle une fort belle jeusnesse. Mais cette quantité ne sert que de nombre ou confusion, sur la fin d'une beste malmennée, tellement que la meutte demeure estonnée, au moindre desastre de chasse qui arrive, et ne peut prendre ny forcer. Ces desordres arrivent, pour ne sçavoir menager les vieux chiens et ne s'en deffaire, qu'à mesure et à temps, qu'il y en aye d'autres adjustez, pour remplacer et tenir ce corps de meutte complet; car à ce mestier, c'est

Celui qui est inconstant ne peut avoir une bonne meutte, car il change tout.

chacun à son tour de faire un coup, à temps et à propos, pour avoir la qualité de meutte.

XI

Nul veneur ne travaille selon l'art, si les chiens n'obeissent à sa voix; car aux desordres de chasse, l'on ne sçauroit y apporter remede, que par le secours des chiens sages, qui viennent, pliants et obeissants à la voix, et selon la necessité du desordre. Donc des chiens incognuz, ou quantité de jeusnes chiens, sont incapables de telle obeissance et de telles actions : les uns, pour n'y avoir esté dressez; et d'autres, l'aage ne leur permet pas d'avoir ceste experience de tourner à la voix des hommes. C'est pourquoy, ayant donné vos chiens sages et adjustez, pour en avoir d'autres par fantaisie, vostre travail est inutile et en vain : vous ne pouvez rien forcer que par hazard. Pour une fois que vous prendrez, vous en faudrez trois ou quatre ; encor ce que vous prendrez est quelque beste, qui s'estonne au bruict des chiens ou à qui la nature manque, qui n'a ny force ny vigueur. Mais si vous attacquez, et faites ameutter à vos chiens un cerf vigoureux et en sa force, le quel se deffend par ruzes, retours et changes, et double souvent ses voyes, vous devez estre très asseuré que vous ne prendrez rien. Vos chiens sont incapables de tels effects; ce n'est pas meutte que vous avez, mais confusion de chiens assemblez, qui ne sçavent obeir à votre voix ny relever nul different de chasse.

Changer les chiens servants corrompt l'art et la meutte.

XII

Des chiens, incognuz et ardants, empeschent les bons chiens de maintenir le droict, comme il appartient; ils vont, barrants les voyes du droict, lors que ces vieux chiens veullent les ap-

Chiens trop ardants gastent la meutte, empeschent l'effect des bons chiens.

puyer et les empaulmer, pour relever les defaults, les desordres et ruzes, qui causent les difficultez de chasse; de façon que ces pauvres chiens sages sont troublez tout un jour, et d'excellents chasseurs qu'ils estoient, ils deviennent meschants, apprennent à coupper et à barrer, comme les autres, ou bien se rebuttent, ayant esté troublez par plusieurs chasses. Et comme auparavant ils donnoient secours à leur maistre, aux necessitez des ruzes, retours ou change, alors, en tels lieux, ils ne tiennent plus compte de chasser, et comme rebuttez, et ayant honte d'avoir esté exercez si miserablement, ils viennent derriere les chevaux, comme incognus de ce qui se fait, ou font d'autres actions, comme leur chasse à part, ou se tiennent dedans les chemins. Il m'est advis que je les vois escoutter la chasse, regarder ceux qu'ils suivent, d'un œil triste, comme ayants honte de tels veneurs et de telles confusions.

Chien mal dressé a honte pour son maître.

XIII

Nous devons prendre le temps de dresser nos jeunes chiens, les ardants et fols, lors que nos maistres ne vont pas à la chasse. En ce temps que nous sommes seuls à la campaigne, il les faut mettre sous la justesse de l'art, rompre les chiens, et les chastier incontinent, sur le desordre qu'ils ont commis. Quand ils veullent chasser les premiers, il faut, à force de les chastier, les constraindre à chasser les derniers. L'on me dira : que c'est gaster cette chasse, pour ce coup. Peut-estre que non. Soit l'un ou l'autre, il ne m'importe pas ; car aux chasses suivantes, je tire proffict de ces desplaisirs ; car j'ay reduit ces chiens de desordre, qui font effect de chasse, lors que le maistre va en campaigne. Donc j'ay tiré proffict d'une chasse, que j'ay faite seul ; car je n'ay eu nulle consideration de nulle compaignie,

Tirer proffict, aux chasses suivantes, d'une faute, effect de l'art.

la quelle est souvent cause de faire corrompre l'art, affin de lui donner plaisir de voir bientost prendre ce que l'on courre. Au contraire le bon veneur, s'il est seul en campagne, n'a autre soing, sinon d'exercer les reigles de son art, chastier les chiens fols, les rendre capables de chasser en compagnie, et tenir le tout en exercice, pour le plaisir et contentement de son maistre, et non pour le sien particulier. Je dis sur ce subject, que les reigles de venerie sont si justes et infaillibles, que bien que l'on chastie les chiens, que l'on perd du temps à remedier aux desordres, si les reigles de venerie y sont exercées ponctuellement, l'on ne laissera de prendre et de forcer de haute lutte, nonobstant ce temps perdu, et aux chasses suivantes le plaisir redoublera en presence des maistres, et tellement qu'ils demeurent satisfaits de leur venerie.

XIV

Je trouve que c'est une grande inprudence et erreur de chasse de descoupler des chiens, en presence de son maistre ou en campaigne, les quels ne sont dressez et adjustez, et de l'effect des quels il ne reussit que toute sorte de desplaisirs et de desordres. C'est un tesmoignage à ceux qui sont servis en la sorte, que leurs veneurs sont violents et ardants en ceste science. Je ne dois descoupler des chiens devant mon maistre, qu'ils ne soyent adjustez et qu'ils ne tournent à ma voix, si donc mon maistre ne le commande; alors si les chiens font confusion, la faute ne m'en est attribuée ny la honte, lors qu'ils font desordre. Et c'est grande honte à un bon veneur, de parler à des chiens qui ne l'entendent pas, qui ne tournent point avec luy, tout d'un costé et ensemble, ou qui ne reviennent en arriere, subitement à sa voix, au bout d'un retour. Plusieurs veneurs

Imprudence de venerie de descoupler des chiens fols en présence du maistre.

ne prennent pas garde de si près; mais aussi en ce temps, ils sont souvent vendus, changez ou trocquez.

XV

Confusion de chiens fols.

Puis qu'un chien fol est capable d'enlever et empescher tout le plaisir, que le maistre doit esperer à la chasse, nous devons estre en garde et exactes à reprimer ceste erreur; car il vaut mieux chasser, pour le plaisir du maistre, avec douze chiens sages et adjustez, que non pas avec cincquante, dont il y en a de toute humeur : des sages, des extravagants, des coup-peurs, des ramassez et de toute malitieuse nature. Tout cela ne fait que confusion; mais douze chiens sages, les quels sont adjustez ensemble, chassent et perchassent tout un jour plaisament, selon les reigles de l'art; bref, donnent du plaisir au maistre, et font mourrir ce que l'on leur a permis d'ameutter.

XVI

Des chiens reiglez.

C'est un contentement et vray delice de veneur, à voir des chiens sages chasser ensemble et en corps, qui vont de force suffisante, sans demander l'ayde de leurs compagnons; au contraire qui enpaulment les voyes, en temps que celuy qui est à la teste s'estonne, quitte les voyes ou fait un deffaut. Il n'y a nul desplaisir et degoust de veneur ; cela est reiglé, chascun fait son coup à son tour, et ainsy le jour se passe plaisament. Mais si ce sont chiens non reiglez, ny adjustez, tout le jour et la chasse se passent miserablement, avec toute sorte de desplaisir. Ceste confusion est insupportable : tantost les chiens tiennent les voyes, en un moment après ils sont en deffaut; et ainsy le jour se passe sous le voile de l'ignorance des mauvais veneurs, les quels autrefois ont ouy parler de ceste science, neantmoins ils n'en ont ny la pratique ny la theorique. Et ainsi sous ce voile, ils vont enlevant les plaisirs que les seigneurs et autres doivent avoir de leurs chiens; et souvent ils demandent et esperent de leurs jeunes chiens, qui sont presentement mis aux couples; ou bien d'autres chiens, qu'on leur a donnez, extravagants, couppeurs, ils leur demandent les mesmes secours, comme s'ils avoient trois ans ou quatre ans ; sans juger que les uns sont trop jeusnes, et que les autres ne se sont jamais trouvez et n'ont esté dressez en chasses reiglées; sans avoir la cognoissance de ce que chien courrant peut de soy, s'il n'a esté accompagné de la science d'un bon veneur, pour le reigler et adjuster. Celuy qui ne travaille sous ces considerations, il est comme l'aveugle qui parle des couleurs.

XVII

Un chien qui n'est pas reiglé, le quel est fort ambitieux d'estre tousjours à la teste de la meutte, volontiers à la fin du jour il ne l'emporte pas; il se trouve deffaict, sans force et vigueur, à ceste action de vouloir tousjours estre le premier, sans mesurer sa force. Cela arrive, pour ne courre assez souvent ou estre recoupplé au milieu des chasses, et ne sçavoir que c'est de longue traicte, et de conserver sa force pour la fin d'une beste malmennée. Quelque chien est souvent le premier des meuttes, à cause qu'il est de plus grande force que les autres; mais s'il est de force esgale, et qu'il soit tant ambitieux qu'il ne cede jamais, souvent il demeure, lors qu'il seroit question de faire le plus d'effort, à cincq ou six heures du soir. Pour reigler des chiens, et les amenner au point là où l'art les demande, ils y doivent estre dressez, avec craincte qu'ils chassent les derniers, à force d'estre battus. S'ils font desordre par

Des chiens desreiglez ne se doivent recoupler au milieu des chasses.

ambition d'estre les premiers, les laisser chasser la chasse, sans les recouppler, qu'ils soyent souvent outrez et malmennez : avecque la craincte, ils se font excellents.

XVIII

Chien sauvage et meschant, peste de venerie.

Un chien qui n'est pas adjusté au fort de la meutte, il est comme un chien sauvage ou esgarré. Sans qu'ils fassent semblant de cognoistre les hommes ny leurs voix, mais chassant à leur fantasie, se separant des chiens, ils font leurs chasses à part; et à leurs actions, ils tirent tousjours quelque autre chien avec eux, qui a l'humeur gaillard et aisé à s'emanciper; mesme la plus part des jeusnes chiens se tirent volontiers de la meutte et se jettent à l'ouvert, pour suivre ces chiens desadjustez et esgarez. Bref, un seul de ces chiens fols est capable de gaster tout en peu de temps; et si tels chiens me tombent entre les mains, incontinent que j'ay recognu leur naturel malitieux et incapable de prendre place en une meutte, je les donne et bannis de ma meutte, comme ennemis, des chiens de desordre. C'est pourquoy peu de chiens entrent en ma meutte, que je n'aye fait nourrir, dresser et adjuster, et dont je n'en aye cognu la race, et que je ne sois certain à quel point de l'art ils peuvent arriver.

XIX

Chien sage discerne la voix du veneur, soit rude ou douce.

Un chien bien dressé et adjusté doit discerner la voix des veneurs à la campaigne, affin qu'il chasse à l'egal de la voix de son maistre, soit qu'il le flatte, ou qu'il parle à luy de colere, lors qu'il chasse trop furieusement. Cela luy donne le vray air de se contenir aux tournements des ruses, et de n'emporter ses compagnons. Jamais veneur ne peut avoir contentement, si les chiens ne plient, s'ils n'obeissent et s'arrestent à sa voix, ou qu'ils chassent furieusement lors qu'ils les emancipent. Je pardonne aux veneurs pour le lievre, qui n'arrestent leurs chiens, en courrant; mais pour le cerf, pour les avoir bien sages et gardants le change, il faut qu'ils obeissent aux hommes, en tous les inconvenients de chasse et desordres; qu'ils s'arrestent, quand il plaist au veneur, soit quand le change part, ou aux plaines ou aux forts. Les chiens qui sortent des voyes doivent estre frappez de la langue, ou de la houssine si les chevaux y peuvent arriver; s'ils sont trop malmenez, il faut advertir les chiens d'une voix rude, la quelle les estonne, pour avoir esté souvent chastiez sous cette voix rude et furieuse; et ainsy j'appelle frapper les chiens de la langue, à cause que cela les arreste au fort de la meutte et à leur devoir. Je fais chastier les chiens en tous lieux : soit au chenil, ou en allant par pays, ou bien en chassant. Le meilleur et ce qui les rend plus sages, c'est de les chastier sur la faute et sur le desordre de chasse qu'ils ont commis; neantmoins, si je ne puis y aborder, je leur fais payer l'interest de l'attente et du desordre, soit en la campaigne ou au logis; et sur tout mon soing principal est de leur donner de la craincte, et les rendre timides à la voix des veneurs, pour les rendre sages et excellents.

Chastier les chiens sur la faute.

XX

Mon but principal, en l'art de venerie, est de prendre garde que nul chien ne courre à costé de la meutte et hors des voyes. Incontinent qu'il a perdu les voyes ou qu'il les a cedées à un autre, je veux qu'il se rejette dedans le corps de la meutte, soit qu'il le fasse de science, pour avoir esté bien dressé, ou de crainte d'estre frappé, s'il se retire de la presse de la meutte. De l'un ou de l'autre de ces effects, il ne m'importe pas par le quel le chien se tient en obeissance, pourveu qu'il ayt patience de reprendre haleine et force, pour refaire effect à son tour, et se remettre à la teste franchement, gaignant un chien, puis après un autre, et ainsi essuier les costes à toute la meutte, jusques à ce qu'il soit le premier; ou bien qu'il aye la patience et attende que les voyes soyent defournies, pour alors prendre son temps à les empaulmer furieusement et plaisament, avec craincte de balancer. Je demande à mes chiens qu'ils se mettent à la teste de la meutte ainsi, franchement, et non gaigner l'advantage malitieusement, en coupant ou courrant douze ou quinze pas, au costé de la meutte, jusques à ce que les voyes tournent de leur costé; alors ils se font ouïr, mais cela est l'effect de chiens mal dressez, exercez et ajustez; tels chiens gastent et desadjustent les chiens sages.

Chien qui a repris haleine faict quelque coup.

XXI

Un vray veneur doit estre tousjours en garde, à la campaigne, que ses chiens malitieux et fols ne gaignent l'advantage sur luy, et ne corrompent l'art, en temps qu'il est en deffaut; car alors la plus part des chiens se gastent et se desajustent, se tirent à l'escart, questent et requestent à leur fantasie, à gauche, à droicte, en avant, en arriere. Ceste erreur de chasse arrive, par la negligence des veneurs negligents de cette science; ils se troublent aux deffauts, aux desordres et retours, et ne font autre effect sinon regarder en terre. Vous les verrez, le long du chemin, le long d'une plaine, menants leurs chevaux en main et regarder en terre, et cependant leurs chiens sont escartez, abandonnez comme chiens sauvaiges.

Estre en garde, avoir l'œil aux chiens, l'œil en terre.

Je veux bien que ceux qui sont soubs moy ayent l'œil en terre; mais incontinent je veux qu'ils l'ayent aux chiens, et que l'une des actions ne leur fasse negliger l'autre; l'œil aux chiens, l'œil en terre; l'œil en terre, l'œil aux chiens; et ainsi demeurer unis avec la meutte, sans laisser emanciper les jeusnes chiens ardants, et mesuser de cette science et corrompre l'art, d'abandonner les chiens. J'ay veu des veneurs qui alloient chercher les voyes de leur droict, sans soing de leurs chiens, s'ils suivent ou non, et les ayant rencontrées, hors de veue et de l'ouïr de leurs chiens, s'ils eussent peu les reprendre sans chiens, ils eussent courru seuls. Tout cela ne vaut rien; il faut que tous demeurent unis ensemble, et que les hommes ayent l'œil aux chiens aussi tost qu'en terre, pour travailler à l'egal de leurs actions, et empescher qu'ils ne prennent l'advantage en tels lieux, là où les chiens se tirent et emancipent de la justesse de l'art. Et faut que tout veneur m'advoüe que, s'il prend les devants avec ses chiens après luy, qu'il aye l'œil en terre et ses chiens après luy, que s'il suralle et sa veue le trompe, que le sentiment de vingt-cincq ou trente chiens ne le surallera point, quelqu'un en parlera et relevera ce desordre. Et pour mon particulier, j'ay plus d'asseurance, lors que mes chiens ont pris les devants d'un pays, et qu'ils ne parlent point de leur droict, qu'il n'y fuit pas, que si tous les veneurs d'un pays y avoient passé sans chiens.

L'œil aux chiens, l'œil en terre.

XXII

Aux chiens trop jeusnes, l'on leur force et allentit le courage, si l'on leur fait faire trop souvent des efforts. Le bon veneur doit avoir la discretion de conserver la force à ses jeusnes chiens; car s'il n'a le soing de moderer leur furie et chaleur, ils chassent jusques à ce qu'ils sont oultrez et hors de force; et de cette chasse à une autre, ils font les mesmes efforts, jusques à ce qu'il n'y a plus de chair sur leurs reins et sont effilez; et à la premiere chasse suivante, ils employent le reste de leur force, tellement qu'ils jettent le sang, soit par le fondement ou par la verge. C'est une grande imprudence de veneur, de reduire un jeusne chien de vraye bonne race en tel estat; il faut moderer le feu et la furie, y apporter l'eau necessaire. Lors qu'il a fait quelque longue traicte et effort, il faut lüy laisser reprendre corps et chair, pour subsister, et arriver au poinct de la race dont il est sorty. Mais si son naturel est furieux et ardant, il faut luy donner craincte, le chastier souvent, affin que sans necessité il ne se tue, en questant, et amoindrisse sa force. Il y a methode à gouverner les jeunes chiens, la discretion y est du tout necessaire; car aux saisons premieres de leurs chasses, il y a difference grande à celle de la quelle ils useront, s'ils sont dressez et adjustez avec prudence, en mesnageant leur force et leur courage, car ils apprendront à se mesnager et se mesurer; et s'ils sont mal dressez, furieusement ils fairont toute leur vie confusion, et n'auront force suffisante, pour aller tousjours jusques au bout, sinon en chassant malitieusement.

Conserver la force aux jeusnes chiens.

XXIII

Un chien, qui sçait son mestier et qui sçait sa force, travaille fort, lors que ce qui fuit devant perd contenance et devient malmené; ce chien sage employe sa force, à l'egal de l'affoiblissement de son cerf ou de quelque autre beste qu'il a ameuttée. La plus part des chiens ne cognoissent pas leur force, ny la force de ce que l'on leur fait courre, parce qu'on les met aux relais trop tost, avant qu'ils ayent appris leur mestier, et qu'ils se soyent employez, quatre ou cincq ans, à mesurer leur force à ce que l'on leur fait ameutter. J'ay veu plusieurs veneurs mettre leurs chiens aux relais, à trois ans; je diray, à cest aage c'est gaster les chiens; car des chiens de trois ans, s'ils ne sont à la teste de la meutte, comme les années precedentes, ce n'est pas manque de force, c'est qu'ils sçavent leur mestier, qu'ils se conservent pour une longue traitte, et pour faire effect, lors que ce qu'ils ont ameutté s'affoiblira et perdra contenance. C'est donc faire tort à ces chiens de les placer aux relais, car ils ne cognoissent plus leurs forces, et ne courrent que de quinze en quatorze; à une chasse, ils ne courrent point; à une autre, ils courrent; à une chasse, l'on les descouple à un cerf qui ne se peut plus tenir debout; à une autre fois, l'on relayera, que le cerf ne faira que d'estre donné aux chiens. Ce n'est nullement user d'un chien de secours, comme l'art demande; l'art veut que les bons chiens de secours soyent presents et descoupplez au laissé-courre, pour relever et fournir les deffauts de la chasse, tout un jour, devant le maistre. C'est faire grand tort à un seigneur qui tient une meutte, de mettre ses bons chiens aux relais, car à toutes ses chasses son plaisir n'est pas entier. Ce n'est que desplaisir à tout moment, et tout desordre; alors ces veneurs ne font que se plaindre que leurs bons chiens ne sont donnez, que le cerf n'a donné à un tel relais. Quelle imprudence de chasse, de tirer ainsi les bons chiens de la meutte, et leur affoiblir le courage! De plus, enlever le plaisir du maistre tout un jour, c'est double faute. Les jeusnes chiens se gastent ainsi de courre aux relais, si ce n'est lors qu'ils sont effilez et trop harassez, affin de leur laisser reprendre force et courage.

Mettre les chiens de trois ans aux relais, c'est imprudence de venerie et enlever le plaisir du maistre, s'il n'y a cause legitime.

XXIV

Il y a une grande difference à la furie, de la quelle un vieux chien chasse à une beste malmenée et qu'il a longtemps chassée, et à celle qui ne fait que partir devant luy de la reposée; car à celle qui ne fait que d'estre ammeuttée et qu'il sent legere, il cede volontiers aux jeusnes chiens fols et ardants, il leur laisse faire les premiers efforts et randonnées. Ce vieux chien sçait que les traittes sont longues; il a appris à se mesurer par l'exercice continuel de cincq ou six ans, pendant le quel temps il se mesure à l'affoiblissement de ce que l'on luy a appris de forcer. C'est pourquoy il cede, car il est certain et sçait que les autres chiens ne le prendront ni forceront, sans luy. Mais alors que ce qu'ils courrent devient malmené, deffaict et outré, en tel temps il ne cede plus. C'est aux vieux chiens alors de tenir le bout du baston; ils chassent et perchassent, reffaits, renouvellez; jambes redoublent de force et de furie; ils trouvent les retours, sans aller au bout des ruses; le plaisir est entier, les voyes sont tousjours fournies furieusement et plaisament, à cause que c'est un vieux chien qui est tousjours à la teste, et qui est le maistre de la compagnie. Alors ce vieux docteur de chasse donne à cognoistre aux assistants, s'ils sont veneurs, de l'estat au quel est reduict ce qu'il courre, et qu'il en veut manger.

A la fin, un vieux chien redouble de force et de jambe, et ne cede plus.

XXV

Les chiens devenans vieux et diminuans de force, ils la changent en subtilité de chasse ou bien deviennent meschants, malitieux, ils ne font que coupper. Ne pouvant plus estre les premiers, de force et de haute lutte, ils se jettent à l'ouvert et à costé de la meutte, affin que, si les voyes tournent à eux, ils soient les premiers. Et si une telle action est reussie à un vieux chien, sans que les veneurs y ayent apporté remede, il faira souvent de tels desordres, et se rendra tellement emancipé, qu'il couppera et barrera les airres à tous moments ; mesme à tous les chemins qu'il rencontrera, il s'en ira tacher de rencontrer les voyes, pour les chasser, seul, à son plaisir. Le bon veneur apportera remede à telle action, avant que les chiens soient emancipez et desadjustez : le remede est le soing de les chastier, au commencement qu'ils font ces malices et desordres de chasse ; comme l'on voit telle humeur meschante et corrompue, l'on ne leur doit rien pardonner. Mais aux vieux chiens qui diminuent de force, et la changent seulement en subtilité de chasse et bonté, les quels se reduisent seulement au point, où l'aage ou leur force leur permettent de chasser, s'ils ne peuvent estre les premiers de la meutte, ils se contentent d'estre au milieu ; s'ils ne peuvent estre au milieu, ils se contentent d'estre les derniers ; et toutes leurs actions sont sans malice, ils travaillent franchement et rondement, en ce qu'ils peuvent. Ce qui est en leur pouvoir, c'est lors que les voyes doublent et qu'il s'y fait un retour ; ils ne vont pas au bout de la ruse, ils empaulment incontinent le retour, desembarasssent les voyes ; en après que les autres chiens sont revenuz en arriere, les quels avoient esté au bout de la ruse, ils leur cedent volontiers, et se contentent d'avoir joué de telle subtilité de chasse, jusques à un autre different. Si c'est le change, ils en donnent cognoissance et le demeslent. Si les voyes sont forlongées, et que les jeusnes chiens barrent et balancent, ils poussent le droict et percent tousjours. C'est ainsy que les vieux chiens de bonne nature usent de leurs subtilitez, en contrechange de la grande

Chiens devenant vieux changent leur force en subtilité et bonté, si les veneurs sont capables, sinon ils deviennent meschants et malitieux.

force et vitesse qu'ils ont eues par plussieurs années. Ces humeurs de chiens sont sans nulle meschanceté; se doivent traicter fort doucement, avec grand soing de ne les rebutter et trop presser, par bouttade de picqueur inconsideré. Comme ces chiens sont les derniers de la meutte, si l'on leur passe sur le ventre, l'on leur fait perdre force et courage, et se rendent plus tost d'une saison qu'ils ne fairoient, s'ils estoient traictez avec jugement et selon l'art de venerie.

Chien pressé des picqueurs se rend plus tost.

XXVI

Le grand bruict ne vaut rien à ceste chasse de venerie, si les chiens ne font le bruict; et toutes ces furies, que veneurs ardants ont accoustumé d'exercer, ne servent si non d'estonner et de troubler les chiens. Soit ce beau bruict de cors et ce grand bruict de belles voix, tout cela ne sert que de confusion, empesche que les chiens ne s'entendent nullement; ils ne se peuvent rallier, aller aux chiens de creance; mesme au milieu de ceste turbulence, un veneur prudent ne peut assister les chiens, il ne peut les secourir, il est emporté et bouleversé en son art; le plus emporte le moins. Quelle raison de troubler ainsi les chiens, de les pousser tousjours en avant? Il seroit plus à propos, pour le contentement du maistre, et selon l'art, de moderer le grand bruict de cette furie de sons et de voix, et employer nostre devoir et nostre travail à rallier les chiens souvent, affin que le grand bruict provienne des chiens bien ammeuttez, ralliez et chassants ensemble; et pour mon particulier, lors que j'entend confusion de voix et de cors, il m'est advis que c'est une huée aux loups. Mais si j'entends trente ou quarante chiens, bien ammeuttez et chassants ensemble, aux quels l'on parle quelquesfois et avec raison de l'art, qui sont

Confusion de cors et de voix corrompt l'art, et empesche les chiens.

picquez discretement, par veneurs qui ne sonnent à tout moment, si non à la necessité de quelque desordre, ou bien d'aucunes fois pour embellir le bruict de la chasse et le rendre agreable, si des chiens sont ainsy discretement accompagnez, cela ne me paroit plus une huée aux loups. Je jouy veritablement de mon art de venerie, à ouïr ce beau bruict de trente ou quarante chiens, courrants tous ensemble, aux quels on ne fait nul tort, par bouttade de chasse et imprudence de venerie. C'est à quoy je prend garde, de reprimer la furie des jeusnes veneurs qui voyent courre mes chiens; je leur empesche la furie, pour rendre tousjours les chiens plus excellents. Il est beaucoup plus à propos de bander son esprit, et prester l'oreille à la voix des bons chiens, pour estre certain de leur travail, et affin que l'on sache jusques là où ils ont parlé; car dedans une grande confusion de voix et de cors, l'on ne peut discerner la voix des chiens de creance. C'est ce qui m'oblige à dire : que grand bruict ne vaut rien à la chasse, si les chiens ne font le bruict.

XXVII

De vingt-cincq et trente chiens, en corps, d'une force, le plaisir de l'ouïr est plus parfait, que s'il y en avoit cincquante qui chassent en desordre et confusion, comme quelques fois j'ay veu chasser plussieurs meuttes ensemble, trois ou quatre, et se trouvoient quatre-vingtz ou cent chiens ensemble. A cela je n'y trouve nul plaisir; la file est trop longue, les premiers chiens n'entendent pas les derniers, ny les derniers les premiers; et en ce qui touche les voix et le bruict, lors qu'il sont si espars et esloignez les uns des autres, le ton n'est pas si ferme ny plaisant aux oreilles, que quand il y a

Chiens unis et en corps, le bruict et ton sont agreables.

moins de chiens. Neantmoins qu'ils sont bien en corps, qu'ils se poussent de l'espaulle, à qui est le premier, en tel temps ce bruict de voix sort uni. Les doubles, les fortes, les claires, bref, toutes sortes de menées font le bruict, comme si elles sortoient de terre, furieuses et remplies, il n'y a nul vuide. Ce n'est pas de mesme, quand les chiens sont escartez et espars; car le ton est plus esclattant et moins furieux, tellement que les echos ne respondent si plaisament, au creux des forests.

XXVIII

C'est le vray contentement de veneur, en ce qui touche l'ouïr de la voix des chiens, que les chiens soyent bien ensemble et en corps, affin que s'ils donnent dans des vallées ou futayes, que les echos repondent plaisament. Il y en a qui repondent deux fois, c'est double chasse, dont double plaisir et contentement à l'ouïr; le creux des forests est remply de telz bruictz, il n'y a nul intervalle, rien de vuide; c'est un ton remply entierement, qui estonne ce qui fuit devant telle musicque, et fait que le droit ne trouve nul lieu de repos au plus creux des forests. Un chien hardy dans le change, s'il est le premier, il chasse de geulle continuellement; il va de son air accoustumé, il n'y a nulle différence, c'est un ton fourny comme il faut, par ce qu'il estoit le premier et maistre de la meute, lors que le change est party. Que si ce chien hardy a veu partir le change, et la veue est longue, il faira bien quelques actions d'estonnement : il s'arreste, perd quelque temps, mais aussy tost que la voix des veneurs le secourt, il se resoud bien tost à en dire son mot et perce à son droict. Mais si ce chien hardy est des derniers, quand la meutte lance le change, ce chien ne chasse pas continuellement de geulle; il s'em-

Du change, et quelles actions les chiens font au change.

porte quelques fois, avant que se recognoistre, et incontinent qu'il a recognu ceste faute, il tourne arriere chercher son droict. Pendant ce temps il fait quantité d'actions gaillardes ou desdaigneuses, plaisantes à considerer aux vrays veneurs : d'un chien timide, volontiers sortent ces actions desdaigneuses; du hardy chasseur, les furieuses et gaillardes, à requester, et après qu'il a desmeslé son droict, il refournit ses aires, comme auparavant, d'un ton egal.

XXIX

Un cerf bien donné à une bonne meutte, le plaisir des veneurs augmente de moment en moment, soit du bruict de l'ouïr, ou par les actions de subtilité que les vieux chiens font, à relever les deffauts et se tirer des difficultez de chasse qui arrivent. Le plaisir de l'ouïr augmente, quand les chiens relancent leur droit, quand les voix redoublent, et sur la fin, quand les vieux chiens ont cognoissance que leur droict est mal menné. En tous ces temps, c'est double bruict, l'oreille doit estre satisfaite. Mais hors de ces temps-là, l'ouïr peut estre encore satisfait : si les veneurs ayment à faire chasser leurs chiens ensemble, qu'ils les arrestent et rallient, lors qu'ils font file et sont escartez; car comme les chiens s'assemblent, les premiers arrestez reprennent haleine, pendant que les derniers se viennent rallier; et comme ils sont ralliez et ont un peu haslé et repris leur haleine, ils font bruict suffisant pour contenter la compagnie. Le plaisir augmente encor de moment en moment, sur les difficultez : si c'est au change, les chiens de change se tirent de la presse et font leurs effects; si les voyes doublent, quelque vieux chien donne cognoissance du double, et fait que les veneurs tirent les chiens en arriere,

L'effect d'une meutte excellente, en ce qui touche l'ouïr et augmenter le plaisir.

pour desmesler ce double par l'action des vieux chiens; si le cerf est forlongé, les chiens qui chassent de telles aires fournissent les voyes, sans furie ny sans s'emporter, jusques à ce qu'il est relancé. Alors tous font effect, redoublent de furie; et particulierement les vieux chiens, si le cerf est mal menné, ne le cedent plus aux jeusnes; tous chassent furieusement, redoublent de force, redoublent de voix, et ainsy vont, augmentant le plaisir des veneurs, jusques à ce que le cerf soit aux abois et rendu. Tel est l'effect d'une bonne meutte, si elle a accoustumé de chasser en corps et estre ralliée.

XXX

Des chiens bien dressez reviennent d'eux-mesmes en arriere, bien qu'ils soyent seuls, et sçavent deffaire et desmesler une ruse, comme s'ils estoient accompagnez de picqueurs. Et pour les dresser et adjuster à cela, lors que mes chiens arrivent à un retour, soit en un chemin, ou aux forts, je tourne la teste de mon cheval au contrepied d'où je suis venu, et demeure ferme, jusques à ce que les chiens ayent passé devant moi; et puis je les ayde de la voix, et les pousse le long du contrepied, par où je suis venu, qui est alors le droict, à cause du double, et avec patience je fais desmesler la ruse à mes chiens. Je pourrois bien tourner en arriere, au trot ou au galop, et faire subitement trouver le retour à mes chiens, le cerf en seroit plus tost pris; mais cette methode ne rend les chiens si subtils à se demesler d'une ruse, lors qu'ils sont seuls. Mais comme ils sont accoustumez à revenir et retourner auprès des picqueurs, ils ne s'estonnent plus, s'ils se trouvent seuls, par ce qu'ils sçavent ce qu'ils doivent faire. Je pourrois aussi, estant au bout d'une ruse, faire tourner

Tourner par la mesme coulée, que les chiens sont venuz.

les chiens arriere, sans tourner mon cheval; mais la plus part des chiens ayment à voir leur maistre au visage, c'est pourquoy ils apprenent plus tost à revenir arriere, le cheval estant tourné.

XXXI

Aux desordres de chasse, chiens timides et craintifs et de bonne nature ont honte, et font quelques actions de desdaing, soit confusion de change, ou qu'ils soient trop pressez et forcez de la furie des picqueurs. J'ay veu des chiens que, lors que l'on leur parloit, hors de temps, furieusement, ils ne chassoient plus et venoient derriere les chevaux, regardoient les veneurs d'un œil triste, ne portoient plus la queue sur les reins de leur air accoustumé, tout ainsy que si c'eust esté desordre de change. Bref, leurs actions tesmoignoient assez qu'un tel travail n'estoit de la justesse de l'art, ains confusion de picqueurs seulement et furie de jeusnes veneurs. Et au change particulierement, les veneurs imprudents font grand tort aux chiens, car ils les forcent de chasser, à trop forhuer. Et pour fortifier mon discours, j'asseureray que j'ay veu des chiens fermes au change se laisser emporter au bruict des veneurs, à leur importunité de parler, et chasser cincquante pas, cent pas, et après qu'ils s'estoient recognus, et que ce bruict ne perçoit plus leurs oreilles, ils revenoient derriere les chevaux et ne chassoient plus. J'ay veu d'autres chiens qui, après qu'on leur avoit donné un cerf, s'ils ne l'avoient veu mort, ils ne chassoient plus pour ce jour; et quelques fois que l'on avoit donné aux chiens un jeusne cerf, pour un cerf de dix cors, et ayant courru quelque temps, à une relance l'on avoit cognoissance que c'estoit un jeusne cerf, nous rom-

Du change et des actions des chiens.

pions les chiens, pour aller courre un cerf de dix cors; et comme il estoit donné aux chiens, ces chiens de qui je parle, à la furie du laissé-courre, chassoient quelques randonnées, ou se laissoient emporter au bruict des autres chiens, je ne sçay le quel des deux; mais ils ne chassoient plus tout le jour: belle action à considerer au vray veneur.

XXXII

Du change, que les chiens sages ne parlent pas à veue, qu'ils n'ayont ressenti si c'est leur droict.

Chien voyant, à veue ne doit parler, si ce n'est son droict, s'il est ferme chasseur au change.

J'ay dressé autresfois des chiens, si sages et si fermes au change, qu'ils ne parloient jamais, à une veue d'une harde de cerfs ou de bestes, ou de cerf seul, qu'ils n'ayent ressenti des airres, pour avoir cognoissance si leur droict y estoit. Ce sont actions de vrays bons chiens, car chien sage, voyant, ne doit pas parler, si ce qu'on luy a donné et permis d'ameutter n'est à sa veue. Il y a des chiens hardis qui chassent, sans ayde d'hommes, bien que leur droit soit accompagné, et prennent un cerf par tout. Il y a d'autre naturel de chiens, que nous appellons, en termes de l'art, chiens timides, les quels quittent leurs voyes et leur droict, si les picqueurs ne sont avec eux, car ils veullent voir leurs maistres, et si par hazard les chevaux demeurent, qui fait perdre la chasse, ces chiens quittent tout et vont chercher les picqueurs. Il m'en est passé par les mains de tellement importuns en ceste action, qu'ils ne chassoient jamais, si je n'estois après les chiens et que je parle à eux, et à ma voix ils chassoient furieusement et propres aux desordres. Cela donne à cognoistre au vray veneur qu'il faut voir souvent les chiens, affin de les cognoistre et estre cognu d'eux. J'en ay presentement un qui est chien d'Angleterre, de la contrée d'York, qui s'appelle la Mouille; ce chien ne chasse jamais si bien qu'à ma voix; et quelques fois qu'il est le dernier de la meutte, je parle à luy, incontinent il passe tous les chiens et chasse à la teste de la meutte, et demeure longtemps le maistre. Neantmoins ce chien est tousjours en garde si je suis avec luy; et si je quitte la chasse, il quitte ses voies incontinent. J'ay souffert cette humeur de chien, parce que cela luy procedoit de fidelité à son maistre; mais je n'estime pas telle action, car le bon chien de secours doit chasser par tout où vont les voies. Donc, en ce chapitre, vous voyez comme les chiens ayment la voix de leur maistre et l'effect qu'ils font, lors qu'ils l'entendent. Ce la Mouille, chien d'Angleterre, à ma voix, lors qu'il estoit le dernier, se mettoit incontinent à la teste. Mais j'ay aussi mes chiens sages, qui entendent ma voix aux desordres de chasse, qui est cause que subitement je les fais travailler, selon la necessité du desordre, requester, tourner. Bref, chiens sages au change sont plus resolus de parler et travailler, quand ils entendent la parolle de celuy qui ne les trompe jamais, qui ne parle point hors de temps. Les chiens sçavent discerner telle voix, car ils cognoissent celuy qui leur fait tort ou droict, en chassant. C'est pourquoy tous veneurs doivent regler leur furie, parce que les chiens qui ont cognu un veneur qui parle hors de temps, sans qu'il y aye cause et raison, ils ne font plus de cas et d'estat de la voix de tel perroquet; et vous les voyez, quand il forhue les chiens en arriere, les chiens poussent en avant; s'il forhue à droicte, les chiens tournent à gauche; il faut tousjours des picqueurs qui les fassent tourner par force, là où on les veut avoir. Cela arrive, faute d'intelligence, aux veneurs, les quels ne sçavent donner croyance à leurs chiens ny cognoissance de leurs voix; et faut que le bon veneur cognoisse la voix de ses chiens, et les bons chiens entendent la parolle des veneurs, autrement l'on ne peut travailler selon l'art de venerie.

XXXIII

Un cerf qui, au partir du laissé-courre, s'estonne, il perd le jugement en ses fuittes; ou bien, quand subitement il s'outre, et s'eschauffe les parties qui luy donnent la vie, en après il se forpayse, suit les eaux, cherche les villages; il quitte les forests, va aux plaines, et c'est ce qui cause sa mort, car il quitte son element, qui est le creux des forests, pour contrefaire le lievre. Ce sont de tels cerfs ainsy estonnez, que des mauvaises meuttes ont accoustumé de prendre. Je ne treuve cela nullement estrange, car des mastins, pourveu qu'ils rident, les pourroient prendre de la mesme sorte, avec l'ayde de ces bons picqueurs qui, aussitost qu'ils arrivent aux plaines, ne donnent loisir à leurs chiens de chasser ny perchasser, mais vont aux païsans qu'ils apperçoivent, et tirent les chiens à eux où va le cerf. Ils vont droict à un qui est plus loing, qui laboure, et de cestuy-là à un autre; et ainsi la plaine se passe, sans que les chiens chassent. Le bruict des chiens ne perce pas les oreilles aux assistants, mais l'importunité et bruict de ces bons sonneurs et agreables parleurs, aux chiens. Ils vont donc, avec une telle confusion, jusques à quelque village, riviere ou estang, et là ils treuvent ce miserable cerf rendu; et la plus part des demy-veneurs pensent avoir de l'honneur à telles chasses. Elles ne font qu'amuser les hommes et les chiens, et ne vaillent rien, si l'on n'a laissé chasser et perchasser les chiens le long des plaines, et qu'ils ayent tout desmeslé. Toutes sortes de meuttes peuvent prendre des cerfs ainsy estonnez; mais pour prendre un de ces cerfs qui ne s'estonnent, qui cherchent les

Cerf qui s'estonne, tous chiens le peuvent prendre.

quatre coings d'une forest, qui fuient ruzant souvent, qui s'accompagnent avec le change, qui doublent leurs airres, ayment à fuir la voie, qui, ayant advantage de forlonge, vont ruzant dedans les eaux, creux des forests, à tels cerfs, il n'appartient pas à toutes meuttes de les forcer; il faut des chiens dressez et adjustez par des bons hommes du mestier. C'est pourquoy, jeusnes veneurs, ne faictes gloire, quand vous prendrez des cerfs estonnez, qui ne sçavent là où ils vont, ou qu'ils sont malades, que vous vous estes rencontrez, le jour qu'ils avoient la fievre, et comme, alterez, ils cherchoient les eaux. Mais quand vous prendrez des cerfs qui chercheront les quatre coings d'une forest, et que vos chiens auront suffisamment satisfait à tous les desordres que vous avez rencontrez, ne faites encor gloire de cela; mais soyez satisfaits et contents de vostre science et de vostre art.

Cerf, ruzant aux quatre coings d'une forest, est difficile a forcer.

XXXIV

Bien qu'un chien ne parle encor, quand il se rabbat, si estce qu'à sa façon et à son air, un veneur subtil voit bien et a cognoissance que son droict perce à luy. Les chiens ne parlent pas, souvent pour plusieurs causes : pour des longues veues; pour estre venuz de loing, sans trouver de l'eau, au haut du jour, aux plaines des garests, chemins secs et poudreux. En tous ces lieux, les chiens outrez ne parlent point; il seroit facile, en les arrestant un peu et les laisser reprendre haleine, de les faire parler; mais si on les arreste en lieu trop difficile à chasser, il est à craindre qu'ils ne se rabattent plus. Et quand je veux arrester mes chiens, je les laisse pousser en quelque lieu aisé à reprendre et empaumer leurs voyes; car ayant repris haleine, pourveu qu'ils se puissent facilement rabattre,

Les chiens arrestez, pour reprendre haleine, parlent incontinent.

comme en lieux herbeux, bruiere ou fort, ils chasseront de geulle plaisament. C'est pourquoy je dis qu'encor que les chiens ne parlent poinct, un veneur subtil en l'art aura cognoissance, à l'air de quelqu'un de ses bons chiens, si son droit perce, et les poussera en avant. Cela est plaisant à considerer, à qui a l'intelligence de toutes les actions des chiens d'une meutte; car nul n'est capable de gouverner des chiens, qui ne fait jugement, en son travail, tiré des actions de ses chiens. Et quand je me trouve en telle difficulté de chasse, pour le grand chaud, et que mes chiens ne parlent pas bien, je les ayde à pousser avant. Un chien dit un mot icy, un autre plus loing, et quand tous ne parlent plus, je vois quelqu'un de mes bons chiens qui s'allonge sur les voyes, d'un autre air que l'accoustumé, neantmoins il n'a le sentiment entier et n'ose se resoudre à parler; mais à ma voix, il s'allonge encor d'avantage, et n'a poil dessus son corps qui ne travaille; et ainsi je pousse mon droict, jusques en quelque lieu raisonnable à arrester les chiens. Ce travail se fait par la cognoissance seule des actions des chiens.

XXXV

Aux lieux difficiles, les chiens ont mestier de l'ayde du veneur, jusques à ce qu'ils sont radjustez, ralliez et bien ameuttez; et semble qu'il y ait d'aucuns lieux, là où les hommes doivent ayder les chiens, et en autres lieux inaccessibles, les chiens font les effects, sans ayde. C'est pourquoy je trouve à propos, quand il y a un de mes compagnons à la queue des chiens, que les autres prennent à gauche ou à droicte, soit pour secourrir les chiens, soit affin de voir ce qu'ils courrent, ou d'en revoir par le pied. Mais je ne desire pas qu'ils forhuent en ces deux temps; je desire qu'ils ayent la patience de laisser venir les chiens, considerant leurs actions; et s'ils avoient veu le droict accompagné avec le change, c'est alors qu'ils me peuvent rendre compte des chiens qui ont demeslé le droict, ou qui ont travaillé à un retour ou sur des voyes forlongées. Le bon veneur considerera toutes ces actions, sans que la chaleur l'emporte à sonner et à forhuer. Cette patience se doit exercer, pour cognoistre les chiens de secours, et ne faut faire proffict de ce que l'on a veu, sinon à la necessité et que les chiens demeurent en desordre : alors il faut secourrir et ayder les chiens, selon les reigles de l'art. Je ne desire pas que mes compagnons taschent à voir un cerf, ou bien en revoir par le pied, affin d'estre jugez diligents, à avoir l'œil subtil et parfait cognoisseur, c'est seulement affin qu'ils aydent aux chiens en la necessité. Je desire qu'ils demeslent tout, car des chiens que l'on ayde à abreger ce qu'ils courrent, à forhuer souvent, volontiers ils manquent au besoing à leur maître; et comme l'on courre quelques fois aux lieux difficiles et inaccessibles, à cause des montagnes, ces chiens n'estans aydez à tous moments, ils demeurent court aux difficultez de chasse difficiles à vuider, parce que l'on ne leur a jamais donné loisir d'apprendre à chasser telles difficultez. Je tache donc que mes compagnons voient les ruses et malices d'un cerf, affin que, lors que la meutte arrive, ils ayent cognoissance des difficultez et subtilitez des bons chiens, et qu'ils voyent les jeusnes qui proffitent et se subtilisent, à demesler toutes sortes de ruzes que le droict peut faire. Et m'est advis que toute meutte, à qui on a laissé demesler toute difficulté, sans les ayder, sinon à la necessité, aux lieux accessibles, ils se demesleront seuls, sans ayde d'hommes, des lieux inaccessibles, comme monta-

Chiens, aydez à tous moments et trop souvent, manquent à leur maistre, au besoing.

gnes, rochers; mesme ils demesleront d'eux-mesmes toute autre ruze, si ce n'est un desordre de chasse extraordinaire. Jeusnes veneurs, secourrez donc vos chiens avec raison en lieux faciles, et ils vous tireront des lieux difficiles.

XXXVI

Quand les chiens demeurent en deffaut, le bon veneur doit incontinent considerer la cause du retardement des chiens, pour les ayder à propos, avec raison et non par hazard. Ce n'est assez de forhuer, il faut sçavoir ce qui cause le deffaut : si c'est une ruze; si les chiens sont demeurez sur quelque grand chemin ou garrests, voyes doubles, changes; ou qu'ils soyent hors d'haleine et lieux difficiles à chasser, lesquels semblent estre des retours, et neantmoins le droict perce. C'est une erreur nonpareille de tirer les chiens en arriere, quand le droict perce; il faut juger ce qui fait demeurer les chiens, et les faut secourrir à l'egal de ce qui les retarde, et non de premier abord les tirer arriere, croyant que ce soit une double ou ruze. Et m'est advis que je vois de nos picqueurs estourdis qui, à tout moment, quand les chiens demeurent, reviennent sur eux et y portent les chiens; et pour une fois qu'il leur reussit à propos, que c'est une double ou ruze, à une douzaine d'autres leur droict perce par quelqu'une de ces difficultez representées. Ce n'est donc assez de tourner arriere, il faut juger si c'est necessaire; car plusieurs fois nos chiens demeurent court, et s'il n'y avoit autre artifice que de tourner arriere, tous les coquins et gueux seroient veneurs. Mais il faut juger les causes, pour ayder les chiens de secours, et les resoudre à travailler sur toutes les difficultez, qu'ils entendent à vuider. Un chien en vuidra une, un autre sera pro-

Erreur de retourner, quand le droict perce.

Tourner arriere, quand le droict perce, erreur de venerie.

pre à un autre different; et ainsy unis avec la science du veneur subtil, le droict s'affoiblit et rend conte.

XXXVII

Bon veneur doit cognoistre la menée et la voix de ses chiens.

Pour bien secourrir les chiens en fort et en foible, le bon veneur doit cognoistre la voix de tous ses chiens. S'il ne peut de tous, pour le moins qu'il entende la voix ou menée des chiens excellents et de secours, affin que, s'il ne voit les chiens, lors qu'ils demeurent, il entende ceux qui sont à la teste de la meutte; car il n'est possible de travailler avec jugement asseuré, si l'on ne voit ou entend par la menée quel chien est le premier, affin de se reigler selon les desordres ou difficultez de chasse; et pour mon particulier, si je ne cognois les chiens à la voix, je crois estre incapable de les secourrir. C'est pourquoy je suis exact à entendre leurs voix; et si mes chiens demeurent en deffault, en pays fort ou en foible, sur chemin, voyes doubles et autres lieux difficiles, je me reigle, pour tourner arriere ou porter mes chiens en avant, selon l'humeur et le naturel du chien qui estoit à la teste et le premier. Si mes chiens demeurent en deffaut, arrivant sur un grand chemin, et que ce soyent des chiens, qui chassent parfaictement le chemin, qui estoient les premiers, lors qu'ils sont demeurez, alors je tourne hardiment arriere. Mais si c'estoient des chiens, qui ne chassent bien le chemin, lors que la meutte est demeurée, qui estoient les premiers, je pousserois les chiens en avant, pour donner loisir aux chiens de chemin de faire leurs effects. Et ainsi de mesme, au change, voyes doubles; et en tels lieux difficiles, si les chiens de secours et propres à vuider ces differents ne sont à la teste de la meutte, je ne tourne pas arriere si subitement; je donne loisir aux docteurs de change et de voyes doubles de se recognoistre; et s'ils ne parlent de ces differents, alors je tourne arriere asseurement. C'est une faute, en l'art de venerie, que de tourner arriere, quand le droict perce. Il n'y a moyen plus asseuré, pour ne commettre telle faute, que de cognoistre et entendre la voix des chiens sages et autres; car si les chiens sages sont à la teste, quand la meutte demeure, il faut travailler d'une autre methode, et est facile au bon veneur d'y apporter remede. Mais quand les chiens fols sont les premiers, il est dangereux de commettre erreur. Celuy donc qui ne cognoist la voix et les actions de ses chiens, il est indigne de l'art.

Cognoistre les chiens, à la voix.

XXXVIII

Vray plaisir de venerie, que de voir les beaux retours et subtilitez qu'un bon chien sçait faire, pour demesler son droict du change, des ruzes, voyes doubles et grand chemin; car celuy qui ne va à la chasse que pour prendre, il n'est veritablement veneur, car il n'a soing que de la cuisine. J'advoüe qu'il faut prendre, pour estre le contentement entier; mais il faut deux choses, qui precedent la prise : l'une, contenter la veue, l'autre, satisfaire l'ouye. La veue se contente au vray veneur, par les beaux retours et subtilitez, que les vieux docteurs de chasse ont accoustumé de faire, pour demesler toute sorte de difficultez, de ruzes, change, voyes doubles; mesme à voir bien chasser ensemble, presser de l'espaulle, aux chiens de force, qui se tirent de la presse et se mettent à la teste, cela est ce qui contente le plus l'œil du vray veneur. Pour l'ouïr et l'oreille, c'est quand les chiens chassent à beau bruict. S'ils sont bien ensemble et en corps, le bruict redouble, le ton est remply, aux voyes doubles, aux rapprochements

Deux poincts satisfont le veneur.

des voyes forlongées, aux relancés de leur droict; tout cela fournit le ton, et est propre à satisfaire l'oreille du veneur. Ce sont donc ces deux poincts de venerie, qui precedent la mort des cerfs, que mes chiens font mourir. C'est en quoy ceste chasse a quelque chose de plus que les autres, car volontiers aux autres l'on n'a contentement que de la veue; mais en la venerie, l'ouïr est encor satisfait, si les chiens sont bons et les veneurs capables. Bref, ce n'est assez que les maistres voyent prendre un cerf, il faut, pour l'entier contentement d'un bon veneur, que la veue et l'oreille du maistre soient satisfaites.

XXXIX

C'est une admirable force de chien, que les chiens courrants de chasser tout un jour et courre à geulle ouverte. Il m'est advis qu'il n'y a race de chiens, au monde, qui aye pareille force; car vous voyez, lors qu'ils ont un cerf devant eux, ils vont de grande vistesse et force jusques à un relancé, et de ce relancé redoublent de furie jusques au bout. Si l'on leur fait courre un lievre, et que ce soit une bonne meutte à lievre, incontinent que leur droit est debout, ils vont de telle vistesse que les chevaux ont peine de les approcher, et si les terres sont molles ils se perdent de veue, et aux relancez ils vont aux atteintes comme levriers; j'en ay veu prendre, aux grandes plaines, tout d'une veue, à mes chiens, de mesme vistesse comme levriers. L'on dira que les levriers ont plus de force : ils sont plus vistes, mais leur effort n'est pas esgal, car le levrier ne fait qu'une action, la quelle ne dure pas longtemps; et le chien courrant fait la mesme action tout un jour, et de plus il parle continuellement, queste et requeste, lance

Le chien courant a plus de force que nulle autre race de chiens.

et relance ce qui fuit aux voyes forlongées. Quelqu'un repartira que l'espagneul, le quel brille et queste tout un jour, qu'il travaille fort et qu'il jappe aussi quelques fois : j'advoüe que l'espagneul a grande force et qu'il jappe quelques fois, mais le chien courrant parle continuellement; l'espagneul queste, et le chien courrant queste et requeste. Et si l'on me dit que les mastins abboyent un sanglier, qu'ils courrent viste, et que d'autre metis rident bien, j'advoüe que tout cela a grande force; mais je ne cede pas qu'ils ayent force esgale à celle du chien courrant, car toute autre race de chiens ne fait effort que par une action ou deux, mais le chien courrant tout un jour. Si les levriers courrent un quart d'heure, le chien courrant n'a nul temps limité, c'est tout un jour. Les levriers ne courrent qu'aux plaines, le chien courrant courre aux plaines, aux forts, dedans les rochers, perce les halliers et espines. L'espagneul ne jappe que quelques fois, le chien courrant parle continuellement. Le mastin n'abboie pas tousjours, mais le chien courrant parle tousjours. Tout son corps travaille tousjours; il n'y a poil sur luy, qui ne patisse et qui ne soit en action; et pour l'interieur, à parler continuellement, il n'a partie qui ne fasse effort; l'estomac, les poulmons, le foye, le cerveau à cause du sentiment, tout est desseiché de toutes ces parties qui travaillent universellement : admirable force d'un chien, de subsister tout un jour à tel effort.

XL

Force de chien courrant.

Puisque la force et volonté du chien courrant sont admirables, il ne faut pas que le bon veneur en mesuse et les aneantisse tout à faict; et particulierement en ce qui concerne les jeusnes chiens, il ne faut pas leur faire perdre cœur. La plus part des veneurs, pour conserver leurs chiens, les font reprendre au milieu d'une chasse; d'aucuns font reprendre les vieux chiens qui demeurent, d'autres, les jeusnes; il y en a aussy qui font reprendre tous chiens indifferemment, de tout aage, lors qu'ils se mettent hors d'haleine. Pour mon particulier, je fais reprendre les jeusnes chiens mis de l'année aux couples; je les conserve fort, ou bien je ne les menne pas à toutes les chasses. Mais pour les chiens qui passent deux ans, je ne les fais jamais reprendre, s'ils ne sont effilez ou blessez, enfin qu'il y aye quelque cause pour les recoupler, autre que de s'estre mis hors d'haleine. Et quand je vois un de mes chiens qui s'est mis hors d'haleine ou qui demeure, pour avoir employé sa force au commencement de la chasse et trop tost, je le laisse venir après les chevaux. Cela luy apprend à garder sa force, et l'empesche de faire tant de folie aux autres chasses; il cognoist que les jours sont longs, et ainsi il se met à la raison. Je fais recoupler quelques fois des vieux chiens qui demeurent par accident, comme pour estre blessez ou effilez, malmennez, de quantité de chasses longues qu'ils auront faictes de suitte, pour ce que je desire de conserver tels docteurs de chasse jusques à la fin de la saison; et sans cause legitime de venerie, je ne flatte point les chiens, car cela les gaste de les recoupler souvent : ils ne se soucient plus de se trouver à la mort de ce que l'on courre.

Ce qui met le chien ardant à la raison.

XLI

Des chiens de meschante race et d'un naturel malitieux, ils sont indomptables; ils gaignent tousjours quelque advantage sur les veneurs. Sur tout il faut que les chiens courrants soyent de bonne race, pour le contentement du maistre, encor que l'on dit que des excellents ouvriers mettent de toute estoffe en besogne. Il est certain; mais il y a grande difference, quand cela paroistra devant d'autres bons veneurs ou bons maistres; car des chiens de race et sans deffaut depend l'honneur du veneur; et des races de chiens estourdis et meschants depend la confusion du veneur, tels chiens luy taillent de la besoigne, dont il ne peut venir à bout qu'avec grande peine. C'est imprudence de chercher midy à quatorze heures : de chiens justes, il ne peut sortir que toute justesse et excellence de venerie; de chiens indomptables et estourdis naissent les desplaisirs de chasse, et ce qui rebutte la moictié de ceux qui commencent à gouster les plaisirs de l'art de venerie. Je ne me puis representer que celuy qui n'est capable de choisir les bonnes races de chiens soit bon veneur, car il y a grande inegalité à la façon de chasser du vray chien de race, et de celle du chien dont en la race il y a plusieurs deffauts de venerie; c'est une inegalité si grande, que nos garçons sçavent distinguer ce qui reussit de l'une et de l'autre race. Puis que ainsi est, que de chien juste depend toute la justesse de l'art, et que des chiens estourdis reussit la confusion de l'art, que celuy qui voudra posseder la qualité de bon veneur, qu'il apprenne à choisir des vrais chiens de race.

Des chiens justes reussit justesse de l'art, et des chiens estourdis reussit confusion de l'art.

XLII

Depuis le mois d'avril jusques vers le my-juin, les chiens n'ont pas le sentiment si entier qu'ils ont aux autres saisons, à cause que la plus part des herbes sont en fleurs et en leur force, qui estouffe le sentiment aux chiens, et leur remplit le cerveau de cette senteur, et particulierement quand le soleil est fort ardent. Neantmoins pour tout cela, les bonnes meuttes bien exercées pressent leur droict hors de cette difficulté, parce qu'il y a tousjours quelque vieux chien, qui aux années precedentes s'est trouvé aux desordres de chasse et retardements, qui estoient causez par la force et senteur des fleurs et herbes. Les chiens pour le cerf ne s'estonnent pas grandement, s'ils sont en haleine, en tels lieux, et poussent leur droit hors de tout cela; ils font bien quelques actions d'estonnement, ils changent leurs airs à chasser : comme, s'ils chassoient de gueulle et furieusement, arrivant en tels lieux, ils ne parlent plus si bien, de plus ils diminuent de vistesse et font les empeschez. Mais il y a tousjours quelques vieux chiens, qui percent et qui monstrent le chemin à leurs compagnons, moyennant qu'ils ne soyent troublez de la furie des veneurs; car cette difficulté de chasse n'est capable d'arrester des chiens pour le cerf, de passer pays. Si c'estoient chiens à lievre, ils se trouveroient en grand desordre, pendant que les fleurs sont en leurs forces et vertus, et fairoient souvent des deffauts. Je ne trouve pas la saison, en la quelle les herbes sont en leur force et vigueur, plaisante à courre le lievre; il faut donner aux chiens, en tel temps, quelque chose de plus pesant à chasser et qui aye plus de sentiment. Donc le bon veneur doit considerer, à toutes les saisons et à tous les mois, ce qui cause le retardement et ce qui leur fait changer leur façon à chasser, affin de les secourrir selon la necessité du temps et diversité des saisons.

Saison difficile à chasser.

XLIII

Au grand desordre de change, il est expedient de faire recoupler tous les jeusnes chiens, et aller separer le change, et

Du change

le relancer et prendre avec les vieux chiens sages, sans se servir de limier. Il est à propos de faire prendre des devants, à la necessité des desordres; mais aussitost que les limiers se sont rabattuz, il faut plier le traict et attendre les chiens courrants, car l'effect est plus certain et subtil de le relancer avec les vieux chiens, que non pas avec les limiers. L'art dit : donner un cerf aux chiens; il ne dit pas : redonner un cerf aux chiens; et quand nous parlons, en termes de venerie, des vrais bons chiens, nous disons qu'ils sçavent bien chasser et perchasser, lancer et relancer, quester et requester leur droict par tout, pourveu qu'il touche la terre. Et se faut contenter que celuy qui a des chiens excellents permette que l'on donne le cerf avec les limiers à ses chiens; et si l'on fait plus que cela, il semble que ce soit supercherie en l'art, puisque le chien courrant n'est pas d'un naturel different au limier, ains souvent ils sont tous d'une portée. L'un est limier, et l'autre est chien, courrant en meutte; l'un est au traict, et l'autre est, descouplé, comme esgaré, si la science du bon veneur ne le rend obeissant, souple à tourner là où il luy plaist, et à l'egal de la necessité des desordres. Il est aussi selon l'art, de recoupler les jeusnes chiens à un cerf forlongé, car ils barrent si furieusement sur les voyes, que les vieux chiens ne peuvent emporter ny pousser ces voyes qui vont de hautes airres; et de plus, en donnant en quelque pays fort, ces jeusnes chiens fols iroient, au vent, à la reposée de quelqu'autre cerf ou autre beste, qui partiroient au bruict des chiens, et tout cela apporteroit nouvelle confusion. Que si l'on souffre quelques jeusnes chiens descouplez, il faut les tenir en telle crainte qu'ils chassent les derniers; plusieurs me demanderont par quels moyens cela se fait : c'est à coups de gaulle.

Ne se servir de limier pour relancer.

XLIV

Aux chemins poudreux, lors que les chiens veullent appuier le nez dedans les voyes d'un cerf, la poudre leur entre dedans les nazeaux et leur empesche le sentiment, si bien qu'ils n'en peuvent reprendre, et n'osent plus porter ny appuier le nez si près de terre, car cette poudre leur fait peine et les fait esternuer; toutes fois les vieux chiens subtils y sçavent desmesler les ruzes, avec l'aide du bon veneur. De mesme, lors que les grands chemins sont gelez et glacez, les chiens s'y treuvent estonnez, par ce que les voyes y sont incontinent rafroidies; et quand un bon chien veut empaumer les voyes de son droit, la terre est si rude, qu'il n'y peut appuier le nez fermement, pour recevoir l'air des voyes, qui sont presque evaporées entierement; car il n'y a nul temps, là où les voyes soyent si tost rafroidies, que dans les glaces, mais avec l'aide du veneur, un vieux chien y fait son effect.

Chemins poudreux.

Chemins gelez et glacez.

XLV

Aussi aux grands chemins fangeux et pleins d'eau, là où, incontinent qu'un cerf y a donné et fait sa ruze, les voyes se resserrent dans la boue et s'emplissent d'eau, tellement que les meuttes y demeurent estonnées, attendant l'aide du veneur; touttes fois, si la meutte est excellente, il y a quelque vieux docteur qui met le nez dans cette fange jusques aux yeux, et en parle; ceste action donne cognoissance au bon veneur que son droit a fait une malice dans le chemin, dont il se sert de son art pour s'en desmesler.

Chemins fangeux.

XLVI

Sentier sec et battu

Au sentier fort sec et battu pour estre un chemin passant, et soit que le veneur, lors que sa meutte y aborde, y trouve quelqu'une de ces difficultez representées cy dessus aux grands chemins, si est-ce que, dans les forests, les meuttes n'y demeurent si souvent en desordre qu'aux grands chemins, parce que les vieux chiens qui ont accoustumé à forcer, lors qu'ils ne peuvent recevoir l'air et le sentiment de leur droit par le pied, ils ont recours aux branches; si bien que les veneurs d'art et de science, laissant travailler leurs vieux chiens, ont un grand plaisir à voir tels docteurs de chasse se lever debout, et porter le nez aux branches et feuilles qui panchent sur le sentier et à d'autres qui croisent; et en mesme temps que ces bons chiens ont cognoissance que leur droit a touché ces branches et rameaux, soit du corps ou de l'haleine, ils se recrient et en parlent hardiment, avec l'ayde de la voix des veneurs.

XLVII

Des futaies.

Aux futayes, les chiens courrants y chassent plaisamment, j'entend les chiens justes et sans malice; car ceux qui barrent et couppent, en ces lieux apportent du desordre, parce que les chiens justes ont soing de tenir les voyes, et les chiens desadjustez courrent tousjours à costé, et faut que la foule des picqueurs les rejette dans la meutte.

XLVIII

Des futaies.

Aux futaies, les chiens trouvent une grande difference à chasser à l'automne, lors que les feuilles sont tombées, parce que ce qui fuit jette les feuilles esparses, et cela leve le sentiment, et n'y peuvent tenir les voyes ny les emporter si plaisamment, comme aux autres saisons; toutes fois les vieux chiens y monstrent qu'ils sçavent leur mestier.

XLIX

Aux tailles, aux bruieres, genets et brandes, les chiens courrants y chassent diversement. Les uns n'y parlent pas bien; d'autres s'estouffent l'haleine, à trop parler, lors qu'ils poussent de l'espaulle en ces lieux espois, forts et entremeslez de fenasse. Mais les vrais bons chiens de race pour le cerf y chassent plaisamment, sans perdre temps, tousjours à bonds, sautants les brandes, et chassants de gueulle moderement, s'ils sçavent leur mestier et sont exercez; car ils ont appris et sçavent que les jours et les traictes sont longs, à bien forcer un cerf.

Tailles, bruieres et genests.

L

Voyes doublées s'entendent et s'expliquent de plusieurs sortes; car un cerf qui revient sur soy, soit aux forts, aux plaines ou aux grands chemins, d'aucuns veneurs appellent cette ruze ou retour voyes doublées. Mais pour moy, j'appelle voyes doublées, lors qu'un cerf a fait ses fuittes dans un chemin, et qu'il va une randonnée, et, au bout d'un quart d'heure ou demy-heure, il revient battre ses vieilles airres et vieilles voyes; il y a des cerfs si malitieux qu'ils passent cincq et six fois par mesme lieu, j'appelle cela voyes doublées par plusieurs fois. En ces trois difficultez de chasse, il y a grande difference à s'en demesler avec l'ayde des bons chiens. A la premiere, que j'appelle ruze ou retour, il est aisé d'accoustumer les chiens à

Des voies doublées.

revenir en arriere, pour demesler la ruze. Mais à la seconde, il est plus difficile, et lors qu'une meutte at chassé une voye ou chemin, et que après quelque temps le cerf vient à y repasser, les chiens s'estonnent, s'ils ne sont accoustumez à vuider ce different de chasse; toutes fois chiens qui passent deux ans dans une meutte, s'ils sont exercez par bons hommes, ils chassent hardiment. Et touchant la derniere, de passer cincq et six fois sur ses mesmes airres et par mesme lieu, soit au chemin, au fort, ou autre lieu difficile à chasser, il n'appartient, pour vuider ce different, qu'aux vieux chiens, qui ont passé leur jeusnesse à tenir le bout du baston, dans une meutte exercée par des veneurs subtils en l'art.

LI

Des chaleurs.

Il n'appartient qu'aux chiens de haut nez, de chasser aux chaleurs et à l'ardeur du soleil, en se recriant tousjours, et parlant de leur droict, soit aux poudres, garrests et lieux ardants; car en temps frais, toutes sortes de chiens y chassent; mais il n'y a que les bons chiens de vraye bonne race, qui parlent à propos et donnent secours aux temps difficiles à leurs maistres.

LII

Des limiers.

Routailler et se servir de limier à un deffaut corrompt l'art; et m'est advis que c'est supercherie, si l'on s'en sert en autre temps qu'au laissé-courre, parce que l'art dit: donner un cerf aux chiens. Je conclud donc qu'après leur avoir donné du limier, ils le doivent forcer par tout, touchant la terre, s'ils sont dressez par bons veneurs; car chien courrant et limier c'est une mesme race, et n'y a nulle difference au naturel, mais bien à la façon de les exercer. Les bons valets de limiers mettent tout leur soing à apprendre leurs limiers à emporter des voyes de hautes airres; et la plus part des veneurs ne dressent pas les chiens courrants à chasser de hautes airres et rapprocher un cerf forlongé, qui est directement contre les reigles de venerie, car ils ne demandent que d'abbreger et n'ont nul autre soing si non de prendre. Mais pour moy, lors que je n'ay nul estranger à la chasse, je tiens mes chiens en exercice de chasser de forlonge, et rapprocher des voyes de hautes airres, tellement que j'ay veu des cerfs par desastre de chasse, comme pour battre les estangs et rivieres, s'estre forlongez de cincq et six heures, et neantmoins, si la terre estoit bonne à chasser, mes chiens, en corps, les alloient requerir comme limiers. D'autres fois il est arrivé, à l'assemblée, des veneurs, qui avoient lancé un cerf le matin, les quels ne pouvoient venir à bout de le destourner; neantmoins, si la terre est tant soit peu douce à chasser, je ne fais nulle difficulté à descoupler la meutte, sur ses voyes qui vont du matin, au partir des viandis; et les vieux docteurs de chasse vont, à l'egal de l'air qu'ils peuvent, emporter ces voyes, tantost au pas, tantost au trot, et plaisamment vont faire partir le cerf de la reposée. Et mon plus grand soing est d'apprendre les chiens à bien chasser de forlonge, et nulle meutte ne peut estre parfaicte ny tenue au nombre des bonnes, si elle ne rapproche bien et chasse bien de forlonge.

Des limiers et chiens courrants.

LIII

Les vieux chiens renouvellent de jambe et redoublent de force, lors qu'un cerf est malmené, et qu'il n'a plus qu'une heure ou demy-heure, avant que de se rendre et estre forcé.

Vieux chiens renouvellent de jambe sur la fin d'une beste malmenée.

La cause est que, sçachant leur mestier, ils ne se sont outrez ny forcez au commencement, lors que le cerf leur a esté donné.

LIV

Les troupeaux de bestail estonnent les chiens.

Les hardes de vaches ou trouppeaux d'autre bestail, qui croisent les voyes de ce qui fuit devant une meutte, estonnent les chiens et apportent une difficulté de chasse. Toutes fois, si la meutte est bien exercée, il y aura quelque vieux docteur qui monstre le chemin à ses compagnons.

LV

Tout chien bien dressé trouve un different à vuider.

Dedans une meutte, adjustée par bons hommes du mestier et exercée trois ou quatre ans, ils ne doivent avoir nul chien, qui ne trouve un different de chasse à vuider ou bien faire quelque coup, avant que ce qu'ils courrent meurre, ou si l'on ne prend, avant que l'on recouple.

LVI

Chien de race chasse huict et neuf heures.

Vray chien de race et de grande force doit chasser fermement, huict et neuf heures. La race de mes chiens chasse de cette force, tout un jour; et quelques fois j'ay courru des cerfs, que j'avois laissé courre tard, les quels courroient jusques à onze heures ou minuict, et s'alloient rendre dedans des estangs ou rivieres, et là j'estois contrainct de me retirer, mais non que mes chiens soyent rendus ny hors de leur force. D'autres fois j'en ay forcé et prins aussi tard, tellement que j'estois contraint d'envoyer querir du feu aux villages voisins, affin qu'à la lueur nous les puissions tuer. En la sorte, c'est chasser, à la plus grande difficulté de chasse de tout ce qui est, après le relevé de toutes les bestes qui sont dedans une forest; cela ne m'estonne, car j'ay des chiens si hardis dedans le change, qu'ils y sçavent trouver ce que l'on leur a donné, et le separent et le portent par terre, s'il ne va dedans les eaux.

LVII

Chien sage, qui conserve et menage son haleine, releve la plus part des deffauts, des retours et des ruzes, par ce qu'il a le sentiment entier, ayant conservé sa force. Il n'a l'estomac par trop eschauffé, dont le sentiment est entier, pour cette raison esprouvée par bons veneurs : car tout chien qui est hors d'haleine et qui a l'estomac trop eschauffé, il n'a plus de sentiment, et ne peut faire l'effect qu'il a acoustumé et que vray bon chien doit faire; bref, il ne donne nul secours aux veneurs.

Un chien qui conserve sa force releve la plus part des deffauts.

LVIII

Rallier et arrester les chiens, lors qu'ils font file, fait plusieurs effects de venerie. L'on en chasse à plus grand bruict; les chiens qui faisoient les efforts reprennent haleine; ceux qui estoient outrez ou pressez à se coucher là reprennent courage, et par ce moyen sont tirez jusques à la fin de la chasse, et deviennent subtils à se conserver la force tout un jour. Mais le principal effect, c'est que le bon veneur a tousjours toute sa meutte devant luy, tellement que, luy arrivant quelque desordre ou quelque difficulté de chasse, il verra partir de ce corps de meutte quelque chien sage, qui vuidera ce different et gaignera pays; et à tous autres deffauts, quelque autre chien en faira de mesme, et n'y a nul temps perdu. Et la plus part des deffauts et desordres qui font faillir les cerfs, c'est manque de ne rallier les chiens, pour attendre les sages.

Chien qui se conserve releve les deffauts.

LIX

Chien sage change son air aux difficultez.

Car les chiens sages changent leur air et façon de chasser, aux nouvelles voyes, au change, aux retours, aux voyes doublées par plusieurs fois; mesme pour lievre dont le sentiment est si delicat, bons veneurs en ont cognoissance. Mesme je dis hardiment que l'hyver, lorsque les nuées de neige ou de gresil et pluie passent souvent, et que tantost il fait beau, une heure après le temps devient obscur et froid, ou le vent augmente et se change, en tous ces temps les chiens changent leurs airs et façons de chasser : une randonnée, ils chassent furieusement; après ils chassent mollement, quelques fois ils ne chassent point tout à fait. Cela se voit et l'ay veu, par experience, en exerçant ma meutte trois fois la sepmaine. Mais les veneurs faineants ne peuvent avoir telle cognoissance, parce qu'ils ne vont à la chasse, que deux ou trois fois par mois; encor il faut qu'ils ayent un jour à souhait, sans cela ils ne debusquent pas du logis. Tous temps sont propres à la chasse, pour ceux qui veullent estre bons veneurs, et avoir cognoissance entiere de cest art et des humeurs, complexions et airs des chiens, si ce n'est donc quelque orage, que les chiens ne peuvent chasser tout à fait, ny demeurer à la campaigne. Je ne parle pas aux maistres, à qui les meuttes sont, c'est aux veneurs à gaige, qui ont les meuttes en charge et qui les doivent tenir en exercice. De plus, je dirai que ce n'est pas assez de tenir une meutte en exercice, pour le plaisir du maistre; il faut que les jeusnes veneurs soyent exercez continuellement, pour apprendre à se demesler dés desordres de chasse, par les actions des bons chiens au changement de temps, et de ces actions en faire proffict, et chasser par les menus, jusques à ce que le temps permette aux chiens de reprendre leur air accoustumé et leur façon de chasser.

LX

Ne souffrir chien malitieux.

Il ne faut souffrir un chien, dedans une meutte, malitieux, si non pour quelque cause legitime, comme venant de bonne race, qu'il y a esperance de le reduire, si non pour en tirer race, s'il ne se peut mettre à la raison. Quelque couppeur se reduict encor, s'il est jeusne; mais chien menteur ou muet, il n'y a nulle raison de le tenir dans une meutte. Un chien qui n'est de force egale se peut souffrir, pourveu qu'il aye de la volonté et qu'il s'efforce de faire quelque coup, avant que l'on recouple. Chien delicat au retour des chasses, de mauvais entretien, s'il est excellent, se doit lascher au logis avec les veneurs, affin d'estre restauré et bien traicté après un effort; en la sorte, il tiendra sa place dedans une meutte, il y chassera vigoureusement.

LXI

Du change.

Les chiens sages parlent tousjours de ce que l'on leur a fait ammeutter le premier. Mesme voyant, ne vont pas là, s'ils n'ont cognoissance que ce soit leur droict; ains ne s'emportent nullement, et ne parlent hors de temps. J'en ay eu de si fermes et en ay, que, passants des plaines, et leur droict estant accompagné avec une harde de bestes, ils alloient porter le nez en terre, et ne parloient point, qu'ils n'ayent posé le nez sur la voye et sur les airres de leur droict; et, si c'estoit aux forts, ces chiens se levoient debout, et portants le nez aux branches parloient hardiment, si leur droict y avoit touché, soit de son haleine, la quelle s'attache aux feuilles et aux branches, ou bien de la sueur, lors que le cerf a courru, la quelle fait le mesme effect.

LXII

Comme chiens sages se dressent.

Les chiens de secours, pour servir à tous differents de chasse, ne se dressent à la volée, mais avec grand soing et travail; et ne se peuvent dresser, que par les reigles de l'art, à bien forcer de haute lutte, sans supercherie, demeslant toutes les ruzes qu'un cerf fait; et non abbreger et forhuer les chiens souvent sur les retours, en couppant là où l'on a forhué le cerf, affin de gaigner temps et abbreger toutes ses ruzes : cette methode est contre les reigles de venerie, car abbreger n'est nullement de l'art, c'est une invention trouvée et inventée par des faineants. L'art dit bien : forcer un cerf, mais il n'y a nul temps limité; cela depend de la force des cerfs, de celle des meuttes qui les courrent; du pays qu'ils fuyent, s'il est fort ou foible; s'ils s'accompagnent souvent avec le change; d'autres, qui battent les eaux, les grands chemins. De ces difficultez depend la longueur des chasses; mais le bon veneur reçoit contentement par tout, et a quelques chiens sages qui parlent avec son ayde de tout cela, parce qu'il a dressé et accoustumé ses chiens à chasser par tout et demesler toutes ruzes, sans forhuer et abbreger.

LXIII

Comme chiens de haut nez se dressent

Chiens de haut nez et qui rapprochent par les menus se dressent en la sorte : par le travail et les reigles de l'art, parce qu'ayant quelque vieux chien qui fait son effect, et le laissant travailler sans corrompre l'art, les jeusnes chiens apprennent incontinent, pourveu que le veneur n'apporte nul desordre et confusion en courrant, et qu'il n'aye autre soing que de jouir du contentement du vray veneur, le quel est de voir bien demesler les ruzes que son droit fait; bref, bien faire chasser et perchasser, et jamais n'user de ce terme d'abbreger, puisqu'il empesche que les jeusnes veneurs et les jeusnes chiens ne peuvent atteindre la perfection de l'art. Plusieurs veneurs me diront que ce qui n'est abbregé se forlonge, et taille de la besogne aux veneurs. C'est ce que je demande, qu'un cerf forlongé, affin de faire voir l'excellence de mes vieux chiens, à chasser et à perchasser de forlonge, et aller requerir leur droit, en se demeslant plaisamment du change et de toutes autres ruzes. Et me souvient d'avoir pris plusieurs cerfs, les quels s'estoient forlongez par desordre de chasse, et alloient devant nous, de deux ou trois heures, tellement que mes jeusnes chiens n'en parloient point, et n'y avoit que les chiens qui passoient trois ans qui en parloient hardiment et les rapprochoient, comme limiers, par les menus. Mais, pendant ce temps, je ne manque de confusion par les jeusnes chiens fols, qui branlent à tout ce qui part et qui bondit au bruict de la chasse. Mais en compagnie, où ce desordre m'arrivoit et particulierement à la forest de Hey, j'ay par plusieurs fois recouplé tous les chiens fols et les renvoyois à la retraicte, et ne gardois que les chiens sages qui sçavent esplucher les voyes forlongées, les quels monstroient leur science à la compagnie, et faisoient repartir le cerf en depit des desordres. C'est jouir de l'art, de chasser avec tels docteurs, car ils ne parlent jamais que de leur droict, et qu'ils n'ayent les voyes entre leurs jambes; il n'y a plus de hazard, tout est solide, le contentement est entier au vray veneur, car avec leur ayde le cerf n'a plus de lieu de repos. Ce traict est pardonnable aux veneurs, de renvoyer les chiens fols au logis, alors qu'il y a des estrangers à la chasse, mais hors de ce temps, non; car les jeusnes chiens ne se dressent que, dedans des desordres et deffauts qui arrivent, par l'ayde des vieux chiens qui tiennent les voyes et perchassent. Et pendant que les vieux chiens font leur coup, les veneurs doivent tenir les jeusnes chiens en crainte, obeissance et justesse, affin qu'ils ne barrent ou balancent devant les vieux et les emportent : c'est ce que l'experience m'a appris, pour dresser et adjuster les jeusnes chiens, pour chasser par le menu et rapprocher ce qui est forlongé, et estre de haut nez.

Secours des vieux chiens.

LXIV

Le bon veneur se doit examiner souvent, affin que, si par quelques-unes de ses actions il corrompt l'art, qu'il y puisse remedier subtilement. Il faut commencer par l'ouïr, entendre souvent si les chiens chassent en corps, et si le bruict et le ton de la meutte satisfont aux oreilles des bons veneurs. Que si les chiens n'estoient en corps de meutte, et par consequent les menées ne pourroient estre entieres, ny satisfaire aux oreilles des assistants, comme meuttes adjustées doivent faire, il y faut remedier par le contraire du desordre. Comme si la meutte estoit venue de loing, à tire-collier, hors d'haleine et haslée, les chiens faisans file, il faut arrêter la meutte, jusques à ce que les chiens soyent en corps et ralliez, après les emanciper et laisser chasser; alors la menée et le ton seront entiers, et satisfairont les oreilles et l'ouïr des assistants. Que si ce desordre arrive par la faute des picqueurs, de presser trop les chiens et chasser trop furieusement, s'en allant avec un

Comme le parfait veneur est en garde et s'examine.

chien ou deux, si le veneur s'arreste quelques fois et preste l'oreille, j'entend l'oreille de l'art, non celle de furie et de mauvais veneur, il remediera aisement à ce desordre et ralliera la meutte. De mesme, si les chiens se sont mis en desordre à quelque retour ou deffaut, et qu'un chien seul aye emporté son droict, et que quelques veneurs s'en aillent avec ce chien seul, et par consequent le reste de la meutte va, hallant, en desordre, après le quel s'estouffent l'haleine et la voix, et ne peuvent faire nul effect de bons chiens ny secourrir au desastre de chasse; et pour obvier à ce dernier inconvenient, le quel corrompt l'art entierement, si cela arrive en compagnie, là où il y aye quelque veneur sage et prudent, il doit hardiment publier la cause du desordre, et empescher, en temps qu'il luy est possible, que tels jeusnes veneurs violents n'enlevent le plaisir, par leur furie, que le maistre et la compagnie doivent esperer ce jour, à voir bien chasser en corps et à beau bruict.

LXV

Aux neiges, il y a peu de plaisir à chasser, si les chiens n'y sont accoustumez et qu'ils ne cognoissent les voyes. Mais s'ils sont souvent menez aux champs par la neige, j'entend, lors qu'elle est douce et qu'elle ne peut dessoler les chiens, ils apprennent à cognoistre les voyes comme un homme, et ne mettent le nez à terre et dans la neige, si non aux voyes, et se mesurent à courre et chasser, selon l'airre, et le sentiment que la froidure de la neige leur a laissé. J'ay veu de mes chiens y appuier le nez jusques aux yeux, et, ayant ressenti de leur droict, ils s'en alloient de voye en voye, comme fairoit un homme qui cognoist les voyes. Donc c'est l'exercice, qui ac-

Chasser aux neiges.

coustume les chiens à chasser au temps difficile, avec les hommes capables ; et ce n'est sans raison, que tout bon veneur, le quel adjuste une meutte pour le cerf, doit dire, nul lieu de repos pour luy touchant la terre, parce que chiens sages, estans en exercice, vuident tous differents de chasse et toute difficulté de ruze.

LXVI

Chiens sages tournent juste.

Bons chiens sages plient juste au tournement des ruzes et malices d'un cerf, sans s'emporter comme chiens mal dressez, les quels outrepassent les voyes et tirent le reste de la meutte à eux, et leur faut laisser passer cette boutade ; car de les forhuer, cela ne les estonne point, et sont tellement estourdis, qu'ils ne reviennent prendre leurs airres que par force de les contraindre, et, estans reduicts, ils ne demeurent pas longtemps sous cette justesse de l'art, mais au premier retour ou ruze, vous les verrez s'emanciper de nouveau et user de leur malice accoustumée. Tels chiens doivent estre bannis et cassez des bonnes meuttes, car ils enlevent le plaisir, que les autres chiens doivent avoir, à tourner au bout des ruzes, à presser leur droict. Et de faict, un bon veneur se sert de ce terme : que les chiens sages font mourrir leur droict, soit cerf, dain, chevreuil ou lievre ; et les chiens fols les courrent seulement et les font faillir, qui est une grande difference.

LXVII

Chien sage hors des airres tourne juste.

Mais c'est jouir entierement du plaisir de l'art, forhuant un chien sage sur son droict, le quel a esté emporté, et tiré hors des airres par ses compagnons, et emancipé, à le voir revenir, de science, à la voix du veneur, reprendre fermement les airres ; et se rescriant, il les chasse de justesse et d'une grande sagesse, jusques à un retour ou voyes doubles. Alors le contentement de venerie redouble, à le considerer tourner et reflechir contre ses airres doublées, et ne le ceder à nul autre chien, que ce different de chasse ne soit vuidé.

LXVIII

Ne jamais forhuer hors de temps, ny sonner.

C'est grande erreur de chasse, de forhuer les chiens hors de temps, et les tromper, forhuant à tous moments, sans raison, si non que pour dire que l'on parle aux chiens, comme font plussieurs jeusnes veneurs, les quels ne sçauroient donner autre raison, sinon qu'ils ayment à faire bruict. Mais je dis, sur cest article et ce traict de venerie, que, travaillant en la sorte, l'on ne peut jamais avoir une meutte qui aye creance aux voix et parolles des veneurs ; car tout ainsy que les bons chiens ne parlent hors de temps, de mesme le bon veneur ne doit forhuer hors de temps ny sonner, autrement c'est tromper les chiens et les gaster. Il faut aussy se donner guarde, et s'empescher de presser et picquer les chiens trop furieusement, avec ce grand bruict de sons de cors et de voix, lors qu'il est necessaire et qu'il faut que les chiens chassent en crainte, parce que cette furie augmente celle des chiens, empesche qu'ils ne peuvent faire leur effect dans cette confusion, ny les bons veneurs de mesme, les quels, à ce bruict, ne peuvent ouïr la voix des chiens sages, pour parler à eux et les faire chasser en craincte ou les emanciper, selon les desordres de chasse aux quels l'on se rencontre. De mesme, en ces grandes confusions de bruict, les chiens ne se peuvent entendre, pour se rallier aux desordres, comme il est necessaire que les chiens se puissent entendre, pour se mettre en corps et chasser tout d'un temps. Donc les veneurs estourdis et furieux empeschent les chiens de se recognoistre aux deffauts, aux difficultez de chasse; ils les emportent hors de la justesse de l'art. L'art de venerie est sans confusion; si l'on y travaille avec confusion, hors de temps, cela ne se doit point appeller venerie, car c'est vraye follie.

LXIX

Beaux traicts de chiens de change.

Chien pour le change et hardy chasseur pardonne difficilement à ce à quoy le bon veneur l'a emancipé, et luy a permis d'ammeutter et chasser furieusement, parce qu'il se deplaist et reçoit honte dans le change, tellement qu'il ne fait cas de chasser ce qui bondit à gauche et à droicte de ses airres, mais maintient et perchasse ce que l'on luy a donné et permis d'ameutter. Et si, de fortune, il se trouve trop embarassé, soit au change ou voye double, le veneur le pourra secourrir, s'il a l'esprit capable de juger, comme tous veneurs doivent faire, des desordres de chasse par les actions des chiens sages, les quelles actions sont differentes à l'air accoustumé du chien sage. A d'aucuns desordres, le veneur verra un de ses bons chiens aller, coupissant les branches, et ne faire plus d'estat de chasser. A un autre desordre, il aura l'action differente, soit un regard desdaigneux ou une action honteuse, s'arrestant tout court venir la queue entre les jambes, et en ceste action differente regarder les picqueurs, pour en avoir secours. Alors il faut le secourrir de la voix, et il reprend cœur et demesle son droict, s'il s'est accompagné avec le change. Si c'est un autre desordre ou deffaut, il le relevera, pourveu que le veneur l'assiste à requester, soit à gauche ou à droicte, ou bien à requester sur soy et en arriere, tellement que je crois dire, avec raison, qu'un bon chien pardonne difficilement, lors que son maistre l'a emancipé.

LXX

Ne tourner arrière subitement.

Les difficultez de chasse portent le veneur à beaucoup d'erreurs, s'il n'a l'experience, car lors que les chiens demeurent en deffaut, il faut estre subtil à juger la cause du deffaut. Ce n'est pas assez de tourner en arriere, comme il faut pour les retours, d'autant que l'erreur est grande de porter les chiens en arriere, si le cerf ou ce qui fuit devant une meutte fuioit en avant. Donc avant que de tirer les chiens à soy, il faut juger d'où procede le deffaut : si les voyes doublent point; si les lieux, là où les chiens ont demeuré, sont point trop secs et difficiles à chasser; si, sortant d'efforts, ils sont demeurez en quelque chemin poudreux, ou dedans les eaux, lieux marescageux, ou autres lieux difficiles, là où les chiens ont accoustumé de s'estonner et demeurer court. Il faut que les bons veneurs en ces temps les portent en avant; car de retourner en arriere, sans avoir entierement cognoissance que ce qui fuit fait un retour, c'est erreur en l'art et au mestier de venerie.

LXXI

Du change.

Un bon chien et hardy au change tourne juste en arriere, dedans la foule des picqueurs, reprendre ses airres et son droict, jusques là où il a esté pressé, soit des veneurs ardants ou des chiens fols, et n'attend pas l'ayde de la voix des hommes pour advertir; mais les chiens timides au change demeurent derriere les chevaux, lors que l'on leur aura fait tort et que l'on les aura emportez et trop pressez. Et d'autres chiens bien servants, bons et excellents au change, neantmoins chiens furieux, se laissent emporter au change, s'ils sont picquez et pressez par un veneur violent; au contraire, si c'est un bon veneur qui les picque et tient en crainte, lors qu'il est necessaire, il travaillera avec eux sans confusion du change, et leur faira separer le droit.

LXXII

Un bon veneur n'est pas oisif ny faineant.

Demeurer oisif au logis n'est le tour ny l'action d'un bon veneur. De mesme retourner au logis, lors que les chiens chassent bien, encor qu'il fasse quelque temps difficile et fascheux, c'est action de veneur mou et assoupy; car tant que les chiens chassent bien, le bon veneur ne se doit rebutter. Si ce ne sont pluies, vents et orages extraordinaires, et temps du tout impossible à chasser, avec l'aide des hommes, les chiens qui sçavent leur mestier, et bien adjustez et tenuz en exercice, jouent de leurs tours, pressent leur droict d'une furie mediocre, et comme le temps fascheux leur permet de reprendre et pousser leurs airres. Donc, tant qu'ils chassent bien et à beau bruict, c'est action de mauvais veneur de retourner au logis, jusques à ce que la chasse soit du tout desesperée.

LXXIII

Chiens trop vistes gastent les meuttes.

Les chiens trop vistes aux meuttes, comme des veneurs en tiennent quelques fois deux ou trois, qui ne sont de force egale aux autres, cela gaste le reste de la meutte, leur estouffe le sentiment, d'où procedent les grands deffaults et difficultez de chasse, qui arrivent ordinairement aux meuttes mal reiglées et imprudemment exercées; car ce corps de meutte, outré et forcé par tels esguillonneurs, a tellement l'estomac eschauffé et le sentiment troublé, qu'il n'y a plus nul chien capable en ce corps de meutte de relever un deffaut. Et pour mon particulier, si je rencontre de tels chiens, je les oste de ma meutte, affin que le reste soit de la force la plus egale qu'il m'est possible, et que je ne tombe en ces erreurs de chasse cy dessus représentées.

LXXIV

Cerf qui est courru mollement ou de forlonge, par les menus ou bien par chiens pesants, peut faire toutes sortes de malices et de ruzes; mais c'est veritablement travailler, selon l'art, à bien rapprocher et relancer, c'est la vraye science à dresser des chiens excellents et de secours. Et si la meutte est dressée, c'est jouir entierement de l'art de venerie : à voir les effects, que bons chiens servants sçavent faire sur ces ruzes, malices et subtilitez d'un cerf, qui fuit à son aise, forlongé; à le rapprocher, separer du change, des voyes doubles, des lieux difficiles; bref, le relancer dans ces difficultez, et ne luy laisser trouver nul lieu de repos jusques à la mort. L'on me peut objecter que chiens vistes ne laissent forlonger; mais je dis qu'il n'y a meutte si viste, qui quelques fois ne laisse forlonger, soit par les rivieres ou estangs, par le change, et tant d'autres lieux difficiles, là où toutes sortes de meuttes laissent forlonger ce qui fuit devant elles, là où, si l'on n'a des chiens que l'on aye dressez et accoustumez à tels inconvenients, lors que cela arrive, tout est failly et faut recoupler avec grand desplaisir au maistre. Je dresse les chiens contre ces inconvenients, lors que mon maistre n'est à la chasse, à arrester les chiens souvent. Et par ce moyen, le cerf peut faire toutes sortes de ruzes, malices et subtilitez dans le change, battre les eaux et toutes sortes de lieux difficiles; en après, c'est à moy à

Ce qui dresse les chiens.

Rapprocher le cerf

exercer mon art, jouer de ma science à le faire raprocher à mes chiens, affin que mon maistre ne puisse jamais recevoir desplaisir de ses chiens, sinon par des malheurs extraordinaires.

LXXV

Chiens se dedaignent, s'ils ne sont bien exercez.

Les chiens qui n'arrivent souvent à la mort se rebuttent et dedaignent leur mestier. En après, ils ne tiennent plus compte de chasser ny de rapprocher; car n'ayant accoustumé de jouir du plaisir de leur travail, de taster du sang, à la mort de ce que l'on leur a donné et permis d'ammeutter, ils ne perchassent courageusement, se laissent outrer, et de là vont aux retraictes, ou là où l'humeur les porte à chasser d'autres voyes, et tout ce qu'ils trouvent qui passe dedans les routtes. Beaucoup de chiens, bien qu'ils soyent de bonne race, perdent cœur en la sorte, et se rendent incapables de servir en une bonne meutte, et ne sont plus propres que pour chasser en confusion et à la bilbaude. Cela est l'effect de mauvais veneurs; car s'ils avoient tiré souvent et porté insensiblement tels chiens à la mort des cerfs, ils auroient retenu telle leçon et appris à garder de leur force, pour la fin du jour et des traictes. Mesme ces chiens auroient recognu que s'outrant et hallant par excès, lors qu'un cerf est party de la reposée, ils ne pourroient tout un jour tirer au collier et se mesurer avec leurs compagnons; car il faut qu'ils cedent quelques fois, pour reprendre force et courage, affin de venir à la mort et y taster du sang tout chaud. J'appelle icy dessus, porter insensiblement des chiens à la mort d'un cerf, lors qu'ils demeurent outrez et que l'on arreste quelque peu, pour les attendre, vers quelque ruisseau ou autres eaux, qui leur donne force à aller

Faire reprendre cœur aux chiens rebuttez.

plus loing et leur fait reprendre cœur et halleine. S'ils demeurent, pour estre refroidis, hors de chair et de curée, il les faut donner à quelqu'un qui se trouve à la mort ou à un relancé; cela les rechauffe et les porte insensiblement à la mort, là où arrivant souvent ils apprennent leur mestier et ne le dedaignent plus, si donc ils ne tombent entre les mains de mauvais veneurs, qui les exercent avec confusion et sans regle de venerie.

LXXVI

Chien menteur.

Chiens menteurs corrompent l'art, parce que le contentement n'est entier. Lors qu'un chien menteur est à la teste de la meutte et chasse le premier, le bon veneur est en doute. Au contraire, si un chien sage est le premier, le veneur jouit de son art et du contentement qui en reussit, il n'a nulle craincte. Il sçait veritablement que son droict at donné là où son chien parle; il peut donc concevoir son dessein asseurement, pour travailler au deffaut, sur les actions de son chien qui n'est menteur.

LXXVII

Allentir un chien ardant.

Les jeusnes chiens commettent force erreurs de chasse, tout ainsy que les jeusnes veneurs. Il les faut intimider de la voix, lors qu'ils sont les premiers, affin qu'ils n'apprennent à barrer et balancer; car il y a telle humeur de chiens, aux quels l'on ne peut rien apprendre, qu'ils n'ayent passé trois ans, et au dessous de trois ans ils ne font que des folies. D'autres jeusnes chiens de meilleure nature sont plus tost adjustez, et n'incommodent les veneurs ny les vieux chiens. Il faut traicter ces deux races de chiens differemment : l'une, l'emanciper et laisser chasser hardiment; l'autre, il luy faut allentir et moderer cette humeur trop ardante, car sans cela elle ne peut comprendre ce qu'un bon veneur luy demande.

LXXVIII

De la voix des chiens, pour travailler de science.

Cognoistre tous les chiens à la voix et à leur façon de chasser, cela sert grandement à chastier les chiens fols, par ce que l'on ne les peut voir par tout; et prester l'oreille, l'ouïr sert à sçavoir le quel menne la compagnie. Si c'est un chien sage qui est le premier, le veneur parle et sonne hardiment et asseurement; si c'est un jeusne chien qui tient le bout du baston et fait l'effect, le veneur mesme doit regler sa furie, sans parler et sonner, à cause que l'ouïr, qui sert, luy donne cognoissance de ce qu'il doit faire et de son travail. Donc il ne faut parler ny sonner hors de temps, puisque cela empesche l'ouïr et apporte confusion.

LXXIX

Grand crieur sert quelque fois, de hazard.

Les chiens grands crieurs servent aux chaleurs, lors que les chiens sont outrez et qu'il n'y a personne pour les redresser, parce que, soit à faute ou à droit, ils parlent souvent, qui est cause qu'à ce bruict quelque bon chien reprend cœur, met le nez à terre, et enpaume ses voyes et fait perchasser ce corps de meutte. De mesme aux voyes forlongées, quelques fois les chiens s'allentissent, et un grand parleur leur augmente la fougue. Ce n'est pas que je veuille louer de tels chiens babillards, ny ceux qui en tiennent en leur meutte; mais pour representer qu'il n'y a chien si miserable qui ne serve à quelque chose, horsmis les coupeurs qui gastent tout, il les faut donc oster de la meutte; car les bons chiens rapprochent aisement des voyes forlongées, si un mauvais veneur ne les trouble, et ne leur importe de n'avoir point de chiens grands parleurs, pour chasser aux chaleurs. C'est assez qu'ils soyent accompagnez de la voix de bons veneurs, qui leur donnent tout leur droict et tel que bons chiens doivent avoir, en demeslant des voyes forlongées, aux chaleurs ou autre temps.

LXXX

De chasser aux vignes.

Chasser aux vignes pour le cerf n'est difficile aux chiens, comme j'ay veu quelques fois des cerfs qui alloient battre tout un pays de vignoble, mesme s'y faisoient relancer. Les bons chiens pour le cerf ne se doivent estonner aux vignes, bien que la terre est, la plus part du temps, comme des garrests, sans nulles herbes; mais cela n'importe, car le cerf touche au bois, du corps, ou y porte de son haleine ou de la sueur de son corps, et là, le sentiment s'y attache tellement, que les chiens pour le cerf, qui sçavent leur mestier par tout, portent le nez au bois et en parlent, ils chassent hardiment. Ce n'est le mesme effect pour le lievre; car il est trop difficile aux chiens pour lievre d'y chasser, à cause que la terre est dure, que le lievre ne fait que tourner et plier alentour des ceps de vigne. Les chiens pour lievre, s'ils sont justes, ne peuvent chasser viste aux vignes; car ils ne peuvent tourner et plier, à l'egal des voies du lievre, s'ils courrent viste, sans s'emporter. Ce n'est pas que hors de là les chiens sages ne courrent viste; mais la crainte qu'ils ont d'outrepasser leurs airres les tient attachez sur les voyes. Les chiens fols font un effect contraire, ils courrent plus viste, mais la moictié du temps hors des voyes; il les faut chastier, pour les reduire à chasser juste aux vignes, la voix du veneur y sert là beaucoup.

LXXXI

Picqueurs inconsiderez corrompent l'art et ne donnent nul droict aux chiens.

En tous les lieux difficiles, les bons chiens y perdent cœur, et se gastent souvent par la furie des picqueurs, les quels inconsiderement parlent et sonnent à tous moments et sans raison. En tous les lieux difficiles que j'ay representez, il faut donner aux chiens tous les droits que bons chiens doivent avoir, à chasser aux difficultez. Quand je parle de donner droict aux chiens, c'est les ayder : d'une grande prudence, à separer le change, revenir sur soy, quester et requester, bien lancer et relancer, pousser des voyes forlongées ; d'une grande patience, aydant les chiens sages de la voix moderement, et à l'egal de leurs actions aux renouvellements des voyes, à quoy il faut estre en garde, pour ne leur faire tort ; car une action commise par le veneur trop furieusement empesche le bon chien sage de travailler, cela le trouble, et luy oste son droict à forcer, de sa science, ce qu'on luy a donné. Donc travailler de science est donner et faire droict aux chiens.

LXXXII

Chien qui s'emporte gaste tout.

Les grandes randonnées et barrements, que chiens fols et qui ne sont adjustez ont accoustumé de faire, ne servent, sinon d'empescher ce corps de meutte à gaigner temps et tirer pays. Que le veneur, qui est à soy, sans furie, considere combien de temps il perd, et quel retardement il reçoit par les chiens qui s'emportent, qui barrent et qui ont outrepassé leurs airres. Premierement, lors qu'un chien sage veut courre de sa force, ils l'empeschent, en barrant devant luy, et luy empeschent son effect, le tirent malgré luy hors des voyes. En second lieu, si ces chiens ardants et fols sont les maistres de la meutte, ils s'emportent quelques fois, de deux cents ou trois cents pas, hors des airres, tellement qu'il faut requester les voyes, revenir en arriere, d'autant que ces chiens ont outrepassé et s'ont emportez. J'ay veu en d'aucunes meuttes des chiens si desadjustez, qu'ils ne s'emportoient pas seulement deux ou trois cents pas, mais brilloient et barroient hors des voyes comme des espagneuls, et à la voix et des veneurs, ils n'en faisoient non plus d'estat, comme s'ils eussent esté sauvages. Il faut advoüer que les veneurs, qui tiennent telle humeur de chiens ne peuvent avoir jamais meutte excellente ; car les voyes ne sont jamais fournies, les chiens s'emportent trois ou quatre cents pas, et puis le mesme chemin qu'il faut retourner, pour requester les voyes, c'est un quart de lieue de chemin de perdu. Je maintiens que, si la meutte ne chassoit sinon au pas, elle iroit plus loing et fairoit plus d'effect, avec des chiens justes et attachez aux voyes, qu'avec tous ces chiens furieux, les quels balancent et barrent tout un jour. Jeusnes veneurs, que vous estes aveugles, en vos humeurs, de tenir de tels chiens en vos meuttes, car vous enlevez le plaisir que vostre maistre doit avoir, c'est de là que procedent les deffauts !

LXXXIII

Un jeusne veneur apprend à se cognoistre, et profficte en l'art de venerie, lors qu'il mesprise les chiens fols, ardants, furieux, emancipez ; car les mesprisant, il apprend à se servir et travailler avec les chiens qui s'attachent fermement aux voyes, les quels sont justes et ne trompent jamais leurs maistres, s'ils ont esté dressez et adjustez par bons veneurs ; car ce n'est rien de prendre, si ce n'est d'art et de science. Et la plus part des veneurs de ce temps n'ont nul autre soing sinon

Apprendre à se cognoistre en l'art

de prendre; mais cela ne sert de rien, et pourroient prendre tous les cerfs d'un pays, que leurs meuttes ne sont pas plus excellentes, et leur pourroient donner toutes les curées et toute la venaison qui est au profond de l'Allemagne, qu'elles n'en chasseroient pas mieux. Et pour mon particulier, j'ayme mieux faillir un cerf, trois et quatre, en exerçant les reigles de venerie, que d'en prendre un et abbreger, comme font d'aucuns veneurs, les quels forhuent à tout moment leurs chiens contre les reigles de l'art; car je maintiens et asseure que, faillant trois et quatre cerfs, les chiens ne sont pas tant desadjustez et debauchez, que de prendre contre les reigles de l'art, en abbregeant avec toutes sortes de supercheries, parce que prennant hors de temps ne sert sinon à donner fougue et furie aux chiens. Et faillir un cerf ou toute autre chose que l'on courre, ce n'est pas desadjuster une meutte et luy augmenter sa furie, mais au contraire c'est luy donner moins de fougue, et n'en chasse que plus sagement la chasse suivante, pourveu qu'elle aye esté tenue en crainte et aye chassé sans desordre. Donc faillir un cerf, ce n'est pas gaster une meutte, mais bien luy allentir la fougue et le courage pour quelques chasses. Ce n'est pas que je me veuille excuser des cerfs que mes chiens faillent, car ils en manquent; mais il faut un desordre extraordinaire, si un cerf se demesle d'une meutte que j'ay adjustée, à cause que mes chiens, au dessus de trois et quatre ans, emportent des voyes forlongées tout ainsi qu'un limier les emporte, le quel est bien dressé. Et n'y a que quatre jours, que j'avois courru un cerf, jusques à la nuict; le lendemain, au poinct du jour, je pris vingt de mes vieux chiens, et alla les descoupler sur les voyes du soir, qui alloient de douze ou quinze heures, au milieu d'une plaine. Mes chiens empau-

Chasser de forlonge, vray art.

merent leur droict, et par les plaines, et en fort et en foible, les voyes ne furent jamais defournies, et l'allerent requerir au pas et au trot; et après estre relancé, il ne courrut que deux heures, sans rendre les abois. C'est ainsy que le vray art de venerie s'exerce, à faire chasser des chiens de forlonge; mais pour les y dresser, il ne faut abbreger à tous moments, et forhuer, comme nos jeusnes veneurs ont accoustumé de faire, tousjours aux premiers chiens et de là à un autre, au premier qui trouve un retour. Ce desordre est de la crainte qu'ils ont de faillir un cerf, et de la mesfiance qu'ils ont de leur art. Mais pourquoy tant de crainte de faillir un cerf, puisque cela n'est capable de gaster une meutte, et prendre tous les cerfs d'un pays ne la rend pas plus excellente à chasser de forlonge, si l'on picque tousjours aux premiers chiens, parce qu'on enleve un cerf en deux heures plus ou moins, et tousjours à ce mestier les chiens ne chassent que des voyes et des airres qui ne font que d'aller? Mais à faillir quelques cerfs, l'on trouve des difficultez, là où les chiens se dressent. Je demande aux jeusnes veneurs, s'ils ne faisoient suivre leurs limiers que lors que des voyes vont de bon temps, s'ils pourroient jamais emporter des voyes de hautes airres; mais l'on les y accoustume petit à petit, tellement que j'ay veu des limiers suivre des voyes de vingt-quatre heures. Or les chiens courrants et limiers, c'est mesme race; si le chien courant est accoustumé, il fait le mesme effect que le limier. Donc crainte de faillir corrompt l'art de venerie.

LXXXIV

Donner un vieux chien à un jeusne veneur, le quel luy peut encore servir une saison, c'est luy donner force traicts et science de venerie, si ce chien a passé son aage dans une bonne meutte; car à l'action et sur le travail de ce chien de secours, il reigle ses actions, et, aux desastres, ce vieux chien l'apprend à tourner et requester, pourveu qu'il ne violente, par sonner et parler trop furieusement, l'air et l'humeur de son chien. Et pour mon particulier, c'est un de mes plaisirs de chasse, à un retour ou au change, de laisser travailler mes vieux chiens; je leur donne congé de tourner en arriere et de requester à leur fantaisie, si donc ils ne prennoient leur enceinte par trop advantageuse pour eux et desadvantageuse pour le reste de la meutte. Mais si c'est un jeusne chien fol qui veut tourner et se retirer à l'ouvert, je l'intimide de la voix, affin qu'il retourne au fort de la meutte et des derniers, et de là il apprend ce qu'il doit faire les années suivantes. Sans un tel ordre, les vieux chiens ne peuvent faire leur coup. Les jeusnes veneurs, sans les vieux chiens qui travaillent aux desastres de chasse, ne peuvent avoir cognoissance de ceste science ny de cest art, par les discours. L'on peut donner intelligence aux jeusnes veneurs, mais l'exercice et l'action des vieux chiens, s'ils sont capables de les comprendre, leur donnent la science; et pour mon particulier, je reçois encor l'intelligence de travailler aux desastres de chasse, de mes vieux chiens, à leurs actions : cela me sert d'une leçon, bien qu'il y aye vingt-cincq ou trente ans que je me mesle du mestier. Jeusnes veneurs, ayez croyance aux vieux chiens bien dressez et adjustez, car ils ne trompent leurs maistres, et ne mesprisez les vieux chiens, que vous aurez tirez par importunité d'une meutte bien exercée. Si vous pouvez les garder trois ou quatre mois, et avoir cognoissance de leurs actions et de leurs airs à chasser, vous verrez que l'on ne vous a pas donné seulement de vieux chiens,

Les vieux chiens dressent les jeusnes chasseurs.

mais force traicts et science de venerie, des quels vous n'auriez peut-estre jamais eu cognoissance, sans l'action et façon de chasser de tels chiens, dressez et exercez par les reigles de venerie.

LXXXV

De chasser matin

Chasser matin pour le cerf, c'est chose plaisante et agreable à ceux qui n'apprehendent les grandes rosées et fraicheurs du matin, pourveu que l'on aye des chiens sages, qui discernent leur droit de la nuict d'autres bestes, lors que quelques fois l'on leur a fait empaumer des voyes qui vont de temps pour demeurer. Lors que je courre matin, je n'y apporte nulle autre ceremonie, sinon qu'incontinent que quelque limier rencontre d'un cerf, qui se retire des gaignages ou d'une taille, pour aller au fort, je fais plier le traict des limiers, et là j'emancipe mes chiens à empaumer ses voyes et l'aller requerir sans limier; cela est un vray bon traict de venerie, là où l'on recognoist la vraye science des hommes et l'excellence des chiens sages. La science des bons veneurs et leur subtilité se cognoissent et se voient clairement, quand le droict vient à croiser d'autres voyes et d'autres bestes, qui vont de la nuict et presque du mesme temps, parce que tout se retire vers leurs demeures, et reposées et ressuitz, une heure devant le jour, jusques au point du jour ou à peu près; et il est difficile, si ce n'est en pays, là où il y a fort peu de change, que des voyes ne se meslent et ne croisent à d'autres. A ce different de chasse, c'est au bon veneur, par l'action de ses chiens sages, à s'en demesler, et travailler de son art à ayder et secourrir les chiens, qui s'estonnent et sont timides à cause des desordres; les assistans alors peuvent recognoistre, s'ils sont veneurs, si les veneurs sçavent leur mestier, et peuvent recognoistre l'excellence des chiens, si, à la voix des veneurs qui les ont dressez, ils travaillent et poussent leur droict hors de ce different. Je dis, qui les ont dressez, parce qu'il faut avoir dressé des chiens propres à cela, ou bien les avoir en tout dressez, et les avoir fait chasser longtemps, pour les cognoistre, que l'on aye croyance à eux, et de mesme qu'ils ayent creance à celuy qui leur parle, que ny les veneurs ny les chiens n'ayent accoustumé à se tromper l'un l'autre, comme se trompent ordinairement mauvais veneurs et mauvais chiens. Il faut donc des chiens qui ayent esté dressez; cela s'appelle meutte, mais non quantité de chiens couppeurs et de mauvaise nature, de quoy sont composez les chenils de plusieurs, les quels mesusent de ce mot de meutte, l'applicquant à une quantité de chiens ramassez, fols et esgarez. Je ne puis appeler meutte, sinon des chiens servants, unis et adjustez, les quels me puissent servir sans confusion; qu'il n'y aye que les jeusnes chiens de l'année, mis nouvellement aux couples, qui ne sçachent leur mestier; neantmoins, dans la confusion, ils plient à ma voix. Et quand je permets à mes chiens d'ameutter les voyes d'un cerf, qui se retire du gaignage ou d'autre viandis, si les voyes croisent ou se meslent, et que j'en ay cognoissance par mes vieux chiens, les quels ne chassent que les derniers et mollement, tantost le nez aux branches, aux bruyeres, une autre fois ils mettent le nez à terre avant que d'emporter, cela me donne jugement et cognoissance quel desordre ce peut estre et quelle difficulté de chasse; et sur cette action, je considere quel chien tient la teste et est le premier de la meutte. Si c'est un chien incapable d'estre en ce rang, que ce ne soit un chien de creance, mais un chien mis nouvellement aux

De faire chasser les chiens fols, des derniers, aux desordres.

couples, je le fais chasser au fort de la meutte et des derniers, jusques à ce que le cerf est debout et bien ameutté, sans cela les vieux chiens ne peuvent faire leur effect, et desmesler ces voyes croisées qui vont sur la nuict d'autres bestes. Et si l'on est curieux de sçavoir de quelle sorte je fais chasser ce chien, qui n'est encor adjusté, dedans le fort de la meutte : c'est à parler à luy rudement. Il plie et chasse où il doit chasser, parce qu'il y a esté dressé; et s'il a encor trop d'ardeur et qu'il fasse le sourd, un coup de gaule en fait la raison; mais il faut que ce soit sans flatterie, que d'un quart d'heure il n'aye envie de chasser le premier. Cela estant, les vieux chiens demeslent et poussent plaisamment leurs airres, avec l'ayde du bon veneur, qui les secourre, par le jugement qu'il conçoit des actions de ses chiens de creance. Je travaille de ceste sorte, en allant requerrir un cerf aux plaines, aux tailles, aux futayes et en tous autres lieux, là où je peux voir mes chiens; mais au couvert, là où je ne les peux voir, il faut qu'à leurs voix j'ay cognoissance de leur travail; car tout veneur fort exact doit cognoistre la voix de ses chiens, pour les secourrir, soit au redoublement de voyes ou autre difficulté. Quelque veneur me dira que je ne puis forcer mes jeunes chiens aux couverts et aux grands forts, et qu'ils me forceront et emporteront les devants. Je l'advoüe, ils s'emporteront; mais s'ils ont accoustumé d'estre chastiez et battus, lors qu'ils chassent seuls, ils n'iront pas loing, sans se souvenir des dernieres leçons qu'ils ont eues, et reviendront au bruict des chiens sages, après avoir fait quelques randonnées. Et pendant ce temps, quelqu'un de mes compagnons tache de les joindre, affin qu'ils entendent sa voix, et qu'il les rompe, s'ils courroient le change; et je me contente d'avoir le plaisir d'escoutter mes vieux chiens, qui en parlent hardiment ou mollement, à l'egal des difficultez qu'ils rencontrent. Je les secourre de la voix, furieusement ou mollement, à l'egal de la cognoissance que j'ay de leur travail, et les fais chasser avec plus de patience qu'il m'est possible. Et souvent, aux grandes difficultez de chasse, comme change, voyes doubles ou croisement d'autres airres de la nuict, là où la plus part de mes bons chiens ne parlent plus, j'entend quelque vieux chien, à la queue de mon cheval, qui parle. Je me contente, si c'est un chien qui n'est pas menteur, à sa voix, de presser et donner cœur à ses compagnons; je le laisse passer, incontinent il pousse cette difficulté et fait rallier ses compagnons; et en la sorte, ils vont requerir ce que leur ay permis d'ameutter; et estant debout, je permets aux jeusnes chiens de jouer de leurs jambes, chasser de leur air accoustumé, jusques à ce que quelque difficulté arrive de nouveau. Je dresse mes chiens à chasser, le matin, en la sorte. Il faut entendre aussi que, si l'on a donné un cerf à propos aux chiens, encore qu'il aille croiser les voyes d'autres bestes ou d'autres cerfs, bien qu'elles aillent de bon temps, si est-ce que les chiens sages et bien adjustez ont peine et difficilement changeront de voyes; car ils ont cognoissance des voyes d'un cerf qui fuit, et les discernent de celles qui vont d'asseurance, tout ainsi que les bons chiens et subtils ont cognoissance d'un retour, et ne vont au bout d'une ruze, ainz retournent, dans la foulle des picqueurs, prendre et chasser le bout de la ruze, et les autres chiens vont demeslant le retour jusques au bout, tellement qu'il semble quelques fois que ce soit deux chasses, mais avec patience, l'on voit les jeusnes chiens revenir aux vieux, à l'escolle, et se rallier et mettre en corps.

Vieux chiens ont cognoissance du cerf qui fuict.

LXXXVI

Un vieux chien subtil abbrege les ruzes qui fuient et refuient sur soy, et en a cognoissance, comme j'ay dit ailleurs. Il luy faut laisser perchasser et trouver le bout de la ruze; mais incontinent qu'il l'a demeslée et abbregée, il faut l'arrester, jusques à ce que les autres chiens soyent à luy; car sans cela, il forlonge tout, enleve le plaisir; et les autres chiens ne chassent plus gaiement, lors qu'ils sont outrez ou haslez, pour attrapper ces chiens subtils et abbregeurs des ruzes et des retours. Abbreger les ruzes.

LXXXVII

Au croisement de plusieurs chemins, si les jeusnes chiens s'emportent, quelques docteurs de chasse, comme j'appelle mes vieux chiens, tiennent le bout du baston et rallient les autres dans le fort de la meutte, tellement que c'est vray contentement de veneur, de considerer les actions de ces vieux chiens adjustez : porter le nez à l'embouchure de tous ces chemins croisez, et à celuy au quel leur droit fuit, l'empaumer furieusement, tous en corps, comme un pelotton. Les jeusnes chiens s'y dressent aysement, à ceste action, pourveu que le veneur aye patience de laisser travailler ses vieux chiens. Et lors que les chiens s'emportent, il faut leur donner patience de revenir doucement recognoistre leur faute, et se rallier aux vieux chiens qui leur monstrent la leçon; car chien, qui at chassé deux saisons, apprend bien tost les tours des vieux chiens, s'il n'est à tout moment trop pressé de la foule des picqueurs, trop estourdi et brouillé de la voix et des sonneurs, les quels ne travaillent de leur art, que d'action violente et non Des chemins.

de jugement, comme j'ay veu plusieurs veneurs qui, incontinent que leurs chiens s'emportent, s'ils voyent de leur droict qui fuit un chemin, ils forhuent, picquent et emportent les chiens furieusement, jusques à ce qu'ils n'en voyent plus, sans avoir donné patience à leurs chiens de revenir prendre leurs airres et faire leur effect. C'est grande erreur de chasse; car il faut que le veneur se contente de faire travailler ses chiens, et les laisser chasser, et non luy-mesme vouloir chasser; car il n'appartient qu'aux chiens d'emporter et empaumer les voyes de leur droict. Il se faut donner plus de patience, affin de ne se troubler et d'estre à soy, sans furie, pour secourrir les chiens et ne les troubler aux desastres de chasse, parce que chien forcé ne peut faire son effect, d'où procedent et arrivent les deffauts.

LXXXVIII

Il ne faut s'estonner, si les chiens sont excellents.

Un bon veneur ne se doit estonner aux difficultez de chasse, soit pour voye double, change, grand chemin sec et haslé, voyes forlongées et autres desordres qui causent les deffauts, s'il a des chiens bien dressez et qui ayent accoustumé de prendre à force, sans supercherie; car avec son ayde, s'il ne trouble sa raison, il aura des chiens propres à le tirer de là et relever son deffaut. Mais s'il a des chiens ramassez ou incognuz, ou que sa meutte n'ait accoustumé de forcer de haute lutte, sans supercherie, et que l'on abbrege et tue ce que ses chiens ont ammeutté et accoustumé de courre, soit de coups d'arquebuse, que l'on abbrege, de donner des levriers aux plaines, prendre aux fillets : de quelque façon que ce puisse estre, tout ne vaut rien pour des chiens, cela ne sert que pour cuisine. Et pour raison, ceux qui praticquent ce mestier et ceste erreur de chasse n'en ont nulle autre, si ce n'est qu'ils alleguent que c'est pour donner du sang à leurs chiens et leur faire curée, qui est une erreur de chasse : donner aux chiens ce qu'ils n'ont merité. J'advoüe que le sang et la curée sont excellents aux chiens; mais il faut autre chose qui precede le sang et cette curée : avoir fait chasser et perchasser voyes doubles, voyes forlongées, retours, ruzes, grands chemins secs ou pleins d'eau, garrests, si c'est pour cerf, change, vuider tous autres differents, qui nous empeschent à forcer, lancer et relancer et porter par terre leur droict. C'est alors que les chiens ont merité de taster du sang et de la curée. Et si les chiens ne sont exercez, selon les reigles de l'art, ponctuellement sur tous ces points de venerie, tout le sang et la curée des cerfs, chevreuils ou lievres d'un pays ne leur peuvent apprendre à vuider un seul de ces differents et difficultez de chasse; il n'y a que l'exercice seul, et la prudence et la patience d'un bon veneur, qui leur peuvent apprendre. Donc ceste raison d'abbreger, pour dresser des chiens, n'est recevable parmy les bons veneurs; au contraire, cela gaste les chiens, leur allentit le courage aux longues traictes, despeuple les forests, fait que les veneurs s'estonnent aux moindres difficultez de chasse qui leur arrivent, à cause qu'ils n'ont nul chien de secours, pour leur donner l'intelligence de leur droict.

Qu'il ne faut abbreger, pour avoir des chiens excellents.

LXXXIX

Chasser par brouillards pour le cerf, il n'y a nulle difficulté, sinon pour ceux qui sont catarreux, qui craignent les brouillards. Les chiens y chassent fort bien; le bruict est grand, soit des chiens, soit des cors, et n'y a nulle excuse,

Des brouillards.

pour laisser les chiens sans chasser, pour le cerf. De mesme les chiens qui courrent le lievre y chassent fort bien, pourveu que la terre ne soit couverte de verglas, et que le brouillard ne soit pas trop puant. Il faut estre bien monté, affin d'estre tousjours après les chiens, et particulierement pour lievre ; car si la terre est bonne à chasser, les chiens vont plus vistes, et chassent plus furieusement par ce temps qu'à nul autre.

XC

Chiens qui font les avances.

Plussieurs chiens font les avances et se plaisent à chasser, lors que des voyes ne font que d'aller ; mais si elles sont forlongées, ils n'en sont plus, et diminuent d'ambition de tenir la teste de la meutte. Tels chiens servent bien aux meuttes, mais ce ne sont pas ceux qui nous servent le mieux aux deffauts, que l'on appelle, en termes de l'art, chiens de secours ; toutes fois, s'ils n'ont nulle malice, ils servent bien aux meuttes à chasser à leur tour, car un chien qui chasse en tous desordres est rare, et s'y en treuve peu. Donc à une meutte adjustée, il y a des chiens qui font des avances, et d'autres se conservent et font leur effect aux retours, d'autres aux voyes doubles, aux changes, aux plaines ; et aux meuttes composées en la sorte, leur droict est tousjours pressé et gaigne tousjours pays. Qu'un jeusne veneur ne se trompe pas, lors que je parle des chiens qui font les avances ; ce ne sont nullement chiens malitieux. Mais comme le sentiment ne leur permet de vuider les differents difficiles, à un retour ou voye double, ils cedent à un chien de haut nez et qui chasse de forlonge, qui est subtil à demesler les retours. En ce temps-là, ils reprennent force et haleine, et, lors que les voyes sont desembarassées, ils se remettent à la teste de la meutte, et font les advances comme auparavant; et pour faire cest effect, c'est de haute lutte, ils gaignent un chien, deux, trois, et ainsy jusques à ce qu'ils soient les premiers. Il est dangereux, à ces chiens de grand courage et d'advances, à les desadjuster, si l'on leur donne trop de furie, et si l'on leur laisse prendre les devants et des enceintes trop longs et hors de la meutte. Il m'est advis que je vois travailler d'aucuns veneurs, les quels, à un retour, incontinent qu'ils entendent un chien, qui, pour s'estre tiré à l'ouvert et avoir pris des devants longs, est tombé sur les voies de son droict et les emporte furieusement, alors ils parlent à ce chien, forhuent et parlent à luy, luy donnent courage à une autre chasse d'en faire de mesme : c'est la vraye methode de desadjuster le meilleur chien du monde, c'est veritablement le laisser jouir de sa malice et de sa faute; et estant traité et esmancipé de la sorte, il ne faut que quatre ou cinq chasses, pour le rendre un chien malitieux et desadjusté. Pour mon particulier, si je me trouve à un retour, que quelqu'un de mes chiens releve ce deffaut malitieusement, je me sers de cette action, pour porter mes chiens à luy et relever ce deffaut; mais je me garde bien de luy donner plaisir, et luy laisser jouir de cette malice. Je l'arreste et l'intimide de la voix et de la gaule, jusques à ce que les autres chiens sont ralliez à luy; et, sans cette methode, un chien de courage est desadjusté en peu de chasses; mais avec soing il se remet, apprend à recognoistre sa faute, et que son maistre demande qu'il chasse au corps de la meutte.

Chiens desadjustez par la faute des veneurs.

XCI

Des chiens bien dressez et adjustez, que nous appellons, en termes de l'art, une meutte exercée, cela s'entend à ce que l'on leur permet de chasser; par ce que, comme j'ay representé ailleurs, il y a des chiens propres à ne laisser trouver nul lieu de repos à ce que le maistre desire de forcer; d'aucuns font les advances, d'aucuns chassent de forlonge et par les menus, tellement qu'il faut que ce que l'on leur a permis d'ameutter gaigne pays. Il y a grand plaisir à voir chasser une meutte en la sorte; et comme un chien ne peut estre universel et rarement capable de tous differents de chasse, chascun chien fait son coup, et ils chassent à leur tour, comme creatures qui s'entendent et s'unissent à ruiner la force de leur ennemy. Il faut que les veneurs s'entendent de mesme, chascun leur tour, à ayder les chiens et les secourrir, selon le temps et les lieux difficiles, sans nulle autre ambition sinon de donner plaisir aux maistres; et lors que tout est exercé sans furie, bons chiens sentent ce que l'on leur a donné et permis d'ameutter, par tout, pourveu qu'il n'aille dedans les eaux. Hors de là, il n'a nul lieu de repos, ny en fort ny en foible, ny aux plaines; il y a par tout quelque chien qui tient le bout du baston. Soit plaines, d'aucuns y sont plaisants chasseurs; un chien se plaist à bien chasser dans les sillons, et essuier les costes à ses compagnons, jusques à ce qu'il est le premier de la meutte, et là ne cede plus jusques à un retour; ce mesme chien ne se plaist pas à chasser au travers des sillons, et faut qu'un autre fasse cest effort. Je prends grand plaisir de voir la difference de l'humeur et de l'air de mes chiens, les quels fournissent les voyes tousjours par tout, par pluies, par vents, par les chaleurs. Un chien chasse bien dans les chaleurs, qui n'ayme pas tant les eaux; un autre chasse bien, lors que ce qui fuit va le nez dedans le vent, qui ne chasse pas bien au dessous du vent ou à val, par ce qu'il n'a pas le sentiment si

Veneurs doivent secourrir les chiens.

Chasser differemment

Chasser au vent.

parfait que les autres; neantmoins il fait un coup, parce qu'il a esté adjusté, et s'est mesuré à ce qu'il peut, et entend à se tenir en garde pour faire son effect. Donc puisqu'il n'y a nul lieu de repos, je puis dire legitimement que bons chiens sentencient leur droict, pourveu que la prudence des veneurs donne loisir à chascun chien de faire son coup et son effect.

XCII

Aux glaces et aux verglats, les chiens de race excellente y parlent et portent le nez contre la glace; les vieux chiens subtils, s'ils ne peuvent prendre l'air de la voye, poussent en avant par subtilité, pour estre plus certains avant que parler, et avoir entiere cognoissance que leur droit perce en avant. Alors je laisse travailler tels docteurs de chasse à leur droict; Chasser aux verglats.
mais s'ils s'estonnent, après que je les ay laissez travailler, je les ayde à chasser par les menus, pas à pas et de justesse. Alors s'ils ne perchassent, je me sers de l'artifice et subtilité qu'un veneur doit avoir, à porter ses chiens jusques à quelque lieu propre, là où les chiens puissent reprendre leurs voyes et les chasser comme auparavant. Mais tels traicts et forme de travailler ne m'arrivent qu'en temps de grand desastre de chasse et de necessité forcée; car il faut donner temps aux chiens de chasser par les menus, aux lieux difficiles comme glace; car de forhuer à tous moments et troubler les chiens, lorsqu'ils commencent à demesler quelque desordre de chasse, c'est grande erreur de venerie; il faut en ce temps, qu'un bon veneur travaille de jugement et jamais de furie.

XCIII

Chien de haut nez.

Les jeusnes veneurs ne se doivent estonner, si les chiens courrants sont de si haut nez, lors qu'ils sont bien exercez; mesmes s'ils emportent des voyes qui vont du soir au lendemain matin, de mesme comme un limier les emporte, il ne s'en faut donc point estonner de cela, puisque les chiens courrants et les limiers sont de mesme race. La difference est que d'aucuns veneurs ne dressent les chiens courrants à emporter des voyes du relevé d'un cerf, et ils y dressent leurs limiers. Je fais bien dresser mes limiers de mesme, mais je dresse aussy mes chiens courrants à emporter les voyes d'un cerf, qui vont du soir au lendemain; et s'il arrive que je manque de jour pour forcer un cerf, je le brize. Si la terre est un peu bonne à chasser, je prends des chiens, le lendemain, au point du jour, tous chiens sages qui ayent chassé plusieurs fois et saisons; et ces chiens vont requerir et relancer ce cerf comme des limiers, et rien ne nous peut apporter desordre que le change. Et s'il arrive que je me trouve embarassé dedans quelque harde de bestes, les valets de limiers prennent les devans loing, vers les entrées des pays ou carrefours, et, s'ils trouvent le droict passé et separé, bien qu'il ne soit encor relancé, je laisse demesler à mes chiens ces voyes, jusques à ce qu'ils vont relancer leur cerf.

XCIV

Chien sage.

Aux grandes chaleurs, que nous courions tard et que les limiers demeuroient court, pour estre haslez et hors d'haleine, j'ay tousjours fait descouppler trois ou quatre coupples de vieux chiens, les quels emportoient les voyes de la nuict, et alloient requerir le cerf droit à la reposée; et aussitost que j'estois desembarassé des forts, je les faisois demeurer court, jusques à ce que ceux qui menoient les jeusnes chiens et moins sages soyent arrivez, affin de les laisser chasser et ameutter tous ensemble. Donc il faut que tous veneurs advoüent que les chiens de haut nez et qui chassent parfaictement bien de forlonge, que ce sont les outils les mieux servans au veneur.

XCV

L'aage ne sert de rien à un chien de race, s'il n'a esté exercé à propos, pour faire des traicts d'excellence de venerie, tels que ceux que je represente, ny pour acquerir le tiltre de docteur de chasse : il faut le travail d'un bon veneur, uni avec la race et avec l'aage et le temps, pour faire un chien de secours et excellent.

L'aage ne sert de rien sans l'exercice.

XCVI

Un chien n'est parfait chasseur ny bien adjusté, s'il ne chasse avec patience, sans furie. J'appelle un chien bien dressé et adjusté, lors qu'il a des airres devant luy, qu'il les pousse à l'esgal du temps qu'elles vont : que si elles ne font que d'aller, qu'il les pousse furieusement et de sa puissance; que si elles vont de hautes airres, et qu'il ne puisse les emporter de vitesse, qu'il les pousse au trot, au pas, sans barer ny balancer, et parlant tousjours. Le bon chien bien dressé et adjusté doit chasser en la sorte, menageant ses voyes, sans les barrer comme espagneul qui queste, et les pousser à l'esgal du temps qu'elles vont et que le sentiment lui permet. Le parfait chasseur emporte ses voyes en la sorte, avec l'ayde du veneur.

Parfaict chasseur.

XCVII

Mais pour avoir des chiens sages et adjustez, qui plient et tournent à la volonté du veneur, il faut aux chasses suivantes les chastier, si aux precedentes ils ont fait trop de follies, et qu'à la voix des veneurs l'on ne les peut mettre à la raison, soit qu'ils ayent chassé le change ou courru hors de la meutte. L'on me dira que ces chiens doivent estre chasticz, incontinent qu'ils ont fait la faute : il est certain, si l'on peut le faire; il est le meilleur de leur faire payer la faute, en mesme temps qu'ils la commettent. Mais quelques fois il est impossible de les forcer et mettre à la raison incontinent, parce que les chevaux sont souvent outrez et malmennez, ou bien ils font telle faute ou erreur de chasse en quelques forts et lieux difficiles à se mettre à la teste des chiens. Je dis donc qu'il est à propos de chastier un chien fol aux chasses suivantes, le quel, à la voix des veneurs, l'on n'a peu mettre à la raison les chasses precedentes. Je veux que ce chien chastié en la sorte, soit aux chasses suivantes ou bien au chenil, ne sçait pourquoy il est battu; si est-ce neantmoins que ce chastiment faira un bon effect, car le chien apprendra à discerner et entendre la voix de colere du veneur, lors qu'il le frappe, en parlant à luy avec termes de l'art, et comme l'on doit parler aux chiens, lors qu'ils font quelque malice ou erreur de chasse, ou qu'ils courrent le change. Et je dis aux jeusnes veneurs qu'un chien chastié, lors qu'il sera à la campagne, s'il entend la mesme voix rude et furieuse de celuy qui l'a battu, en temps qu'il fait desordre, incontinent il se rejettera au fort de la meutte, à cause qu'il se souvient de la leçon qu'il a eue, si ce n'est un chien esmancipé, qui courre dehors, incapable d'estre jamais mis à la raison.

Chien chastié sur sa faute.

XCVIII

Rien ne garde tant un chien de se tirer à l'ouvert et courre hors de la meutte, que d'estre chastié souvent, lors qu'il manque en quelque point de la justesse de l'art. Mesme les jeusnes chiens tenuz en craincte n'incommodent nullement les vieux chiens, s'ils plient à la voix du veneur, car chien bien dressé doit s'arrester à la voix du veneur, comme fait un chien couchant qui s'arreste à la parolle de son maistre; et ainsy une meutte bien adjustée doit demeurer court à la voix du veneur. Il faut, à ce subject, que les veneurs travaillent, chascun à leur tour : que les vieux fassent l'effect que leur aage leur peut permettre; que les jeusnes usent de la rigueur et furie de leurs esperons, à empescher les desordres des chiens fols, par un prompt parler, qui advertit les chiens et les remet à leur devoir; que si la parolle ne suffit, ils se doivent porter incontinent à la teste des chiens, pour y apporter le remede, et pour chastier le chien qui a causé le desordre de chasse. Le bon veneur doit estre en garde que ses chiens ne gaignent l'advantage sur luy, et ne faut imiter les veneurs faineants, les quels laissent chasser les chiens à leur fantaisie. A une chasse, un chien s'esmancipe; à une autre chasse, d'autres desordres arrivent; un chien trouve un retour, ils pressent et forhuent à celuy-là. Tout leur est de guerre, pourveu que la mort d'un cerf arrive par leurs confusions de chasse; c'est pourquoy je ne m'estonne point de l'effect qui reussit d'un tel travail, de tant de maistres qui donnent leurs chiens et chassent leurs veneurs; seulement je m'estonne comme d'aucuns ont gardé si longtemps leurs meuttes, sans

Reigler la confusion

avoir recognu plus tost les desplaisirs qui reussissent d'une telle confusion.

XCIX

Pour mettre des chiens, qui courrent le cerf, bien à la chair et à la curée, les resoudre aux longues traictes et aller jusques aux abois d'un cerf, il faut, lors qu'il n'a point de teste, le laisser tirer à terre par les chiens et leur donner du sang; car à quel propos, puisqu'il ne peut blesser les chiens, le tuer, sans que les chiens ayent le plaisir de le relancer par plusieurs fois, de le sentir affoiblir et en moins d'un demy-quart d'heure doubler ses voyes sept ou huict fois? Et en ce temps, les chiens apprennent à chasser les voyes doublées par plussieurs fois, et les jeusnes chiens qui sont à tous ces relancez apprennent à se trouver à la mort des cerfs, et apprennent, s'ils sont de race, à mesnager leur force et à chasser tout le jour; car de tirer le cerf ou le tuer, tout incontinent qu'il est aux premiers abois, il n'y a que quatre ou cincq chiens qui l'ont haslé et poussé plus furieusement que les autres. Donc ces quatre ou cincq chiens ont le plaisir; mais tout le reste qui vient après, oultré et hors d'haleine, ceux-là n'ont nulle cognoissance de l'effect des premiers; et ne leur sert de rien sinon, avec le temps, de perdre cœur et leur oster le courage; car il faut donner plaisir à tous les chiens, qui veut avoir secours de tous et les exercer en corps. Telle forme de tuer le cerf gaste les chiens. De mesme comme aux meuttes à lievre, lors qu'il y a quelques chiens trop vistes, et, à une longue veue, lors qu'ils emportent un lievre, volontiers ils ne parlent plus, et prennent un lievre comme levriers; la moitié des autres chiens perdent cœur et ne tiennent presque compte de chasser, et semble qu'ils

Il faut que les chiens abbattent le cerf.

n'ont nulle cognoissance de l'effect des premiers. Mais lors que, tous ensemble, ils ont cognoissance d'un relancé, les chasses en sont plus belles et profitables à tenir les chiens en exercice, les quels sçavent leur mestier, et dressent les jeusnes et leur augmentent le courage. Bref, pour le cerf, je le laisse abbattre aux chiens, et donne loisir aux chiens haslez et outrez d'y arriver; comme aussy les jeusnes chiens y arrivent, les quels n'ont encor la subtilité de se conserver en force et en haleine; mais le moyen de leur donner force et courage, c'est de les attendre, de ne tuer le cerf, qu'ils ne l'ayent veu debout, qui leur donne cognoissance qu'ils l'ont affoibli et reduit en tel estat par leur travail et effort.

C

Un chien outré et haslé, le quel a perdu sa force, il ne parle plus, et ne sert plus à la meutte, sinon d'un zero en chiffre, qui signifie seulement nombre; c'est pourquoy le bon veneur doit conserver l'haleine à tous ses chiens, en corps; cela estant, il n'en aura pas un qui ne fasse un coup de leur mestier. Le moyen pour parvenir à ce but, c'est d'arrester les chiens subtils qui trouvent les retours, et bannir de la meutte les chiens couppeurs et qui courrent dehors et à costé des voyes; cela est la science d'adjuster une meutte excellente, la quelle chassera tousjours à beau bruict, et parlera de son droict par tout où il pourra toucher la terre.

Chien outré et hors d'haleine ne parle plus.

CI

Chiens muets et qui ne parlent bien apportent confusion, pour cause que, s'ils trouvent un retour ou s'ils ont quelque advantage, ils s'en vont sans parler, et s'ils parlent, ce sera en

Des chiens muets

mil pas deux ou trois voix, tellement qu'ils forlongent leur droict; et les autres chiens dedaignent ces voyes forlongées et chassées, qui causent confusion et plusieurs erreurs de chasse : l'une, que les picqueurs, en pays fort, ne peuvent tenir et joindre un chien qui va si loing sans parler, soit pour l'arrester, si le veneur juge qu'il soit necessaire, ou bien pour le faire chasser, affin qu'au bruict et à sa voix les autres chiens se rallient. Tous ces effects de chasse ne peuvent reussir d'un chien muet et qui ne parle point; ce n'est pas sans raison, que je suis ennemy de telle miserable race de chiens, et que je publie qu'ils n'apportent et ne servent que de confusion, à bien forcer un cerf et à donner plaisir aux maistres.

CII

Jeusnes veneurs, jeusnes chiens, corrompent l'art.

Jeusnes veneurs, jeusnes chiens, tout cela corrompt l'art de venerie, s'il n'y at de la viellesse suffisamment, pour moderer leur furie et tempeste. Je sçay qu'il y a quantité d'excellents jeusnes veneurs; mais neantmoins il y a tousjours quelques boutades de leur aage, qui surpassent les reigles de l'art, les quelles ne se peuvent moderer, sinon avec le temps, ou bien courrant tous les jours, comme l'on fait en la venerie de Sa Majesté le roy de la Grande-Bretagne. Alors les jeusnes veneurs quittent de leur furie, après avoir chassé et courru, deux ou trois mois, tous les jours; sans cela, rien ne les peut reduire sous la prudence de l'art de venerie, que le retour de l'aage, quand la force diminue. Mais c'est avoir passé une partie de l'aage et du temps, sans jouir du contentement de venerie; car je dis et asseure que ne chasser qu'une fois la sepmaine ou deux au plus, que cela n'est capable d'oster et enlever la furie d'un jeusne veneur, ny de reduire des jeusnes chiens trop ardents qui branlent à tout, à cause qu'ils ont trop de temps et d'interval pour se remettre en corps, et reprennent la mesme furie et ardeur qu'ils avoient aux chasses precedentes. Mais bien chasser trois fois la sepmaine, ou tous les jours, comme en Angleterre, cela reduira tout sous la justesse de l'art; et estant reduit, en après cela depend de la prudence des vieux veneurs de juger la force de leurs chiens, et combien de fois ils peuvent chasser la sepmaine sans s'effiler, et donner plaisir au maistre. Et pour finir en ce qui touche au jeusne veneur, il doit voir courre et exercer plus d'une meutte ou exercer des limiers, et il treuvera grande difference à son humeur et methode de chasse; car après avoir passé un esté avec cette violence et furie, je crois que l'autre suivant il ne troublera plus son travail, ny ne corrompera les reigles du mestier, mais travaillera au contenu d'icelles, et de la prudence necessaire, que l'art demande, pour ne point oster et enlever le plaisir du maistre. Jeusnes veneurs gastent tout.

CIII

Avant que de faire jugement d'une meutte et de ceux qui l'exercent, il la faut voir chasser en fort et en foible; car plusieurs races de chiens chassent mieux aux forts qu'aux plaines, et d'autres chassent mieux aux plaines qu'aux forts; de mesme aux pays foibles, par dessous, ces chiens de plaines y vont comme levriers. Cela depend de la race, comme j'ay representé; neantmoins l'exercice d'un bon veneur y sert, car chiens adjustez et tenuz en crainte chassent bien en fort et en foible, comme aux plaines. Quantité de veneurs n'ont pas la methode de bien faire chasser aux pays foibles et aux plaines, ils pressent trop les chiens et leur augmentent la fougue; tels picqueurs font mieux chasser aux profondes forests, forts, dessous, car Juger d'une meutte.

rien ne les empesche en leur furie, sinon le change qui les renvoye à l'escolle. C'est pourquoy, avant que faire jugement d'une meutte, il faut voir les veneurs et les chiens en plussieurs desordres et difficultez de chasse; et si les chiens les demeslent seuls ou s'ils les demeslent avec l'ayde des veneurs, et en ce temps, si celuy qui en doit faire jugement est du mestier, il le pourra faire avec fondement, tout ainsy que celuy qui rend compte de l'estime et de la valeur de l'or le fait avec la touche et le poids. De mesme, celuy qui doit rendre compte et faire jugement de l'excellence d'une meutte en son entier, le doit faire par son travail en fort et en foible, en plusieurs difficultez et desastres de chasse; cela ne se peut faire en une chasse seule.

CIV

Trop grand nombre de chiens apporte confusion, mais nombre de chiens sans excès ne corrompt l'art. Je fais ce discours, à cause que j'ay veu plusieurs fois chasser des trois ou quatre meuttes ensemble, et bien que nous ayons forcé et pris ce que nous courrions, si est-ce que ces chasses de quatre-vingts ou cent chiens ne me plaisent nullement, car ce n'est que confusion. Si l'on picque aux premiers chiens, l'on en laisse la moitié derriere; si l'on demeure à la queue des chiens, quelqu'un se derobe et emporte ses voyes à un quart de lieue devant les autres. Mais nombre de chiens sans excès, comme vingt-cincq ou trente chiens bien chassants et adjustez, c'est le nombre que je demande pour donner plaisir aux vrays veneurs sans confusion, pourveu que ce soyent chiens approchants de force esgale; et à ce nombre de chiens, si je suis à leur queue, j'ay cognoissance de ceux qui sont à la teste, et suis prest à estre à

Trop de chiens confusion.

eux, incontinent que le desordre le requiert; ils ne peuvent faire nulle faute, que je n'en aye cognoissance. Au contraire à un grand nombre de chiens, en leur confusion et erreur de chasse, je demeure confus; mesme les bons chiens saiges sont troublez, ceux qui sont à la teste s'estonnent à un retour, au bruict de ceux qui viennent après et qui font file. Mais trente chiens bien chassants ensemble gaignent tousjours pays; ce n'est pas que je sois reiglé exactement à ce nombre, car Son Altesse desire de courre avec quarante et cincquante chiens; et comme je les arreste souvent pour les rallier, nul ne s'en va devant, mais tous en corps, jusques à ce qu'ils ont forcé et pris leur cerf. Et lors que je courre de ma meutte, qui n'est que de trente chiens, tous approchants d'une force, et j'ose dire veritablement qu'ils le sont, si je leur donne un cerf, un chevreuil ou un lievre, tous arrivent à la mort, chassants tout un jour, ensemble, comme un pelotton. J'ay, pour le moins, de trente chiens vingt-cincq chassants; le reste reprend corps, cela va sans nulle confusion. Et pour mon particulier, lors que je chasse avec plus de quarante chiens, je trouve que cela m'apporte confusion, et la moitié ne sert sinon à faire bruict et à troubler les bons chiens. Donc je dis que nombre de chiens bien chassants ne corrompt l'art, pourveu que ce soit sans excès du nombre, comme trente ou quarante pour le plus.

Trop de chiens confusion.

CV

Qui ne sçait choisir le temps propre, pour mener son maistre à la chasse, il n'est prudent veneur, et fait recevoir à son maistre de grands desplaisirs de chasse. Il ne faut le presser pour aller à la campaigne, si le temps n'est fort commode, si donc de son humeur il n'y est porté, estant vray veneur, et ayant intelligence de pouvoir juger l'impossibilité aux chiens de fournir les voyes par un temps trop difficile. Au contraire, si le temps est commode et plaisant pour les chiens, le bon veneur curieux de donner du plaisir à son maistre, le quel a cognoissance de l'effect que ses chiens fairont à un jour plaisant, doit presser son maistre de ne laisser perdre un tel jour de plaisir; et après luy avoir representé ce qui est du devoir du serviteur au maistre, il se faut reigler du tout à sa volonté et chasser à quelle heure il luy plaira, matin ou soir. Il n'y a nul temps limité aux bonnes meuttes; toutes heures du jour sont propres à chasser, aux bonnes meuttes, tost ou tard; mais le bon veneur ne laissera perdre une belle matinée, pour fripper un disner ou par complaisance des courtisans, si ce n'est que son maistre luy commande de ne chasser que tard pour sa commodité; car bien que toutes heures du jour soyent propres aux bonnes meuttes, neantmoins il y a grande difference et une inegalité de plaisir à chasser matin, à midy ou à la fin du jour. Le matin, les chiens commencent leur chasse plaisament et la finissent de mesme, parlent tousjours bien de leur droict par tout; le soir, sur les quatre heures, les chasses sont encor plaisantes, car à l'esgal de l'affoiblissement de ce qui est ammeutté, l'ardeur du soleil diminue et le sentiment augmente aux chiens et la facilité de chasser; mais à midy, aux jours caniculaires et en plein esté, bien que les bonnes meuttes y chassent bien, si est-ce que le contentement est fort different. C'est desolation de chasse, la moitié des chiens ne parlent point, d'autres ont l'estomac eschauffé et par consequent plus de sentiment; vous en voyez une partie qui tirent un pied de langue, et demeurent outrez sans venir à la mort. Pour moy, je ne treuve point grand plaisir à telle chasse, et encor que mes

Frippeur de disner corrompt l'art.

Chasser matin, plaisir de venerie.

chiens prennent bien ce que je leur ay fait ammeutter à toute heure du jour, pour cela je ne choisis l'heure du midy, ny le haut du jour, pour chasser, si ce n'est que je sois necessité ou constraint à cela. Quelle apparence de demander à des chiens presque l'impossible, car aux garrests et aux chemins poudreux et sablonneux, les chiens y demeurent court, et les veneurs sont constraints de commettre plusieurs erreurs de chasse, pour relever les deffauts? Et aux autres heures plus propres et douces à chasser il y a peu de deffauts, et, si par hazard il y en a, ils se relevent plaisamment et redoublent le contentement; le veneur rallie les chiens qui demeurent tousjours en corps, unis, jusques à la mort de ce que l'on leur a permis d'ameutter. C'est la raison qui me fait dire que le bon veneur ne laissera perdre une belle matinée, car le plaisir est entier pour le maistre : les chiens chassent de grande vistesse, à beau bruict; le sentiment par le frais leur demeure en la perfection, pour demesler le change, les voyes doubles; tout est fourny jusques au bout, joint que le maistre ne peut estre incommodé à la retraicte; car s'il craint le haut du jour, il peut demeurer aux maisons les plus voisines de la fin de la chasse, jusques à ce que l'ardeur du soleil soit passée.

CVI

Les chiens qui gardent bien le change, lors que leur droit est accompagné, ils vont quelques fois longtemps sans parler, pour crainte qu'ils ont de se mesprendre et de faillir. C'est pourquoy le veneur subtil doit regarder le temps et la saison en la quelle il est; car l'esté, aux chaleurs et ardeurs du soleil, j'ay veu mes chiens, lors que leur droit se faisoit relancer, aller loing, sans parler et sans se recognoistre. La chaleur est cause de cest effect, car s'ils ont esté haslez et tirez au collier, cela est cause qu'ils n'ont le sentiment entier et en la perfection accoustumée. Je ne trouble mes chiens alors, par trop huer et sonner; je les laisse recognoistre leur airre doucement, en après ils parlent et me rendent certain de leur travail et de leur droict. Que si c'est le change qui aye party au bruict des chiens, le quel vienne croiser les voyes, incontinent ces chiens tournent court, sans parler, reprendre leur bon airre. Donc ces effects se font communement par bons chiens, pourveu qu'ils ne soyent troublez des veneurs. D'aucuns chiens ne parlent point aussi, tout le temps que leur droit est accompagné; en après qu'il est separé, ils parlent comme auparavant, et nous appellons, en termes de l'art, telle humeur de chien, timide au change.

Du change.

CVII

Encor que les chiens bien adjustez aux retours et aux voyes doubles reviennent en arriere au lieu difficile et sec, il les faut porter quelque peu en avant, avant que les laisser tourner et revenir en arriere; car chiens timides et justes au change reviennent quelques fois en arriere, lors que leur droict est accompagné. Si ce sont chiens qui ne sont encor dressez et asseurez aux voyes doubles, ils en font de mesme; mais le veneur d'art et de science peut avoir cognoissance de ces effects et y peut apporter le remede, par l'ayde qu'il donne à ses chiens. Si c'est au change, il les portera en avant, si le temps est chaud et difficile à chasser; si ce sont voyes doubles, il travaillera de mesme, j'entends si ce sont lieux difficiles, poudreux et secs; mais s'il fait bon chasser, il faut laisser tourner les vieux chiens en arriere, pour craincte de quelque

Du change.

retour et ruze. Mais le tout depend de la prudence d'un bon veneur d'ayder les bons chiens et de les laisser travailler à propos en temps et lieux; le tout depend de cognoistre bien les chiens et leur humeur à chasser, l'air des chiens en courrant, car leur humeur est inegalle. D'aucuns ne parlent point, pour estre timides au change; d'autres vont, sans parler, de subtilité, et qu'ils n'ont encor recognu si c'est leur droit qui est relancé. Qui ne sçait ces differents, il ne peut donner plaisir à son maistre.

CVIII

Un bon chien pour le change, c'est celuy qui sçait separer le cerf de la meutte estant accompagné. Du change.

CIX

Chien hardy au change, c'est celuy qui tourne et revient en arriere, dans la foulle des picqueurs, requester son droict. Du change.

CX

Chien timide au change, c'est celuy qui, lors que le change bondit, il met la queue entre les jambes, vient derriere les picqueurs et ne chasse plus, que le droit ne soit separé. Du change.

CXI

Chien muet au change, c'est celuy, lors que son droit est accompagné, qui perchasse, mais qui ne parle pas, tout le temps que son cerf est avec d'autres bestes; et estant separé de la harde, qui chasse et en crie comme auparavant fermement. Du change.

CXII

Du change.

Chien qui desdaigne le change, c'est celuy le quel, ayant recognu que ce n'est pas son cerf qui passe à luy, pisse sur les voyes du change et tourne requester les voyes de son droict.

CXIII

Du change.

Chien qui advertit les picqueurs au change, c'est celuy, quand le change est lancé et que les chiens le chassent et ameuttent, qui demeure des derniers de la meutte et regarde les picqueurs d'un œil triste et desdaigneux, ou qui vient derriere les chevaux, considerant tousjours les veneurs, droit à la veue, fixement.

CXIV

Du change.

Chien qui tire cognoissance du cerf de la meutte aux branches, c'est celuy qui va muguettant les branches, qui se leve debout, porte le nez aux feuilles et branches ; et, si le cerf de la meutte y a touché, il en parle hardiment.

CXV

Du change.

Chien qui tire cognoissance du cerf de la meutte par les voyes et en terre, c'est celuy qui, quand le droict est accompagné avec d'autres cerfs frais, il porte le nez en terre, le pose avec patience de voye en voye ; et quand il rencontre les voyes de son cerf de la meutte, il en crie et gaigne pays.

CXVI

Du change.

Chiens qui chassent le change, mais de façon et d'air differents à ceux dont ils chassent le droict, ce sont chiens fols et ardents qui s'emportent, et de moments en moments ils font des actions differentes. Ils regardent souvent derriere eux; ils chassent furieusement, puis soudain mollement et point de leur façon et air accoustumez; mesme ils changent de voix, ce n'est pas de la mesme voix qu'ils chassent le droict. Lors qu'ils chassent le change, un bon cognoisseur des actions de ses chiens s'apperçoit bientost du desordre.

CXVII

Un bon chien pour les voyes doubles, c'est celuy qui, lors qu'une meutte a passé cincq ou six fois par un mesme chemin, et que le cerf de la meutte y retourne encor, porte le nez en terre, tire cognoissance de son droict; lors que tous les autres chiens s'estonnent, il pousse doucement ses airres, et les desembarasse et emporte hors de ces doubles. Voyes doubles.

CXVIII

Un chien qui chasse bien dans les eaux, c'est celuy qui porte hardiment le nez dans les fanges et boues; et le quel, se treuvant dans les lieux aquatiques et pleins d'eau, reçoit l'air de son droict; qui va muguettant le bout des herbes et des roseaux, et, si son cerf ou droict y a touché, il en parle hardyment; qui met le muffle dans les eaux et y perchasse tellement, qu'il est souvent constraint d'esternuer et rejetter l'eau, par les nazeaux, qu'il avoit aspirée et respirée. Des eaux.

CXIX

Un chien qui barre les voyes en chassant, c'est celuy le quel, tombant sur des airres de ce qu'il chasse, s'emporte; puis ayant fait son esquipée et sa boutade, il les retourne chercher, Chien qui barre.

et, ayant appuyé le nez sur les voyes ou airres, il s'emporte tousjours à gauche et à droicte, et chasse ainsi esmancipé, tousjours en barrant les voyes, et passe ainsi les plaines.

CXX

Chien qui balance.

Chien qui balance, c'est celuy qui courre à costé des voyes, le quel tombant sur les airres n'ayme pas à les chasser juste, mais tousjours dehors, d'un costé ou de l'autre, et neantmoins il est plus juste que celuy qui barre.

CXXI

Chien qui ondoye.

Un chien qui chasse ondoyant les voyes, c'est celuy qui est jaloux de tenir les voyes, neantmoins qui n'est pas encor assez juste, qui a encor trop de furie pour s'y attacher, qui les empaume trop furieusement pour les chasser de justesse; mais il passe les plaines tousjours fretillant et ondoyant de l'un des costez des voyes ou de l'autre, toutes fois il chasse mieux, selon l'art de venerie, que celuy qui balance.

CXXII

Chien juste.

Un chien juste, c'est celuy, de vraye bonne race, bien dressé, le quel chasse aux plaines les voyes entre ses jambes, qui s'y attache, plie et tourne juste sur les retours et ruzes, et monstre souvent le chemin à ses compagnons.

CXXIII

Chien de chemin.

Bon chien pour les chemins, qui chasse bien aux chemins, c'est celuy, estant mis aux couples, qui a pris plaisir à appuier le nez sur les chemins, et, y ayant receu le sentiment des voyes, s'y est attaché par accoustumance, et a appris à les pousser au pas de voye en voye, tellement qu'estant adjusté à cela, vous le voyez, lors que la meutte demeure estonnée sur quelque grand chemin, s'il est au milieu de la meutte, il la passe subite, se demesle de la presse et vient porter et appuier le nez sur ce chemin, et pousse les airres, le long du chemin, à l'esgal du sentiment des airres, et fait gaigner pays à la meutte.

CXXIV

Chiens qui s'emportent, ce sont ceux qui, estant au bout d'une ruze, d'un retour, s'emportent et outrepassent les voyes, les uns fort loing, les autres moins; ce sont chiens mal dressez ou de meschante nature.

Chiens qui s'emportent.

CXXV

Chien qui ne s'emporte pas, c'est celuy qui demeure court au bout d'une ruze ou retour, et tourne juste en arriere requester les voyes.

Chien qui ne s'emporte.

CXXVI

Chiens qui chassent mesnageant leurs voyes, ce sont ceux qui les emportent à l'esgal que le sentiment leur permet de les emporter. S'ils ne peuvent au trot, ils ne chassent sinon au pas; s'ils peuvent les emporter, ils les chassent de leur vistesse, mais tousjours juste, sans nulle malice.

Chiens qui mesnagent les voyes.

CXXVII

Chiens qui ne mesnagent pas les voyes, ce sont ceux qui sont esmancipez, les quels s'emportent hors des airres à tous moments.

Chiens qui ne mesnagent les voyes.

CXXVIII

Un chien esguillonneur.

Un chien esguillonneur, c'est celuy qui chasse bien les voyes, quand elles ne font que d'aller, qu'elles vont de bon temps, ou bien au lieu aisé à chasser, il est tousjours le premier; mais aux guerrets, hersiers, chemins, lieux secs et poudreux, il demeure court, attend l'ayde des autres chiens et ne chasse plus. Tel chien, s'il passe trois ans, ne vaudrat jamais rien, car il ne prent nul plaisir à mettre le nez à terre, signal de mauvaise race.

CXXIX

Des hersiers ou guerrets.

Chien qui chasse bien aux hersiers ou guerrets, aux chemins poudreux, c'est celuy qui appuie bien, volontiers, le nez à terre, sur les lieux secs et hallez de l'ardeur du soleil, sur les poudres des chemins et hersiers ou guerrets poudreux, qui parle des voyes de son droict dans ces difficultez, tellement qu'il est constraint d'esternuer souvent la poudre qu'il a aspirée et respirée par les nazeaux.

CXXX

Chien sage.

Un chien sage, c'est celuy le quel, voyant, il ne crie sinon à son droict, qui s'explique, que, bien qu'il voye partir devant luy d'autres cerfs que celuy de la meutte, il ne parlera pas, qu'il n'aye esté ressentir, porter le nez en terre ou aux branches, pour tirer cognoissance si c'est son cerf, et si c'est son cerf, à sa veue il parle hardiment; si c'estoit le change, à sa veue il n'en fait aucun estat.

CXXXI

Chiens bien dressez et à commandement, ce sont ceux lesquels chassants s'arrestent sur les voyes de leur droit, sur les voyes du cerf, quand il plaist aux veneurs, incontinent qu'ils entendent la voix des veneurs, et ne chassent plus, au terme de Bellement, jusques à ce que les veneurs les emancipent à chasser, disants : Allons, chiens, allons, à luy. Chiens bien dressez.

CXXXII

Chiens bien dressez, ce sont aussy ceux qui chassent tousjours bien ensemble, en corps de meutte, et qui plient et tournent à la voix des veneurs. Chiens bien dressez.

CXXXIII

Un chien de bonne force, c'est celuy qui chasse huict ou neuf heures et plus, s'il est necessaire, et qui presse son droict continuellement de gueulle et de la voix. Chien de force.

CXXXIV

Un chien viste, c'est celuy qui presse tousjours son droict, en fort et en foible, et ne luy laisse trouver nul lieu de repos, si ce n'est dans les eaux, tellement que les bons chevaux ont bien de la peine à suivre et tenir un chien de si grandes jambes. Chien viste.

CXXXV

Un chien qui parle bien, qui crie bien des voyes de son droict, c'est celuy qui, à tous les eslans et bonds qu'il fait, il parle des airres du cerf qu'on luy a donné, tellement qu'il peut Chien qui parle bien.

estre accompagné des veneurs aux forts et lieux montueux, comme aux plaines et lieux foibles, à cause de sa voix qui se fait tousjours entendre.

CXXXVI

Chien de nez excellent.

Un chien qui a le nez excellent, le sentiment prompt et subtil, c'est celuy qui chasse bien de forlonge, qui va bien rapprocher un cerf forlongé de trois ou quatre heures et plus, si la terre est bonne à chasser, qui le relance en fort et en foible.

CXXXVII

Chien juste.

Chien juste, c'est celuy qui apprend plustost à guarder le change, que les chiens esgarrez, ardans et esmancipez.

CXXXVIII

Chiens ardants.

Chiens ardants et esmancipez, ce sont ceux qui apprennent bientost à coupper, à courre à costé de la meutte et gaster les jeusnes chiens.

CXXXIX

Chien pour retour.

Bon chien pour les ruzes et retours, c'est celuy qui at cognoissance du retour et ne vat au bout de la ruze, et tourne juste là où les dernieres voyes se jettent, et les chasse et emporte.

CXL

Chien de haut nez.

Chien de haut nez, c'est celuy qui doit chasser dans les chaleurs, à l'ardeur du soleil, dans les poudres et lieux secs. Les chiens plus propres à chasser et forcer les lievres, ce sont ceux qui s'attachent le mieux aux voyes, et les quels, de race et d'inclination, chassent, le nez plus près de terre, qui aux forts et fenasses ou tailles et brandes passent dans les mesmes coulées, sous les mesmes branches, que le lievre passe. Chiens à lievre.

CXLI

Les chiens plus propres à chasser le cerf, ce sont ceux qui ne barrent ny balancent, neantmoins ardants; les quels aux couverts, qui y chassent, en parlant tousjours de leur droict, et courrent, sautant les brandes, bruieres et tailles, comme s'ils alloient à capriolles; neantmoins qui tiennent bien les voyes, en fort et en foible, de race et d'inclination, et qui portent tousjours le nez aux branches, aux forts. Quels chiens sont propres à chasser par la neige? Ceux qui ayment à mettre le nez dans la neige, qui passent le muffle jusques aux yeux dans la neige, pour recevoir l'air des airres, et les quels ne craignent nullement le froid. Chiens pour cerf. Aux neiges

CXLII

Quels chiens doivent estre vistes et de grande force? Ceux qui sont fort larges sur les reins, et largeur à proportion entre les deux os des hanches, sur le haut de la queue, là où aboutissent les reins, et la harpe bien avallée et bien tournée. Chiens vistes.

CXLIII

Chiens qui demeslent le mieux la nuict des lievres, qui les vont mieux lancer et requerir, ce sont les chiens de haut nez, et qui chassent de forlonge et avec patience, le nez près de terre. Chiens du lievre.

CXLIV

Chiens patients.

Quels chiens chassent avec patience, par les menus et de forlonge? Ce sont ceux à qui l'on ne donne jamais de veue, si l'on peut; à qui l'on ne monstre jamais ce qu'ils chassent, qu'il ne soit reduit en estat de le prendre de ceste veue, et les quels l'on ne forhue jamais hors de temps, peu souvent et rarement.

CXLV

Chasser à la gelée.

Chiens propres à chasser à la geslée, au verglas, ce sont ceux qui ont le sentiment fort subtil et qui ne feignent pas à poser le nez en terre, encor que la terre soit fort rude; qui ne craignent pas les frimas ny le verglas, mais appuient fermement le sentiment et le bout du nez sur les esgrous de la terre gelée et contre le verglas, tellement que j'ay veu plusieurs chiens, en tels temps fascheux et difficiles à chasser, retourner des chasses, le bout du nez tout escorché et en sang.

CXLVI

Des sentiers.

Chiens propres à chasser aux petits sentiers, sillons et desgouts des eaux, ce sont ceux qui plient juste au tournement des ruses, qui s'attachent bien aux voyes et qui chassent le nez près de terre.

CXLVII

De chasser trois jours.

Quels chiens chassent le plus longtemps et qui peuvent chasser trois jours de suicte, s'il est necessaire? Ce sont les goussaux espais et mieux fournis et rablez, s'ils sont de vraye bonne race pour les efforts; car sans cela, encor qu'ils soient de taille, ils ne fourniroient pas trois jours de suicte.

CXLVIII

En quel temps est-ce que les chiens se gastent le plus tost à la chasse et se desadjustent? C'est quand la gelée at fait une croutte sur la neige, qu'elle porte le lievre; alors le sentiment est aussitost refroidy, les chiens ne peuvent reprendre des voyes et se refroidissent le cerveau, qui leur cause la morve, et la croutte de la neige ainsy gelée leur couppe les pieds et les estropie.

Chasser à la gelée.

CXLIX

De quel poil se trouve-t-il des chiens fort excellents, de quelle couleur? Tous poils et toutes couleurs sont indifferents pour la bonté et excellence aux chiens, pourveu qu'ils ayent le poil bien fourny, car sans cela ils sont trop frilleux l'hyver; neantmoins j'ayme d'inclination les blancs avec quelques taches noires.

Des couleurs des chiens.

CL

Quels effects peut faire, en une meutte, un chien bien plus viste que ses compagnons? Un chien plus viste que les autres cause la plus part des deffauts, parce que tous les autres chiens s'eschauffent l'estomac à le suivre; et ayants l'estomac eschauffé, il leur envoye tant de vapeur et de fumée au cerveau, qu'ils n'ont plus de sentiment. Ce sens de l'odorat est estouppé, les organes du cerveau bouchez et par consequent incapables de relever aucun deffauts; et de plus, les autres chiens, ainsy tirez viste, s'efforcent à suivre cest esguillonneur, ce chien viste, et font trop d'efforts; et à toutes les chasses c'est hazard, s'il n'y a tousjours quelque chien gasté et qui fait trop

Effect d'un chien plus viste que les autres.

d'efforts; c'est pourquoy il faut oster d'une meutte un chien trop viste pour le reste de la meutte.

CLI

Chien menteur.

Quel effect apporte un chien menteur en une meutte? Il fait perdre temps aux vieux chiens. Lors qu'il parle à faute, plusieurs chiens levent la teste, ils croyent que ce chien qui parle à faute lance ou relance; et pouvoit estre que ces chiens, qui ont levé la teste à ce bruict, alloient se rabbattre des airres et relever les deffauts. De plus, il gaste les jeusnes chiens, il les accoustume à devenir menteurs et transporte la plus grande partie des chiens hors des voyes, tellement qu'un bon veneur ne peut travailler, d'art et de science, avec un chien qui parle à faute.

CLII

Chasser aux vignes.

Quels humeurs de chiens chassent bien aux vignes? Ceux qui tournent juste à l'entour des ceps de vignes, et chassent avec patience les mesmes airres que le lievre fait aux vignes.

CLIII

Chien qui se guarde.

Quel est l'effect d'un chien qui s'espargne en chassant? S'il se conserve, s'il guarde sa force, pour bien travailler aux retours et ruzes, aux autres difficultez de chasse, ou bien pour faire des bons coups à la fin d'un cerf malmené, il est excellent; mais si c'estoit un chien paresseux de nature, qui ne prenne nulle peine à travailler, il ne vaut rien.

CLIV

Des chiens senez.

Quels chiens durent et fournissent le plus longtemps aux meuttes? Les chiens chastrez et senez durent plus longtemps aux meuttes que les autres, pourveu qu'ils ayent esté chastrez jeusnes, comme à six mois ou avant qu'ils ayent chassé; mesme ils ne sont pas si sujects à s'effiler et devenir maigres, que les chiens qui ne sont pas senez.

CLV

Quels effects peuvent faire les chiens par un temps de brouillard? La plus part des chiens chassent bien, lors qu'il fait brouillard. L'air espais fait qu'ils conservent longtemps le sentiment des voyes; la terre est mouillée, imbibée d'humidité pas si subtile que la rosée, la quelle est fort froide et esteint une partie du sentiment des airres. L'eau qui tombe des brouillards est aussy plus espaisse et moins penetrante que la pluye, car la pluye lave les voyes, les aneantit; les brouillards les conservent longtemps, les chiens y font des merveilles de chasse, cette humidité est douce.

Chasser par brouillards.

CLVI

De quels chiens d'une meutte doit-on esperer secours à demesler, au point du jour, la nuict d'un lievre? Des chiens qui ne courrent jamais le contrepied, et les quels, lors qu'ils parlent, c'est asseurement le droit et non le contrepied. Il y en a aussy, lors qu'ils ont lancé ce dont ils ont demeslé leur nuict, s'il arrive un deffaut ou retour, là où leur droict ou d'autres bestes ont fait leur nuict, ils ne fairont nul estat de cela et ne parleront plus, si non des voyes lancées, et demesleront ceste ruze dans tous ces embaras.

Chien qui demesle la nuict d'un lievre.

CLVII

Quel effect doit-on esperer d'un jeusne chien fort ardant? S'il est bien dressé, qu'il obeisse à la voix des veneurs, ce

Chien ardant.

sera un chien de secours à tous differents de chasse; mais s'il n'est bien dressé, ce sera un chien esgarré qui faira effort aux premieres saisons, et qui apprendra à coupper et barrer devant la meutte, et ne faira sinon desordre de venerie, lors qu'il ne sera plus le maistre de la meutte.

CLVIII

Effects des chiens qui crient des voyes, le nez bas en terre, ou qui ne peuvent parler et crier, ayants ressenty de leur droict, qu'ils ne levent la teste, qu'ils n'ayent le nez haut. Le chien qui parle de ses voyes, le nez en terre sur les airres ou voyes, il ne perd nul temps pour lievre; il est plus attaché sur les airres que l'autre, et par consequent doit mieux chasser lievre. Mais celuy qui parle de ses voyes, le nez haut, faira plus de diligence, en courrant un cerf, et doit estre plustost mis à courre le cerf que le lievre. Voilà la difference.

Actions des chiens en parlant.

CLIX

Des temps que les chiens se reschauffent, qu'ils redoublent la voix. Les chiens se rechauffent en trois temps. Quand les voyes doublent par retour ou ruze, le sentiment est double et plus ardant, que lors que le sentiment est simple et que les voyes ne doublent pas; alors les vieux chiens tournent arriere et demeslent cette ruze. Les chiens se rechauffent, se recrient, quand le change part; mais il n'y a que les chiens fols qui parlent, les sages n'en crient pas. Les chiens se rechauffent aussy, quand le droict se fait relancer, que le cerf de la meutte repart; alors tous redoublent la voix, jeusnes et vieux, sages et fols. Voylà les trois temps que les chiens se rechauffent en

Chiens redoublent la voix et quand.

venerie, et les differences et distinctions que les jeusnes veneurs doivent sçavoir.

CLX

Quels effects peut faire un chien qui couppe, dans une meutte? Il forlonge le cerf de la meutte, lors qu'il le trouve passé, si c'est un chien qui garde le change; et, si c'est un chien le quel ne garde pas le change, lors qu'il couppe dans les chemins ou ailleurs, s'il trouve le change passé, il le chasse et court à tout, enleve le plaisir de venerie et gaste la meutte qui force toutes sortes d'animaux. Chiens couppeurs.

CLXI

Quel effect peut faire un chien qui a chassé trois saisons dans une bonne meutte? S'il a esté exercé trois saisons, il doit chasser de forlonge, aller requerir un cerf de la nuict à cincq heures du soir, emporter les voyes, le matin, d'un cerf qui a esté failly le soir auparavant, si la terre est freiche et bonne à chasser. Il sçait chasser aussy aux chaleurs, mais pas de si hautes airres; et pour lievre, il chassera de forlonge en temps sec ou frais, et demeslera bien la nuict d'un lievre; il chassera bien, quand le lievre leve ses voyes, et dans les sillons à moitié pleins d'eau. Il est subtil, car il s'est souvent trouvé en pareils differents de venerie; et lors qu'il ne peut recevoir l'air des voyes, il vat longtemps, le nez en terre, jusques à ce que quelque chose luy donne cognoissance de son droict. Voylà les effects des chiens bien dressez, exercez et de bonne race. Chiens de quatre ans.

CLXII

En quel pays faut-il voir chasser une meutte, pour juger de son excellence? Il la faut voir chasser aux plaines et aux Juger d'une meutte.

forts, aux couverts et descouverts. Si c'est aux plaines ou pays foibles, que la meutte joue et se serve fermement de ses jambes, sans barrer ny balancer; aux pays pierreux et de grandes perrieres, où les lievres se font battre sur les fins, que les chiens se servent de l'excellence de leur sentiment; s'ils se treuvent en pays de vignes, ou de hersiers ou guerrets, qu'ils chassent d'une extreme patience et en crainte par les menus, par l'ayde de la voix des veneurs. Alors l'on en peut faire jugement.

CLXIII

Des chiens muets.

Quels effects peut faire un chien muet, en venerie, ou qui ne parle pas souvent? S'il est viste, il forlonge le droict; s'il n'est pas viste, il ne sert que d'un zero en chiffre, il gaste la meutte et ne peut estre accompagné dans les forts; c'est pourquoy il doit estre osté des bonnes meuttes.

CLXIV

Rendre un chien sage.

Comment faut-il rendre un jeusne chien ardant sage et juste? Vous le rendrez sage, si vous estes tousjours en guarde ou qu'il ne barre ou balance et qu'il soit tousjours au fort de la meutte. Que s'il veut s'escarter, qu'il soit tousjours adverty de la voix et rejecté au fort de la meutte à coups de houssinne, s'il n'obeit et plie à la voix des veneurs.

CLXV

Apprendre les chiens à obeir.

Comment est-ce qu'un chien jeusne, fol et ardant, apprend à obeir et plier à la voix des veneurs? A parler à luy, d'une voix rude, lors que l'on le chastie à la campaigne ou au chenil; et lors qu'il fait bien, à parler à luy, d'une voix douce et gaye, en le caressant.

CLXVI

Quel air du chien est-ce qui aggrée le plus au veneur, qui satisfait le plus son genie de venerie, en le voiant courre? Les vrays veneurs prennent plaisir à voir courre des chiens qui se jouent dans une cour, dans un pré, aux plaines; cela est agreable à voir des chiens qui s'estendent bien, mais ce n'est pas encor le contentement du bon veneur. Les chiens sont aussy agreables à voir et à considerer, quand ils courrent leur droict à veue, mais ce n'est pas encor l'action du chien qui satisfait le genie de venerie, ce n'est pas l'entier et vray contentement du veneur : c'est quand le chien courre et chasse, qu'il a les voyes entre les jambes; il n'y a rien au corps du chien qui ne soit en action, toutes les parties travaillent, s'il chasse fermement, et bien d'un autre air que s'il courroit pour son plaisir ou à veue; jusques aux nerfs qui soustiennent la langue, il est en action.

Air du chien agreable aux veneurs.

CLXVII

La difference d'un chien qui a le sentiment lent et dur, à celuy qui a le sentiment prompt et subtil. Le chien qui a le sentiment lent consulte longtemps sur des airres ou voyes, avant que de se resoudre à en crier et les chasser fermement, car il a crainte de se mesprendre; mais le chien qui at le sentiment subtil et delicat, incontinent qu'il tombe sur les airres de son droict, aussitost qu'il touche la voye, il se recrie hardiment, il ne perd nul temps et gaigne pays.

Difference du sentiment du chien.

CLXVIII

A quoy doit-on choisir un beau chien courrant? Est-ce aux oreilles longues ou courtes, ou bien à la taille? Puisque vous

Du choix des chiens.

l'appellez chien courrant, il le faut choisir par les parties qui luy peuvent donner grande force à courrir.

CLXIX

Sagesse des chiens.

Pour quelle raison est-ce que les vieux chiens ne cedent plus aux jeusnes chiens, sur la fin d'une beste malmenée? C'est qu'ils ont cognoissance d'un pied plus ardant, mouillé et humecté de sueur, ce que n'ont pas les jeusnes chiens ardants et fols; et rarement nos vieux chiens prennent plaisir à chasser un pied sec, qui part de la reposée ou d'un giste, quand ils en ont chassé un autre longtemps qui est humecté et mouillé de sueur, car ils ont cognoissance que cela est sur ses fins et malmené, c'est pourquoy ils ne cedent plus aux jeusnes chiens.

CLXX

Des jeusnes chiens.

Les jeusnes chiens de bonne race fairont-ils tous ces effects de venerie, sans le secours des bons veneurs? Non, car la bonne race, aux chiens, leur donne la force et un grand sentiment seulement; mais le bon veneur leur apprend la sagesse, à mesnager leur force, et l'experience, à maintenir leur droict forlongé et sur ses fins; l'un sans l'autre ne peut.

CLXXI

Des jeusnes chiens.

Comment peut-on empescher les jeusnes chiens à faire desordre à la chasse? Ils se peuvent empescher aisement à faire desordre en venerie, pourveu qu'ils ayent esté chastiez de longue main, qu'ils obeissent à la voix des veneurs, lors qu'ils advertissent ces jeunes chiens, avant qu'ils soyent esbranlez et emancipez à faire leurs boutades; car à chiens esbranlez et qui s'en vont, il est très difficile et peinible à les arrester, qu'ils n'ayent fait leurs malices et boutades, mais aysé à les retenir, si vous prenez le temps juste à les advertir.

CLXXII

Quels chiens chassent bien là où les hardes, les trouppeaux de bestail ont pasturé? Les vieux chiens, qui ont accoustumé à prendre à force, qui ne dedaignent pas à mettre le nez en terre, nonobstant la puanteur du bestail. Les chiens qui ont chassé trois saisons doivent pousser leur droict et le perchasser hors des trouppeaux de vaches, moutons et pourceaux; et ne seroit pas possible qu'ils perchassent leur droict hors du change, s'ils ne pouvoient desembarasser ce different de venerie.

Des hardes de bestail.

CLXXIII

En quels pays les petits chiens ont-ils advantage et les grands aussy? Les chiens de mediocre taille ont advantage aux pays de grandes montagnes et par les chaleurs; mais aux grandes plaines, quand la terre est pesante, qu'elle paste, que les chiens emportent et levent la terre, et qu'ils enfoncent jusques aux jarrests, alors les grands chiens ont un peu d'advantage, aux fenasses et lieux espais aussy; mais aux lieux foibles, dessous, les chiens de grandeur mediocre s'y coulent mieux.

Advantage des grands chiens et aux petits.

CLXXIV

Quels chiens doivent bien chasser aux terres nouvellement fiembrées et le fumier espars qui couvre toute la terre, comme aussy aux terres nouvellement bruslées? Les chiens qui ont esté exercez trois saisons y doivent perchasser, s'ils ne dedaignent les puanteurs; car la plus part des chiens n'ayment pas les puanteurs, sinon celles qu'ils peuvent manger, comme vieux

Des terres fiembrées.

carnages, vieux ossements. Mais les autres puanteurs, qui leur envoyent des vapeurs espaisses, qui leur bouchent les organes du sentiment et de l'odorat, ils ne peuvent les souffrir; c'est pourquoy aux terres bruslées de nouveau, les chiens y esternuent souvent, pour se deboucher les canaux du cerveau, et avoir le sens de l'odorat libre, pour perchasser leur droict hors des puanteurs, comme terres fiembrées, terres bruslées et autres lieux pareillement puants.

CLXXV

Difficultez grandes.

Quelles difficultez sont les plus frequentes et qui arrivent le plus souvent en venerie? Ce sont les ruzes et retours, car ce qui fuit devant une meutte ruze tousjours. Autant de fois que vous irez à la chasse, autant de fois aurez-vous des ruzes et retours. Pour les autres difficultez de chasse, vous ne les trouvez pas tousjours, ny à toutes les chasses.

CLXXVI

Du change.

Quelle difficulté de venerie est la plus difficile? C'est le change à demesler et separer un droict accompagné, en ce temps à bien secourir les chiens sages, avec prudence, sans les presser ou violenter leurs airs.

CLXXVII

Des doubles.

Quelle difficulté embarasse fort les chiens, en forçant leur droict? Ce sont les voyes doublées cincq ou six fois, c'est la seconde difficulté de venerie.

CLXXVIII

Des retours.

Faut-il retourner subitement en arriere, quand les chiens ne chassent plus, qu'ils demeurent court, en deffaut? Non, car c'est une grande erreur de venerie de retourner, quand le droict perce. Il faut considerer la cause et retardement de ce deffaut : que si les chiens ont longtemps chassé en lieux aysez, comme lieux herbeux et frais, et qu'ils demeurent à l'entrée des lieux secs et difficiles, il faut leur donner loisir de se recognoistre, les pousser un peu avant, avant que de forhuer en arriere; de mesme s'ils avoient courru une longue veue, il faut aussy les laisser un peu consulter; mais s'ils chassent en lieu assez difficile et qu'ils demeurent en deffaut en lieux herbeux ou tailles, lieux aisez à reprendre des voyes, alors il faudroit ne perdre nul temps et tourner subit en arriere.

CLXXIX

Nous tenons, en l'art de venerie, que les chiens peuvent avoir le sentiment, dans une riviere, d'un cerf qui contremonte l'eau, à cause que l'eau, venante à la valée, elle est quelques fois couverte d'herbes ou petits rameaux; et de plus, il y a souvent des petits bouillons d'escume qui touchent contre le corps du cerf qui ainsy contremonte, et ces escumes ayant touché le cerf avec la sueur, tout cela allant à val de l'eau porte le sentiment aux chiens, ou bien quelque poil ou escume du cerf, qui de mesme vont à val de l'eau, qui portent le sentiment aux chiens et font l'effet semblable. Mais à un cerf qui se laisse porter des eaux et va à val de la riviere, les chiens ne peuvent avoir nulle cognoissance de cela, si donc il n'y a quelques bouts de roseaux ou herbes qui monstrent leur superficie hors de l'eau, et par ce moyen les chiens en peuvent avoir quelque cognoissance; et, si ces herbes ou roseaux sont espais, entre deux eaux, j'ay veu des chiens plonger le muffle jusques aux yeux dedans ces herbes, et après se resoudre à parler en

Des eaux.

ces lieux. Le jugement du veneur est fort necessaire, si les chiens demeurent court. Il faut considerer en quel estat un cerf est reduit, lors qu'il bat les eaux. Que si les chiens ne nous donnent nulle cognoissance des malices du cerf arrivant aux eaux, et que le cerf soit malmenné, il est à juger que le cerf va à val de la riviere et s'est laissé emporter au fil de l'eau; mais s'il n'estoit malmenné, il pourroit contremonter, comme j'en ay courru plusieurs, qui contremontoient, pour aborder à des isles, qui estoient au milieu de plussieurs bras de riviere.

CLXXX

Des eaux.

Plusieurs veneurs tiennent que les chiens qui chassent de près peuvent avoir sentiment d'un cerf qui s'est jetté dedans une eau dormante, à cause que quelque poil ou escume de la sueur de ce droit eschauffé et haslé demeurent sur l'eau, en la quelle ce cerf s'est jetté et rafreschy. Mais si elle est escourrue et à val, tout est esvanouy; ce sentiment ne demeure coi, arresté, comme aux branches ou en terre, il courre subit et ne retourne jamais. C'est pourquoy dedans les eaux, lors qu'il n'y a nulle herbe ou roseaux, si l'art ne peut estre exercé par les hommes ny par les chiens, il faut avoir recours à prendre les devants et user d'artifice. Plusieurs ont escrit les moiens de porter les chiens hors des eaux : le seigneur Gaston de Foix, qui en a escrit il y a deux cents ans ou environ; le seigneur du Fouilloux de mesme nous en donne des moyens. Mais pour mon particulier, lors qu'un cerf ne touche plus la terre devant mes chiens, je me trouve fort embarassé; nonobstant, comme d'autres, je me tire hors de ces difficultez, si ce n'est un malheur extraordinaire. Il y a des veneurs qui nous donnent comparaison, pour l'eau à contremont, que les chiens chassent mieux le nez au vent qu'ils ne font hors du vent, et faut que les voyes soyent entierement esvaporées et esvanouies, si quelque chien n'en parle. Il est certain, je puis avec raison et experience resoudre ce different; et comme un vaisseau en mer flotte à l'esgal du vent, soit qu'il aye demy vent, tiers ou quart, ainsy de mesme une meutte chasse de justesse à l'esgal du vent, soit qu'elle l'aye entierement ou qu'il lui donne à costé ou à quartier; bref, s'il y a quelque different et changement d'air furieux ou plus lent, de cela je puis en resoudre. Mais pour les eaux, bien que l'on die qu'il n'y peut avoir si peu de sentiment, que les chiens n'en reçoivent l'air, en tant que l'eau qui a touché le cerf n'est encor escourue, si est-ce que je laisse ce different, pour le vuider, à Neptune. Des eaux.

ADVIS AUX JEUSNES VENEURS, POUR TENIR UNE MEUTTE EN PERFECTION ET VRAYE BONTÉ.

Si un gentilhomme ou autre s'est obligé de tenir une meutte en exercice à quelque roy ou prince, il doit, suivant le nombre de chiens qui luy est ordonné de composer sa meutte, estre certain de la force et vigueur, des années, que ses vieux chiens pourront demeurer fermes à chasser à leur tour, et le secourir à donner plaisir à son maistre. Lors que je parle d'un vieux chien, à chasser à son tour, ce n'est pas qu'il doive faire les avances, mais qu'il tienne la meutte, et à un desastre, c'est là, à son tour, de faire son effort. Et si un gentilhomme exerce une meutte à luy, il doit, à l'esgal de ses moyens et selon que son pouvoir luy permet, tenir sa meutte forte ou foible, et puis, suivant les années, comme j'ay dit cy devant, que ses vieux chiens peuvent tirer au collier, il les doit rafrechir. Je luy veux donner pour exemple les formes et reigles, que j'ay observées, pour tenir la meutte de Son Altesse en exercice; en après je le satisfairay, luy ouvrant les moyens, par les quels il aura une meutte à lievre tousjours en perfection et bonté. Je commenceray donc à discourir de la chasse royale et de la force des races des chiens de Son Altesse, qui sont si vigoureux, qu'ils tirent au collier quatre ou cincq ans avec les jeusnes chiens, les plus ardants qui se puissent rencontrer, et à la fin du jour ils font leur effort, puis après ils peuvent servir deux ans à des relais. Ce sont tels docteurs que l'on doit mettre aux relais, non pas des jeusnes chiens pleins de folie. Les seigneurs, qui ayment à courre avec force relais, se trouveront bien de travailler, sur la fin d'une beste malmennée, avec les vieux chiens, sans y mesler tant de jeusnesse, et chiens qui ayent duré au moins quatre saisons à la meutte. C'est pourquoy je ne puis conseiller aux veneurs, qui veullent observer les vrays points de la science, de choisir les races des chiens qui n'arrivent, à la cincquiesme année, à demeurer debout depuis le laisser-courre d'un cerf jusques à la mort. Et s'ils sont tirez de la meutte, depuis la troisiesme ou quatriesme année, et mis aux relais, ils n'arriveront jamais à la mesme perfection de bonté, ny approchant de ceux qui se sont ruzez et adjustez jusques à la cincquiesme ou sixiesme, par ce que l'aage le plus propre aux chiens à se rendre vrais bons chiens, avec l'ayde et subtilité du veneur,

De la chasse royale.

De tirer les chiens de la meutte trop tost.

c'est la troisiesme saison qu'ils sont exercez. Or, en ces deux cervaisons que mes chiens arrivent à trois et quatre ans, je suis diligent à ne leur laisser perdre une seule chasse, par ma faute. En ce temps, c'est un de mes desplaisirs d'avoir un de mes chiens boitteux ou une lice qui s'eschauffe, car ils ne peuvent perdre si peu de chasses, que cela n'empesche à la perfection qu'ils doivent; et ne sert à une meutte, pour la rendre excellente, d'avoir des vieux chiens, s'ils n'ont esté exercez. Xenophon et les Grecs exerçoient leurs chiens et les faisoient chasser de trois jours en trois jours, car l'aage ne leur sert de rien à bien forcer, si l'exercice continuel ne les a rendus excellents; et en cette science, encor que les chiens soyent de race excellente, si est-ce qu'ils ne peuvent estre mis au nombre des vrays bons chiens et fermes chasseurs, que par le travail des bons hommes de mestier. C'est une de mes plus exactes reigles, pour tenir mes meuttes en parfaicte bonté, que de fort exercer les chiens de trois ans et les travailler, tellement qu'ils n'ayent nul soing de faire des folies, sinon tenir les voyes de justesse; et comme vous les reduirez à tel temps, de mesme en pourrez-vous esperer du secours aux desastres de chasse. Je suis aussy fort soigneux au nombre des jeusnes chiens, pour rafrechir ma meutte; non pas que je veuille astraindre un veneur à en avoir un nombre fixe, parce que ce seroit errer, mais le nombre le plus approchant qu'il pourra du sixiesme ou cincquiesme de sa meutte; comme par exemple, si une meutte est composée de vingt-quatre chiens, je tacheray de la fournir de quatre ou cincq jeusnes chiens de la mesme race et de la mesme vitesse aux autres; et pour les avoir tels, j'auray peut-estre eu le choix de huict ou dix plus ou moins, et aussitost que j'auray reco-

Du nombre qu'il faut rafrechir la meutte de jeusnesse.

gnu leur naturel, je garderay ceux que l'art m'a appris de choisir et les plus approchants de l'humeur de mon maistre. Mais si c'est un gentilhomme particulier qui aye une meutte, il ne se trouvera pas longtemps bien servy de jeusnes chiens qui, les premieres fois qu'ils ont été descouplez, vont faire de grandes randonnées devant une meutte, et qui tesmoignent une force extraordinaire, parce qu'aux saisons suivantes ils seront subjects à beaucoup d'inconvenients. Mais il tirera plus longtemps service d'un jeusne chien, qui roulle sur les voyes fermement au fort de la meutte, et qui se hazarde, les voyes estant defournies, de les empaulmer de justesse. Je ne blasme nullement un jeusne chien qui fait quelques esquippées, et qui quelques fois s'emancipe de fretiller devant une meutte; mais il me sera insupportable, s'il se plaist souvent et après avoir esté chastié, à barrer et courre à l'estourdy devant la meutte, regardant derriere si les autres le suivent; cela se doit appeller vraye malice, s'il fait le mesme effect, après avoir chassé une saison. Je veux donc choisir mes chiens, pour bien servir, de race que je cognoisse de longue main; car les veneurs, qui ont l'humeur changeante à la nouveauté des races de chiens, sont sujects à estre trompez à leur choix, parce que nous ne sommes pas tousjours en mesme disposition, nos humeurs tantost plus bouillantes, tantost d'une humeur plus moderée. A une chasse, nous irons courre en un pays fort, où les chiens ne peuvent percer; une autre fois nous irons chasser en pays foibles, où les chiens jouent à pis faire de leurs jambes. Tantost il fait trop chaud; puis après il fait grand vent, ou bien le temps se change et la terre couverte d'eau. Et alors le jeusne veneur trouvera grande difference à l'humeur de ses chiens et à la sienne; car un de ses chiens se

Du choix des jeusnes chiens.

plaira à un des temps et pays et non à l'autre, le veneur sera fort satisfait de ses chiens en un temps non à l'autre, parce que peut-estre le pays ne luy plaist nullement. Bref, ce sont mutations differentes, les quelles il faut rendre les plus solides que l'art commande et l'apprend. Pour à quoy parvenir, le jeusne veneur recevra pour advis, comme je l'ay appris de mes maistres veneurs, deux points qui sont vrayes bazes de l'art et vrays fondements de venerie au choix des races de chiens : le premier, qu'il choisisse des races de chiens, qui ayent accoustumé de demeurer huict et neuf heures debout et d'advantage, s'il est necessaire ; l'autre, qu'ils chassent parfaictement bien dans les chaleurs, qui s'appelle vulgairement et selon le mestier estre de haut nez. Je laisseray un peu mediter sur les deux articles, affin que l'on se represente que la plus part des bonnes actions, que chiens chassans et servans, comme les appelle Gaston de Foix, ont acquises, sont accidentales et leur proviennent de la science et capacité de celuy qui les a en charge. Sur tout la force y est necessaire, qui se doit temperer par la prudence du veneur ; et de mesme comme un vray bon homme de cheval ne pourra pas faire le mesme effect à dresser un cheval qui manqueroit de force, comme il faira celuy qui est vigoureux et qui a l'esquine bonne, ainsy le veneur pourroit avoir acquis toute la science de l'art de venerie, qu'il ne rendra jamais un chien en perfection de bonté, s'il n'a la force. Il faut consulter en nous-mesmes ce mot de l'art qui dit, forcer un cerf : il faut science de veneur et force de chiens ; ce sont les formes qu'il faut observer et qui s'observent par celuy qui est vray veneur. Mais je veux donner autres moyens moins penibles à ceux qui se meslent du mestier, par maxime d'estat et pour estre complaisans à leurs maistres ; car infail-

Comparaison de la force des chiens.

Des chiens de race et non incognuz.

liblement ils ne choisiront jamais à propos que par hazard, à cause que de mauvaise race il sortira quelques fois un chien assez fort et bon. Toutes fois il aura quelques defauts, qui ne se peuvent recognoistre que par ceux qui sont desliez et subtils en l'art; et tirer race d'un tel chien, c'est entierement gaster une meutte, et les jeusnes chiens qui en viendront ne seront pas chiens de secours aux difficultez de chasse. Or, si un veneur tantost fait, comme celuy que j'ay icy depeint, veut se laisser gouverner et donner plaisir à son maistre, il doit demander des races de chiens à quelqu'un de ses amis intimes, qui soit veneur et qui aye quelque meutte en charge, affin qu'il puisse avoir de vrayes bonnes races de chiens et qui soient cognues de longtemps, et par ce moyen il sera asseuré d'avoir de bons chiens. Je veux aussy l'advertir de ne se laisser insensiblement soustraire sa meutte, en donnant par trop de ses chiens, sous esperance d'avoir force jeusnesse pour mettre au chenil; et veritablement l'on se laisse aisement emporter à cajollerie : tantost un ami vient demander un chien, après un parent, un frere, un estranger, et en peu de temps un seigneur manque de plaisir par ce desordre. Que s'il arrive que vous soyez obligé de donner de vos chiens, vous ne choisirez pas ceux de trois ans ny de quatre ans, parce que, si vous estes asseuré veneur, ils n'auront pas tant demeuré en vostre meutte, qu'ils n'entendent à donner plaisir à vostre maistre et à vous secourir aux desordres de chasse. Je ne parle pas à ceux à qui les meuttes sont, comme aux seigneurs ou gentilshommes, parce qu'ils donnent leurs chiens eux-mesmes, ils sçavent d'où vient le deffaut; mais je m'addresse aux veneurs qui servent les roys et les grands princes, et leur asseure qu'il faut peu de chose pour mettre une meutte en desordre, et faut

Le bon veneur ne doit donner ses chiens de secours, s'il desire de donner plaisir à son maistre.

l'aage, la vie, le soing et le travail d'un vray bon veneur pour la rendre excellente. Il est donc necessaire de travailler avec prudence, pour donner des chiens d'une meutte adjustée et qui doit fermement maintenir ce qui est devant elle. Si c'est courrant un cerf, il faut chasser et perchasser dedans le change, après des voyes doublées cincq ou six fois, dedans les eaux, par les grandes chaleurs; hors de ces difficultez, vous trouverez des grands chemins, des sentiers; et selon le païs où vous courrez, vous trouverez des confins où les terres sont bruslées, là où les chiens ne chassent nullement bien, des terres nouvellement fiembrées où les chiens à lievre se trouvent fort embarassez, si vous ne les portez plus outre; là où des porcqs ou des moutons ont pasturé, de mesme vos chiens à lievre demeurent et quelques fois les chiens pour le cerf. Tout cecy sont grandes difficultez de chasse, si est-ce qu'il ne se faut pas estonner, pour donner plaisir à vostre maistre; car en ce temps vous tesmoignerez vostre capacité en l'art, et aurez recours à ce corps que nous appellons meutte, la quelle vous doit fournir des chiens propres à sortir de ces desordres, affin que les voyes soyent tousjours fournies et empaumées. Bref, tels chiens, joints et unis à vostre science, seront cause que vostre maistre sera satisfait, et ce qui sera devant vous se forlongera difficillement et le forcerez. Ne soyez point en doute d'avoir des chiens propres, car si vous courrez deux ou trois fois la sepmaine, vous les aurez tels, si vous n'avez affoibly vostre meutte, donnant les chiens qui alloient atteindre telle perfection. Non pas que je veuille empescher de donner des chiens, car c'est la fonction du bon veneur d'assister ses compagnons du mestier, et les devez secourrir le plus que vous pourrez, sans oster le plaisir de vostre maistre par trop affoiblir vostre

Des desordres et difficultez de chasse.

meutte, cecy est une des reigles pour la tenir tousjours en perfection et bonté. Et outre ce que j'ay representé de l'exercice des chiens en particulier cy devant, j'ay encor assez de subjects pour entretenir les jeusnes veneurs de l'exercice de la meutte en general, que je rendray familier par les raisons de l'art, que je deduiray, au chapitre suivant, affin de bien dresser des meuttes ; car les Grecs disoient que les chiens mal dressez font hayr et abhorrer la venerie à ceux qui l'ayment.

DE L'EXERCICE QUE JE FAIS FAIRE A LA MEUTTE DE SON ALTESSE, POUR LA TENIR EN PERFECTION ET BONTÉ.

Je dirois hardiment de l'exercice qu'il faut qu'une meutte fasse pour estre excellente, si ce n'estoit que je tesmoignerois plustost de l'ambition en mon art, ou bien violenter les esprits qui ont part en ceste science, pour les tirer du tout à mon opinion et les esloigner de la leur, ce que je ne pretend de faire, à cause que plussieurs peuvent faire un mesme voyage par diverses voyes, et peuvent pretendre à mesmes fins par des formes et methodes differentes. Je me contente seulement de representer veritablement comme je travaille en cet art de venerie, sans que je rejette la science d'autruy. Et ainsy me servant des exemples de ces voyageurs qui arrivent à mesme port, je concluray que la plus part des veneurs prennent bien le cerf ; mais tout ainsy qu'en ces deux exemples precedents il y a des voyes plus abbregeantes les unes que les autres, de mesme à forcer le cerf il y en at qui observent mieux les reigles que les autres. Et asseure que j'ayme mieux faillir un cerf, observant toutes les reigles que je dois, que de le prendre par des methodes qui n'ont jamais esté praticquées par nos devanciers vrais veneurs; car de prendre un cerf mesme avec une mauvaise meutte, c'est chose qui se voit assez souvent; mais le forcer de science par tout où il puisse ruzer et toucher la terre, ce plaisir ne doit estre que pour des grands roys et princes. C'est pourquoy nul ne se doit estonner, s'il est vray bon veneur, encor qu'il ne soit aymé ny chery du commun, mesme de plusieurs seigneurs et gentilhommes; car cela ne touche et n'appartient qu'aux grands roys et princes de faire estat d'un bon veneur, à cause qu'en cette science il y a peu de lucre et proffit particulier. C'est seulement un contentement d'esprit et une delectation d'ame tranquille; donc cette delectation touche seulement au vray et parfait veneur, et est du tout ennemie des hommes avares et par trop attachez aux biens. Et ce discours est du tout necessaire à mon dessein, pour representer comment une meutte se doit vrayment exercer, à cause que, si la meutte est à un prince ou seigneur mecaniques et qui plaignent les chevaux qui se tuent à la chasse lors qu'il est necessaire, la meutte ne se peut nullement exercer. Comme de mesme les veneurs qui sont sous eux, reiglez par une grande avarice des facteurs et intendants de la maison, qui se souffre neantmoins par le maistre, le service se faira encor moins et tousjours au desadvantage des reigles de l'art et de la science, qui provient directement de l'imprudence de tels reglements, et non de la faute d'un pauvre veneur, si la meutte n'est exercée comme il faut. Non pas que je desire qu'il y aye de l'abus et trop grande opulence, mais rai-

Le vray veneur n'est aymé que des roys, princes et des ames nobles.

sonablement, que la necessité ne soit du costé du veneur avec la misere pour compagne; car il est impossible qu'un veneur, qui aura pour sa fortune un maistre de telle humeur, qu'il puisse bien exercer une meutte, veu que sa science accompagnée du travail depend seule de l'esprit et du jugement. Or, si l'esprit n'est donc desembarassé d'autres soings, il ne peut faire ceste fonction de vraye venerie, qui est si noble que plusieurs roys et princes nous soulloient appeller, du passé, compagnons de la venerie, et encor pour le jour d'huy il y en a qui l'observent. Que si d'advanture, en quelque climat, ceste science s'est esvanouie, c'est la faute de plussieurs manquements; car ce pauvre veneur il luy est impossible, allant au bois ou bien ayant descouplé ses chiens, d'avoir cest esprit libre, si en sa maison il a laissé sa femme, ses enfants, accompagnez de misere et de necessité, et que luy-mesme la plus part du temps il ne sçait de quel bois faire fleche, ne sçait où prendre de quoy pour ses necessitez et refection. Ô que vous estes miserables, jeusnes veneurs, si vous vous laissez endormir par des maistres qui poussent le temps de l'espaulle à fournir des chevaux à la necessité, et qui, pour gaigner un mois de temps, tardent à remonter leurs veneurs, affin qu'ils ne ruinent pas tant de chevaux en une cervaison, cela est cause qu'ils perdent leur honneur en la science, les chiens se desadjustent, quand on est mal monté, prennent advantage, ne font plus qu'à leur volonté, et vous-mesmes, ayant cette distraction d'ame et d'esprit, vous ne pouvez jamais penetrer à la vraye quintessence de venerie! Fuiez donc tels maistres; et en ayant rencontré un qui soit accompagné de raison et de discretion envers ses serviteurs, vous devez user de la mesme discretion en ce qui concerne son service et mesme à l'interest de sa

Le vray veneur ne se doit laisser endormir d'un maistre mecanique.

bourse, et principalement en ce qui depend des chevaux, qui est la plus grande despence pour bien exercer une meutte. Que s'il n'est necessaire, vous les conserverez; mais s'il est necessaire, pour accompagner les chiens ou pour les chastier, lors qu'ils ne veullent plier à la voix ou qu'ils courrent le change, en ce temps n'espargnez nullement les chevaux; et notez ce mot que j'ay dit cy devant : si vous avez un maistre discret et qui soit veneur, il n'aura nul regret, si vous tuez un cheval pour son service et avec necessité, pour luy donner du plaisir, en exerçant ses chiens deux fois la sepmaine ou trois, selon les efforts qu'ils ont faits la derniere chasse. Que s'il est necessaire de leur donner du repos, cela demeure à la discretion du veneur : sçavoir combien de jours le naturel de ses chiens demande, pour estre en corps raisonnable, pour avoir force, haleine et sentiment dedans les chaleurs, car je cognois en quel corps mes chiens doivent estre, pour donner plaisir. Que s'ils sont par trop defaits, ils n'ont pas assez de force; que s'ils sont pleins, ils manquent d'haleine et de sentiment, pour les tenir en exercice, comme je fais : qui est que, si Son Altesse n'est à la chasse, et qu'un veneur vienne faire rapport d'un cerf qu'il a lancé ou brizé sans estre destourné, alors je me plais de le faire aller requerir à mes chiens par les menus, parlant tousjours aux vieux docteurs de chasse qui en parlent bien y ayans esté dressez, et chastiant les jeusnes chiens courageux qui empeschent la justesse des autres et les gastent et desadjustent tout à fait, sans le soing et l'ordre que doit apporter un parfait veneur. Mesme si Son Altesse n'est à la chasse, je prends grand plaisir à descoupler aux brizées d'un cerf destourné, sans jouer du limier. C'est souvent l'exercice que je fais faire aux meuttes que je gouverne, pour les tenir en perfection

En quel corps les chiens doivent estre, pour bien chasser?

et bonté, et ne peuvent chasser de bien hautes airres que par telle voye. De plus, je fais quelques fois lancer des cerfs aux buissons, où ils doivent passer des grandes plaines, ou bien en pays plus couverts, pourveu qu'ils sont raisonnables pour les chevaux, et que les picqueurs puissent voir les chiens qui fairont des folies. Et lors que les voyes de ce cerf lancé sont refroidies de trois heures et plus, si la terre est bonne à chasser, si la terre n'est bonne à chasser, il faut moins de temps, selon que vous cognoissez vos chiens, pour le commencement, et tousjours petit à petit vous les accoustumerez à estre de haut nez et excellens pour rapprocher ce qui fuit devant eux ; mais je cherche les plaines ou grandes brandes, pour y faire mon effect et exercer cette regle à bien dresser une meutte ; et aussitost que mes chiens empaument les voyes forlongées, de crainte que les jeusnes chiens ne barrent et balancent par trop, je fais tenir de mes compagnons de part et d'autre de la meutte ; et estant ainsy au milieu des picqueurs, ils ne peuvent faire nulle action mauvaise, sans estre chastiez en mesme temps ; car si un jeusne chien est porté de fougue à vouloir se mettre à la teste et le premier aussy, aussitost il a de la gaulle sur les reins, qui le fait tenir dans la presse du corps de la meutte. Et ayant esté chastié souvent, il ne s'emancipe plus à vouloir emporter ses voyes de furie ; mais il apprend à chasser de patience, et de quel temps le sentiment luy permet d'emporter des voyes de forlonge. S'il ne les peut emporter qu'au pas, il ne chasse qu'au pas ; s'il les peut emporter au trot, il ne chasse que de ceste furie. Et se doivent dresser les vrayes bonnes meuttes avec telle patience, pour les faire chasser de forlonge. Je les fais aussy arrester souvent, affin que tout ce corps aye croyance à nos voix et qu'il tourne et plie à nostre dessein ;

Moyen de faire chasser les chiens de forlonge.

mesme que s'ils manquoient d'haleine, qui leur oste entierement le sentiment, les arrestant quelque peu, ils rentrent en leurs forces et perchassent bien ces voyes forlongées et les approchent plaisament. Ce sont les secrets de l'art, pour exercer une meutte en corps et l'apprendre à chasser de hautes airres. De plus, il arrive quelques fois, aux grandes chaleurs, que vous chasserez plussieurs heures dans les poudres, sans trouver une gouste d'eau; alors vos chiens ont tellement l'estomac deseiché, qu'ils ne peuvent plus fournir les voyes et demeurent en desordre. Le grand Cyrus et les anciens faisoient faire des parcqs pour dresser leurs chiens; ils ont esté inventez à ce subject et pour adjuster les meuttes, affin qu'estant bien à la voye, elles puissent forcer aux lieux diffi ciles, comme forests, montagnes, au change et voyes doublées. Jeusne veneur, vous ne devez du tout perdre cœur et vous mesfier de vostre art; car souvent il m'est arrivé ce que je vous represente : que mes chiens en corps ne faisoient leurs effects comme il faut, et que toute la compagnie me representoit que, par un tel hasle, il n'y auroit moyen de rapprocher un cerf forlongé, Or, recognoissant que les chiens ne chassoient assez plaisament au contentement des veneurs et au mien, je fais brizer et tirer la meutte hors des airres, et m'en vay chercher les eaux les plus voisines ou bien en un village rafrechir mes chiens, et leur donne à chascun un petit morceau de pain; et incontinent je retourne et leur fais empaumer leur droict forlongé, qu'ils alloient relancer plaisament, faisant nouvelles jambes et redoublant de force jusques à sa mort. J'ay souvent pratiqué telle methode de chasse, qui se doit approuver entre les bons hommes du mestier, et particulierement en l'année mil six cent et quinze, la quelle at esté

De chasser aux grandes chaleurs et donner halcine à la meutte.

si chaude et si seiche en ces climats de Lorraine, que la plus grande partie de nos prairies ont esté steriles, les terres toutes decrevées, les chemins, les uns tout poudreux, les autres fort rudes avec les guerrets de mesme, que les chiens estoient dessolez, car nous courrons souvent par le haut du jour, tellement que tout estoit au desadvantage des veneurs et des chiens; et toutes fois je puis asseurer que j'ay failly peu de cerfs en cette saison de seicheresse, observant toutes ces reigles et conservant l'haleine à mes chiens. J'eusse bien pris en telle saison les cerfs plus viste, mais ce n'auroit esté avec toute une meutte, seulement quelques chiens des plus ardants; comme pour exemple à un retour, le premier chien qui l'eut emporté, j'eusse bien peu le presser et porter quelques chiens à celuy-là, de là à un relais et faire relayer au premier chien et tousjours à luy de mesme furie, sans soing des autres chiens. J'en ay fait estouffer plusieurs de la mesme sorte en une heure, une heure et demy et quelques fois en moins, et les sçaurois tousjours bien prendre en la sorte et comme il plaira à Son Altesse; mais si elle le remet à moy, je les prendray avec plus de science et de creance à mes chiens, chassant avec ce corps de meutte, comme je l'ay monstré à l'assemblée aux princes et veneurs. Je veux qu'ils le voyent courre; et aux desastres de chasse qui m'arrivent, ils voyent sortir de toute la meutte quelque vieux chien qui me secoure, non pas me fier à trois ou quatre qui malaisement fournissent à tous desordres qui arrivent en forçant un cerf. En outre toutes ces considerations, j'aurois regret d'avoir monstré tant de chiens à l'assemblée ensemble, sans que l'on les voye en corps faire leurs efforts, chasser et perchasser et presque de mesme air forcer ce qui est devant eux; et tiens que je fairois tort à

Erreur de chasse pour abbreger le droict.

Chasser avec tous les chiens.

mon maistre de luy faire nourrir cincquante ou soixante chiens, si ce qui est en estat de chasser, au jour qu'il a choisy pour courre, ne faisoit un coup devant luy et ne monstroit, avant que le cerf se rende, qu'il ne mange pas le pain inutilement. Sans cela, ce seroit s'abuser du nombre, et il n'y a nulle raison ny fondement de venerie qui ne fassent pour moy, en ce discours, d'exercer une meutte en corps, pour la tenir en perfection et bonté; car de s'en aller avec quelque petit nombre de chiens, ce n'est pas exercer une meutte en corps. C'est seulement rendre quelques chiens excellents et gaster tout le reste de la meutte, le quel apprent à coupper; et d'autres perdent cœur tout à fait, pour ne se trouver souvent à la mort des cerfs, chassant ainsy inconsiderement. Au contraire, si vous chassez avec plus de patience et arrestant quelques fois les chiens, lors qu'ils ne sont en corps, qui doit estre au jugement des veneurs de voir quand il est necessaire. Vos jeusnes chiens qui ne sont encor en leurs forces, ny ne sont encor fournis du courage necessaire, pour arriver jusques au bout de la chasse, vous en allant sans aucune consideration d'eux, ils perdent cœur et quittent la chasse, pour chercher des carnages qu'ils ont accoustumé de trouver à l'entour des retraictes. Mais arrester les chiens en chassant fait bien l'effect contraire; car un chien hors d'haleine ou un jeusne chien qui ne fait plus d'estat de ses voyes, qui ne sçait encor entierement l'effect de chasser et perchasser, arrestant ses compagnons, vous luy apprenez, et estant avec les autres, il reprend force et courage; et s'il demeure hors d'haleine, vous trouvez quelque maret ou fontaine qui luy redonne force; s'il negligeoit ses voyes, vous relancez souvent vostre droict, cela luy redouble la furie et l'apprend à aller plus loing, si bien qu'insensiblement vous le tirez avec le corps de la meutte à la mort du cerf. Cela est la vraye methode de tenir une meutte en exercice et bonté; et arrivant ainsy souvent à la mort des cerfs, ce chien se rendra excellent et trouvera place, pour satisfaire les veneurs, avec ses compagnons. Le jeusne veneur remarquera deux effects qui reussissent d'arrester les chiens, les quels dressent entierement les jeunes chiens : les courageux et ardants, par ce moyen vous les mettez sous la justesse de l'art; et les autres d'humeur plus froide et assoupie, vous les tirez insensiblement à la mort des cerfs, qui leur fait atteindre la perfection que la race dont ils sont sortis vous fait esperer qu'ils doivent atteindre. Et devez, pour avoir ce soing de dresser des chiens, comme je represente, que ce soyent chiens de race, car des chiens incognuz ne se doivent traicter avec tant de patience. Les parcqs ont esté faits pour dresser des meuttes; l'on apprend à tirer des armes aux salles, lieux unis; l'on dresse les chevaux en lieu sablé et sous manege couvert et bien sablé et applani, affin qu'estant dressez l'on s'en serve par tout ailleurs, en campaigne; il en est de mesme des meuttes. Les parcqs sont ainsy faits, à dessein que les grands puissent chasser aux parcqs au temps fascheux, ou bien lors que leurs affaires ou l'aage ne leur permettent pas d'aller loing; voylà pourquoy les anciens faisoient des parcqs, pour s'exercer et leurs chiens. Il ne faut mettre des bestes fauves dans les parcqs que raisonablement, ce qu'il y en faut pour manger le pasturage, car si l'on y met trop de bestes, ils mangent tout le bois ou le font mourir; alors il n'y a plus de bois aux parcqs, il n'y a plus de couverts pour les bestes, et par consequent pas si propres à dresser les chiens, car il faut du couvert et du descouvert.

Tout chien qui vient souvent à la mort des cerfs se fait excellent.

D'ALLER AU BOIS ET DE MON TRAVAIL, EN FAISANT MA QUESTE POUR DESTOURNER UN CERF.

Selon que ma queste est esloignée du quartier, je suis matinal ou me leve plus tard; et après avoir fait mes prieres à Dieu, je prend mon limier. Je ne luy donne pas à manger, si c'est un chien fort et vigoureux; mais si c'estoit un chien foible et delicat, qui aye accoustumé, à tous moments de sa queste, de s'arrester, pour manger de l'herbe, je luy donne un petit morceau de pain, le gros d'une noix; car un chien qui a trop mangé, il n'a plus le sentiment entier. L'estomac estant eschauffé de bander le traict, il luy envoye des fumées au cerveau, luy bouche les organes et sentiment, qui est cause qu'il suralle souvent ou n'a pas le sentiment entier et accoustumé, pour demesler la nuict d'un cerf. Or ayant mis la botte à mon limier, je part à l'heure que je juge convenable pour estre au bord de ma queste, lors que l'on peut aisement revoir en terre et juger de tout ce qui se passe; là où estant, je brize au premier chemin, et mets en pratique le premier mot de venerie en l'art du cognoisseur, le quel est, Va oultre. A ce terme de Va oultre, mon limier part gayement, bande le traict; il me donne cognoissance du desir qu'il a de rencontrer d'un cerf; mais s'il m'incommode, s'il tire trop fort, je luy parle : Bellement; ce chien modere sa furie et va d'un air, le quel ne m'incommode plus. Nous avons de plusieurs humeurs et façons de limiers en leurs questes. Les uns vont le nez près de terre, soufflent continuellement le chemin et la poudre, comme s'ils vouloient nettoyer la voye; ceux de cette humeur ont quelques fois tant de poudre dans les nazeaux, s'il fait chaud ou pays sabloneux, que cela leur oste une partie du sentiment. D'autres font leur queste, le nez haut, le muffle continuellement au vent, vont vacillant et branslant à toutes les coulées et petits sentiers qu'ils rencontrent; ils s'y poussent de leur vigueur, bien qu'il n'y aye rien; tels limiers sont fort incommodes. Mais ceux que je desire font leur queste, le nez à demy pied près de terre, ny trop haut ny trop bas, lesquels vont muguettant les branches qui panchent sur le chemin, et mettent le nez à toutes les coullées et petites routes qui respondent sur les chemins. Neantmoins ils ne s'y poussent pas, s'il ne va quelque chose à eux; mais au premier terme de Va il là, s'il n'y va rien, ils passent outre et continuent leur queste. De ces trois humeurs de limiers, les uns portent la queue haute sur les reins, d'autres basse, quelques-uns ny trop haute ny trop basse, à l'egal de leur naturel et de la race d'où ils sont sortis. Je trouve ceux qui la portent sur les reins plus agreables en leur queste; mais de quelle humeur soit mon limier, je continue ma queste sans l'eschauffer que moderement, et parle à luy peu souvent crainte de forcer son air. Mais si dans ma queste j'avois destourné un cerf le jour auparavant, je va diligement prendre les devants de l'enceinte, avant que les chars et charettes ou autres harnois qui vont au bois ayent rompu et brizé les chemins, affin que mon limier se puisse rabattre du relevé du cerf que j'avois destourné, n'y ayant encor passé personne qui aye rompu les voyes, ou bien s'il suralle et que j'en revoye, afin que je luy en remonstre et luy en fasse ressentir, pour l'esveiller à ne pas le suraller ailleurs. Mais ayant pris tous les devants de l'enceinte, si mon limier ne s'est pas rabattu et que je n'en aye point reveu en tous les faux-fuyants, je va secretement pousser mes brizées du jour auparavant, car souvent dans des grands forts les cerfs ne vont pas avant, ne vont guerres loing sans se mettre à la reposée. Je considere tousjours les portées, le bois menné, soit des jambes ou du cor du cerf. J'ayde mon limier : je considere les feuilles du bois porté et tourné, les quelles sont retournées au rebours de leur levant; plus loing, je vois quelque branche seiche rompue, soit de la teste, du cor, ou des jambes du cerf; et ainsy je tire cognoissance que mon limier ne me trompe pas. Et si j'aperçois un retour, que le bois porté retourne à moy, je retire mon limier doucement, je luy monstre le retour; et ainsy mon limier trouve la reposée et les voyes du relevé, ou bien il renouvelle les voyes de bon temps de mon cerf, qui a fait sa nuict dans l'enceinte. Alors je le remets derriere, je le caresse et luy fais feste et considere les foullées. Si c'est mon cerf, j'oste les feuilles des voyes, je considere le talon, les pinces, s'il brise bien la terre; s'il a les mesmes cognoissances que je lui trouvois le jour auparavant; s'il a quelque cognoissance, si c'est devant ou derriere, si c'est du pied droict ou gauche, en dedans ou dehors pied. Je brize et me retire le plus secretement qu'il m'est possible. Mais si le cerf m'avoit ouy, qu'il se soit lancé, j'entends à ses premiers eslans et dans le bois mort et sec qui brize, qui fait un fracas; je va considerer la reposée, le bois escorché, limé et brizé : c'est alors que je justifie le jugement que j'en ay fait le jour auparavant. Mon limier ne bransle pas, il est secret, il ne dit mot, je laisse asseurer le cerf lancé d'effroy, jusques à ce que je juge qu'il est temps que j'aille faire le tour de l'enceinte, voir s'il demeure ou s'il passe. Or, si mon limier n'avoit renouvellé les voyes, que le cerf soit sorty de l'enceinte de son relevé, j'aurois laissé tousjours suivre mon limier, ayant trouvé la reposée du relevé, et aurois trouvé des fumées; tout cela esveille un excellent limier qui sçait son mestier. Mais s'il ne peut emporter ses airres à plein traict, je l'ayde, comme je faisois auparavant; tantost l'œil en terre, aux branches, je le pousse asseurement hors de l'enceinte, si ce sont forts raisonnables, pour voir des portées, du bois mort, brizé, rompu, des foullées; car de vingt-quatre heures le bois n'est pas encor rejetté ou redressé des portées, ny l'herbe entierement relevée d'avoir esté foullée et fracassée dans les voyes. Tout cela me donne jugement de mon travail, et m'ayde à le pousser hors de l'enceinte et jusques au premier chemin, là où je brize, pour prendre d'autres devants et voir là où il faira sa nuict, pour le remettre aux couverts et le destourner, comme de mesme s'il estoit sorty hors de son enceinte, lors qu'il m'a ouy, qu'il s'est lancé. Prennant mes devants, si mon chien se rabat, que je le trouve passé, je brize et va d'enceinte en enceinte, jusques à ce que je trouve qu'il demeure et qu'il est en une enceinte raisonable; car un cerf lancé et estonné le matin ne demeure pas volontiers partout: il veut estre au couvert. Voylà un abbregé de mon travail, en temps que j'ay destourné un cerf dans ma queste le jour auparavant la chasse. Voyons maintenant mon travail, si je n'ay pas esté au bois le jour auparavant la chasse. Je continue ma queste de chemin en chemin, je cherche les lieux là où les cerfs ont accoustumé de faire leurs nuicts et viandis, comme tailles, gaignages, bruieres, brandes, aulnées, ronsiers, lieux aquatiques, pleins de petites ou grosses saules, aux jettes ou recreuttes d'un an. A l'egal des saisons, les viandis changent souvent, horsmis les tailles et jettes aux tailles. Je prends les devants des forts entre la taille et le fort, entre les gaulis et hautes tailles de mesme. Si mon limier se rabat, je considere, à l'air de mon limier, si c'est du relevé ou si ces voyes vont de temps pour demeurer, si elles se desbuchent ou rembuchent. Je bransle rudement le traict de mon limier; il a cognoissance qu'il faut demeurer coy, il me donne loisir de considerer les foullées. Je regarde aux forts, affin de voir si le bois vient à moy droit à la taille ou s'il est tourné droit aux fors, soit des portées, si c'est un cerf et qu'il n'aye pas mué et mis bas, et s'il a mué l'on voit le bois menné des jambes et du corps, si c'est une biche ou plusieurs. Mais si je juge que ce soit un cerf qui va de son relevé à la taille, je laisse suivre mon limier; je le laisse resentir à son aise des voyes, affin qu'en ayant bien resenty il se rabatte mieux, lors que je prendray mes devants. Or en suivant, il est impossible, sans malheur, que mon limier ne renouvelle les voyes, soit en trouvant des fumées ou bien quelques jettes de taille et lieu propre à viander et là où le cerf aura fait ses viandis; alors j'ay contentement de voir mon limier se lever debout, prendre l'air et le sentiment de ces viandis. Je les considere, car un cerf de dix cors viande delicatement; il tire la substance du bourgeon, il prend la liqueur de la superficie des recreuttes de l'année, et va erusant et escorchant la tige, l'escorche jusques à ce qu'il sent la seve douce et tendre, alors il couppe ou rompt le bout de la jette ou recreutte. Telle forme de viander me donne cognoissance qu'il est cerf de dix cors à ses viandis, car un jeusne cerf et les biches aussy ne viandent pas si delicatement. Je leve des fumées et considere si elles sont bien moullues, si elles sont du relevé ou du matin; celles du soir sont volontiers plus seiches, mieux moullues, à cause qu'il a eu du repos le jour auparavant; les fumées du matin sont un petit peu plus grosses, plus oinctes, si le cerf a de la venaison et pas si noirastres que celle du relevé; au matin le cerf les jette plus olivastres, plus oinctes et mollasses. Je considere les foullées, s'il brize la terre, s'il espreint fort les feuilles, la mousse dans ses voyes. Ces signals me mettent à me mettre après. Je me retire et vas achever mes devants entre les fors et la taille; et si je le trouve passé, qu'il aille aux fors de temps pour demeurer, je le brize secretement et vas prendre mes devants par les chemins que je juge à propos, pour faire mon enceinte. Que si je le trouve passé en quelque beau chemin battu, je considere quel pied de cerf c'est, si c'est un pied long ou rond, si les aleures sont bonnes, longues ou courtes, s'il se juge bien, s'il met tousjours le pied de derriere derriere à costé de cellui de devant, s'il laisse le pied de devant sans le rompre et brisêr du pied de derriere. Je tasche à considerer quelle cognoissance il a, soit devant ou derriere; que s'il n'en a point, je suis exact à considerer toutes les pinces, car c'est hazard s'il n'y en a tousjours quelqu'une qui enfonce et brize plus la terre que les autres, ou bien qui ne la foulle pas tant et qui se releve d'avantage que les autres, lorsqu'il va d'asseurance. Cecy est de nulle consequence pour la viellesse d'un cerf, mais de grande consequence pour estre recognu en un deffaut et accompagné avec le change. Ayant consideré ces petits differents, j'entre un peu aux fors, mon limier derriere; je vois s'il tourne le bois haut ou bas, s'il le tourne autant d'un costé que de l'autre; car quelques fois il y a des cerfs qui n'ont qu'une perche ou bien la teste difforme. Plussieurs veneurs lancent le cerf le matin secretement, pour en avoir plus de cognoissance, mais je ne le lance jamais, s'il m'est possible; car cerf lancé le matin souvent s'en va demeurer loing, les suictes en sont longues, soit pour le destourner ou laisser courre. Or comme j'ay fait mon rembuchement, je prends les devants, et s'il ne passe, je tasche à racourcir l'enceinte, si elle est trop grande, par quelque petit faux-fuiant. Mais si ce petit chemin n'alloit à propos, qu'il me menne au milieu de l'enceinte, vers les plus belles demeures, je retourne sur moy, craignant de lancer le cerf; et je cherche un autre petit chemin plus loing, plus esloigné, et en la sorte je racourcy l'enceinte, sans lancer le cerf. Mais si j'avois trouvé le cerf passé et hors de l'enceinte, je prendrois le contrepied, pour tacher à revoir si c'est mon cerf. Je tiendrois mon chien derriere moy, car s'il m'est possible, je ne fais point suivre le contrepied à mon limier; cela fait tort à un limier dressé, le quel a cognoissance, estant dressé, des voyes qui vont en avant, et souvent, en se rabattant, il se pousse aux voyes et airres qui vont le droict et non le contrepied; mais si c'est un jeusne chien, il n'y a pas grand danger, car il ne sçait encor ce qu'il fait. Les Anglois ont raison de dire à leurs chiens : Guarre le contrepied; car cela fait tort aux chiens dressez et qui sçavent leur mestier. Cela est cause que souvent, au haut du jour, les limiers suivent le contrepied aussytost que le droit; car l'on suit souvent en des lieux là où l'on ne peut voir des portées, et cela estant, les limiers accoustumez à suivre indifferement le contrepied comme le droict trompent leur maistre; mais le limier, à qui l'on ne fait suivre nul contrepied, difficilement suivra-t-il sinon le droict et les bonnes airres et voyes. Jeusnes veneurs, je vous fais voir icy un cerf le quel a faict peu de pays en sa nuict et en ses viandis; mais pour un qui est de ceste humeur, vous en trouverez dix autres, les quels font un grand pays en leurs nuicts, en cherchant leurs viandis. Celuy qui fait peu de pays est un cerf de repos, le quel se charge de venaison, ou bien un cerf qui vit en crainte, le quel a esté souvent esveillé ou autre fois courru. Il n'y a pas grand danger de lancer le matin, estant au bois, celui qui est de repos; il n'ira pas loing sans demeurer. Mais le cerf qui vit en crainte, si vous le lancez, il vous taille de la besongne; souvent, si vous le lancez en quelque coing d'une forest, il ira jusques à l'autre bout de la forest sans demeurer; si vous le lancez dans quelque beau buisson en belle meutte, il fuit de mesme effroy au creux des forests. C'est pourquoy il faut que les hommes et chiens soyent secrets le matin, qu'ils ne travaillent pas à l'estourdy. Que si ma queste est en pays de buisson, je prends premierement les devants du buisson du costé des refuittes de la forest, des grands pays; et après m'estre asseuré de ce costé-là, je fais le reste du tour du buisson. Que si rien n'a esté de la nuict au gaignage, je vas, alors qu'il est plus tard, dans le buisson, aux petites tailles; mais si je rencontre de plussieurs bestes fauves, je considere s'il n'y en a point qui aye plus de pied que les autres, le talon plus gros, qui foulle mieux la terre, la mousse, les herbes. Tout cela me fait juger que c'est un cerf; je le brize et tache à voir quel pied de cerf c'est, s'il est rond, long, court, ou pied de nasselle, selon le pays. Et si c'est en pays là où il y aye peu de cerfs, je me mets après et le pousse jusques aux hautes tailles et lieux qu'il peut toucher du ventre; et là je brize et me retire, pour voir au contrepied, tenant mon chien derriere moy. Que si je n'en puis revoir à mon aise, je prends des devants en arriere par quelque chemin, affin que dans les chemins, tailles et lieux aisez à revoir, que je puisse voir : s'il se juge bien ou s'il se mesjuge, s'il va d'asseurance; s'il pose tousjours le pied de derriere à costé de celuy de devant et en arriere, qu'il me laisse la solle franche sans la rompre ny brizer, affin que j'en revoye à mon plaisir; ou s'il pose le pied de derriere dans le talon de devant, et brize du pied de derriere le talon de devant; s'il rompt la moictié de la solle, le tiers ou entierement; bref, s'il se mesjuge entierement, s'il outrepasse du pied de derriere celuy de devant. Cela me donne conjecture du jugement que j'en dois faire, attendant d'autres cognoissances, pour le juger cerf de dix cors, jeusnement ou jeusne cerf qui ne doit porter que six ou huict. Mais si toutes ces bestes et cerfs avoient faict leurs nuicts au gaignage, s'il fait sec, mauvais revoir, l'on voit tousjours de ceste beste qui paroist avoir plus de pied, la quelle brize mieux la terre que les autres, qui foulle mieux l'herbe, donne quelques fois des os en terre, les quels paroissent plus gros que des autres bestes, plus bas joinctez. L'on en voit tousjours, en quelque raye de terre, qui brize et enfonce la terre; l'on souffle la poudre, et en la sorte l'on revoit à son aise. Mais si la terre est bonne à chasser, qu'elle emporte le gazon, il faut considerer quel terrein c'est. S'il se resserre, les cerfs paroissent avoir moins de solle et de tallon; si la terre est de nature à s'eslargir ou qu'ils emportent le gazon, ils se montrent plus de pied, meilleur tallon. Il est facile et dangereux à se mesprendre, principalement quand les biches sont pleines, qu'elles sont pesantes, qu'elles ouvrent les pinces; mais ayant reveu à mon aise de tout ce qui a fait sa nuict au gaignage, je vas prendre les devants des demeures pour abbreger. Je travaille differement au bois, le jour que l'on veut courre; je prend tousjours les devants pour abbreger, et les autres jours je donne plus de plaisir à mon limier, je luy laisse souvent demesler et esplucher la nuict des cerfs. Mais si je trouve ces bestes passées, en prennant les devants des fors et demeures, je considere si tout se rembuche ensemble; car volontiers les cerfs quittent les bestes, bien qu'ils ayent fait leurs nuicts en mesmes tailles ou gaignages, et se rembuchent un peu à costé des bestes, entrant aux fors. Alors je brize et va faire le tour de l'enceinte, après que j'ay consideré s'il tourne le bois, s'il fait des portées; et si les cerfs ont mis bas, je me contente de revoir des foullées. Volontiers l'esté les cerfs ayment les buissons; ils s'accompagnent d'un autre cerf et demeurent en peu de lieu; s'ils n'ont point d'ennuis, ils demeurent par tout. Aux seigles, j'ay veu un de mes compagnons, nommé Hubert la Motte, y lancer un cerf auprès de Faulconcourt, les seigles estoient fort hauts, qu'un cheval y estoit à couvert. Au primtemps, lors que les cerfs jettent leurs fumées en platteaux, si j'en revoy au gaignage ou ailleurs, je considere s'ils sont gros ou espois; car plus un cerf est grand de corsage et plus est spacieuse et ample l'herbiere, qui est cause qu'il y entre plus de viandis, soit de gaignage ou d'autre liqueur et substance de bourgeons et de jettes, et par consequent les platteaux sont plus espois et larges d'un vieux cerf que d'un autre le quel n'est pas si cerf. De mesme à la saison que les fumées sont en torches, plus un cerf est grand de corsage et plus son francq boyau est gros, et comme aussy les autres parties de ses entrailles : c'est la raison pourquoy les fumées en torches s'y forment plus grosses, que non pas au corps d'un jeusne cerf, qui a le franc boyau plus estroit et le reste du corps à l'equipollent. Tous ces petits differents doivent estre recognus par celuy qui se dit estre cognoisseur, car toutes les sortes de fumées se cognoissent, selon les sortes de viandis que les cerfs font; selon les saisons de l'année, elles sont plus vaines ou plus seiches et dures ou pressées. Ors si ma queste est au bord d'une forest, à quelque bout, incontinent que j'arrive au bord de ma queste, je prend les devants du grand pays, affin que, si un cerf estoit dans ma queste et qu'il s'en retourne de la nuict au creux de la forest, que je gaigne advantage à aller après; s'il n'y va rien, je me suis de bonne heure asseuré de ce costé-là. Après, je vas du costé des gaignages, si c'est la saison, voir si rien n'y at donné la nuict; je fais aller mon limier devant, entre le gaignage et la forest; et si mon limier se rabat, je considere de quel temps cela va, si c'est du relevé que les voyes aillent au gaignage ou si elles vont de temps pour se retirer des gaignages. Que s'il y a deux ou trois bestes ensemble, je considere s'il n'y en a point qui paroisse estre cerf portant les dagues, bref un fan masle; car quelques fois aux pays despeuplez l'on est bien aise de rencontrer un daguet, sans cela l'on ne courroit pas. Les fans masles ont communement le pied rond et plat, presque tout comblé, comme s'ils auroient esté nourrys domestiquement; ils ouvrent souvent la pince, en allant d'asseurance, ils ont encor le pied plustost court que rond; ils ne donnent souvent que du bout des pinces en terre, les quelles paroissent toutes courtes, comme si c'estoit d'un veau. Le fan de la mesme année qui est une biche a le pied plus long, les pinces bien plus menues et aigues; il tient tousjours de la nature et forme du pied de la mere, selon les reigles du seigneur du Fouillou, qui donne pour precepte de venerie que les biches ont communement le pied long, estroit et creux. Mais si j'ai trop de doute, je suis incertain s'il est masle ou non, je tasche de pousser les voyes jusques aux grands fors, aux belles demeures, et lance ces bestes. Il est impossible, si les fors sont grands, raisonnables et espois, que je les pousse hors de l'enceinte, sans voir quelque petite branche touchée des dagues ou fuseaux, quelque petite branche seiche brizée en quelque autre endroit; s'il bondit d'effroy, l'escorce de quelque branche est esgrattignée et limée du hurt, comme si c'estoit seulement de l'ongle d'une main qui aye levé la peau et un peu escorché le bois, ou en passant dans quelque hallier d'espines, quelque bout d'espine brizé et arraché; alors il n'y a plus de doute qu'il ne soit cerf. Jeusnes veneurs, ne trouvez pas tant estrange si je tire quelque cognoissance d'un fan masle, les veneurs d'Allemagne font bien d'avantage; il y en a plussieurs les quels ont cognoissance d'une biche pleine d'un cerf. Ils en font jugement, à voir la reposée de la biche, et lors qu'elle part de de sa reposée, ils le cognoissent aussy. Que si une biche est pleine d'un fan masle, d'un cerf, la biche se couche plus souvent en sa reposée d'un costé que de l'autre; de quatre fois qu'elle se met à la reposée, les trois elle se met d'un costé, ou sur le droit ou sur le gauche; et lors qu'elle part de la reposée sans effroy, elle met tousjours un mesme pied devant, estant pleine d'un cerf; estant pleine d'une biche, elle met un autre pied devant. Mais pour moy, je ne cognois rien à cela et n'y ay jamais pris garde. En Allemagne, avant les guerres, les cerfs et les biches estoient comme trouppeaux de vaches dans les futaies et estoient comme privez; et en ce temps un veneur allemand, de ceux qui se disoient les plus subtils, ayant veu une biche sur le ventre en une futaie trois ou quatre fois, et l'ayant veue partir sans effroy, ayant veu quel pied elle mettoit devant et de quel costé elle se tenoit le plus souvent à la reposée, il jugeoit si elle estoit pleine d'un fan masle ou d'une biche, et faisoit souvent des gageures là-dessus; puis il la tiroit d'un coup d'harquebuze, et en la sorte le jugement qu'il en avoit fait estoit justifié et averé. Je laisse les lecteurs philosopher sur ce sujeet, il faut achever ma queste. Si je trouve un pays de futaye en ma queste, et que j'ay rencontré d'un cerf qui fait plus de pays que ceux dont j'ay parlé, un cerf gaillard, levrier, qui a accoustumé de passer les plaines, de buissons aux forests et des forests aux buissons, futayes, brandes, bruieres, fougeres, ajoncs, pays de rochers, je prends les devans des futayes, je considere les demeures. Si la futaye est remplie de brandes, houssiers, foucheres, petites brousailles, en tel lieu je considere de quel temps un cerf va. Que si mon limier me donne cognoissance qu'il va de temps pour demeurer, pour se mettre à la reposée, je le pousse secretement jusques à ce que mon chien est à couvert, puisque les cerfs demeurent par tout aux forests conservées et bien guardées. Ils se mettent sur le ventre soubs quelques petits arbres, pourveu que les brandes ou bruieres soient de hauteur suffisante pour estre leur corps à couvert estans à la reposée; ils demeurent par tout, dans des petits genests; j'en ay veu sur le ventre, entre deux petits rochers, qui n'estoient pas entierement à couvert. Cerf qui ne reçoit aucun ennuict demeure en peu de lieu, demeure en petit couvert; en tel lieu, je fais les enceintes un peu grandes, craignant de le lancer, car il iroit loing sans demeurer. Dans les futayes, il y fait mauvais revoir, particulierement quand les feuilles tombent; j'oste doucement les feuilles de dedans les voyes, du bout des pinces, je vois la terre bien foullée du tallon. Quand il a gelé, gelée blanche, il fait bon revoir sur les feuilles, sur l'herbe, sur la mousse, dans les prairies; par tout l'on voit tousjours des foullées, au lieu bien feutré d'herbes, de bruieres. Mais si je suis en lieu de fenasses fort espoisses, que je ne puisse voir la voye, je mets la main dans la forme de la solle, les doigts dans les pinces; je prend cognoissance du jugement que j'en dois faire. Et ainsy que nos chiens sages tournent après leur droict, lors qu'il se separe de la harde, à cause de sa pesanteur, de mesme celuy qui a accoustumé d'aller souvent au bois, estant cognoisseur, il voit bientost, ayant suivy quelque temps un cerf, s'il brize bien la terre; s'il en revoit souvent, si par ses foullées les herbes, mousses et plouzes sont bien estreintes et pressées, il voit bientost si cela luy plaist. Il faut que le limier soit bien dressé et secret, à commandement, pour donner loisir à son maistre de revoir par tout, et lors qu'il dit, Bellement, que le limier ne bande plus le traict; sans une telle creance, il brize souvent les voyes, mesme aux lieux aquatiques, comme queues d'estangs, maretz, rus, ruisseaux et tartes bourbonnoises. En ces lieux, l'on revoit aisement du talon, des os, de la jambe, s'il est bas jointé, si les os sont gros; mais si le limier ne s'arreste, quand celuy qui le menne veut revoir, il rompt et gaste les voyes. Que si je suis quelques fois surprins que mon limier passe un ruisseau ou bien un lieu fangeux, je luy laisse le traict, et à ce mot de Bellement il s'arreste sur les airres, attendant que j'ay trouvé un passage à ma commodité. Il ne faut pas retirer un limier qui suit de loing, cela le gaste; il faut aller à luy, le flatter, luy battre et frotter doucement les costes, luy cracher au nez, le bien caresser; et si c'est en lieu là où il ne soit pas hazardeux de lancer le cerf, il le faut laisser aller un traict de longueur, le caressant tousjours. L'effect de retirer un limier, en suivant, fait que souvent un limier se rabat; mais ayant accoustumé d'estre retiré, il s'accoustume à cela et souvent il se rabat de hautes airres, et s'il sent le traict qui le tire fort, il revient et passe outre; et si celui qui menne le limier ne prend garde à cela, le limier passe outre, il croit qu'on le retire, comme l'on a accoustumé. Mais le limier qui est retiré et caressé à propos, selon l'art, il s'attache aux voyes, et se couche plustost sur les voyes que de passer outre, et ne suralle pas, bien que l'autre en aye surallé, car il en a rencontré. Mais estant retiré souvent hors de temps, il passe outre, en ayant rencontré, à cause que l'on luy bransle le traict sans raison, et cela fait un effect semblable à suraller. En suivant, quelques fois de mesme il ne s'attache pas bien aux voyes, il balance et revient souvent en arriere, lors que l'on le tient sur traict, et l'autre demeure droit attaché à la voye. Il faut les limiers fort à commandement, qu'ils obeissent à la voix, pour bien destourner un cerf. Il y a plusieurs limiers qui vont, suivant leurs voyes, tousjours gasouillants; ils cacquettent doucement dans leur gozier et ne suivroient pas bien, si on ne leur donnoit permission de suivre : ainsy c'est leur nature, il n'y a pas grand mal, car ils font peu de bruict et crient en la sorte en craincte. Mais s'ils appelloient furieusement de leur voix naturelle, comme plusieurs limiers les quels l'on ne peut faire taire, tels chiens doivent estre chastiez les jours que l'on ne courre pas, car ils esveillent tous les cerfs; l'on ne peut travailler à propos avec des chiens ainsy mal dressez, et qui n'obeissent aux voix de ceux qui les mennent. Mais le limier qui plie à la voix, il demesle plaisament la nuict du cerf; il suit sans trop de furie et donne loisir de voir souvent en terre. Que s'il suit dans une taille, tantost il porte le nez en terre, tantost aux branches;

il redouble son air, en suivant là où le cerf a viandé et demeuré longtemps. S'il trouve quelque hardouer ou freoir, vous le verrez debout mettre le muffle à ce hardoier; alors il faut considerer si le cerf lime bien le bois, s'il touche au bois fort haut, si le hardoier est gros que le cerf ne puisse le plier, ou s'il est petit qu'il brize les branches fort haut, que si le cerf s'est levé debout pour faire son hardoier : il faut juger cela, ou l'on se mesprend. Le seigneur Gaston de Foix en a escrit fort pertinement, et dit que « grand cerf touche bien au bois, aux petits arbres, mais non pas continuellement, et les jeusnes cerfs y touchent souvent ». Mais si mon limier ne pouvoit emporter les voyes hors de la taille, que je treuve d'autres bestes ou d'autres cerfs qui ayent fait leur nuict dans la taille, je prends incontinent et diligement les devants des fors. Et si je trouve d'autres cerfs passez, je considere s'ils ont autant de solle que le mien, s'ils foullent la terre par tout. Et si je me trouve embarassé, je pousse ces voyes jusques à quelque lieu que j'en puisse revoir à mon aise, ou bien je vas au contrepied voir si ce sont les mesmes voyes que j'avois mennées à la taille. Si c'est mon cerf, je prends les devants; mais si c'estoient plussieurs bestes qui ayent donné de la nuict à la taille, je vois soudain, à l'entrée des fors, que cela ne tourne nullement le bois, sinon des jambes et du corps, cela ne fait nulle portée; à cela il ne faut plus consulter souvent. Les cerfs, lors qu'ils ont mis bas leurs testes ou rameures, ne sont pas jugez si cerfs que quand ils ont leurs testes frayées et brunies; car n'en pouvant le veneur ou valet de limier juger sinon par le pied, ils se mesprennent quelques fois et les mescognoissent. Ils ne foullent pas si bien la terre et n'appuyent pas tant le talon que lors qu'ils ont leur teste;

mesme ayant mis bas et mué, allant d'asseurance, souvent ils ne donnent que des pinces en terre; et s'ils ont leur teste, il faut de necessité qu'allant d'asseurance ils donnent du talon en terre, et qu'ils brizent et enfoncent fort la terre. Et c'est l'un des plus certains et asseurez jugements que j'ay faits d'un cerf de dix cors, quand il donne bien du talon en terre et qu'il releve bien la pince, ou qu'il la ferme tousjours, allant dans un terrein solide et non sabloneux, à cause que le sable coule hors de la voye. S'il fait ses alleures en la sorte et qu'il aye les pinces moussues, je le juge cerf de dix cors par le pied; mais si je ne vois que des fuittes d'un cerf, s'il a la jambe large et qu'il soit bas joincté, je le juge cerf de dix cors par ses fuittes. Mais ce puissant monarque Charles neufiesme nous donne bien d'autres preceptes en l'art du cognoisseur; il demande « un cerf devant ses chiens, qui aye le pied creux, la solle grande et large, les pinces rondes, les costez de la solle gros et ronds, les os gros et courts ou donc longs et creux, signals de grand vieux cerf ». Je n'ay fait aucun chapitre particulier des jugements des vieux cerfs, à cause que ce grand monarque en at escrit ce qui s'en peut escrire; de mesme le seigneur Gaston de Foix et le seigneur du Fouillou, les quels n'ont rien oublié en l'art du cognoisseur. Ils nous ont donné, par leurs escrits, le moyen de cognoistre la teste d'un cerf par les portées, la grandeur et largeur et pesanteur de son corps, par les abbatures et foullures; nous y voyons aussy les inegalitez des solles et pieds des cerfs, si c'est un pied long, rond ou court ou pied de nacelle, s'il est bas joincté et a la jambe large. Les jugements des os et alleures y sont aussy representez, des fumées selon les saisons, s'il a le pied plat ou creux, et, selon le pays, le jugement qui s'en doit faire. Ils parlent aussy très pertinement des freoirs et hardoiers, des actions des cerfs en touchant au bois, tellement qu'ils ont fait l'anatomie exterieure des cerfs, cerfs de dix cors, sans les avoir veus. Je ne crois pas que pas un veneur y puisse adjouster; et celuy qui en escrira après eux peut bien changer la phrase, le discours, mais pour l'essence ce ne sera que nouvelle repetition. Et me souvient de m'estre trouvé en compagnie de braves et excellents veneurs, les quels disoient que de ce temps ils avoient bien veu d'autres jugements d'un cerf, cerf de dix cors, que le seigneur du Fouillou n'avoit eus et dont il n'avoit fait aucune mention en ses escrits; mais aussitost je leur suppliay de me dire quelques-uns de ces jugements nouveaux et à la mode, qu'ils avoient commentez en cest art; mais j'asseure aux lecteurs qu'ils ne m'en peurent jamais dire ny monstrer un seul; et je ne crois pas que, si la nature ne fait d'autres cerfs, que jamais veneur y puisse trouver d'autres jugements si certains, que ces admirables autheurs de venerie nous ont laissez par escrit. Or il est temps de reprendre les voyes du cerf que je pretend de destourner, sortant de la taille, de ses viandis. Mais un cerf viande par tout, allant à la taille ou gaignage; tout en allant, s'il rencontre quelque viandis qui luy aggrée, il le prend en passant, tantost de la jette d'une bruiere, de la fleur de la bruiere, d'un ronsier, de quelques rejettons de saule; si c'est en la saison, en passant sous quelque pommier, il en mange; du gland et tout ce que les autres animaux domestiques et sauvages mangent, il en mange. Que si l'œil ne nous monstre cela, nous le cognoissons à l'air et façon du limier, le quel redouble son air en suivant, lors qu'il trouve là où le cerf a viandé en passant et donné de son haleine en terre ou contre les viandis. Et ayant rembuché mon cerf au fort, je considere les portées. Que si le bois est mouillé, les cerfs ne vont pas loing aux fors, sans se mettre sur le ventre à leur resui et de là à leur reposée. Je vas secretement et diligement prendre les devans de l'enceinte, jusques à ce que j'aye fait le tour de l'enceinte et que je suis à mes brizées; alors j'ay pris les devans de l'enceinte de toutes parts, j'ay fait le tour, il est tourné. Et și j'ay assez de temps, je fais un autre tour à rebours du premier, par les mesmes pas; je m'en revas à mon contre-pied, jusques à ce que j'ay fait le tour de l'enceinte et que je suis aux brizées, au rembuchement. Alors si mon chien ne s'est pas rabattu ou qu'il n'aye pas surallé, le cerf est détourné en la sorte, et le limier a eu le sentiment entier par tout; car ne faisant qu'un tour d'enceinte, le limier n'a eu le vent propre à se rabattre, sinon aux deux tiers de l'enceinte ou approchant; et faisant un autre tour au contrepied, qui est destourner, le limier a eu le vent propre et à souhait, par tout le tour de l'enceinte, soit d'un costé ou de l'autre, et en la sorte il faut un mauvais limier pour suraller, tellement que plussieurs disent qu'ils ont destourné des cerfs, qu'ils ne sçavent que c'est de destourner. Ayant achevé ma queste, je m'en vay à l'assemblée faire mon rapport. Et si je n'ay pas eu le loisir de destourner, que je n'aye fait qu'un tour d'enceinte, comme le terme n'est pas en usage de dire, j'ay tourné un cerf, je dis à mon rapport : j'ay brizé un cerf, je prend les devants de toutes parts de l'enceinte, je ne trouve pas qu'il passe, je crois qu'il demeure; mais si j'ay eu du temps pour faire deux tours, comme j'ay representé, alors je dis à l'assemblée : j'ay destourné un cerf.

DU LAISSÉ-COURRE. DE MON TRAVAIL, EN DONNANT UN CERF AUX CHIENS AVEC UN LIMIER, ET DES LIMIERS PROPRES A CETTE AFFAIRE; DE MESME COMME JE LAISSE COURRE AVEC LES CHIENS CHASSANS EN MEUTTE, SANS ME SERVIR DE LIMIER.

S'il touche à moy de laisser courre, que l'on aye choisy le cerf que j'ay destourné, après que les relais sont partis, j'envoye la meutte doucement m'attendre à deux ou trois cents pas des brizées, attendant que les relais puissent estre placez; et seroit errer en venerie de laisser courre, avant que les relais soyent à leur poste. S'il y a quelque ruisseau ou fontaine sur le chemin, ceux qui mennent la meutte la laissent rafrechir, attendant que j'arrive à eux. Je fais diligenter la compagnie le plus qu'il m'est possible, pour ne perdre nul moment de temps, car ceux qui ayment la venerie, d'art et de science, ils veullent du jour de reste et non en avoir faute. Par les chemins, j'entretiens la compagnie des refuittes que je crois que le cerf faira, des lieux de la forest là où le change est, pour y estre en garde, et secourrir et accompaigner les chiens de change. Je declare à mes compagnons les jugements qui m'ont obligé à faire rapport du cerf que je pretends de donner aux chiens, les cognoissances qu'il peut avoir pour estre recognu aux desordres, s'il en arrive. Et si les chiens n'en donnoient nulle cognoissance, estant au rembuchement, je tasche de faire revoir du cerf à la compagnie; et à cest effect, je l'ay rayé en plussieurs places, le matin, en le brizant, affin qu'en cette bonne compagnie une partie de mon rapport soit justifiée, attendant la mort du cerf pour justifier le tout. Cela fait, je prie la compagnie de ne pas passer entre la meutte et les limiers. Les seigneurs Gaston de Foix et du Fouillou nous donnent certaine distance pour cela; mais pour moy, il ne m'importe pas si la meutte me suit, pourveu qu'à un retour elle ne bransle pas, que tout demeure, sans s'y mouvoir, jusques à ce que mon limier aye redressé le retour et la ruze. Cest ordre donné, alors je laisse esmanciper mon limier, le quel se pousse avec violence à ses brizées et son rembuschement. Je frappe : À route; à ce terme, mon limier me donne cognoissance de son droit; il porte le nez en terre, après aux branches, il parle continuellement sur les voyes. Je considere les portées et vas doucement au bois tourné; tantost je revois des foullées, plus loing la terre fort brizée et enfoncée du talon, de la solle. Alors j'esgaye mon limier en ces termes : Après, après, mignon, tu dis vray; mon chien ne balance pas, il s'est recognu, il ne va que de l'air et de la furie qu'il peut emporter les voyes. Je prends tousjours garde, à gauche et à droite, si je vois point le bois porté de quelque cerf qui vienne croiser ou barrer les voyes, affin que, si mon limier changeoit de voye, que je le retire et luy fasse pousser son droict; car quelques fois des bestes et cerfs se recellent dans une enceinte plus d'un jour, et si l'on ne prend garde à soy l'on peut changer de voye. Mais si je ne revois sinon de mon cerf, je prends garde au retour et vois si les branches ou feuilles ne retournent point à moy. Que si j'apperçois les portées revenir à moy, j'adverty mon limier : Hau, voi le cy, il reva à moy; mon chien à commandement vient reprendre les airres de ce double et retour. Que si mon limier trouve un resui, je prend garde s'il est bien foullé, s'il est grand et large, cela fortifie tousjours le jugement que j'en ay fait. Nous n'avons point de signal plus certain d'un cerf qui veut bientost se mettre à la reposée, que lors qu'il fait des retours dans l'enceinte : c'est qu'il cherche un lieu propre et selon son desir, pour se mettre sur le ventre et à la reposée. Alors j'ay le contentement entier à considerer mon limier redoubler son air, s'esgayer d'avantage, jusques à ce qu'il fait partir le cerf de sa reposée. Alors j'use de ce terme, Garre, garre, pour advertir la compaignie et se destourner du choc et hurt. Je vois la reposée : si elle est bien foullée, si l'herbe y est bien aneantie; si la reposée est grande et large, que l'herbe soit entierement fletrie, comme bruslée ; car tant plus un cerf est grand de corsage et plus il doit contenir de sang qui s'eschauffe et aneantit entierement l'herbe dessous luy; comme en un feu, tant plus le brazier est grand et plus il y a de flames. Je vois la reposée fort enfoncée de sa pesanteur; il a de mesme enfoncé la terre dans sa reposée de ses deux genoux, lors qu'il est party d'effroy; et plus un cerf est grand et plus il fait de bruict, sa teste chocque le bois, brize les branches seiches. Je considere les os, la jambe, car il ne se peut lancer d'effroy sans donner des os dans sa reposée, de la jambe et du tallon. Et si je tire cognoissance que c'est mon cerf, je laisse suivre mon limier, jusques à ce que les derniers chiens puissent estre outre de la reposée et qu'ils ayent cognoissance du cerf lancé. Et quand les chiens, la meutte, en ont bien ressenty, je monte à cheval et sonne pour chiens. Mais tous les cerfs n'attendent pas que les limiers leur sautent sur le cimier; plusieurs s'en vont escoutant, incontinent qu'ils entendent frapper aux brizées, commencer le laissé-courre; il y en a aussy qui se lancent de loing et viennent au bruit, droit au laissé-courre. A ces humeurs de cerfs qui se lancent ainsy, sans attendre les limiers à la reposée, je les cognois à mon chien qui esvente les voyes, qui renouvelle ses airres. Je considere les portées; me voylà incontinent les genoux en terre, pour revoir à mon aise s'il s'avance ou s'il fuit, si je recognois quelque cognoissance de mon cerf. Et après en avoir tiré quelque conjecture à mon advis asseurée, je fais approcher la meutte, je les laisse un peu resentir de leur droit; en après je sonne pour chiens dedans les grands fors, dans des belles demeures; l'on y fait de beaux et plaisans laissé-courre. Mais, lecteur, jeusne veneur, cecy sont des roses de venerie; il y en a bien d'autres difficultez, il faut voir les espines de ces roses, il les faut un peu esplucher. Pour un cerf qui se destourne seul dans des fors raisonables, une douzaine plus ou moins se destournent accompagnez de plusieurs bestes fauves, de jeusnes cerfs ou cerfs de dix cors. Alors il faut souvent consulter. Le limier change de voye, il faut estre la plus part du temps les genoux en terre, souffler la poudre, pour prendre cognoissance de son cerf, oster les feuilles des foullées, mettre la main dans la forme de la solle, les doigts dans les foullées des pinces; pour tout cela, l'on ne laisse souvent d'aller loing sans pouvoir revoir à son ayse et à propos. L'on revoit quelques fois auprès de quelque petit terme, de quelque taupiere, là où le cerf a glissé; l'on voit du talon, des os, de la jambe. Pour tout cela, l'on ne peut encor se resoudre si c'est le droit; l'on va encor plus loing, pour en avoir plus de cognoissance. Enfin l'on trouve quelque mare, quelque lieu aquatique, s'il fait frais, ou s'il fait sec et haslé, quelque petit chemin et lieu deffeutré d'herbes, l'on souffle la poudre, pour en juger à propos, et souvent l'on a changé de voye; il faut retourner fort loing requester les voyes de son droit, cela ne se fait aux jours caniculairs sans suer. Bref, à tous moments il faut retourner, car l'on change de voye. Une autre chasse, vous croyez avoir destourné un cerf, vous trouvez l'enceinte creuse; vostre limier aura surallé, il craint souvent la rosée, ou bien les voyes alloient de hautes airres, le chien l'a surallé de mesme; et vous, qui n'en avez eu aucune cognoissance, car il a passé le chemin en quelque lieu feutré d'herbe ou de mousse, de plouze, et autres lieux difficiles à en revoir, alors il faut faire une longue suitte avant que de laisser courre, il faut percer quantité d'enceintes. Il est aussy facile à suraller un cerf et faire des enceintes creuses, aux futayes, gaullis et autres lieux clairs là où il n'y a point de fors d'un costé du chemin ny de l'autre. Aussy souvent, aux buissons, l'on suralle un cerf qui va de hautes airres et va de son relevé aux forests ou grands pays de bois; car prennant les devants par la plaine, il y a quelques fois des plouzes, lieux arides et secs et très difficiles à revoir, et quelques fois les limiers surallent en tels lieux et l'œil ne peut ayder ny secourrir ce desordre. De plus, au rut des cerfs, ils sont souvent sur pied, se relevent à toute heure et sortent de leur enceinte, après avoir esté destournez, et vont rechercher les hardes des bestes, les suittes sont longues. Voilà une partie des espines de ces roses, que je vous ay representées au plaisant laissé-courre que j'ay fait. Or, voyons les limiers propres à nous tirer de ces halliers, de ces espines, ces limiers dressez et adjustez à emporter les airres d'un cerf, qui va ruzant, en faisant sa nuict, par tout où il puisse aller, touchant la terre, pourveu qu'il n'entre pas dans les eaux; encor s'il y a quelques roseaux ou herbes dans ces eaux, le limier tirera quelques fois sentiment de son droict à ces roseaux, à ces herbes. Or je vous ay representé au traicté, que j'ay fait, de mon Travail faisant ma queste, trois sortes d'humeurs de limiers : les uns questent et vont devant, le nez près de terre, soufflent les chemins; d'autres la teste plus haute, à demy pied de terre; et d'autres encor, qui vont tousjours la teste de leur hauteur, vont tousjours au vent et sont allertes. Tous limiers servent à laisser courre dans des grands fors, car sans limier l'on iroit requerir et lancer le cerf. Mais si vous laissez courre dans des gaulis, bois levez, futaies, lieux clairs et ombrageux, là où les cerfs ont accoustumé de demeurer l'esté à l'ombrage, pour craincte qu'ils ont de leurs testes molles et en sang; mesme qu'ils craignent souvent les fors, à cause que leur refaict, le revenu chocque les branches et lieux espois et forts; de plus, ils demeurent en ces futaies et hauts bois ombrageux, à cause que les grosses mouches ne leur font pas tant la guerre là dessous, qu'aux autres lieux plus descouverts; les mouches leur font saigner les bouts des revenuz ou refaicts; or, en ces lieux defeutrez d'herbes et là où le cerf ne fait nulles portées à cause du bois fort clair, il faut un limier bien adjusté dans les airres; il faut un limier qui porte le nez en terre, qui prenne cognoissance des voyes avec patience, car vous ne voyez aucune portée pour ayder vostre limier. Un limier ardant et furieux dans sa suitte ne vaut rien en tels lieux, il ne fait que balancer en tels lieux; il n'y a point de branches qui aient touché le corps du cerf, pour arrester ce chien qui va le nez haut. Mais le limier qui suit le nez près de terre, il prend cognoissance de son droict, de voye en voye, et ne bande jamais son traict, si le cerf ne va à luy. Je suis grandement ennemi des limiers menteurs et qui parlent à faulte et hors de temps, car l'on ne travaille sinon de crainte avec limier menteur. Mais lors que je considere les actions et mouvements de mon limier sur ses aires, j'ay desja cognoissance que le cerf va à luy; avant qu'il parle, je suis certain de mon travail. Me voilà un genouil en terre, pour en revoir asseurement; je souffle la poudre des voyes, s'il fait sec; je considere s'il brize tousjours bien la terre, s'il se juge bien, s'il a le pied creux, comme je luy trouvois le matin, s'il releve bien les pinces et les ferme tousjours, si elles sont moussues ou rondes. Plus loing, s'il y a quelque mousse ou herbe, je vois des foullées; s'il y a quelque petit lieu humide, je considere s'il a les costez de la solle gros et usez, point trenchans, le talon gros, qui foulle bien la terre. Mon limier me donne loisir de voir tout cela, il ne se desespere pas. A ce terme de Bellement, il me donne tout loisir de revoir de mon droict; car je n'appelle pas un limier bien dressé, qui ne donne pas loisir à celuy qui le menne de voir en terre, au contraire qui tire tousjours, comme un cheval de harnois le quel tire à une charette, et qui donne la gehenne et question à celuy qui laisse courre. Je va tousjours fort doucement et considere : si mon limier change point son air à sa suicte, affin de me donner de guarde de ce qui luy causeroit ce mouvement plus violent; s'il change de voye ou si ce sont les voyes renouvellées de mon cerf, si je trouve un resui ou si c'est sa reposée. Si c'est son resui, je parle à luy moderement, de crainte qu'il ne transporte les voyes; si c'est la reposée, je fais approcher la meutte, affin de leur en laisser resentir. Que s'il y avoit près de là des grands fors, je pousserois avec le limier jusques aux fors, et donner les chiens à l'entrée des fors, affin qu'ils ne s'emportent pas. Mais si je suis fort esloigné des fors, en des futaies, je sonne, pour chiens, un son ou deux, pour advertir que je laisse emanciper les chiens de chasser, et puis je ne parle aux chiens ny ne sonne. Si je ne vois mes bons chiens chasser fermement, alors je sonne et parle à eux; j'appuye leurs actions, car je sçay bien qu'ils ne me trompent pas, qu'ils n'appellent pas à faute, hors des airres, ny hors de temps. Mais si j'avois donné les chiens avec trop de furie en ces lieux clairs, les jeusnes chiens auroient emporté la meutte hors des airres et aurois perdu du temps. C'est ma methode de laisser ameutter en lieux difficiles. Mais si je laisse courre en des hautes tailles, que les cerfs touchent et du ventre et du corps par tout, neantmoins les fors ne sont pas assez hauts pour voir des portées, en tel lieu; si j'ay un limier qui va aux branches recevoir l'air de son droict, il me sert bien en tel lieu, puis que son naturel est de suivre le nez haut. Toutes fois je trouve plus agreable et excellent celuy qui met tantost le nez en terre, plus loing aux branches, le quel s'accommode au pays là où son droict a fait sa nuit. Neantmoins, en ces tailles, ce chien qui va aux branches, il me sert bien, je cognois son air. Je vois le bois tourné du cor, des espaulles; je voy des foullées, les herbes bien pressées et estraintes de la solle dans les fenasses et lieux fourrez. De mesme je mets la main dans le talon, je vois à peu près si ce sont les voyes et si c'est le mesme cerf que j'ay suivis le matin. Plus loing, je trouve quelque lieu desfeutré et depouillé d'herbes, au long de quelque sepée ou gros hallier; alors je vois à mon aise s'il a le pied long ou rond, si c'est mon cerf, s'il a quelque cognoissance pareille à celuy que j'ay esté après tout le matin. J'ay grand plaisir à voir ce limier qui porte tousjours la teste haute à toutes les branches, soit à gauche ou à droicte, ou à celles qui luy panchent sur la teste. Ce limier est fort propre à laisser courre en tel lieu, mais non ailleurs, puis qu'il balance et ondoye tousjours hors des airres; mais ces fors et fenasses, lieux fourrez dessous, le tiennent en subjection. Et aussitost que mon limier renouvelle les voyes ou que le cerf part, je considere les foullées, la reposée, si mon chien n'est allé au vent; car tels limiers, qui vont la teste haute et qui sont tousjours allertes, ne passent pas tousjours dans la reposée; ils vont au vent, aux airres qui vont de meilleur temps. De quelle façon ce soit que j'ay cognoissance que mon cerf s'en va de temps pour laisser courre, je sonne pour chiens; car en tel lieu les chiens ne se peuvent emporter hors des airres, au contraire en tel lieu l'on fait de beaux et plaissans laissé-courre. Ce limier sert en tel lieu pour petite suitte; mais s'il faut emporter des voyes de hautes airres aux lieux clairs, aux plaines, il ne suit pas plaisamment, comme celuy qui s'attache aux voyes, et n'a pas la patience, il bande tousjours son traict. A telle humeur de limiers la race y sert, neantmoins les longues et continuelles suictes les rendent plus excellents et patients. Voyons le naturel des limiers qui font leur queste, la teste ny haute ny trop basse, qui portent tousjours le nez à demy pied de terre; telle humeur de limiers se trouve en son element, si je laisse courre en pays de bruieres, de genets. Le chien a tantost le nez en terre, puis il porte le muffle sur la bruiere; il va muguettant le bout de la bruiere et parle continuellement de son cerf. Les laissé-courre sont plaisans en tel lieu pour ceux qui sont à la chasse, mais ils sont fascheux pour celui qui laisse courre. Si le limier n'est fort excellent, l'on ne peut l'ayder, il n'y a que l'excellence du sentiment qui luy fait gaigner pays; il faut un limier qui soit patient, qui ne bande le traict, sinon à l'esgal que le sentiment luy permet de pousser et emporter les voyes. C'est plaisir à un retour, en tel lieu, à voir un excellent limier et juste revenir en arriere, quand il est à un retour, au bout d'une ruze; il revient, droict à celuy qui laisse courre, prendre l'airre là où les voyes se desembarassent, là où le retour se jette; et à ce terme de Va il là, le limier rend certain celuy qui le cognoist de son travail. En tel lieu de bruieres, l'on ne peut ayder le limier à un retour, l'on ne voit point de portées, point de bois tourné du cor ny des jambes; la bruiere se rejette droict à son zenitte, incontinent que le cerf a passé, ou si la bruiere est fort basse, le cerf leve les jambes perdessus, estant haut sur jambes. De mesme il est fascheux de revoir, difficile à considerer les foullées en tel lieu. La petite bruiere qui ne fait que naistre se releve bientost, et souvent vous n'avez autre cognoissance sinon celle que vous tirez à l'air, contenance et suittes du limier; et le faut bien cognoistre en toutes ses actions, pour ne luy faire aucun tort et bien aller requerir un cerf. Mais si je trouve quelque petit lieu deffeutré d'herbes, de bruieres, alors je considere si c'est tousjours luy-mesme, si c'est mon cerf. L'on trouve aussy, dans les pays de bruieres, des petits sentiers, des petites coullées, que le bestail domestique fait, allant paistre dans les bruieres; je ne perds nul temps à souffler la poudre, s'il fait haslé, affin de revoir dans ces petits sentiers. Bref, je gaigne tousjours pays, et là où le cerf a viandé, en passant, quelques petites fleurs de bruieres ou quelques superficies, car il ayme cela, mon limier s'eschauffe d'avantage, à cause que le cerf s'est arresté un peu; a donné de son haleine à la bruiere, qui cause à mon chien un mouvement plus violent. Bref, je continue ma suitte jusques à ce que mon limier renouvelle les voyes, soit qu'il trouve quelque resui, ou qu'il aille demeurer ailleurs depuis que j'ay passé le matin. Il y a plusieurs temps que les limiers se rechauffent, qu'ils redoublent la voix : quand les voyes doublent par retour ou ruze; quand un cerf a demeuré longtemps en ses viandis, qu'il est allé plussieurs fois et venu en une place; quand le cerf s'est lancé, depuis que vous l'avez destourné, et est allé demeurer ailleurs. Il faut estre en garde, avoir cognoissance de tout cela, à l'air et à l'humeur du limier, le cognoissant bien; car souvent un veneur violent et bouillant, lors que son chien change d'air et de mouvement, il donne les chiens hors de temps; et l'erreur est grande en venerie de donner les chiens hors de temps. Que si mon limier redouble la voix, qu'il aye quelques actions plus ardantes, je considere la cause et le laisse faire. Quelqu'un voit partir le cerf, devant moy, qui estoit en quelque petite taloppe de bruiere plus haute ou sous quelque arbre, et souvent il demeure entre deux petits rochers, qu'il n'a que le corps à couvert, je va sur les voyes et prie à la compagnie qu'elle ne sonne pas, que les chiens n'en ayent bien resenty. Mais si mon limier avait renouvellé les voyes ou trouvé la reposée, pourtant je ne sonne pas pour chiens, que je n'en aye reveu; et comme il est difficile à revoir en tel lieu de bruieres et foucheres, toutes fois il est impossible qu'un cerf allant d'effroy ne brize bien la terre, que les foullées ne soyent bien estreintes du talon, puisqu'il fuit de sa force et vigueur. Que si je ne trouve quelque petit sentier pour revoir à mon aise, je destourne de la main la bruiere et tasche à revoir des fuittes, des os, de la jambe et du talon; et si j'apperçois et tire cognoissance qu'il aye la jambe large, qu'il soit bas jointé, à ce jugement seul, je fais donner et emanciper la meutte; car quand il ne seroit pas bien vieux cerf, je sçais asseurement qu'il est sans refus et est cerf de dix cors. Voilà les lieux et temps là où les trois sortes de limiers peuvent servir, estans bien dressez en la perfection de venerie, et des quels je vous ay parlé à mon traicté, d'Aller en queste, mais ils ne doivent pas estre violentez. C'est là mon travail pour donner les cerfs aux chiens en fort et en foible. Voyons comme je les donne aux chiens avec la meutte en corps, comme je fais aller requerir et lancer les cerfs aux meuttes, sans limier; car quand l'usage de laisser courre avec les limiers ne seroit plus en pratique ny en usage, je ne laisserois de dresser les meuttes aussy excellentes et mieux chassantes de forlonge, que si j'avois des limiers. Je menne la meutte toute decouplée, et s'il n'y a qu'un cerf en une enceinte, nous allons tous après les chiens; mais s'il y a plussieurs bestes ou autres cerfs dans l'enceinte, je fais escarter mes compagnons à l'entour de l'enceinte, et puis je vas au rembuchement emanciper la meutte, et fais tenir les jeusnes chiens jusques à ce que le cerf soit debout, seulement quelques chiens nouvellement mis aux couples. Toute la meutte entiere va la mesme route que le cerf; ils portent le nez aux branches, en terre, et parlent continuellement de leur droict jusques à ce qu'il est debout et lancé. Je parle à eux moderement, en termes qui leur donnent craincte et moderent leur furie. Droit à cheval, je vois tousjours dans les fors des portées; mais au retour, j'ay le plaisir entier à voir toute la meutte revenir à moy le nez haut, et aux branches ressentir de leur droict, et desembarrasser et trouver le bout de la ruze et du retour. Ils vont continuellement renouvellant les voyes, ils trouvent le resui ou des fumées, tout cela redouble leurs airs et leur augmente la furie jusques à ce qu'il est debout. Alors que j'ay cognoissance, aux voix redoublées de la meutte, que le cerf est debout et lancé, je sonne pour chiens le laissé-courre, et ceux qui tiennent les jeusnes chiens les decouplent. Cela fort subit et abbregeant, lors qu'il n'y a qu'un cerf dans l'enceinte; mais quand il y a plusieurs cerfs et bestes fauves, je ne sonne pas, bien que la meutte lance, si je ne vois des portées; et si quelques chiens pas bien fermes au change et qui branslent à tout ce qui part, si ces chiens poussent quelque biche à ceux qui sont à l'entour de l'enceinte, ils crient : Ha, haie; à ce terme, mes chiens fort à commandement ne chassent plus et retournent aux autres chiens. J'ay des chiens les quels ne chassent jamais que cerf, neantmoins si l'on les emancipe à chasser des voyes d'une biche qui aille de deux, de trois heures, ils la chasseront et l'iront lancer; mais aussitost qu'elle part, ils ne chassent plus, ils viennent derriere les chevaux et ont honte d'avoir chassé cela. Mais bien qu'ils ne chassent jamais que cerfs, la raison pourquoy ils ont chassé ceste biche, c'est qu'elle alloit de hautes airres; ces chiens avoient bien cognoissance que c'estoit fauve, que c'estoit de la nature qu'ils avoient accoustumé de courre, mais ils ne pouvoient avoir cognoissance si c'estoit cerf ou biche, par ce qu'elle alloit de trop hautes airres; mais incontinent qu'elle va de bon temps, ils ont le sentiment entier que ce n'est pas un cerf, alors ils ne la chassent plus. Mais ces chiens revenuz à moy dans l'enceinte, si quelqu'un forhue un cerf, cerf de dix cors, il sonne, je porte tous les chiens à luy, ou je les laisse chasser et ameutter après les chiens qui ont lancé et separé ce cerf des autres bestes. Le veneur qui a forhué attend sur les voyes, et arreste tous les chiens qui viennent à luy, jusques à ce que tout soit arrivé, que les jeusnes chiens soyent descouplez. Mais si le cerf estoit hors de l'enceinte, qu'il n'aye pas esté destourné le matin ou que le limier l'ayt surallé, incontinent que la meutte est hors de l'enceinte, les picqueurs qui estoient sur le chemin et sur les avenues de la premiere enceinte, ils picquent viste et tout sur les avenues de l'autre, affin de voir ce qui passe; et ainsy nous poussons d'enceinte à autre, jusques à ce que nous ayons lancé nostre cerf ou bien un autre qui soit cerf de dix cors. Que si les fors ne sont pas grands au pays là où je courre, il y a plaisir à voir ma meutte aller requerir un cerf, par les mennus, au pas, prendre cognoissance des airres aux bruieres et fougeres et gaigner tousjours pays; il n'y a point de peine en tel lieu, car l'on voit souvent ce qui part devant la meutte. Et touchant à leurs actions, en chassant de forlonge et par le mennu, cela se voit au traicté que j'ay fait, des Chiens qui chassent de hautes airres; au Naturel de mes Chiens à Lievre, le lecteur en voira là d'avantage, s'il n'est satisfait icy. Je crois avoir satisfait aux curieux d'apprendre les formes dont je laisse courre les cerfs, soit avec le limier ou avec la meutte; mais ceux qui commandent aux veneries, s'ils veullent que leurs maistres ayent bientost du plaisir au laissé-courre, ils ne doivent pas souffrir que celuy qui a destourné le cerf, celuy qui laisse courre, mette devant, frappe aux brizées avec un limier le quel n'est pas dressé, le quel ne suit pas bien au haut du jour, et qui n'emporte pas des voyes de la nuict à midy, à l'ardeur du soleil. Souvent l'on ne laisse pas courre à propos, la cause vient de telle erreur; car un jeusne limier ne tient pas les voyes, ou va au vent ou parle à faute; car souvent un limier accoustumé à estre tenu sur traict hors de temps, il parle à faute. Que si un jeusne chien s'apperçoit et est accoustumé que l'on le laisse aller en avant, lors que l'on luy dit, Va il là, encor qu'il n'y aille rien, autant des fois que l'on luy dira, Va il là, autant des fois appellera-t-il, affin que l'on le laisse aller en avant. Or en ce temps, le cerf que l'on pretend laisser courre fait un retour, et si l'enceinte est claire, que l'on ne puisse voir le bois porté et tourné, le cerf demeure derriere, qui est un grand temps perdu, ou bien l'on change de voye; celuy qui commande doit empescher cette erreur de venerie. Que si celuy qui a destourné dit qu'il faut dresser son limier, que cela le gastera, il luy faut repartir : que ce n'est pas là, en presence du maistre, qu'il faut dresser les limiers; c'est d'autres jours que l'on ne courre pas, quand le maistre n'est pas à la chasse, qu'il faut aller au bois, seul, dresser des limiers; mais quand il faut lancer la meutte derriere les limiers, il faut les plus excellents qu'il laisse courre. Celuy qui a brizé et destourné peut bien mettre devant aux brizées, faire reconnoistre le rembuchement à son limier; mais incontinent il en faut prendre un autre, ou laisser passer un valet de limier devant le quel aille un excellent limier; sans cest ordre, l'on est souvent en desordre au laissé-courre. Il faut donc un limier, pour laisser courre à propos et plaisament, qui emporte les voyes de la nuict à midy, à la rigueur de la chaleur du haut du jour. Lecteur, les bons limiers sont admirables; bien dressez, ils vont au bois le matin, au point du jour; ils emportent les voyes d'heure en heure, toute une matinée dans la rosée, à l'esguail, à la pluie, au vent, à la gelée blanche, à la rigueur de la gelée, à glace, au verglas, aux frimas et aux neiges, que tout est surneigé, que l'on ne voit souvent qu'un trou dans la neige, que l'on ne peut juger à propos si c'est du fauve, tant les voyes sont surneigées, l'on ne peut quelque fois juger à propos si c'est le droict ou contrepied, et neantmoins les limiers se rabattent. La plus part de leur travail est le matin, au fraiz et par temps frais, et neantmoins cela n'empesche qu'en un mesme jour ils n'aillent requerir un cerf, le laisser courre, emporter les voyes, dans l'ardeur du soleil, à quatre ou cincq heures du soir, aux jours caniculairs, ou bien lors que le soleil est en son haut, au plus haut point. Que ceste science de cognoisseur est admirable ! Que celuy qui s'en sçait acquitter doit estre loué en une venerie, mesme de bien dresser les limiers, soit pour le matin, soit pour le haut du jour ! Monsieur de la Brossette, gentilhomme de la venerie et qui avoit la meutte de Monsieur le duc d'Espernon en charge, m'a souvent fait l'honneur de me menner au bois et me donner cognoissance des jugements d'un cerf courrable. Il avoit un limier qu'il appelloit Maindor; il le mennoit au bois, sans botte ny traict, destournoit les cerfs avec ce chien ainsy bien dressé et à commandement, et laissoit courre avec ce limier, sans traict ny botte; et quand le cerf estoit lancé, il prenoit son chien, montoit à cheval et après il sonnoit pour chiens. En ma verte jeusnesse, j'en ay dressé deux, avec les quels je destournois les cerfs, sans botte ny traict, et lançois des cerfs avec, sans la botte au col; mais je ne laissois pas courre avec, lors que je courrois, craignant qu'il arrive quelque desordre. Or vous voyez l'effect des limiers, dans la rosée, le matin; vous voyez leurs effects, au plus haut du jour, à la grande ardeur du soleil; cela doit estre suffisant et capable de mettre l'esprit de plussieurs en repos, et qui ont de l'inquietude et repugnance à faire courre leurs meuttes matin, au point du jour, aux grandes chaleurs de l'esté, et disent que, si leurs meuttes courrent matin, qu'ils ne courront plus au haut du jour. Le limier et le chien courrant sont de mesme race ou doivent estre; le limier suit matin, à la rigueur des grandes rosées, de toute sorte de temps, et ne laisse pas d'emporter des voyes au haut du jour, à midy, aux jours caniculairs, il y est accoustumé et dressé. Or, Messieurs, dressez des meuttes à courre matin, à midy, à toutes heures du jour, et vos meuttes chasseront bien à toutes heures. Que si vous ne courriez tousjours avec vos meuttes que le matin, à la rosée et au frais, il est certain qu'au haut du jour ils ne chasseroient pas bien. Chassez matin, une autre fois à midy, vos chiens s'accoustumeront à toute heure, comme les limiers; et quand vous ne chasseriez que matin, faisant des relais, comme vous faites, il est impossible que le cerf soit si tost pris, que vos relais ne tastent de la chaleur, qu'ils ne soyent donnez après que la rosée est abbatue et esvanouie, et que la meutte mesme ne taste de la chaleur. Du regne du roy Henry quatriesme, je l'ay veu souvent courre à Fontainebleau, dez le grand matin; le premier qui alloit à sa queste et rencontroit d'un cerf qui alloit de temps pour demeurer, il sonnoit deux mots; nous allions à luy, donner la meutte à ce cerf, et ainsy l'on chassoit plaisament, à beau bruict et au frais. Pour quelques chasses, cela est commode; après l'on fait chasser les chiens plus tard, ils s'accoustument à tout. Le roy Jacques, de la Grande-Bretagne, courroit de mesme presque tousjours matin, aux grandes chaleurs. Le duc Charles de Lorraine, grand-pere de Son Altesse qui est à present, courroit ordinairement matin et prenoit un cerf ou deux, à la forest de Hey, et venoit disner à Nancy, pour les dix heures du matin; le duc Henry de mesme. Le duc François, admirable en cette science, prenoit deux cerfs quelques fois et venoit à Nancy, pour le midy. Il laissoit courre au point du jour; l'un des cerfs pris par la rosée, l'autre estoit pris qu'il faisoit grand chaud, l'un pris par le frais et l'autre forcé par la rigueur et violence du soleil. J'avois l'honneur alors d'estre grand veneur de Lorraine. Je vous fais cognoistre clairement que les limiers et les chiens chassants en meutte s'accoustument et s'accomodent à toutes heures du jour et à toutes les saisons de l'année.

LES REGLES DE VENERIE QUE J'AY OBSERVÉES, POUR PRENDRE LE CERF A FORCE ET DONNER PLAISIR A SON ALTESSE.

C'est à present que ces trois grands ressorts doivent faire leurs effects, ces trois parties essentielles de venerie representées au premier chapitre, des Qualitez du Veneur. Anciennement ceste science estoit separée. Les uns estoient cognoisseurs, et ayans laissé courre suivoient la chasse avec leurs limiers attachez à l'arson de la selle, et alloient doucement le long des routtes ; les autres estoient picqueurs, et le cerf estant donné aux chiens, c'estoit à leur tour à tenir les chiens, les faire chasser et perchasser, et à leur faire prendre le cerf par tout où il pouvoit ruzer, touchant la terre. J'ay leu cela aux escrits de venerie du roy Charles neufiesme. Et pour le present, toutes ces sciences se rencontrent au parfait veneur ; mais beaucoup possedent ce tiltre sans raison, les quels en sont incapables. C'est abuser de ceste qualité de veneur, le quel derive de venerie, si celuy qui est publié tel n'a trois qualitez : bon cognoisseur, hardy et consideré picqueur, sage et prudent chasseur, qui s'entend à bien faire chasser des meuttes pour le cerf, pour le chevreuil et lievre, et cela

L'art de venerie estoit anciennement separé.

estant, il est poly en son art. En Angleterre, ils ne s'arrestent nullement à jouer du limier pour laisser courre, et si pourtant ils prennent et forcent les cerfs et dains le plus reglement qui se peut; et si j'ay conversé avec d'aussy excellents veneurs, en ces pays-là, qui se puissent rencontrer, les quels exercent la science avec tant de justesse, que l'on voit toute la meutte de Sa Majesté le roy de la Grande-Bretagne garder le change, tous en corps, sans que pas un chien bransle à d'autres cerfs ou dains qu'à celuy au quel l'on les a ameuttez. Il faut advoüer que ce sont parfaits veneurs, de rendre une meutte si sage ; et ne s'arrestent entierement, pour fondement de la science, à estre cognoisseurs sinon de veue, mais à estre subtils à juger et avoir cognoissance, par les actions de leurs bons chiens et sages, des ruzes et malices que les cerfs ont accoustumé de faire pour se demesler des chiens, et se servent de telle cognoissance à faire bien chasser et perchasser. Ce que je represente n'est nullement à dessein d'empescher les jeusnes veneurs à se rendre bons cognoisseurs et negliger ceste science; car j'ay commencé un limier à la main, et ay laissé courre plussieurs cerfs qui ne portoient que les dagues, et en avois fait rapport pour masles et se trouvoient tels. Cecy est pour leur faire voir clairement que je tiens que celuy qui est seulement cognoisseur, sans l'autre partie, il n'est parfait veneur. C'est la premiere regle, après estre cognoisseur, que je fais comprendre aux jeusnes hommes que je dresse en l'art de venerie, pour prendre le cerf à force et donner plaisir à Son Altesse : c'est d'estre soigneux et en garde par les actions des chiens en chassant, de ne s'estonner aux desastres de chasse qui arrivent par le change ou par deffaut; et en ce temps, se servir des jugements qu'ils ont peu avoir de leurs chiens, pour redresser et perchasser ce deffaut, et pour suicte de ce discours à donner plaisir à Son Altesse et prendre les cerfs à force. Je suis exact à separer les questes, le soir devant la chasse; je fais les questes petites, affin que tous les chemins soyent brizez, et que à l'assemblée nous puissions sçavoir où sont les cerfs et hardes de bestes, pour estre en garde du change en courrant. Que si je courre en une forest, j'ayme mieux separer les questes en une partie de la forest, que de les envoyer par tout, fort loing, là où ils ne font que passer; et nous voyons ordinairement, si ceux qui commandent n'y apportent l'ordre, l'ambition est si forte en ce mestier, que la plus part demandent tousjours les questes, plus longues qu'il ne faut pour les bien faire et sçavoir asseurement ce qui a branslé la nuict. Pour ce qui se recele, je passe legerement; seulement je diray que, si en ma queste je revois d'un cerf courrable d'un jour ou de deux, je foulle les forts, craignant qu'il ne se soit recelé. Je ne m'amuse point à aller aux questes de mes voisins, comme d'autres. C'est ce qui est cause d'avoir quelques fois rapport de peu de cerfs, que de donner trop de pays pour une queste; et quelques fois à l'assemblée il n'y a rapport que d'un cerf ou de deux, et en courrant, au bruict de la chasse, l'on en lance plusieurs, cela arrive lors que les questes sont trop longues; l'autre, qu'il y a des paresseux, encor qu'ils ayent petite queste, qu'ils la negligent et sont de vrays faineants. Si vous donnez les questes longues, vous qui commandez, et que ce desordre arrive, c'est vostre faute; si elles sont raisonnables, c'est la faute de ceux qui ont esté au bois. Je me garde de l'un et sçais fort bien reprimer l'autre, car cela est cause d'enlever le plaisir du maistre ou de celuy qui commande; que s'il n'est pas capable du mestier

Des questes.

pour empescher les desordres, ses compagnons luy en fairont bien à croire. Or je vous plains, jeusnes veneurs par complaisance ou courtisans, qui par maxime d'estat embrassez cette fonction, en estants incapables. Tenez pour certain, que vous vous taillez une besoigne, dont vous ne vous en acquitterez que fort difficilement, et est tout ce que pourra faire celuy qui est nourry, depuis qu'il a cognoissance, de bien examiner les desordres et erreurs, que ses compagnons auront faits, estans au bois ou bien en courrant; et quand vous jugerez que, pour bien forcer un cerf, il y a bien d'autres traicts de venerie, les quels tous esprits ne sont capables d'en venir à la perfection, vous voyrez clairement cette passion esvanouie, que si par un grand soing l'on ne s'est rendu capable, que veritablement l'on ne sert à la bande que d'un zéro en chiffre, qui signifie nombre seulement. C'est pourquoy les roys et princes qui ayment leurs plaisirs doivent choisir des bons hommes du mestier pour commander; car si le chef n'est excellent en son art, il est à craindre, si son adjudant n'est subtil, que les questes seront fort mal disposées. Ceux qui ont l'honneur de commander aux veneries, s'ils sçavent leur mestier, doivent estre punctuels à separer les questes à propos, le soir avant la chasse, et que les assemblées se fassent à propos, à la commodité des courtisans; car lisez les autheurs qui ont escrit les methodes et formes de forcer les cerfs, vous n'y trouverez pas que les assemblées se doivent faire aux villages, mais aux forests, aux carefours ou bien autre part, au milieu des questes, proche des eaux. Et presentement cest ordre est changé, car la plus part font faire les assemblées aux villages, la seule cause que l'on en courre plus tard, qui empesche souvent que l'on manque de jour pour finir les chasses plaisament; et le parfait

Des questes.

Des assemblées.

veneur demande du jour de reste, non pas faire la retraicte la nuict, avec grande incommodité pour les maistres. Aux villages, les valets indiscrets font force insolences; ils boivent, lors qu'il faut separer les relais, envoyer les chiens et les chevaux; celuy qui commande ne voit que confusion. Mais l'assemblée au milieu d'une forest et selon les regles de l'art, l'on y voit tout le monde à descouvert, et le prince, s'il y arrive de bonne heure, a le contentement de voir venir le long des routtes les compagnons du mestier, qui retournent gayement de leurs questes, pour faire leurs rapports. S'ils estoient desja arrivez à l'assemblée devant le prince, il voit un chascun à son devoir, les chiens, les limiers; bref, rien n'y est caché; et à mon advis, cela est mieux et a toute autre grace que de faire les assemblées aux villages, si ce n'est au temps pluvieux et inconstant, là où au bois le maistre seroit incommodé et les chiens morfondus. Bref, où ce soit l'assemblée, c'est au grand veneur à donner les departements aux veneurs; mesme s'ils veullent coucher dedans un village, pour estre le lendemain plus matinaux, c'est au grand veneur à sçavoir celuy le quel est le plus à propos et à la commodité de la chasse, pour, suivant leurs rapports, si le village est suffissant, y loger, affin d'estre le lendemain plus tost à l'assemblée. Là où estant arrivée Son Altesse ou autres qui desirent de voir courre, je fais le rapport de ce que mes compagnons ont destourné en leurs questes, eux tous presents, les quels, devant toute l'assemblée, je leur fais repeter le rapport qu'ils m'ont fait en particulier, à cause que l'art demande que celuy qui a bien travaillé reçoive l'honneur, en presence de son maistre, de rendre compte de son travail. Que si son rapport se trouve veritable au laissé-courre, il reçoit de l'honneur; s'il n'est ainsy,

Des rapports.

cela luy tourne en honte, et fait que ses compagnons y prennent exemple pour une autre fois, et s'empeschent d'estre trop advantageux au rapport, ou, pour ambition de laisser courre, faire, par leurs rapports, le cerf qu'ils auront destourné plus cerf qu'il n'est, et que veritablement ils n'en ont eu cognoissance, en le destournant. Tels ambitieux et advantageux en leurs rapports enlevent le plaisir, que le maistre doit esperer, courrant et chassant un vieux cerf, à cause qu'un veneur sage et prudent faira son rapport avec moins d'ambition, si donc il n'a veu son cerf le matin, en le suivant et le rembuchant au fort. Sans cela, il faira son rapport, selon les regles du mestier, sans ambition, rapportant veritablement les jugements et signals, par les quels il fait jugement asseuré que son cerf est cerf de dix cors ; car un parfait veneur doit estre et est veritable en ses discours, tant en ce qui touche son art, que en toutes ses autres actions et traictez, ne se souciant le quel de ses compagnons donne le cerf aux chiens et laisse courre, pourveu que son maistre aye du plaisir ; car si, à ceste chasse, la fortune n'a voulu que le plus grand cerf et vieux aye fait sa nuict et demeure en sa queste, à une autre chasse il aura plus de bonheur, si donc il n'est faineant et incapable de bien travailler le limier à la main. Et pour le plaisir et contentement, que je desire ordinairement donner au prince, je reprime ces ambitieux, les quels, par leurs rapports advantageux, font souvent choisir un cerf, cerf de dix cors jeusnement, pour un vieux cerf ; et tout de mesme comme je suis ennemi des chiens menteurs, sous les quels vous ne pouvez travailler avec jugement asseuré en vostre science de venerie, ainsi vous ne pouvez donner plaisir à vostre maistre, si les veneurs qui sont sous vostre charge ne sont veritables en leurs rapports et en leurs travaux. Ceux qui ne sont veritables, je ne puis les souffrir sous ma charge, pour estre le premier fondement de la venerie, que la verité est l'action sous la quelle le parfait veneur doit regler tout son travail. Et pour surprendre les jeusnes veneurs en leurs rapports, devant les princes et les vieux compagnons du mestier je les interroge ensuicte de leurs rapports : si le cerf, du quel ils ont fait rapport, le quel ils mescroient vieux cerf, s'il est destourné en belle meutte; si l'enceinte est raisonnable pour demeurer, encor que cela doit estre selon les forests ou le pays là où l'on desire courre; car cerfs demeurent par tout là où ils ne reçoivent point d'ennuicts, et à l'esgal que l'assiette des forests est disposée; ils demeurent aux fors, si la plus part sont fors. Les cerfs ont accoustumé de faire leur demeure par tout : si ce sont landes, les cerfs y demeurent; de mesme, si la forest est composée de montagnes, couverte de rochers, la plus grande part des cerfs demeurent entre deux rochers; bref, les cerfs demeurent, en peu de couvert, aux forests et pays là où ils ne reçoivent point d'ennuicts. Mais le tout depend, pour bien destourner un cerf en toutes sortes de pays, forts ou foibles, que le jeusne veneur cognoisse les actions de son limier, pour juger si son cerf va de temps pour demeurer; et incontinent, si son limier luy donne cognoissance de cela, comme il ne peut manquer, si celuy qui le menne est capable de recevoir telle cognoissance, il faut là brizer où ce soit, en fort ou foible, et tousjours continuer ses devants; et en la sorte il ne manquera point de destourner, sans lancer son cerf, si son limier est secret. Je m'arreste fort, s'il y a d'autres cerfs destournez, à ne porter Son Altesse à aller aux brizées d'un cerf qui a esté lancé le matin, si la terre n'est

Des rapports et cognoistre les limiers.

bonne à chasser ; car j'ay veu souvent, aux grandes chaleurs, allant aux brizées d'un cerf qui avoit esté lancé le matin, manquer à laisser courre, qui retarde le plaisir du maistre et harasse la meutte, et peut-estre faudra-t-il aller à un autre cerf à une lieue de là ; mais si la terre est bonne à chasser, je descouppleray sur les fuittes sortant de l'enceinte, et mes vieux chiens, chassans en corps, l'iront requerir. Mais beaucoup de maistres sont d'autre humeur, les quels, aussitost qu'ils arrivent à des brizées, ils demandent à courre furieusement. Et pour les y porter plus plaisament, je veux que mes compaignons me rendent compte exactement de leur travail en leurs questes : si, lors qu'ils ont rencontré de leur cerf, c'estoit du relevé ; là où leur limier a renouvellé ses voyes, si c'est à la taille, ou au gaignage ou autre pays, en lieu plus couvert ; s'ils ont eu cognoissance de ces nouvelles voyes, arrivant aux viandis ou en quelque resuit. Je fais ces questions, affin que je puisse juger s'ils ont lancé leur cerf le matin, par ce que la plus part des veneurs ambitieux et advantageux en leurs rapports ne le diront pas, s'ils ne sont pressez par questions, des quelles ils ne se sçauroient desmesler, si elles se font par un bon homme du mestier. Celuy qui commande doit tout sçavoir : combien ils ont fait de rembuchements, si en l'enceinte il y a plussieurs entrées et sorties. C'est à luy, jeusnes veneurs, à qui vous devez dire les difficultez que vous avez eues le matin en vostre queste, affin que, si au laissé-courre vous avez quelque desordre, il vous assiste, se souvenant de vostre rapport et des difficultez, les quelles vous avez trouvées, en demeslant la nuict de vostre cerf et avant que l'avoir poussé au fort. Et j'advertis les jeusnes veneurs que souvent, au rut, j'ay esté cause d'avoir fait donner des cerfs aux chiens, que celuy qui les avoit brizez et pensoit les avoir destournez commençoit à plier le traict du limier; il ne sçavoit plus quelle brizée il devoit pousser. Mais m'ayant fait son rapport veritable, je luy en faisois pousser une de la quelle il ne vouloit approcher, pour cause que son limier ne s'en estoit pas eschauffé ny rabattu si fermement que des autres; toutes fois en deux ou trois longueurs de traict le cerf partoit. Cela arrive, lors que les limiers vous manquent et vous trompent, que vous eschauffez par trop vostre limier; car si vous parlez trop souvent à vostre limier, lors que vous commencez vostre queste, il se rabattera d'un air plus furieux qu'il ne faira si vous luy laissez faire sa queste discretement, sans l'eschauffer sinon doucement, et peu de fois l'advertir, de craincte qu'il ne soit du tout allenty et hors d'humeur, ou à cause qu'ayant des trenchées il neglige tout à fait sa queste; plusieurs chiens delicats y sont sujects, cela les fait manquer et suraller, si l'on ne leur parle quelques fois, mais non avec furie; car si de hazard, lors que vous l'eschaufferez fort, qu'il arrive sur des voyes, il s'y poussera avec trop d'ardeur, qui vous empeschera le jugement d'avoir cognoissance veritable de quel temps cela peut aller, par ce que vous avez forcé l'air accoustumé de vostre limier là où, si l'on ne l'avoit eschauffé, il se seroit rabattu à l'esgal de ce que les airres luy auroient apporté de sentiment. Et vous, à qui le limier est, si vous le cognoissez comme vous devez, si ce rembuchement est le premier, par ce premier, à l'air et humeur de la queste de vostre chien, vous aurez cognoissance, des autres que vous fairez après, le quel doit estre de meilleur temps pour demeurer; si c'est le dernier rembuchement, ce sera le mesme effect à vous donner cognoissance des autres brizées precedentes, si donc vous n'avez forcé vostre chien d'une façon inegale à sa furie. Il faut le laisser faire, luy-mesme; et de quelle airre que vous travailliez au bois, ce doit estre moderement, pour bien destourner un cerf et le laisser courre, et particulierement au temps du rut, comme j'ay representé cy devant, là où en une enceinte il y aura tant d'entrées et de sorties que quelques fois un veneur demeure confus.

Des rapports.

Mais, jeusne veneur, fais veritablement ton rapport à celuy qui te commande; et si tu choisis le rembuchement de hautes airres, pour celuy de bon temps et de temps pour demeurer, la difficulté de chasse sera grande et les voyes fort embarassées et les rembuchemens fort confus, si, avec l'advis qu'il te donnera, tu ne laisses courre; et choisira les meilleures brizées par la cognoissance qu'il a eue de ton travail, par ton rapport veritable, et de l'air et contenance de ton limier en brizant, les quels tu luy dois aussy avoir rapportez. Mais si celuy qui commande n'est capable, addresse-toy à communiquer ton travail à quelque veneur prudent et des moins ambitieux; je m'assure que par charité de franc veneur il te donnera des advis, dont tu recevras l'honneur, devant ton maistre, de donner le cerf aux chiens. Au contraire, si tu es couvert et dissimulé en tes rapports, tu manqueras souvent à laisser courre, et fairas que ton grand veneur sera tousjours en garde de tes rapports et n'ira à tes brizées qu'à faute d'autres, par ce que, sur la forme du rapport, celuy qui commande tache à porter son maistre à courre le cerf qu'il juge estre le mieux destourné, s'il est cerf courrable; et comme ceux qui ont escrit de la chasse nous ont appris et fait noter que, selon les regles de venerie, un cerf bien donné aux chiens est à moictié forcé, il le faut donc bien donner aux chiens, pour exercer l'art et pour donner plaisir au maistre. Ne vous estonnez pas, si je suis long, en ce discours des rapports, de bien exactement sçavoir de mes compagnons les formes de leurs enceintes, le pays, les demeures, et combien ils ont de rembuchements, s'il y en a quantité, les raisons du meilleur, puisque le laissé-courre est tant necessaire en nostre art pour le contentement du maistre. Mais s'il est possible, il faut un cerf, cerf de dix cors; le mestier commande de courre le plus grand de ceux qui sont destournez, lors que le maistre courre. Mais s'il n'y a, à une assemblée, que quelque particulier qui voie courre vos chiens ou vous-mesme qui commandez, vous ne devez courre les vieux cerfs, mais vous contenter de tous cerfs, les quels sont cognoissables parmy les bestes ou qui puissent estre cerfs de dix cors jeusnement; et les grands cerfs doivent estre reservez pour le plaisir du maistre, parce que les traictes n'en sont si rigoureuses et longues, et que les chiens, ayant accoustumé de courre un cerf, cerf de dix cors jeusnement, lors que le maistre sera à la chasse, courrant un vieux cerf, ils seront tousjours à ses trousses et chasseront plus plaisament. De plus, quelle raison pouvons-nous avoir, nous autres qui avons des meuttes en charge, à courre les vieux cerfs? Et quelques fois, aux assemblées, il n'y aura rapport que de jeusnes cerfs, et si l'on est constrainct de les courre devant le maistre, et qu'aux chasses precedentes vos chiens ayent courru quatre ou cincq vieux cerfs, vous verrez du changement, en chassant, à la methode et au bruict de vos chiens. Ne soyons pas si curieux à courre les vieux cerfs, sinon en presence des maistres; car les meuttes entretenues dez longtemps et qui ne courrent que le cerf n'en doivent point refuser à courre, pourveu qu'ils soyent cognoissables dans le fauve. Et pour moy, lors que Son Altesse n'est point à la chasse, les plus jeusnes ce sont les miens, pourveu que par le pied l'on les puisse juger masles; il me

Il faut courre les vieux cerfs en presence des maistres.

suffit mesme devant les limiers s'il bondit un cerf portant les dagues, je sonne pour chiens et à luy. Que si je courre en un pays, là où Son Altesse ne chasse jamais, je courre un cerf, cerf de dix cors; mais là où Son Altesse a accoustumé de courre, jamais cela ne m'arrive, et je mets tout mon soing à conserver les vieux cerfs, pour donner plaisir aux princes estrangers ou à Son Altesse. Et avant que de laisser resoudre, à l'assemblée, au quel cerf l'on ira laisser courre, après que le rapport est fait aux princes, je ne me contente des questions que l'on leur fait, je veux en sçavoir d'avantage. Et volontiers l'on ne leur demande si non : Qu'avez-vous fait? Ils repartent : J'ay destourné un cerf. Quel cerf est-ce? Il est cerf de dix cors, d'un pied long ou bien d'un pied rond, selon le jugement qu'ils en auront fait. Mais ce n'est assez, il faut plus de parolles, pour surprendre un veneur ambitieux par trop de laisser courre; car il n'est plus temps de discourrir si un cerf est cerf de dix cors, lors que l'on est aux brisées, au milieu de l'enceinte ou bien dedans la reposée d'un cerf; alors il faut bons effects de chasse et plus de parolles. Que celuy qui commande tienne pour certain que ces advantageux et ambitieux en leurs rapports, si l'on leur souffre, ne manqueront jamais, d'un cerf de dix cors jeusnement, le publier cerf de dix cors; il leur suffit qu'il soit masle, pourveu qu'ils laissent courre. Et pour empescher ce desordre, le quel enleve le contentement du maistre et corrompt l'art de venerie, je veux sçavoir sur les quels de tous les jugements, que veneur doit sçavoir en son art, pour cognoistre un cerf, cerf de dix cors, il a formé ce jugement, pour en faire rapport si hardiment : s'il en a bien reveu à son ayse par le pied; s'il a la solle grande, s'il se juge bien; si les allures sont bonnes, la pince grosse, la quelle volontiers aux vieux cerfs releve, et le tallon brize et enfonce fort la terre pour sa pesanteur, le pied creux, les costez usez, et à ce jugement, il le faut faire à l'esgal des pays là où les cerfs sont nourris. Mais de tous ces jugements, si le veneur a reveu des fuittes de son cerf, en le destournant, ou bien s'il en revoit du temps des pluies, de vieux temps, et que ces fuittes soyent belles, je m'arreste du tout à ce jugement, pour attaquer ce cerf et donner plaisir à Son Altesse, à cause que des autres jugements le veneur y est quelques fois trompé, mais à un cerf qui a la jambe large, bas joinctée, les os gros et courts, jamais. Et encor que le premier jugement que nous faisons souvent d'un cerf, c'est par le pied, si est-ce que je ne me contente de celuy-là, sans en avoir d'autres, pour le juger cerf de dix cors; car j'ay veu laisser courre et prendre des jeusnes cerfs ne portans que six, qui estoient jugez vieux cerfs par le pied; au contraire, j'ay pris plusieurs vieux cerfs, les quels avoient le pied tout retressy, comme un vieux cheval, le quel s'encastelle; c'est la raison qui me fait faire repeter aux jeusnes veneurs ce jugement des fuittes : la jambe large, bas joinctée, les os bons. Il y a plussieurs autres jugements encor, que l'on peut avoir d'un cerf, cerf de dix cors : par les viandis, lors que l'on veut s'amuzer à demesler la nuict, sans prendre les devans; s'il les fait delicatement, en tirant la substance du bouton ou la seve du rejetton, signal de cerf courrable; si celuy qui travaille trouve quelque resuit qui soit long et large; s'il lance son cerf, en le brizant au fort, et soit desja tard, le laissant un peu rasseurer, il peut aller secretement à la reposée son limier derriere, et s'il la trouve large et longue, et que le cerf, en partant et se levant, aye foullé fort la terre et l'a brizée fort du tallon et de ses genoux. Tout cela sont tesmoignages de cerf, cerf de dix

Jugement des vieux cerfs aux rapports

Jugement des vieux cerfs aux rapports des veneurs.

cors, des quels jugements vous en pouvez avoir cognoissance toute l'année et non des portées et des fumées, les quelles ne sont qu'en certaines saisons de l'année. Mais si faut-il encor interroger le jeusne veneur sur les deux jugements des portées et des fumées. Touchant aux portées, je desire sçavoir si son cerf, le quel il pretend de donner aux chiens, fait des belles portées; s'il tourne le bois fort haut ou bien s'il le tourne bas et large, car volontiers vieux cerfs entrent aux fors, la teste basse; si le bois porté et tourné est autant d'un costé que de l'autre, pour sçavoir s'il a la teste fort chevillée, haute et bien nourrie. Ce n'est sans cause que je veux sçavoir tout cela, car j'ay veu prendre plusieurs vieux cerfs, que leur teste n'accompagnoit nullement l'aage ny leur corsage; et pour preuve, j'ay laissé courre un vieux cerf, devant Son Altesse le duc François, qui fut pris, le quel cerf avoit seulement deux perches de la longueur d'un pied et tournées derriere les oreilles comme celles d'un bellier. Lors que Monseigneur le cardinal de Guise vint à Bar trouver feu Son Altesse le duc Charles, il amenna ses chiens qui, avec ceux de Son Altesse, forcerent plusieurs cerfs là où j'avois l'honneur de commander, en qualité de grand veneur des duchez de Lorraine et de Bar, et de separer les questes à ces Messieurs du mestier qui avoient des limiers. Or un vieux veneur de Monseigneur le cardinal de Guise donna un vieux cerf aux chiens, au pré de Bar, qui n'avoit nulle teste, seulement les meulles couvertes de deux glassiers, c'estoit en septembre, lors que les cerfs vont au rut; et en courrant, tous ceux qui le voyoient, qui n'estoient veneurs, disoient que l'on avoit donné une meschante beste aux chiens; mais par le pied nous jugions autre chose, et trouvasmes à la mort que c'estoit un grand vieux cerf; le veneur qui le laissa courre s'appelloit le pere Charmois. Nous avons prins quantité de cerfs, qui n'avoient qu'une des perches chevillée, et l'autre, il n'y avoit ny antouillier ny espois. L'on peut avoir cognoissance de ces manquements de nature, aux testes contrefaites, par les portées, lors que le bois n'est meur tout à fait et que les feuilles ne sont tombées, à cause que le cerf portant et tournant les branches de sa teste, le bois estant en seve et couvert de feuilles, il demeure facilement plié et tourné comme la teste du cerf l'a porté. Mais si le bois est despouillé de feuilles, meur et la seve retirée, en ce temps le bois, à cause qu'il est roide, se rejette aisement et est fort difficile d'en avoir cognoissance. Donc je concluray que ce jugement diminue, et que les portées ne sont plus agreables à voir, lors que les feuilles tombent. Mais aux freaux, l'on peut avoir cognoissance des testes des cerfs qui sont bien nourries : s'ils les font fort hauts et bien limez, c'est tesmoignage que la teste est belle et bien perlée; et si à leurs hardois, ils brizent fort le bois et le liment, de mesme ils doivent estre jugez avoir belle teste. Pour la hauteur, que l'on ne s'y arreste trop; car jeusne cerf touche le bois haut, et ay appris des plus vieux veneurs que souvent jeusne cerf se leve debout pour toucher au bois, si bien que ce jugement des freaux est douteux. De plus, je vous donne des exemples de vieux cerfs qui n'avoient nulle teste, sinon les meulles couvertes; d'autres vieux cerfs avoient la teste fort difforme, que nos bons cognoisseurs ne les eussent sceu juger cerfs de dix cors par les portées, toutes fois ils l'estoient sans doute. Et quand ils auroient eu la teste bien nourrie, haute et ouverte, signal de cerf courrable, le veneur qui en fait rapport seulement par les portées, comment peut-il estre certain, s'il n'a d'autres jugements, qu'ils soient cerfs,

Jugement des portées et des hardois.

puisque la nature, se jouant en ce qu'il luy plaist, fait naistre des bisches les quelles portent rameures? Et estant en Angleterre, l'année mil six cent et quinze, envoyé par Son Altesse le duc François vers Sa Majesté le roy de la Grande-Bretagne, Sadite Majesté me fit l'honneur de me menner en son parcq de Tybolk, là où elle me monstra une biche qui avoit une perche fort longue et une petite, la quelle avoit un fan après elle. Je ne puis, pour ce suject, m'arrester à ce jugement seul, veu que la nature fait des effects si differents. De plus, j'ay conferé avec des vieux veneurs, les quels m'ont asseuré qu'il y avoit, à Blois, une teste de biche haute et ouverte, et autant bien chevillée et semée, que cerf, cerf de dix cors, puisse porter, l'ayant nourrie sans ennuicts. S'il y a d'autres cognoissances avec les portées, elles peuvent fortifier un rapport, et faire choisir ce cerf pour le plaisir du maistre. Pour n'obmettre à parler des fumées à la saison, je diray que ce jugement est assez facile à comprendre; soit en platteaux ou en torches, ils doivent estre grands et gros; et en ce qui est du jugement des fumées formées, les raisons se disputent à l'assemblée, en les presentant au prince, là où tous les compagnons du mestier en doivent dire leur opinion. Pour moy, si elles sont oinctes, formées et bien moullues, je leur donne ma voix, et que celuy qui les a levées les a trouvées fort semées et peu ensemble. Or, jeusne veneur et advantageux en vos rapports, si aux assemblées vous estes interrogé et examiné sur plusieurs de ces points, les quels sont les principaux de l'art du cognoisseur, et que vous n'ayez travaillé, ny d'art ny de science, et fait vostre rapport fidelement et sans fard, vostre rethorique est excellente, si celuy qui vous commande, s'il est capable de ceste charge, ne vous surprend et

Biche portant teste.

Jugement des fumées.

fait voir à l'assemblée vostre artifice. Mais après avoir discouru, devant toute l'assemblée, sur quantité de ces jugements qui nous donnent cognoissance des cerfs courrables, et que Son Altesse a choisy le cerf qu'elle desire de courre et forcer, pendant qu'elle disne et se prepare, je separe les relais et donne l'ordre que les picqueurs doivent observer aux relais. Des relais.
Je dispose les relais des vieux chiens, que nous appellons nos docteurs de chasse, les quels ne nous apportent nul desordre, mais nous secourrent à toutes sortes de difficultez de chasse, qui nous pourroient empescher à forcer et prendre, ce que ne feroient jeusnes chiens pleins d'ardeur et de furie, qui nous brouilleroient longtemps, avant qu'ils se soient recognus pour tenir les voyes de justesse; car leur premiere boutade est dangereuse, soit pour le change, pour voyes doubles, ou barrer et balancer hors des airres, et empescher entierement que les vieux chiens ne peuvent jouer de leurs tours à fournir les voyes justes. C'est pourquoy je ne mets nul jeusne chien aux relais, si ce n'est quelque jeusne chien qui est effilé, et que je sçay asseurement qu'il ne devancera les vieux qui sont aux relais; à tel chien, pour luy laisser reprendre force, je le souffre à un relay, mais incontinent qu'il s'esgaye et reprend son air accoustumé, je le remets à la meutte, encor qu'il ne soit le plus fort; pourveu que les premieres saisons il tienne, c'est assez, pour moy je ne luy demande que cela. Je suis fort ennemi des jeunes chiens aux relais; je ne me laisse emporter à y mettre sinon des chiens de quatre et cincq ans, qui ayent chassé pour le moins trois saisons, chiens subtils parmy le change, aux voyes doublées, aux grands chemins, chiens qui rapprochent bien et qui chassent hardiment aux grandes chaleurs. Pour le nombre des chiens de relais, cela depend de la

quantité qu'on en at, comme quatre, six, dix, à l'esgal de la quantité de relais que l'on veut faire. Pour moy, je tiens que le moins de relais est le meilleur pour rendre les chiens et meuttes excellents et sages; et quelques fois, si Son Altesse n'est à la chasse, je donne tout de la meutte et ne fais nuls relais de chiens; j'envoye seulement des relais de chevaux, et je fais donner cincquante chiens à un cerf, cerf de dix cors, des quels il en manque peu à la mort, par la methode que nous observons à les arrester souvent. Mais lors que Son Altesse est à la chasse, je fais quatre relais de vieux docteurs, comme j'ay dit. L'ordre, que je donne aux picqueurs qui mennent les relais, est ne point partir sans les pages qui mennent les chevaux; et estant aux relais, de faire observer le silence le plus qu'il leur est possible, s'escarter du costé là où la chasse doit venir; et voyant passer le cerf, ils feindront ne le voir pas; et après qu'il est esloigné de leur veue, sans grand bruict, aller sur les voyes, avec leur relay et tous ceux qui sont venus avec eux, comme pages et autres valets de nos compagnons, les quels avec eux arrestent toute la meutte, jusques à ce que tout soit arrivé et disposé à relayer. Et si de hazard, comme il arrive souvent, le cerf ne donne aux relais, leur devoir est de diligenter à chercher la chasse, et descoupler leurs vieux chiens après luy, affin que s'il fait longues traictes, leurs chiens n'en soyent tant harassez à estre tirez et malmennez en couples; cette methode est cause qu'ils ne se dessolent pas si tost. Mais si la chasse passe trop esloignée d'eux, ils doivent descoupler leurs chiens après luy, et tous ceux qui sont aux relais, les quels mennent les chevaux de nos compagnons, tiennent ces chiens ensemble et les empeschent de s'escarter. Et nous qui sommes de la meutte, si nous avons

Des relais.

cognoissance que quelque picqueur des relais nous vienne joindre, nous arrestons la meutte, jusques à ce que le relay soit venu et que ses chiens ayent joint ce corps de meutte, affin que sans confusion nous chassions à grand bruict. Et lors que je dis, si j'ay cognoissance de quelque relay qui me vienne secourrir, c'est en temps qu'en passant quelques bruyeres ou landes, soit taille ou autre descouvert, quelques routtes ou bien grandes plaines, j'apperçois quelque relay qui fait son devoir de nous joindre; alors je fais arrester la meutte, et donne loisir au compagnon de ce relay à venir relayer. Que si nous n'avions observé cest ordre, ce relay n'auroit courru cette chasse et par consequent la meutte point exercée en corps; car tout mon travail et soin est que tous les chiens courrent souvent, s'il est possible. Pour tenir la meutte en perfection et bonté, c'est le grand chemin, et n'en y a nul autre, pour rendre les chiens excellents, que de courre souvent, pourveu que l'on courre à propos, sans confusion; car de courre souvent sans ordre, l'on rend les chiens malitieux, couppeurs et desadjustez, plustost que les rendre sages et propres à servir à des relais, lors qu'ils n'ont plus la force de tenir la meutte. Et ce que j'ay representé est l'ordre que tous mes compagnons observent, tant aux relais, qu'en cherchant la chasse; et la maniere de relayer, je la representeray en son lieu. Donc les relais separez et partis de l'assemblée, je considere les chiens qui me restent pour la meutte, et prends garde par leurs actions s'ils sont bien en estat de chasser, à cause que si l'on fait courre un chien melancolique ou malade, si c'est un chien de force, on le ruine pour longtemps. Je prend garde aussi, devant Son Altesse, de ne faire courre nul jeusne chien, qui ne sçache desja empaumer des voyes et se tenir dans la meutte, affin que

Des relais.

en si bonne compaignie il ne nous arrive nulle confusion de chasse, pour y avoir trop de jeusnes chiens; car en presence de nos maistres, nul jeusne chien ne doit chasser, qu'il n'entende à la voix des veneurs ce que l'on veut qu'il fasse, et y doit plier et tourner; bref, il doit entendre si on luy parle de colere pour le chastier, ou si on luy parle, d'une voix plus douce et plaisante, pour l'esgayer et caresser. Et pour adjuster mes jeusnes chiens et les apprendre à empaumer des voyes, lors que l'on ne veut pas courre, je leur fais lancer un cerf et les fais descoupler avec une couple de vieux chiens justes et sages; et s'ils s'en vont avec, l'on les laisse courre un quart d'heure ou demy heure; à d'autres qui sont plus difficiles à dresser, je les fais menner au bois, et comme ils se rabattent bien et entendent la voix de leur maistre, je les mets à la meutte. Cecy se pratique, après qu'ils ont eu quelques curées; pour le nombre des curées, je ne m'arreste à cela : lors qu'ils les mangent hardiment, il me suffit pour faire cest effect. En temps que je parle de la meutte, je ne l'appelle pas meutte, si en ce corps de chiens il n'y en a de propres à relever toutes sortes de deffauts; et lors que je la dispose et la prepare à une assemblée, pour chasser devant bonne compagnie, ce n'est à dessein de ne prendre que par le secours des relais; mais c'est à dessein de forcer un cerf par tout sans nul des relais, par ce que, dans ce corps et nombre de chiens du quel j'auray composé la meutte, il y aura des chiens propres à me secourrir, à cause que le nombre des chiens sages et qui ont chassé trois et quatre saisons excede celuy des jeusnes, et par consequent ces chiens sages redressent, en temps que les jeusnes pressent par trop, avec la voix et l'ayde de mes compagnons qui font chasser les jeusnes en craincte; car je n'appelle pas une quantité de chiens meutte, s'ils ne sont capa-

De la meutte.

bles de forcer de justesse ce qui fuit devant eux ou ce qui leur est donné. C'est une recolte de toutes les caignes d'un pays que l'on a faite; cela ne doit paroistre en une assemblée de bons veneurs, ny porter le tiltre de meutte, qu'ils n'ayent esté dressez et adjustez de longtemps, ou que l'on aye tiré race de ces chiens coupeurs mal adjustez et dressez, s'ils sont de bonne race, affin que des jeusnes chiens, qui en seront tirez, l'on en fasse une bonne meutte. Il m'est advis que je vois plussieurs garçons, les quels ont esté avec moy, pour mener mes chevaux aux relais ou qui m'ont servy de lacquais, d'autres de panser mes chiens; et lors que mes chevaux et mes chiens estoient au quartier de Venerie, ils ont appris à sonner du cor, et sçachant bien sonner du cor, ils se mettent en l'esprit d'estre bons veneurs; ils se debauchent, mettent un cor au col et vont chercher fortune. Ils rencontrent quelque jeusne seigneur que l'aage luy permet d'aymer le bruict; il croit que ces valets sont bons veneurs, puisqu'ils sonnent bien, il envoye de tous costez demander des chiens. L'on luy envoye tous les chiens des quels l'on voudroit estre deffait, et qui ne servent aux meuttes sinon de nombre, des couppeurs, chiens menteurs, d'autres qui chassent à part. Voilà donc une meutte bien formée d'excellens chiens, et de bons veneurs propres à rebutter et faire hayr et abhorrer la venerie au jeusne seigneur qui en veut avoir cognoissance! Je ne puis appeller une meutte, estant composée de la sorte : c'est une confusion de chiens ramassez et de mauvais chasseurs, qui sont chasseurs veritablement, car ils ne prennent jamais, si ce n'est quelque cerf malade ou blessé de longtemps. Si c'est qu'ils courrent le lievre, ils pourront prendre quelque lievre, à la rencontre, ou endormy, autrement non; et ne peuvent esperer à leur chasse que toute sorte de desplaisir, veu qu'ils n'ont pas de veneurs qui possedent les parties essentielles de venerie, ils ont seulement des fantosmes de venerie et des troubleurs de meuttes. Je ne pretend pas, discourant de ceste chasse royale, blamer nuls bons veneurs; mais je veux bien advertir les jeusnes seigneurs, qui n'ont nul accès en cest art de venerie, d'où viennent les desordres de leurs chasses et leurs desplaisirs; car en ceste chasse royale, le plaisir y est certain selon les regles de l'art; et pour les executer de poinct en poinct, il faut la prudence du bon veneur, force et sagesse aux chiens de quoy la meutte est composée. Il y en doit avoir propres au change, aux voyes doublées, aux chemins, aux chaleurs; et après que j'ay composé la meutte en la sorte, tiré les chiens boiteux et malades, ceux qui sont tristes et quelques jeusnes chiens, affin que le nombre des chiens fols n'excede celuy des saiges, cela fait, si Son Altesse n'est encor preste d'aller au laissé-courre, je prend quelques chiens qu'elle ayme et qui ont accoustumé de luy donner du plaisir, et luy menne, pour luy faire voir que ce jour ces chiens sont gays, qu'ils sont preparez à bien courre et luy donner autant de plaisir que jamais; car voyant les docteurs de chasse et francs chasseurs bien deliberez, cela rejouit le maistre et le dispose à partir plus tost. S'il y a quelque jeusne chien au chenil, que l'on aye amené nouvellement du village, et que ce jeusne chien vienne de quelque bon chien que le maistre affectionne, je ne manque pas à le luy faire voir aussy. Je commande à celuy qui doit laisser courre de se trouver pendant tout cela, affin que Son Altesse se souvienne de partir et que les bons veneurs demandent du jour de reste, affin de ne faire tort aux chiens, les quels quelques fois ont bien chassé trois ou quatre heures, et manque de jour il faut retourner au logis : cela fait grand tort aux chiens et les gaste, si l'on y fait souvent, sans forcer ce qu'ils courrent. Il faut donc gaigner temps et estre aux brizées à heure suffissante et commode pour le plaisir; là où estant et le tout disposé, celuy qui laisse courre nous monstre ses brizées. Si son cerf n'a esté lancé, je luy donne le contentement de le donner aux chiens du limier; et avant que de sonner pour chiens, je fais tenir le limier derriere, et plier le traict avant que sonner pour chiens, à cause que j'ay veu plusieurs limiers furieux, lesquels mordent les chiens, en passant. De plus, avant que l'on sonne pour chiens, le limier estant osté, je fais emanciper trois ou quatre chiens sages les premiers; et à leurs voix et menées, je cognois si je dois sonner furieusement pour chiens, sinon je fais intimider le reste des chiens, sans sonner, les quels n'estans emancipez furieusement, ny de la voix ny des cors, donnent loisir aux vieux chiens de faire effect avec nostre ayde, par la craincte et creance qu'ils ont de nos voix. Que s'il ne s'en alloit de temps que les chiens puissent emporter ses voyes de leur furie, nous ne sonnons jamais, jusques à ce que nous avons cognoissance qu'il est debout; alors tout parle et sonne furieusement, et à l'egal des inconvenients de chasse qui arrivent. L'on me dira qu'un bon cognoisseur doit sçavoir, à l'air de son chien, si le cerf s'en va de temps pour sonner pour chiens, il est certain; mais la regle n'est pas si infaillible, qu'il n'y aye des veneurs qui se trompent à donner les chiens hors de temps. Je l'ay veu, soit en France, soit icy, donner les chiens hors de temps, qui ne pouvoient emporter les voyes; cela arrive souvent à un veneur bouillant, quand son limier renouvelle ses voyes et redouble sa furie, bande le traict, force son air, qui cause ceste erreur de sonner pour chiens. Mais si l'on emancipe une couple de vieux chiens, sans parler ny sonner, rien n'efforce leur humeur

De la meutte et laissé-courre.

Du laissé-courre.

ny leurs airs, en chassant; ils ne trompent les bons veneurs et n'auront courru cent pas, que l'on ne puisse avoir cognoissance si tout doit sonner furieusement pour chiens. Que si ces chiens ne chassent, il est aysé de les faire revenir derriere les chevaux, sans perdre que fort peu de temps; mais si tout est donné de furie, c'est une grande erreur de chasse et beaucoup de temps perdu. Que si ce n'estoit pour plaire aux assistans, je ne laisserois parler ny sonner, qu'il n'y aye une demie heure que les chiens chassent, afin de ne troubler ny forcer leurs airs en chassant, qui les pousse à transporter les voyes par ceste furie. Je fais donner le cerf aux chiens, comme je represente, pour chasser sans confusion et ensemble; en après, je suis tousjours en garde que ce corps de meutte demeure tousjours ensemble, comme il estoit, lors que nous avons laissé courre, que mes compagnons ne fassent tort aux chiens, par ambition d'estre les premiers et publiez bons picqueurs. Mais pour estre bon veneur, s'il falloit seulement picquer, les courriers seroient des meilleurs veneurs du monde; ce n'est nullement à cela que l'on cognoist les parfaits veneurs : c'est aux deffauts, au change et autres desastres de chasse, que l'on juge de leur capacité, lors qu'ils s'en sçavent demesler et bien rallier leurs chiens. Et si j'avois quelque veneur sous ma charge, qui aymast à outrer et hasler les chiens, qui se perd avec quelque chien seul qui a trouvé un retour, je le fairois chastier. Et si je n'estois capable de luy oster ceste erreur du mestier, j'en fairois de mesme comme de mes chiens coupeurs et malitieux, les quels font leurs chasses à part; je le bannirois de la bande, pour donner contentement à Son Altesse, affin que tous les picqueurs soyent ensemble pour travailler, ensuicte des commandemens que je leur fais, aux difficultez des chasses qui arrivent; car de celuy qui commande depend le plaisir de la chasse, soit pour arrester la furie des picqueurs, lors qu'ils chassent trop estourdiment, soit de les presser à gaigner a lvantage au change sur les chiens fols ou à autre desordre : c'est là où je veux voir le hardy picqueur à bien rompre les chiens et les rallier, et non ailleurs. Je crains d'estre trop long et ennuyer les picqueurs violents, les quels voudront prendre peine de lire l'ordre, que tiennent les picqueurs et vrais bons hommes du mestier qui sont sous ma charge ; il faut en garder, pour leur en dire d'advantage, là où il sera necessaire, aux difficultez de chasse, que je veux faciliter et en donner l'intelligence la plus facile qu'il me sera possible pour les jeusnes veneurs. Il faut passer outre et nous desembarasser des forts ; et entrant dans quelque pays raisonnable, si les chiens ne sont en corps, nous les arrestons, pour les rallier. Pendant ce temps tous les picqueurs se rallient aussy, laissent un peu reprendre haleine aux chiens et chevaux, afin que, tous, nous rendions en corps le plaisir qu'un maistre doit avoir. Que s'il n'estoit lors avec nous, nous attendons jusques à ce qu'il soit arrivé auprès de nous, ou que nous ayons cognoissance de ce qu'il est devenu ; car je fais les chasses, pour le plaisir de mon maistre et non pour le mien seul, ny pour celuy des veneurs, ce pourquoy je fais arrester souvent pour sa commodité et pour son plaisir. Mais il a le contentement de vray veneur à voir repartir ses chiens, les quels ont repris halleine, tous ensemble, qui ont le sentiment entier, comme s'ils ne faisoient que sortir du logis ; ils chassent à beau bruict, plaisament ; jusques à quelque retour, nous ne sonnons jamais ; et quand quelque chien a trouvé le retour, nous laissons passer tous les chiens ; et après qu'ils sont ralliez, tous, furieusement, alors nous sonnons. La forme de mon travail à un retour est

Des picqueurs.

Des retours et ruzes. que, si tost que je suis au bout de la ruze, je tourne la teste de mon cheval là où il avoit la crouppe, et parle aux chiens doucement : Vellecy, revary, là yra, là yra; les chiens adjustez viennent sur eux frotter nos estrieux, par la mesme voye qu'ils sont venus, le nez aux branches, et, à quel costé que le cerf se jette, ils en parlent. En la sorte nous sommes toujours unis avec les chiens, sans prendre devants, ny à droicte ny à gauche, de craincte d'apprendre nos vieux et jeusnes chiens à coupper, abbreger et devenir malitieux. Je ne veux pas abbreger un cerf, que pour cause legitime, car un parfait veneur ne s'ennuit point lors que les chiens chassent bien, et que je ne suis nullement en doute de ce que mes chiens sçavent faire à demesler les retours plaisament, qui diversifie le plaisir du maistre, à ceste grande justesse à tourner court sur eux en arriere, sans sortir des airres pour prendre d'une part ou d'autre les devants. Si j'estois en doute et me mesfiois de la science et justesse de mes chiens, je pourrois travailler d'artifice, en cherchant l'advantage de mes chiens; mais je ne les flatte en la sorte, il faut qu'ils demeslent tout ce que leur droict fait, sans enfermer quelque ruze à prendre les devants. D'advantage, en travaillant en la sorte à faire revenir les chiens en arriere, lors qu'ils sont seuls ils font ce mesme effect, sans l'ayde de personne, sans perdre nul temps; et s'ils sont accoustumez à prendre enceinte d'une part et puis de l'autre, ils perdent temps, si le cerf ne tourne du costé qu'ils prennent leurs devants; car si le cerf va de l'autre, s'il n'y a personne avec les chiens, ils ne fairont le tour entier, ains quand ils arriveront sur les voyes par où ils sont venus, ils demeureront court et s'estonneront, et difficilement ils fairont seuls le tour entier. Quelque veneur dira que quelque chien tournera de l'autre costé et requestera bien ; je l'advoüe, il est certain ; je l'ay autrefois veu pratiquer de la sorte, mais cela n'est le vray art de venerie, les chiens doivent tourner tous d'un costé. C'est faire proffict d'une malice d'un chien, luy donner cœur, à une autre chasse, de se desadjuster d'advantage et hasler les chiens à rattraper celuy-là ; cela est comme les chiens apprennent à faire leur chasse à part. Si quelqu'un de mes chiens a trouvé, par accident ou par malice, un retour en la sorte, je le fais arrester, jusques à ce que les autres sont arrivez à luy, et ainsy il apprend en plussieurs chasses qu'il ne doit chasser seul, mais au fort de la meutte. Après ce retour redressé nous chassons plaisamment et viste, jusques à ce que quelque autre desordre de chasse nous arrive ; si c'est un retour à un grand chemin, je donne loisir à mes chiens qui chassent bien les chemins d'y venir appuier le nez pour en prendre l'air. Lors que les chiens ardants et jeunes s'y estonnent, je parle doucement aux chiens subtils à chasser les chemins ; et à ma voix, si c'est aux chaleurs et haut du jour, j'ay du plaisir à leur voir emplir les nazeaux de poudre et en parler. Que si je vois des fuittes du cerf, je ne m'emporte pas à forcer mes chiens à leurs airs, je veux que d'eux-mesmes ils defacent cette malice jusques hors de ce chemin. Je pourrois, appercevant les fuittes du retour, forhuer et abbreger ; mais je ne travaille en la sorte, affin qu'une autre fois mes chiens sages apprennent aux jeusnes leur mestier, par mon secours à les tenir en craincte et les pousser après les vieux. Je fais cest effect, affin que s'il arrive que nous demeurons, dans nos rochers, embarassez, ou en nos montagnes, que les chiens seuls demeslent tout et qu'ils ne fassent nul deffaut, ce qu'ils ne fairont estans dressez et adjustez comm'il faut. Au contraire,

Des chemins.

si l'on arrive dans un chemin et qu'appercevant un retour, on porte les chiens en avant, pour trouver la sortie des fuittes, c'est bien abbreger un cerf, mais ce n'est pas bien dresser ny exercer des chiens; car à ceste action, ils n'ont pas appris à chasser le chemin, ils n'ont appris qu'à lever la teste, dont ceste methode de travailler produit des effects bien differents à l'autre. L'une emancipe les chiens, l'autre les tient sous la justesse de l'art, qui est cause que ce chemin ne nous apporte nulle confusion, mais au contraire il est cause que les chiens ont repris esprit et cœur, et hors de ce chemin repressent les voyes de leurs airs accoustumez. Si au partir de là, nous donnons en quelque enceinte là où il y a du change, mes vieux chiens ne sont outrez et sont capables de me demesler de ce desordre de chasse, le plus dangereux à faire faillir et le plus difficile à s'en demesler. C'est en ce temps que le bon veneur fait voir qu'il est capable de donner plaisir à son maistre; que si l'on me dit que ce sont les chiens qui font cest effect, je reparts que le parfait veneur a donné et trouvé le moyen de dresser les chiens et parvenir à cest effect. Le roy Charles neufiesme nous a dit, par ses escrits, que les chiens faillent peu de cerfs, s'ils sont bien conduits; ce sont donc les bons veneurs qui dressent les chiens, et qui les font perchasser à propos aux difficultez. Pourveu qu'une fois ils ayent un cerf bien ameutté et separé de la harde, s'ils sont dressez et exercez par bons veneurs, difficilement changeront-ils, et j'ose dire ne changeront jamais, si l'on ne les outre par imprudence de chasse, à les trop huer, sonner et presser par la foulle des picqueurs. En ce temps, c'est à moy à travailler et y apporter l'ordre, et estre en garde, lors que j'ay cognoissance du change, que les picqueurs ne fassent tort aux chiens

Du change.

sages, ny les jeusnes chiens fols, par leur confusion. J'ay cognoissance du change par plussieurs façons : à veue, à l'ouïr des chiens, à leurs façons de chasser, quand les chiens fols se rechauffent, redoublent de voix, et que les sages ne parlent point. Et comme j'ay ailleurs representé, il y a plusieurs temps là où les chiens se rechauffent : aux voyes doublées par ruses, par ce que le sentiment est doublé, dont les chiens redoublent de voix, en renouvellant les voyes; lors que le change part. Et quand le droict se fait relancer aux voyes doublées, tous leś chiens parlent, sages et fols, en renouvellant les voyes forlongées; de mesme, quand le cerf de la meutte repart et se fait relancer, tous parlent, sages et fols. Mais il y a grande difference lors que le change part, les chiens sages et de secours ne parlent point, il n'y a que les chiens fols qui fassent le bruict; le reste des chiens dressez et adjustez donnent cognoissance, par leurs actions, aux veneurs prudents de se demesler de ce desordre; vous les verrez, ne vous emportant point avec les chiens fols, faire des actions plaisantes à remarquer et considerer. Les chiens timides au change viennent à la queue des picqueurs, d'autres pissent aux branches; quelques-uns considerent les veneurs et les regardent d'un œil desdaigneux, comme s'ils avoient honte de ce desordre : telles sont les actions des chiens timides et craintifs au change. Mais les chiens hardis au change tournent, sans perdre temps, dans la foulle des picqueurs, reprendre leurs airres, et les desembarassent et demeslent du change, au pas, jusques à ce qu'il est séparé; après, ils rechassent de leurs airs accoutumez. Cela est l'humeur de l'hardy chasseur au change, que nous appellons vray chien de secours, que si le droict fuit longtemps avec le change, ce chien en parle tousjours, mais

Du change.

Du change.

non pas de son air accoustumé; le veneur qui sçait son mestier a cognoissance à son chien que son cerf n'est encor separé. Plusieurs chiens timides chassent le cerf estant accompagné, mais ils s'en vont sans parler, c'est encor une action sur quoy le bon veneur peut regler son travail. D'autres chiens sont si dedaigneux et timides au change, qu'ils ne partent point de derriere les picqueurs et ne veullent point chasser, que le droit ne soit separé. De toutes ces actions, le veneur doit regler son travail. Nos autheurs veneurs de l'antiquité, il y a deux mil cincq cents ans, du temps de Cyrus, de Xenophon, ils tiroient consequence de venerie, au change, sur les mouvements des yeux de leurs chiens, au mouvement des oreilles, au branlement de leurs queues; ils avoient aux desordres tousjours l'œil aux chiens; mais la plus grande partie presentement n'en a nulle cognoissance, car ils se troublent à sonner, huer et picquer sans consideration. En ce desordre de change, pour m'en demesler et presser tousjours mon droict, si c'est en pays foible, et que je vois ou le change ou bien les chiens, que je puisse avoir cognoissance de leurs actions, si j'ai quelques chiens hardis chasseurs qui tournent en arriere, je les secoure moderement de la voix, et les fais tourner là où il m'est advis que le cerf de la meutte doit dresser, et commande à mes compagnons de rallier tous les autres chiens fols à moy. Que s'ils vont loing, sans pouvoir arrester les jeusnes chiens qui branslent à tout ce qui part, et qu'ils ne puissent les rompre subitement, lors que mes chiens sages ont demeslé ce desordre de change, et qu'ils repreignent leurs airs accoustumez à chasser, qui me donne cognoissance que les voyes sont desembarassées, alors je fais arrester ces chiens de change et sages, jusques à ce que mes compagnons ayent ramené et rallié ces chiens qui s'emportoient au change, les quels les ramennent battants et intimidants de la voix. Et comme ils sont arrivez à moy, je les laisse un peu hasler, pour resentir du droict; en après je les laisse chasser, estans tous en corps, comme auparavant qu'ils avoient trouvé ce change. Mais pour travailler en la sorte, il faut les chiens tellement à commandement, qu'incontinent que le picqueur qui veut les rompre leur parle d'une voix ou de deux, qu'ils viennent derriere luy et qu'ils ne chassent plus; car de les aller rompre, à demie lieue de là, pour cest effect, ce n'est le mestier; et à mes chiens, si l'on leur crie, Ha, haye ou Bellement, ils demeurent fermes; après, cela depend de la necessité du desordre, de les rompre ou de les faire chasser. Et quand les chiens ont este chastiez en la sorte et tenuz en ceste justesse et crainte, s'ils ont chassé une saison ou deux, ils garderont le change, de science ou de crainte; et les chiens mis nouvellement aux couples, les traittant en la sorte, bien qu'ils s'emportent, ne chasseront point longtemps seuls, sans recognoistre leur faute, et retourneront au fort de la meutte. Si le change part en pays fort, là où l'on ne peut ny voir ny gourmander les chiens, en tel lieu, je ne puis sinon escoutter les chiens qui gardent le change; car il faut qu'un veneur cognoisse la menée et voix de ses chiens de change et de secours, pour le moins, s'il ne les cognoist toutes. Et si les chiens se separent, je tasche de me demesler des fors et aller à ces chiens de change, et mes compagnons vont aux autres, faire le mesme travail que j'ay representé aux pays foibles. Mais si je n'ay nul chien hardy chasseur avec moy, lors que le change part aux fors ou aux foibles, sinon des chiens timides qui viennent derriere mon cheval, faisans leurs actions accoustumées au change, mes compagnons vont rompre de mesme

Chiens à commandement.

Chiens timides au change.

les chiens fols pour me venir rejoindre; et pendant ce temps je redonne cœur à ces chiens timides, je tourne en arriere, ou bien à gauche ou à droite, les faisant requester là où le jugement me porte et me donne cognoissance, par l'action de ces chiens timides, de la ruze que le droit peut avoir faite; et bien qu'il y en aye de si dedaigneux au change, qu'ils ne passeront devant les picqueurs pour requester au change, si est-ce que derriere les chevaux, s'ils tombent sur les voyes ou airres de leur droict, ils en parleront, si celuy qui les fait requester cognoist leurs humeurs, et demesleront ce desordre; mais je ne force leurs humeurs, car s'ils sont troublez à trop parler et sonner, ils reviennent derriere les chevaux; il les faut traitter subtilement jusques à ce que tout est demeslé. En après ils chassent bien, jusques à ce que je voy le temps et lieu commodes, pour attendre mes compagnons qui vont aux autres chiens, affin de nous rallier et reparer ce desordre. Et si le droict est accompagné avec le change et y fuit longtemps, je suis adverty par l'action de mes chiens timides; les uns chassent en criant, les autres s'en vont sans parler, d'autres viennent derriere mon cheval; alors nous sommes en garde pour separer nostre droict par l'ayde de nos chiens sages, et nous tenons prests de rompre et passer sur le ventre aux chiens fols qui se separent, lors que quelque beste se separe de la harde. En ce temps de desordre de chasse, je fais chasser mes vieux chiens sages les premiers, jusques à ce que le droict est separé; et si c'est un pays raisonnable, là où je puisse gourmander les chiens, je ne souffre à pas un chien fol de se mettre le premier; il faut que ce soit un docteur de chasse qui soit à la teste de la meutte, pour eviter la confusion et le desordre. C'est pourquoy en pays de change je fais arrester

Du change.

souvent les chiens ; autant de fois que les chiens de change perdent leur advantage, autant de fois je fais arrester la meutte, affin qu'ils repreignent cœur et qu'ayant repris haleine ils puissent estre les premiers ; car je suis asseuré que, s'ils sont les premiers de la meutte, ils percent tousjours après leur droict, et si c'est un chien fol qui est le premier, il chasse à tout ce qui bondit devant luy et aux voyes qui vont de meilleur temps. C'est pourquoy il ne faut pas s'estonner, si, aux temps de desastres de chasse comme change, je fais battre et passer sur le ventre aux chiens fols, lors qu'ils sont les premiers, et si je desire tousjours estre uny avec mes vieux chiens ; c'est que sans eux je suis incapable de donner plaisir à Son Altesse ; et s'ils ne chassent les premiers, c'est grand bonheur si je separe le droict qui fuit longtemps avec le change, si donc quelqu'un qui le rencontre par hazard ne me forhue, pour aller à luy ; mais j'appelle cela un hazard, car cela est bonheur, ce n'est pas science, encor qu'il y ait subtilité à cognoistre un cerf malmenné. Neantmoins pour bien chasser, il faut que les chiens demeslent tout, pour ne s'esloigner de la justesse de l'art de venerie ; mesme pour y dresser et adjuster les chiens jeusnes et fols, il faut que ce soit en perchassant tout, les tenir en craincte et les faire tirer aux vieux chiens qui percent et perchassent le droict ; et pratiquant ceste forme de chasser, en peu de temps, si l'on chasse en pays de change, la plus part des chiens le garderont ; et les autres n'apporteront pas beaucoup de confusion, car ayans esté chastiez souvent, ils n'oseront chasser seuls ny se tirer du fort de la meutte, par ce qu'ils y sont adjustez pour avoir esté arrestez souvent. De plus, si quelque harde de meschantes bestes vient croiser les voyes et les barrer, et que nostre cerf de la meutte perce droit, pour tout cela mes vieux chiens ne s'estonneront beaucoup; seulement les jeusnes et fols bransleront, pour aller à droite et à gauche, mais mes compagnons dressez et accoustumez à ces desordres y remedient, et les font revenir aux docteurs de chasse. Mais si c'est une harde de cerfs qui vienne croiser les voyes de nostre cerf de la meutte, nos chiens sages ont beaucoup plus de peine à le separer; car la plus part des chiens gardent le change de cerf à biche, mais non de cerf à cerf, à cause que le sentiment des cerfs leur est tout un et commun. Ils ne peuvent avoir difference, sinon de celuy qui est eschauffé; et, pour avoir ceste subtilité et trouver ceste difference, il faut trouver des chiens bien subtils et exercez de longtemps, pour percer droit et par les menus desembarasser les voyes. Je parle hardiment du change, sous les preceptes du roy Charles neufiesme, qui dit que « quand le change bondit, c'est alors que » ses chiens « se glorifient en leur chasser »; il les appelle race des Greffiers. Je prend grand plaisir à ceste difficulté de chasse et voir travailler mes bons chiens : les uns parlent, les autres vont aux branches et sont fort empeschez, n'osent parler craincte de se mesprendre; quelques-uns appuient le nez dedans la poudre, n'ozent encor se recrier, qu'ils n'en ayent plus de cognoissance; si c'est que la terre soit bonne à chasser, il y en a qui mettent le nez dedans les voyes, de l'une à l'autre, et ne parleront jamais, qu'ils ne rencontrent celles de leur droict, et y ayans mis le nez presque jusques aux yeux et estans certains que c'est leur droict, en ce temps ils se rescrient et percent; j'en ay aussy qui sont si timides, qu'ils ne parlent point que les voyes ne soyent desembarassées, mais neantmoins je cognois à leurs airs et façons que le droit va à eux. Tout veneur subtil

Tous cerfs ont le sentiment egal.

Du roy Charles neuviesme.

doit cognoistre les façons et contenances de la plus part de ses bons chiens, de mesme comme il cognoist les menées et voix, affin que, lors qu'ils sont embarassez, l'on les puisse resoudre à parler et les faire chasser; et pour mon particulier, je cognois presque tous les airs de mes chiens, car à ces desordres ou retours, avant que nul chien parle, s'ils sont en lieu que je les puisse voir, incontinent qu'ils mettent le nez en terre ou bien aux branches, je dis qu'il va là asseurement. Cela est aisé à ceux qui n'ont rien dedans l'esprit que leur mestier; car les actions des chiens sont differentes à considerer : les uns fort ardans et touchent les voyes incontinent, d'autres moins fretillans; et un plus timide, qui craint de se mesprendre et faillir, va faisant l'empesché, s'allonge tout le corps, bref j'ay cognoissance qu'il a de l'inquietude, car tout son corps travaille, neantmoins il n'oze parler, si je ne le resoud et parle à luy doucement, car si je parlois furieusement je l'estonnerois encore davantage, puisque de son naturel il est timide aux embaras de chasse. Outre cela, tant de raisons nous commandent dedans le change de parler moderement et doucement aux chiens, soit pour les chiens timides, soit pour les chiens hardis; mesme à ce grand bruict, les chiens ne se peuvent entendre pour se rallier aux sages. Il est aussy à craindre que, parlant inconsiderement et imprudemment, l'on ne transporte les chiens qui ne gardent encor pas bien le change de cerf à cerf à chasser un autre cerf, de ceux qui croisent les voyes du droit, ce qui arrive souvent à ce grand bruict. Donc, pour conclusion de mon travail au change, je dis que tout bon veneur doit avoir intelligence et cognoissance de toutes ces difficultez de change et voyes embarassées, par les actions de la plus grande part de ses chiens de secours, affin que, selon l'occurrence et

Difference des actions des chiens, en chassant change.

desordre, il y puisse remedier incontinent, avant que les chiens soyent emancipez et esbranlez tout à fait. Je secourre mes chiens en la sorte, pour separer leur cerf d'avec le change, soit qu'il fuye longtemps avec le change, ou qu'il ne fasse que pousser des cerfs frais de la reposée et demeure court, ou bien que des hardes de biches et cerfs viennent croiser les voyes de nostre droict. Ce qu'ayant fait, nous gaignons pays, si Son Altesse est avec nous ou bien que j'aye nouvelles d'elle; mais si elle n'est avec nous et que je n'aye nulle nouvelle, je fais arrester la meutte, jusques à ce qu'elle nous aye rejoints, ou bien que je soye asseuré qu'elle nous peut entendre et qu'elle gaigne advantage pour nous rejoindre. Et si le cerf quitte la forest ou les buissons et va aux plaines, si Son Altesse y est, nous laissons aller les chiens chasser à leur fantaisie, de justesse, la moictié de mes compagnons d'un costé de la meutte, et l'autre moictié de l'autre costé, pour empescher les chiens ardans de se tirer hors des voyes. Mais si Son Altesse n'est avec nous, nous arrestons les chiens, jusques à ce qu'elle nous aye rejoints; et si elle ne pouvoit entendre les chiens ou le cor, j'envoye de mes compagnons au devant d'elle, et estant à nous, nous chassons de justesse comme auparavant. Les chiens chassent plaisament ceste plaine, à cause qu'ils ont reprins haleine; s'ils chassent en corps, je ne les arreste plus jusques à l'entrée de quelque pays, pour remettre le tout en ordre, si ce n'est quelque fascheux passage, qu'il faut que Son Altesse mette pied à terre pour passer, ou aller passer à quelque village loing des airres; en ce temps je les arreste, pour donner loisir à Son Altesse de venir à son aise. Si le cerf fuit droict à quelque riviere qui ne soit gayable, je romp les chiens, lors que je l'apperçois, et les tiens en craincte, affin qu'ils ne

Qu'il faut attendre le maistre.

me forcent à passer sans mon commandement; je les laisse donc chasser jusques près du bord, et, ayant pris garde qu'il ne refuit sur soy, alors je romp les chiens, et prend mes devants, pour voir s'il sort de mon costé à val ou à mont; et après s'il ne sorte de ce costé, je vas chercher le pont ou batteau, mes chiens tous ensemble à la queue de mon cheval; et alors que je le trouve passé, tous mes chiens sont ensemble, bons et mauvais, de mesme comme à l'assemblée. Si la riviere estoit gayable, je laisserois passer mes chiens de premier abord, car ils ne s'en iroient sans moy, et passerois par tout pour empescher les confusions et les secourrir en leur desordre. Mais estant haute, il n'y a qu'un peu de temps perdu, les chiens chassent plus plaisament à des voyes un peu forlongées; et si les chiens ne sont en danger et hazard d'estre forbus, refroidis et gastez, comme cela arrive souvent après, qu'ils ne reviennent jamais à leur force accoustumée. J'ay veu plussieurs cerfs demeurer dans des petites isles couvertes de saules ou de joncs, là où les chiens ne les esvantoient nullement, et ne partoient pour le bruict des hommes ny des chiens, jusques à ce que quelques picqueurs leur donnoient de la baguette. Ils font ces mesmes effects et les mesmes malices aux estangs pleins de roseaux; mais cela n'est rien, on trouve tousjours quelque batteau, ou les chiens en corps les font partir; car les chiens qui se plaisent à chasser dans les eaues et lieux frais, lors que je les emancipe et parle à eux, ils portent le nez aux rozeaux et parlent à luy, et faut qu'il se relance; et au partir de là, s'il n'est malmenné, nous chassons gayement, tout est rafreschy, cela va tout d'un temps pour demy heure; et s'il va prendre quelque relay, le picqueur du relay, avec les pages ou garçons arreste les premiers chiens sur les voyes, et tous les autres qui

Des rivieres, eaux et estangs.

viennent, de mesme, jusques à ce que tous les chiens sont arrestez sur les voyes. Je leur laisse reprendre haleine aussy, jusques à ce que Son Altesse aye changé de cheval, que ses estrieux soyent adjustez, et alors qu'elle est preparée à courre, l'on laisse aller les chiens; et comme ils sont tous passez, je fais descoupler le relay qui est composé de chiens sages, et pas un autre qui ne soit reduit sous la justesse de l'art. Mais beaucoup mettent des relais, dont les chiens ne sont capables de relay; cela leur apporte confusion au lieu de secours et cause les grands deffauts, fait faillir les cerfs; mais ayant relayé ces chiens sages, les quels chassent et maintiennent prudemment le droict sans incommoder les autres chiens, si nous donnons une autre fois aux plaines, le plaisir redouble par la justesse de ces docteurs qui tiennent les voyes si fermement, qu'il n'y a nul temps de perdu. Aux plaines, sur les retours et ruzes, je tourne en arriere par la mesme voye que je suis venu, jusques à ce que mes chiens dressent le retour, et ce, selon le temps, soit secheresse ou temps humide, ou bien à l'esgal que les voyes sont forlongées ou vont de bon temps. Si c'est seicheresse aux garrests, il faut pousser avant; aux temps humides, l'on voit du retour, les veneurs se demeslent aisement; mais je dis qu'aux grands hasles et temps secs, tousjours quelque chien en parle, si la meutte est excellente, et dressée et exercée, comme il s'appartient, si donc ils n'ont l'estomac eschauffé et le sentiment estouffé, alors ils demeurent court; et pour ne tomber en cest inconvenient et desordre de chasse, je fais arrester souvent les chiens, pour leur conserver l'haleine et le sentiment, et ne prend jamais devants, ny à gauche ny à droicte, que je n'ay laissé pousser premierement à mes chiens leurs voyes et demesler tout, avant que d'abbreger. Que si, de

Des relais, relayer les chiens.

Arrester les chiens.

hazard, mes chiens demeurent en quelque grand pays sec, et qu'ils ayent fait leurs efforts et devoir de pousser, et qu'ils n'en puissent venir à bout, alors je pourray bien chercher advantage, les lieux frais et couverts. Mais auparavant que de me porter à ceste extremité, je laisse chasser mes chiens avec patience, car à tous moments, de porter les chiens hors des difficultez de chasse, et de les pousser en avant, ils se gastent et ne peuvent jamais estre excellents, mesme aux plaines, si nostre droict est forlongé, et que les trouppeaux et hardes de vaches, pourceaux et moutons, aient croisé et barré les voyes du cerf. Les chiens demeurent et s'estonnent à ceste difficulté; la plus part des veneurs les portent et poussent hors de ce different, et vont prendre leurs devants et enceintes plus loing, ce que je ne fais pas, car je laisse travailler mes vieux chiens et pousser doucement; tousjours quelqu'un en parle, au pas, par les menus. Xenophon nous commande, aux desordres de venerie, d'inciter les chiens qui ayment les veneurs, avec plusieurs beaux termes, les chiens timides qui ne sont prompts ny tardifs, moyennement et moderement, et les farouches et ardants, en peu de mots; il les traicte et fait chasser differemment à l'egal de leurs humeurs. Je travaille et fais travailler mes chiens, aux plaines, doucement sur ces difficultez, pour m'en demesler et pour dresser mes chiens; car nul chien ne se peut faire excellent et capable à donner plaisir aux roys et princes, sinon à demesler souvent les desordres et difficultez de chasse. Que l'on ne s'estonne, si la plus part des meuttes ne sont excellentes : les veneurs qui n'ont la cognoissance de l'art les empeschent de venir à leur perfection et bonté, car ils ne les laissent nullement travailler aux desordres; et aux moindres deffauts ou retours, ils forhuent leurs chiens et cherchent

Harde de bestail estouffe le sentiment.

De Xenophon.

l'advantage des lieux frais et couverts; et à la mort d'un cerf, ils sont satisfaits; mais ce n'est assez, le cerf est mort, mais la meutte point exercée comme il faut. Et comme je me trouve en ces desordres, je pourrois faire le mesme, et particulierement aux plaines, en ces confusions des trouppeaux de bestail. Mais je demande aux jeunes veneurs comment il seroit possible que mes vieux chiens parlent de leur droit, de leur cerf, en temps qu'une harde d'autres cerfs auroit croisé les voyes, et le poussent hors, s'ils n'ont l'experience et la science d'en parler et le pousser par le menu hors de ces trouppeaux? J'ay veu les chiens de Sa Majesté le roy de la Grande-Bretagne chasser en ces difficultez si fermement qu'il n'y avoit nul temps perdu, et pressent tousjours leur droict par tout. Jeusnes veneurs, prennez garde à ce discours, car l'art commande que vous laissiez tousjours fournir les voyes à vos chiens; je vous donne l'intelligence et vous declare les moyens pour y parvenir et exercer cest art franchement, aux plaines, comme aussy en tous autres lieux. Et ayant perchassé les plaines, à l'entrée de quelque forest ou buisson, je rallie les chiens comme devant, affin que tout soit ensemble; j'attends les vieux chiens qui ne poussent si viste aux plaisnes, et ne m'en va nullement sans eux, car c'est de ces docteurs que j'attends le secours, si mon droict s'accompagne encor avec le change, car tous mes relais estans donnez, nous chassons tousjours de cincquante chiens. Le change ne m'estonne plus, tous mes chiens de secours et de change sont avec moy, tellement que nous n'avons à faire sinon à empescher que les jeusnes chiens ne les troublent. Et aux pays de change, je fais arrester les chiens, le plus qu'il m'est possible, jusques à ce que je vois les vieux chiens mener la danse et estre les premiers; ils ne balanceront, lors que le change partira, mais perchasseront tousjours et perceront droit. Je veux qu'ils voyent partir d'autres bestes ou d'autres cerfs, cela ne les estonnera et ne parleront, qu'ils n'en ayent resenty : j'appelle cela garder le change à veue. Ce sont les effects de mes chiens de relais; non que je loue de faire des relais pour tout cela, car si ce n'estoit pour le contentement de Son Altesse, la quelle desire que je fasse des relais, je n'en fairois jamais, par ce que c'est faire grand tort aux chiens qui ont bien maintenu leur droit deux ou trois heures, de leur donner un relay, qui les force et leur enleve le plaisir qu'ils auroient à bien chasser jusques au bout. Et puis c'est flatter les chiens de les mettre aux relais, car j'ay veu des vieux chiens durer de la meutte, six et sept ans; et quelques fois que je courre, qu'il n'y a que moy, je donne tout de la meutte; relais, tous, ensemble, ils viennent à la mort, pourveu que l'on arreste pour les laisser hasler; mais chasser tout un jour avec cincquante ou soixante chiens, cela ne m'aggrée point, ceste longue file m'ennuict, car tant de chiens difficilement peuvent estre d'une force. Il me suffit, pourveu que j'ay trente chiens devant moy bien adjustez : c'est le vray nombre que je demande pour bien forcer un cerf, et lors que je donne trente de mes chiens à un cerf sans relais, ils le prennent et forcent par tout sans confusion. Le trop grand nombre de chiens nuict et apporte desordre, et est cause que je n'ayme les relais, et me sont insupportables, s'ils ne sont composez de vieux chiens gardans le change, affin que, comme je represente qu'un cerf se remesle par plusieurs fois avec le change, que mes vieux chiens soyent les maistres, pour pousser et porter insensiblement les chiens fols hors de ces voyes embarassées. Et est très necessaire aux meuttes, là où il y a plusieurs chiens fols,

Chasser au change.

Grand nombre de chiens ennuit.

d'avoir des relais de chiens sages, pour gourmander et estre les maistres des autres, après qu'ils ont haslé un cerf; mais aux meuttes bien dressées et adjustées de longtemps, les relais sont superflus et ne servent si non de faire prendre un cerf plus tost. Mais, comme j'ay dit ailleurs, il n'y a nul temps limité; l'art dit, bien forcer un cerf, mais il ne dit pas, bientost forcer un cerf; un peu plus, un peu moins, cela n'est rien aux bons veneurs. Il faut que j'acheve à representer l'effect de mes vieux chiens de relais, encor que je sois ennemi des relais, lors qu'ils ont perchassé leur droict des plaines et d'autres desastres de chasse. Donc à l'entrée d'autre forest ou buisson, je rallie le tout, et ay grand secours, sur la fin d'un cerf, lors qu'il double souvent ses airres et qu'il va plusieurs fois par mesme chemin, là où la plus grande part des chiens s'estonnent et ne parlent plus, par ce qu'ils ont desja chassé au mesme lieu; mais les vieux chiens poussent cela et parlent fermement, comme s'ils n'y avoient pas encor chassé : c'est la vraye science des chiens bien dressez, à bien demesler cela. Ceste difficulté avec le change, c'est là où l'on doit plustost juger de la capacité d'un bon veneur, à bien secourrir ses chiens en tels lieux difficiles, qui font estonner et faillir les hommes et les chiens. Mes vieux docteurs y parlent tousjours, et nous sommes en garde que les jeusnes chiens ne nous trompent; car s'ils n'ont tout à fait perdu leur fougue, ils fretillent à gauche, à droite, se rabattent d'autres voyes desja perchassées, pendant que les vieux chiens demeslent, au pas, par les menus, les voyes doublées; et hors de là, ils redoublent de furie, tout chasse. Et s'il arrive qu'ils relancent le droit, c'est contentement de veneur de voir ces vieux chiens redoubler de force et de courage, refaire nouvelles jambes,

Comme chien se dresse aux voyes doubles.

comme s'ils ne faisoient que sortir des couples et que d'estre descouplez. Et pour mon particulier, encor que j'aye force cognoissance d'un cerf malmené, si est-ce que je ne m'amuse à cela, car je le cognois aux actions de mes vieux chiens, les quels redoublent d'air et de façon furieuse à chasser et maintenir les voyes, sans que les jeusnes chiens, les quels ont passé leur furie au commencement, les puissent joindre ny deffaire, à tirer au collier. Les chiens se dressent à ce doublement de voyes et de ruzes, sur la fin d'un cerf; lors qu'il n'a plus de force, il se fait relancer souvent. Si c'est un cerf qui fuit droit et de forlonge, les chiens ne se dressent nullement à telles chasses; mais si c'est un cerf qui ayme les ruzes, comme il faut qu'il reparte souvent et qu'il rompe les abois, il ne fait que refuire en arriere sur les voyes qu'il est venu, et quelques fois il les double cincq et six fois, à telles chasses les bons chiens se dressent par la patience des picqueurs et aprennent à ne s'estonner aux voyes doublées. Les cerfs sont fort aisez à faillir en ces difficultez de voyes embarassées, en pays de change; car si le change bondit, alors les chiens, s'ils ne sont fermes, changeront ou s'emporteront quelque peu, avant que de se cognoistre; en après, ils reviennent reprendre leurs airres et les empaumer. Ceste difficulté de chasse est fascheuse, si est-ce que mes vieux chiens la demeslent plaisament; et pour les dresser et rendre subtils aux voyes doublées, lors que les cerfs ont la teste molle, je ne souffre pas que personne les tue. Les veneurs qui tuent les cerfs, aux premiers abois et sans raison, n'eussent pas esté les bien venus auprès du fils du roy d'Assyrie. Estant à la chasse aux lions et sangliers, le fils de Gobrias, prince assyrien, tua un lion et un sanglier contre l'ordre de leur chasse; le fils du roy, indigné

Comme chiens se dressent aux voyes doublées.

Du roy d'Assyrie.

de son action, le chastia sur le champ. Il ne faut pas tuer les cerfs aux abois, s'ils ont mis bas, je les laisse tirer à terre aux chiens; je leur fais tousjours rompre les abois, affin qu'ils ayent moyen à doubler leurs voyes, au couvert ou aux tailles, et pour leur donner advantage, je fais souvent arrester les chiens. Et sur ce discours, je diray qu'il n'y a rien de si aisé que de prendre un cerf, le quel s'estonne, lors qu'il est donné aux chiens, qui s'en va par les plaines sans ruzer, qui s'en va crever et se rendre en quelque village, riviere ou estang. Tels cerfs se prennent par les plus mauvais veneurs du monde, et avec toutes sortes de chiens, bons ou mauvais, justes ou point justes; mais un cerf qui ne s'estonne point, qui a de la force, qui cherche les quatre coings d'une forest, qui y fait ses ruzes, cherche le change et le fait souvent bondir, qui double ses airres par plusieurs fois, à tel compagnon, il faut des bons hommes et des chiens bien dressez, pour le forcer par tout.

De quelle chasse le veneur se doit glorifier.

Donc ce n'est assez de se glorifier d'avoir pris un cerf, comme la plus part de nos veneurs font; mais il faut considerer s'il y a matiere de louer la chasse : premierement, si le maistre a eu du plaisir; en après, si les chiens ont demeslé plusieurs belles difficultez de chasse, là où les chiens sages se sont maintenus en exercice, et les jeusnes y ont peu apprendre quelque chose. C'est de telle chasse que nous devons faire estat, et en parler et se glorifier en son art; mais jamais, d'avoir pris un cerf mal chassé, et rencontré de tous les passants ou paysants, les quels font leur moisson ou labourage, qui redressent et appellent tousjours les picqueurs, pour porter les chiens aux dernieres voyes; de telle chasse, il n'en faut jamais parler, car elle gaste les chiens, desadjuste les jeusnes veneurs et corrompt l'art de venerie. Je ne parle, en ce traicté de venerie, que des desastres de chasse les plus difficiles à relever et demesler; je pourrois en mettre d'autres en avant, mais donnant icy entiere intelligence du change, voyes doubles, chemins, plaines, et les moyens de demesler tous les deffauts et ruzes faits en tels lieux, je tiens que cela est suffisant, pour donner intelligence de mon art aux jeusnes veneurs, pour bien forcer un cerf, pour ce que de ces difficultez de chasse, la plus part des autres en dependent; mais seulement, avant me tirer de ces grands desordres, je les advertiray qu'il en faut faillir quelques-uns, mais ce doit estre peu et par grand malheur. Il faut se servir de tout ce qui depend de l'art de venerie; les limiers en dependent; puis qu'ils en dependent, ce n'est donc pas mal fait de s'en servir, s'il arrive, en quelque riviere, que ceux qui les mennent preignent des devans d'un costé, lors que vous les prennez avec les chiens de l'autre; à quelque autre grand desordre, de mesme, soit change, chemin croisé, voyes doublées; mais incontinent que le valet de limier rencontre des voyes, qu'il demeure ferme, jusques à ce que nous l'ayons rejoint; et comme nous sommes à luy, il plie le traict et nous laissons chasser les chiens, car jamais je ne fais relancer un cerf du limier: il faut que mes chiens l'aillent requerir, par les menus, en corps. Bien que quelques fois l'esté les cerfs se forlongent, pour cause des rivieres ou estangs, ou autre malice et ruze, si est-ce que mes vieux chiens en parlent tousjours; et là où mes vieux chiens n'en pourront parler, l'on n'a point affaire d'y presenter des limiers; si mes chiens ne l'emportent, les limiers ne l'emporteront pas. Peut-estre qu'en prennant des devans à la grande ardeur du soleil, les limiers se rabattront mieux que les chiens, pour cause qu'ils n'ont l'estomac eschauffé, comme les chiens courrans; mais après que mes chiens en ont bien resenty,

Se servir des limiers.

ils ne balancent guerre, je dis, pas tant que les limiers, car ils n'ont nulle ardeur; et si quelque jeusne chien fait trop le fol, je le fais recouppler. Je vay relancer mon droict sans limier, car je tiens, pour moy, que relancer un cerf du limier, que c'est un peu de supercherie. L'art dit : donner un cerf aux chiens; ils le doivent prendre sans limier, puis qu'il n'a que quatre jambes, les chiens quatre jambes, c'est à qui forcera son compagnon. Je ne me sers jamais de limiers, après avoir laissé courre, sinon à prendre quelques devans, comme je dis, à toute extremité; et quelques fois une année ou deux se passeront, qu'ils ne nous servent de rien. Après avoir donné le cerf aux chiens, tout cela ne me fait que brouiller et embarasser là où il y a force change; car un jeusne valet de limier ne fait que forhuer tout ce qui passe à luy, comme des chiens frais ne font que s'emporter à tout ce qui bondit devant eux, avant qu'ils se soyent recognus et qu'ils ayent resenty à propos de leur droit. Plusieurs gloseront, et pourront dire qu'il n'est pas possible que mes chiens perchassent de si hautes airres. Mais pour coupper chemin à leur discours, je les adverty qu'il n'y a pas longtemps que j'avois courru un cerf tard, et l'obscurité de la nuict me contraignit à le brizer pour le lendemain, et à six heures du matin, je pris vingt de mes chiens sages, et les mennay à ces brizées du soir; incontinent ils empaumerent et chasserent ces voyes du soir, qui alloient de douze ou quatorze heures, car c'estoit à la fin de septembre; et sans ayde de limiers, ils l'allerent requerir par les menus, et le forcerent et prirent en deux heures. Il ne faut plus s'estonner, si mes chiens chassent leur droit forlongé, dans les grandes difficultez de chasse, puis qu'ils vont requerir un cerf le matin, qui a esté failly le jour auparavant, bien que la terre aye esté assez mau-

Limiers et chiens frais confusion.

Requester un cerf, du soir au lendemain, avec la meutte.

vaise à chasser. Mais si elle est bonne à chasser, ils ne perdent nul temps, et vont plus viste beaucoup qu'un limier ne peut faire, faisant sa suite; et n'y a nulle difficulté à ce mestier, sinon lors que d'autres bestes croisent les voyes en quelque plaine ou taille; en cest embaras, si mes chiens ne me demeslent, je fais prendre les devans avec des limiers d'un costé, je va avec la meutte de l'autre, affin qu'il n'y aye nul temps perdu. Je force les cerfs en la sorte, me servant tousjours, à travailler, des actions de mes vieux chiens, les quels ne me trompent point, pourveu que je les cognoisse à toutes leurs actions et selon les mois et saisons. Il est aisé à se tromper aux actions des chiens qui gardent le change, au temps que les cerfs ont touché au rut; car plusieurs chiens sages, au temps du rut, sur la fin, dedaignent si fort le rut, que, comme ils relancent leur droict, le sentiment du rut leur desplaist tant, qu'ils demeurent court. Et si l'on ne cognoist telle action, l'on corrompt l'art, l'on fait tort aux autres chiens qui ne dedaignent point le rut; car j'ay force chiens, qui ne font nulle difference à chasser au temps du rut et hors du rut, et d'autres chiens fort sages, qui ne chassent point pour tout dedans les voyes doublées. En ce temps, les chiens sages y font quelques fois plusieurs fautes, si l'on ne cognoist bien leurs actions et façons de faire; et particulierement, lors qu'ils relancent sur la fin dedans des voyes doublées, beaucoup de mes chiens sages demeurent court, comme si c'etoit le change qui bondisse devant eux; mais à leurs airs et façons, et par l'action des autres chiens sages, je cognois que c'est le droict; donc comme je parle à eux et les rechauffe, ils s'emportent avec les autres et chassent. J'en ay eu aucuns si dedaigneux en ce temps, qu'ils ne chassoient point pour tout, et s'en alloient d'un autre costé. Sur tous ces temps

Au rut, plussieurs chiens se trompent.

de desordres, difficultez de chasse et des saisons, je secourre mes chiens par leurs actions mesmes, et force les cerfs à estre malmennez; et sur leur fin, là où estant, qui est mon but pretendu, j'ay deux choses en singuliere recommandation : l'une, que Son Altesse jouisse du contentement entier de veneur, à se trouver à la mort du cerf, car je fais arrester les chiens si souvent, que, si elle n'a quitté la chasse, il est impossible qu'elle n'arrive à la mort, et qu'elle ne soit satisfaite de la despence qu'elle fait à l'entretien de la Venerie; l'autre but, que j'ay aussy en grande recommandation, est que tous mes chiens se trouvent à la mort, affin que tous se rendent excellents, car il n'y a nulle autre voye que celle-là. Il faut considerer que, comme je vois quelque chien qui trouve un retour, le quel sçait son mestier, qui ne va au bout de la ruze, il est incontinent arresté, jusques à ce que les autres sont à luy. Donc ceux qui font les avances, par ce moyen sont constraints d'attendre les chiens qui chassent sagement et fermement; les autres qui sont outrez et qui manquent de force, arrestant les chiens quelques fois, reprennent haleine, cœur et force, et sont tirez insensiblement à la mort du cerf ou à quelque relancé, qui leur donne nouvelles jambes et les reporte jusques à la mort. Et sur ceste fin, celuy qui est vray veneur jugera, s'il luy plaist, quel contentement Son Altesse doit avoir à forcer les cerfs avec cest ordre. Tousjours cincquante chiens devant elle, qui ne s'estonnent, pour la plus part, du change, de voyes doublées, ny de ruze, soit aux chemins ou aux plaisnes; mais aux rivieres, estangs et autres lieux fangeux, pleins d'eau, si les chiens ne l'emportent, ce n'est pas leur faute, c'est alors à moy à travailler et les secourrir. Mais tant qu'il touche la terre, je dis, pour la fin et conclusion de mon discours de venerie, qu'il ne doit

Moyen que le maistre arrive à la mort du cerf.

trouver nul lieu de repos ; touchant la terre, il faut qu'il meurre devant ma meutte, et qu'ils en tastent et qu'ils ayent leur droict à propos, pour le contentement de leur travail. Je ne m'arresteray sur les curées, et dis seulement qu'il les leur faut donner à propos, lors qu'ils les ont meritées. Pour mon particulier, je trouve les plus profittables aux chiens celles qu'on leur donne sur le lieu là où le cerf est tombé ; et bien que ce ne soit nostre coustume, si est-ce que je leur fais taster du sang là où le cerf tombe, affin que les chiens soyent satisfaits de nous et de leur travail, qu'ils retournent gayement au logis, ce qu'ils font infailliblement après avoir jouy de leur droict. Je ne puis passer outre, sans dire que beaucoup de veneurs gastent les chiens, à tirer devant leurs meuttes, et tuent ce que leurs chiens doivent forcer et prendre de haute lutte. Pour excuse, ils disent que c'est pour donner curée à leurs chiens qui ne sont à la chair ; c'est une excuse foible, la quelle ne sert sinon qu'à despeupler les forests. Mesme le desordre est tellement glissé et introduit, en cest art de venerie, par le moyen de ces curées, que la plus part des veneurs tuent les cerfs, sous pretexte des curées ; mais le parfait veneur a cognoissance que toutes les curées des forests d'un pays ne peuvent rendre ses chiens plus excellents ; il n'y a que l'exercice qui les peut dresser, adjuster et rendre excellents. Je dis bien que les curées les rendent excellents, leur donnent cœur et courage d'aller jusques au bout ; mais il faut que l'exercice precede, qu'ils ayent bien chassé, perchassé, et bien demeslé leur droict des difficultez de chasse ; après, les curées sont excellentes et les perfectionnent. Pour le jourd'huy, je n'ose plus dresser de jeusnes garçons à menner les limiers ; ce sont pestes dans les forests, les quels tuent tout, sous ombre de ces curées, soit pour chiens courans, ou bien

Des curées.

Des veneurs qui tirent.

pour leurs limiers. Quel pretexte d'abbreger, aussi tost que vos chiens ont lancé quelque chose? Dès le partir de l'enceinte, vous tachez de tirer, vous n'avez autre but que la chair et la curée, et non de voir prendre noblement d'art et de science; mais aussy Dieu sçait quels excellents chiens vous dressez en la sorte, puis que vous n'avez autre but que la cuisinne et donner des curées à vos chiens, sans qu'ils les ayent meritées. Ne vous estonnez pas, si vous estes vendus ou trocqués, comme vous l'estes souvent; car travaillant en la sorte, à tantost tirer devant vos chiens, à une autre chasse vous allez prendre un cerf sans vostre maistre, avec un chien ou deux, trois ou quatre, et tout le reste de vos chiens sont demeurez à quelque desordre de chasse : tous les meilleurs chiens du monde se rebuttent en la sorte. Après, vous croyez avoir fait un grand coup, de donner curée à ces chiens qui n'ont esté à la mort; les curées ne leur servent de rien, s'ils n'ont esté à la mort, et qu'ils l'ayent senty affoiblir et devenir pesant, relancer souvent ou bien tomber devant eux, pour conclusion qu'ils l'ayent rendu aux abois. Je ne parle pas aux veneurs qui sont à des maistres, les quels n'ont les moyens et puissance de tenir meutte entiere; c'est aux veneurs qui ont des maistres riches et opulents. Et s'il vous souvient des deux fins, à quoy je travaille soigneusement, c'est que Son Altesse puisse arriver à la mort et avoir ce plaisir, que d'y voir arriver tous ses chiens, qui tient les uns dressez en exercice, et les autres les rend excellents, vous n'avez autre moyen pour en venir là, que d'arrester les chiens souvent. Vous avez pris l'un pour l'autre, car pour penser dresser des chiens, vous abbregez la vie des cerfs; et moy, pour dresser des chiens, je fais allonger la vie à ce qui est devant mes chiens, et les fais arrester. Mais considerez qu'ils regaignent

Mauvais veneurs tirent tout

Allonger la vie aux cerfs dresse les chiens.

ce temps, et si je donne loisir à Son Altesse d'arriver, et luy donne plaisir et vray contentement de veneur, qui est le vray but pour le quel je travaille et non pour moy seul. Je pourrois, comme d'autres, prendre un cerf avec un chien ou deux qui ont trouvé un retour, et picquer sans sonner et parler. Mais à quel propos, et quelle raison me peut porter à prendre ce cerf sans Son Altesse, luy enlever son plaisir? Je ne trouve aucune raison à cela. C'est de ce desordre que cest art est dedaigné de beaucoup, car il n'y a que les jeusnes maistres qui peuvent avoir plaisir en tels desordres. Ceux qui passent quarante ans et qui ont quelque difficulté de maladie ou fluxions, ils n'en sont plus, c'est pourquoy vous estes venduz et trocquez. Et pour mon particulier, je trouve que les maistres qui sont servis en la sorte ont raison de se deffaire de leurs meuttes, et n'y a nulle apparence de faire une grande despence sans en avoir plaisir, tenir des meuttes pour le plaisir des valets et que le maistre n'en aye point, et n'y a nulle apparence, le plaisir est enlevé par quelque jeusne veneur, et le maistre est laissé derriere. Tant que les maistres sont jeusnes, il les faut servir comme ils le commandent, c'est la methode la meilleure; mais quand ils sont sur le retour de l'aage, il faut les attendre et leur donner plaisir, affin de n'estre suject à une drogue qui s'appelle de la casse; et de plus, ce plaisir n'est pas inventé pour les jeusnes seulement, il est donné de Dieu comme art noble, estant exercé prudemment, pour recreer mesme les vieillards, tant qu'ils peuvent monter à cheval. Il faut donc arrester les chiens, pour leur donner loisir de venir, à quelque plaine ou autre lieu plaisant, considerer ce corps de meutte, estant rallié et reprins haleine, reprendre et empaumer leurs airres; et je me vante que, tant que Son Altesse pourra souffrir de mon-

La cause pour quoy les veneurs sont vendus ou trocquez.

Comme les vieillards se peuvent trouver à la mort.

ter à cheval, je luy donneray du plaisir de mon art de venerie. Jeusnes veneurs, chassez prudemment et vous ne rebutterez jamais vos maistres, et aurez tousjours des chiens excellents. Je vous ay esclaircy les moyens, c'est d'arrester vos chiens, les rallier, attendre vostre maistre et n'abbreger jamais ce qu'il courre. Je sçais que vous aurez de grandes inquietudes, les premieres fois que vous arresterez vos chiens; vous vous representerez que pendant ce temps-là vostre cerf vous taille de la besogne, ruze, se forlonge, se mesle dans le change. Il est certain, vous en faudrez quelqu'un au commencement, avant que vous et vos chiens y soyez accoustumez; mais après vous en faudrez peu, et ne rebutterez jamais vostre maistre, et fairez qu'à l'aage de soixante ans il aura du plaisir de sa meutte. Arrestons-nous un moment et considerons ces railleries que l'on dit des actions des chiens d'Esope. L'on tient qu'un de ses chiens passant une eau, le quel portoit une piece de chair en sa gueulle, et le soleil estant beau et lumineux, ce chien apperceut dans ceste eau l'ombrage du morceau de chair qu'il portoit; et l'appercevant bien plus gros, comme l'ombrage paroist plus grand que le corps, il laissa aller à vau-l'eau sa piece de chair et prit l'ombrage de son morceau qui fut rien. Il en est de mesme des chiens les quels ne sont pas fermes au change : ils ont ameutté un cerf et bien chassé deux ou trois heures; et estant forlongé, il cherche le change, il perce les fors, les demeures et enceintes, là où il y a du change; et ces chiens arrivant aux fors, ils font partir le change au bruict; ces chiens changent de voye, ils vont au change et quittent les voyes de leur droict qui est affoibly, pour courre ce cerf nouvellement lancé, à cause qu'il est à leur veue, et que le sentiment est plus grand, plus ardant et violent, que de leur droict, le quel

Des chiens d'Esope.

est forlongé, et qui n'est pas encore relancé, ny à leur veue; mais ces pauvres chiens font comme le chien d'Esope, qui quitte une bonne piece de chair pour prendre l'ombrage, pour ce qu'il luy paroist plus grand, mais enfin il n'y prend rien, tout est à vau-l'eau; ces chiens pour le cerf font de mesme, leur droict estoit affoibly, la curée leur estoit certaine, mais ayant changé de voye, ayant pris le change, ils ne forcent rien, à cause que la traicte qu'ils ont desja faite leur a ravy la force, ils ont quitté le certain pour l'incertain; c'est pourquoy ils ne font nulle curée, et souvent sont hors de force et aneantys au pied d'un chesne. Mais le seigneur de Montaigne me fait encor un plaisant conte des chiens d'Esope, en son livre II, chapitre XIII : que descouvrant en mer un corps qui flottoit errant dans les ondes, et ne le pouvant approcher pour le devorer, ils entreprirent de boire toute l'eau de la mer et la deseicher pour prendre ce corps, mais ils s'estoufferent. Cette fiction, cette fable ne peut estre mieux expliquée ny adaptée si non aux meuttes mal dressées et mal adjustées, les quelles vont à tout ce qui bondit devant elles. Que si une meutte se trouve dans une forest, qu'elle courre à toutes les hardes de cerfs et de biches qui partent devant, ils representeront les chiens et la meutte d'Esope; ils s'estoufferont l'haleine, ils se mettront hors de force et ne prendront rien, à cause que n'estant pas sages ny dressez ils veullent tout prendre; ils vont à tout, les voilà espars, esquartez, comme perdreaux, pour avoir esté dressez sans ordre, bref les voilà comme chiens sauvages et esgarrez. Je seray censuré de vouloir reprimer l'ardeur de ces jeusnes veneurs violens en toutes leurs actions; et diront qu'il y en a eu d'autres que moy, depuis si longtemps que cest art de venerie est en exercice, les quels n'ont jamais rejetté leur methode de chasser. Je l'advoüe, il y en a eu d'autres que moy, car j'ay appris cest art, de veneurs plus intelligents et plus subtils que moy. C'est pourquoy, ne m'attribuant ceste gloire, que d'avoir trouvé la quintessence de ceste forme de chasser, je ne puis estre blasmé legitimement, veu que je n'ay escrit de ceste science qu'en suitte du commandement très exprès que Son Altesse le duc Henry m'en a fait. Donc j'advoüe que ces fondemens et regles de venerie, que j'ay representez, en ce traicté, de Forcer les Cerfs, n'ont esté inventez par moy, mais par veneurs plus deliez en l'art que moy; c'est pourquoy je diray seulement que je suis le premier, de deça la mer, qui a pris et forcé les cerfs, avec tel ordre et regles de chasse, regles approuvées et trouvées pour vraye quintessence de l'art par tant de princes, seigneurs et autres vrays bons veneurs, les quels m'ont veu exercer ceste science; c'est pourquoy je crois que je seray traicté plus doucement, puis que je suis fortifié par le commandement de Son Altesse. Et touchant à ceux qui rejettent toutes raisons, et qui ne veullent autre opinion valable que la leur, je les envoye en Angleterre, voir exercer les chiens pour le cerf de Sa Majesté le roy de la Grande-Bretagne : c'est là où j'ay appris à servir et donner plaisir à Son Altesse; c'est là une bonne escole de ceste science, la quelle y est exercée si punctuellement et avec des regles si justes, que j'ay veu les chiens de Sadite Majesté prendre un cerf qui passoit dedans des hardes de deux ou trois cents dains, et le lendemain forcer deux ou trois dains qui se mesloient et passoient dedans des hardes de cent cerfs, et jamais les chiens ne bransloient. Je leur ay veu separer leur droict du change, à veue, soit cerf ou dain; ce sont vrays veneurs qui sçavent dresser de tels chiens. De plus, je leur ay veu forcer des mesmes chiens, sans relais,

Venerie est en Angleterre bien exercée.

car ils n'en usent jamais, sept cerfs en une sepmaine : le mardy deux, le mercredy deux, le jeudy un, le vendredy un et le samedy un. C'est là chasser comme il faut, il n'y a plus rien à gloser à ce mestier. Jeusnes veneurs, passez la mer et vous verrez ce que je vous dis. Mais ce n'est assez, lors que vous serez là, de voir une chasse ; il faut voir une saison de chasse, quatre ou cincq mois ; et vous reviendrez avec de la science, si vostre esprit est capable d'en recevoir l'intelligence, car tous esprits ne le sont pas. L'on me dira peut-estre qu'en Angleterre on courre dedans des parcqs. Il est certain ; mais je les ay veus bien forcer par tout, soit aux forests, aux buissons detachez des forests, ou aux parcqs. Bref, par tout, touchant la terre, les chiens de Sadite Majesté font mourir et cerfs et dains ; et comme ces chiens courrent tous les jours hormys les dimanches, ils sont mennez en carosse, par pays, aux forests, aux buissons ou à la retraicte ; ils ne font que courre. Je ne puis laisser ce discours, que je ne represente encor que j'ay veu ces chiens, lors qu'ils sont bien à la voye, les laisser aller à veue, à des hardes soit de cerfs ou dains, et d'eux-mesmes en choisir un des plus grands, et le separer et faire mourir, tous les chiens ensemble, sans se separer de la meutte. Ces chiens ont quatre qualitez necessaires, pour estre tenus des meilleures races du monde : le sentiment excellent, car ils demeslent et raprochent ce qui est forlongé ; la voix bonne et forte, et chassent à grand bruict ; vistes, car si ce ne sont chevaux d'Angleterre, barbes ou turcs et en halleine, peu d'autres les peuvent tenir ; ils sont de grande force à chasser longtemps, et tiens que ce seroit comme chose très extraordinaire que de trouver un cerf qui les fit rendre ; et tiens pour mon particulier, ayants ces quatre qualitez que je leur ay veu exercer, que

Les quatre qualitez des bons chiens.

ce sont les meilleurs chiens du monde, dressez et adjustez par les veneurs les plus subtils en l'art et capables, qui se puissent trouver. Mais tous ces bons veneurs ne peuvent faire aucune erreur, ny permettre à leurs chiens de faire quelque faute, si aucusnes ils en font, que Sa Majesté n'en aye aussitost la cognoissance et que par son commandement il n'y soit remedié. Jeusnes veneurs, travaillez diligemment à vous rendre capables de ceste science, qui vous est donnée de Dieu pour servir les roys, veu mesme que les roys ne dedaignent la venerie; travaillez et vous excellerez en ceste science à l'egal de vostre travail. Si vous considerez exactement mon discours, vous jugerez que plusieurs traicts de venerie, les quels je pratiquois, avant que d'aller en Angleterre, je les ay reprimez et moderez; ne censurez donc mon travail ny mon discours, car vous pouvez juger, par ce traicté, que la vie faineante ne reussit jamais à bonne fin. Je l'ay tousjours abhorrée comme ennemie de la jeusnesse et de tout aage; travaillez donc et vous serez capables, et rejettez les discours que l'on vous objectera que ce travail vous abbrege la vie et la santé. Rien moins, les veneurs vivent autant et plus que les autres plus faineants. Xenophon, admirable en venerie, a vescu quatre-vingt et dix ans, mourut l'an du monde trois mil cincq cent nonante. Le travail de venerie est plus moderé que l'on ne pense, pourveu qu'il soit exercé comme il faut. Vous aurez tousjours loisir, après la mort, de reposer heureusement, si vous estes bon et franc veneur, car le veneur franc n'a nullement l'ame meschante ny dereglée. Respondez hardiment aux faineants, qui vous apportent distraction en vostre art, que pendant la vie vous avez contentement en vostre travail, et que après la mort, vous reposerez et dormirez du sommeil de paix avec Dieu; et vous

De Xenophon.

Venerie ennemie des faineants.

souvenez que les Grecs disoient que la venerie a esté aymée des Dieux et des vertueux.

DE NOS ENTRETIENS ET DISCOURS DE VENERIE, ESTANS AU QUARTIER OU AUX ASSEMBLÉES, EN EXERÇANT LA VENERIE OU HORS DE L'EXERCICE.

Estans arrivez au quartier de la Venerie, si l'on veut courre le lendemain, nous parlons des cerfs qui sont destournez, quels pieds de cerfs ce sont et de leurs jugements, de leurs demeures, et de ceux qui sont en plus belles meuttes pour le plaisir du maistre ou le nostre. S'il n'y at aucuns princes qui doivent courre, nos entretiens sont aussy de leurs refuittes et de leur droict estant ameuttez. Aux assemblées, nous parlons, aux rapports des veneurs, des jugements de leurs cerfs, si ce sont pieds ronds, longs ou courts, pieds creux ou plats, de leurs cognoissances, en quel pied est la cognoissance, devant ou derriere, en dehors pied ou bien en dedans, s'ils n'ont qu'une cognoissance ou s'ils en ont plusieurs, affin que tous les jugements du cerf de la meutte et ses cognoissances soyent manifestez à tous les veneurs, pour estre recognuz aux desordres, s'il est necessaire, et que les chiens n'en donnent nulle cognoissance, mais desordres extraordinaires, si les chiens sont excellens et bien dressez. Voilà les temps que nous parlons en venerie des pieds des cerfs. Mais un cerf estant donné aux chiens, nous ne parlons plus de ses pieds, de ses fuittes, que sobrement et avec grande discretion. Nos conceptions de venerie s'extendent bien plus loing que cela : les pieds des cerfs nous sont alors comme A, B, C parmy les hommes sçavants et de grande estude; ils ont cognoissance des sciences, et de tout ce qui s'est fait de plus memorable et de plus admirable ès siecles de l'antiquité, par le moyen de la lecture, en contemplant ces A, B, C; mais ces lettres et ces caracteres ne les amusent plus, ils gaignent temps, ils lisent fluement, ils coullent les mots, ont cognoissance des plus belles sentences, ils en tirent le miel, ils voyent les faits et dits notables des puissants monarques, des roys, des hommes illustres. Et par après, s'ils se rencontrent en bonnes compagnies, ils les entretiennent de discours fort edifiant leurs auditeurs. Ils ont fait ces recueils par le moyen de ces caracteres, des voyelles et des syllabes; mais ils n'ont guarde de parler aux roys et princes, parmy les hommes sçavants, de A, B, C; ils laissent cela dormir dans leur intellect et en despost. Nous faisons ainsy du pied d'un cerf, en la Venerie. En Lorraine, un cerf estant donné aux chiens, estant mort, nous ne parlons plus de ses pieds, de ses fuittes, alleures et refuittes; nous ne levons pas les pieds des cerfs, pour faire des discours funebres de venerie à leur mort, si ce n'estoit quelque pied de cerf rare ou extravagant, comme quelques fois nous avons pris des cerfs qui avoient les pieds blancs comme neige; alors nous levions le pied, pour monstrer ce pied qui estoit rare. S'il y avoit aussy quelque different en courrant, que l'on aye changé de voye et donné un autre cerf aux chiens, pour justifier si c'estoit le cerf de la meutte, nous levions le pied, pour voir s'il avoit les mesmes cognoissances que l'on en avoit fait rapport. En après, ce discours de pieds de cerfs estoit finy, comme chose qui ne nous arrestoit pas, non plus que les A, B, C parmy les sçavants. De lever aussy le pied d'un cerf à sa mort, pour justifier sa prise, cela ne nous arrivoit pas; car personne ne pouvoit revoquer en doute, s'il n'estoit malitieux, que des meuttes bien adjustées, comme celles de Son Altesse, ne forcent leur droict par tout, si ce n'estoit malheur extraordinaire et qui arrive peu souvent. De lever aussi le pied d'un cerf, pour le porter à la retraicte, faire des grands dialogues à son suject, le monstrer à la court, faire des grandes conferences et procès verbaux sur ce pied de cerf, rien moins de tout cela; ce n'estoient nullement les discours, que nos genies de venerie nous produisoient, pour entretenir nos souverains et les braves hommes de venerie. Un cerf forcé, un sanglier mort, un chevreuil et lievre forcez de haute lutte, leurs pieds ne nous sont plus rien, ne nous touchent plus; monstrez-moy le pied d'un bœuf, d'un bouc, d'un porc ou d'un chat, tout cela ne me touche non plus l'un que l'autre. Mais parlez-moy des ruzes et subtilitez, que les cerfs et sangliers, chevreuils et lievres ont faites en leurs actions pour defendre leurs vies; et des plaisantes subtilitez, que les vrays bons chiens ont exercées sur tous les retours, voyes doublées, voyes forlongées, desordre de change; de la franchise d'un vray bon chien, à ne chasser jamais que son droict en fort, en foible, dans les eaux pleines de roseaux ou autres herbes aquatiques; de chemin ferré, haslé, sec, aride, de guerrests, hersiers; d'un chien qui ne parle jamais à faute, qui n'en crie jamais, qu'il n'aye les airres à luy, qui chasse bien en fort, en foible, aux plaines, aux lieux fourrez de fenasses, un chien universel à la plus part des desordres : voilà les discours qui satisfont dans la vraye science de venerie, et dont mes compagnons et moy nous soullions entretenir les grands, pour satisfaire leur genie de venerie. Que si je parle d'un desordre de chasse, si je vois d'un cerf dans un chemin, en mesme temps j'applicque à ce chemin la subtilité d'un chien qui chasse le chemin dans la perfection. Si je parle du change, j'adjouste aussitost son contraire, l'action d'un chien de change, qui vient, muguettant les branches, prend cognoissance du cerf de la meutte et le perchasse hors du desordre. Si je represente qu'un cerf a battu les eaux, je n'oublie à publier l'action du chien qui a mis le mufle, le nez, dans les herbes, dans ces eaux, qui a parlé de son droict. Aux chemins ferrez, si j'ay du desordre, aux chemins secs, haslez de l'ardeur du soleil, aux hersiers et guerrests, si mes chiens se sont estonnez, je dis hardiment l'action du chien qui a le mieux perchassé, de celuy qui est demeuré le plus attaché à la voye et qui a le mieux chassé par les menus, qui a aspiré et respiré les poudres de ces chemins et guerrests, pour pousser son droit au couvert, et le relancer et rendre aux abbois. Nous avons bien reveu de nostre droict par tout, en courant, nous avons bien consideré ses fuittes; mais nous avons fait comme ces grands personnages sçavants qui se servent de A, B, C, mais ce n'est plus leur entretien. Le pied d'un cerf n'est aussy ce dont nous rassasions nostre genie de venerie; c'est pourquoy, à la mort du cerf, je ne leve pas le pied du cerf, si le maistre ne le demande ou quelqu'un qui en a envie pour l'attacher à une porte. Je fais lever le massacre, pour faire considerer la rameure, cette merveille de nature, renaissante tous les ans en si peu de temps, et dont la mesme nature se joue, la formant une saison bien entiere et bien semée, une autre fois mal semée, une année chargée de quantité d'antouilliers, l'autre de peu, ou quelques fois elle ne pousse que des perches. C'est une admirable varieté de nature d'estre si diverse, particulierement au cerf, bien cerf de dix cors : une fois il aura double meulle, plusieurs perches; une autre année, il ne poussera que deux glassiers, comme j'en ay pris, ces glassiers pas plus hauts qu'un poulce, ou des perches renversées à rebours, des andouilliers tournez, des surantouilliers, des cors, des espois, tout contrefaits; bref, une année, sa teste sera couronnée, une autre elle ne sera que paumée ou troucheuée; et ce mesme cerf une autre fois ne portera sa teste sinon enfourchue ou des perches; mais nous tenons que plus un cerf est cerf de dix cors, que les gouttieres sont plus creuses et larges, les perleures et pierreures plus grosses. Voicy bien de quoy à entretenir les partisans de venerie, voicy de quoy à parler des vertus et proprietez des cerfs, admirables selon les preceptes d'Hippocrates et de Gallien, et particulierement lors que la teste des cerfs est encor en sang, qu'elle est renaissante, propre à faire des eaues d'admirables effects, et dont nos medecins se servent pour apporter soulagement aux plus infirmes. Il ne faut icy aucune orange, pour faire une sauce ou ragouts, comme il faudroit au pied d'un cerf; il ne faut icy que le naturel, la teste pure, pour faire des miracles en nature : c'est là un parfait et digne suject de venerie, pour entretenir les roys, ce n'est plus du pied d'un cerf que je parle. Je veux dire un mot de son pellage, s'il est brun, fauve, blond ou rouge; sa taille, s'il est long ou court, haut sur jambes ou bas; quel poil je trouve le plus vigoureux, et quelle taille de plus longue traicte. Mais en mesme temps que je represente les tailles et forces des cerfs, je n'oublie pas incontinent à y appliquer la taille, la force, le poil d'un excellent chien; c'est là le devoir d'un brave veneur, en parlant de sa science, ainsy que le devoir d'un bon chirurgien est d'appliquer le medicament à la blessure. Mais si je suis avec des bons hommes de venerie, si je leur parle de la force d'un cerf, de sa disposition, de ses bonds et eslans, de sa vistesse, je n'oublie pas mes chiens vistes au sentiment, à veue, mes chiens de force qui demeurent huict et neuf heures debout, de bonne force, et plus, s'il est necessaire. Que si nous conferons entre nous de venerie, de la disposition et vivacité d'un chevreuil, de ses fuittes ondoyantes, de ses sauts inegaux, de ses voyes si tost evaporées et difficiles à rapprocher et relancer, j'adjouste à mes termes de venerie incontinent un chien ardant et furieux, pour chasser ses airres qui ne font que d'aller, qui fuyent de bon temps, à bonds, à sauts; mais à ses airres ondoyantes et qui vont de forlonge, je fournis mon discours incontinent d'un chien sage, qui chasse par les menus, qui rapproche et relance bien un droit forlongé. Et s'il est question de parler, en mon art de venerie, de forcer un lievre, de ces petits esprits si peureux, de ses ruzes estant bien ameutté, des difficultez de chasse en le forçant, soit chemin, voye doublée, guerret, hersier, lieu fascheux à chasser, je ne parle pas de ses fuittes, que je ne trouve promptement un chien de secours à ses malices et ruzes. Si c'est chemin, je presente aussitost aux auditeurs un chien de double, de chemin, de ces petits nez pointus, qui soufflent la poudre dans les chemins, s'il fait haslé et chaud. S'il fait fangeux, je fais voir par representation ce mesme chien se crotter le nez dans ces boues, dans ces fanges, et pousser son droit hors de cette difficulté de chasse. Si c'est voye doublée, un chien de quatre, cincq ou six ans, vuide ce different. Je considere tout cela de l'intellect de venerie. Si je vois du lievre dans le chemin, sans m'emporter d'ardeur ny furie, je laisse venir mes chiens appuyer les voyes de ce chemin. Ces trois petits points qui forment les voyes du lievre, je les tiens presque comme incognus, cela ne me porte pas à troubler les chiens, je fais de cela comme de A, B, C, cela demeure dedans mon intellect, de mesme comme si je n'en avois pas reveu. Puis estant morts, un chevreuil ou lievre, leur pied ne m'est plus rien; je n'en parle plus en compagnie, je ne le porte pas au logis, pour faire un discours de venerie là dessus, s'il n'y avoit quelque chose d'extraordinaire et monstrueux. Semblablement, si j'ay l'honneur d'entretenir les grands de venerie pour le sanglier, je parleray de ses trasses, de ses gardes, alleures et pinses rondes et moussues; mais estant sur pied et lancé ou mort, je n'entretiens plus les compagnies ny les grands de ses trasses, cela ne m'est plus rien : je represente sa hauteur, longueur, grosseur et sa hure furieuse et monstreuse, sons bourbellier qui luy donne presque contre terre; je fais voir le peril de ses deffences qui couppent, qui brizent, qui razent et couppent ce qu'elles rencontrent. Je n'oublie pas ceste escume bouillante et bouillonnante, qui luy flue et reflue de la gueulle sur les espaulles, ses grès qui font un continuel cliquetis et bruict contre ses deffences, pour les rendre plus meurtrieres, sanglantes et devorantes. Mais après avoir representé la furie, la rage de ce grand sanglier, j'oppose à cela un hardy enferreur, un homme asseuré à l'attendre et à l'enferrer entre l'oreille et l'espaulle. Que si un seul ne jugeoit pas sa force suffissante pour le tenir arresté, ils doivent se mettre deux ensemble, pour l'attendre et attaquer et enferrer, affin de n'estre pas blessez, comme j'en ay veu autrefois, à qui l'on avoit mis quatre serviettes dans leurs playes pour estancher le sang. Voilà comme je veux entretenir les grands de mon art de venerie, pour arrester les sangliers; et à leur suject, j'y adjousteray encor un cavallier adroit, bien monté sur un roussin, pour les tuer à cheval, s'ils ne veullent les affronter à pied. Voilà de nos discours de venerie pour le sanglier. Lors qu'il est debout ou mort, nous ne parlons plus de ses trasses, de ses pieds, nous parlons des ravages qu'il a faits, des blesseures qu'il a faites, soit aux hommes, aux chevaux ou chiens. Que si j'apperçois que les personnes, avec les quelles je confere de venerie, desirent d'autres discours au suject de la chasse du sanglier, qu'elles desirent plus d'intelligence des chiens propres à ceste chasse furieuse et brutale, je parleray de quarante, cincquante chiens de vaultret, de leurs effects en coupplant un sanglier; je representeray que plussieurs braves veneurs les ont forcez, ès siecles de l'antiquité et du present; que d'autres, les quels n'avoient pas les moyens de tenir venerie pour le sanglier, ont pris et forcé avec six chiens, deux levriers à lievres à gros poil, deux matins et deux chiens courrans; d'autres se sont contentez d'abbayeurs, et les tirer devant leurs abbayeurs. Mais je veux icy faire voir une race de chiens propres à despeupler un pays de bestes noires. Tirez race d'une lice grande et forte, faites-la couvrir d'un levrier d'attache d'Irlande ou de Bretagne, ou bien une levrette d'attache d'Irlande ou de Bretagne, faites-la couvrir d'un grand chien courrant, la race sera excellente pour le noir. Six ou huict de tels chiens, estans dressez pour le noir, ne manquent point de sangliers; ils ont la vistesse, ils chassent, mais ils ne parlent pas bien; neantmoins en trente pas ou cincquante pas, ils se font entendre, et, si le sanglier tourne, ils le coupplent et hardent tellement, qu'un garçon le peut tuer entre leurs dents à coups de cousteaux. Voilà les discours de quoy nous tachons à satisfaire les plus curieux de venerie. Mais, dites-moy, je vous supplie, que diriez-vous d'un brave homme de cheval, d'un excellent escuyer, le quel ne parleroit jamais sinon du pied de son cheval? Il ennuieroit grandement les compagnies. Après avoir representé qu'un cheval a le pied bon, le tallon ouvert, la corne point esclattante, il ne parle plus jamais du pied de son cheval; il entretient les roys, les princes, de la force, vigueur, gentillesse de son cheval, de ses voltes, de ses croupades, de ses passades, repellons, de ses capriolles, qu'il part et repart de la main de la carriere. Il entretient les compagnies de la beauté de son cheval, des proportions de la taille, de l'encollure si artistement tirée des espaulles, de sa bouche, de toutes les parties les plus nobles de son corps; il parle de son creat, qui fait aller ses chevaux dans la perfection, de ses escolliers. Voilà les discours qui luy sont plus familiers, car c'est la vraye quintessence de son art. Il parle bien du pied de son cheval, mais il ne s'y arreste pas; il laisse cette philosophie, pour en parler continuellement à son mareschal ferrant, à cause que la science de ce mareschal se termine au suject du pied d'un cheval. Il est ainsy de nous, nous parlons sobrement du pied d'un cerf; mais depuis qu'il est mort, nous laissons ces discours aux valets des limiers, aux apprentis de venerie : leur science se doit terminer là pour le present, leur science est terrestre, ils n'ont nulle cognoissance, sinon du pied d'un cerf et des actions de leurs limiers. Mais aussitost qu'ils sont veneurs, qu'ils ont travaillé à cheval cincq ou six ans, s'ils sont capables de ceste science, ils ont bien d'autres sujects à entretenir les roys que de parler du pied d'un cerf. Donnez quelle qualité il vous plaira à celuy qui agit avec le limier, sa fonction n'est autre que celle d'un bon valet de limier; je veux qu'il destourne, qu'il laisse courre, qu'il relance un cerf à un deffaut, le temps qu'il tient le traict d'un limier, il est tousjours dans la fonction d'un valet de limier. Donnez-luy la qualité de cognoisseur, je le veux, mais bornez sa qualité à cela ; car vous ne pouvez legitimement luy donner la qualité de veneur, s'il n'agit et sçait agir en venerie, avec d'autres ressors et d'autres parties essentielles de venerie, que celle de faire des dialogues sur le pied d'un cerf. Si vous ne faites adjonction des autres parties essentielles de cest art, vous ne pouvez faire un veneur, s'il ne sçait faire chasser et perchasser des meuttes dans la perfection, les dresser et rendre obeissantes. Si avec l'art de cognoisseur, il n'est sage et prudent chasseur, hardy et consideré picqueur, vous n'en sçauriez faire un veneur ; car si vous ne donnez la qualité de veneur, sinon à ceux qui sçavent anatomiser et dechiffrer le pied d'un cerf, vous faites grand tort à tant de braves veneurs, qui sçavent dresser et faire chasser des meuttes, pour le chevreuil, pour le sanglier et bestes noires, pour lievres, pour renards, pour loutres et tous autres animaux que chiens et meuttes peuvent courre et forcer ; bref, vous excluriez et priveriez de cette qualité de veneur tant de braves hommes, qui sçavent dresser des meuttes dans la perfection. Toutes ces diverses sortes de veneurs parlent des actions de leurs chiens et de leurs mouvements aux desordres et deffauts, de leur sagesse et bonté ; le discours des pieds des animaux n'est nullement l'essence de leur conference de venerie, ils en font comme de l'A, B, C parmy les sçavants. Ce n'est pas qu'ils n'admirent et n'estiment la science du cognoisseur ; mais ce n'est pas ce qui satisfait le plus le genie de venerie, car ce n'est que commencement et fondement de cette science. Et lors qu'ils entretiennent les grands de leur art, c'est bien d'autres sujects, et d'autres matieres plus subtiles que celle des pieds d'un cerf et plus divertissantes; car ce mot de veneur est tiré du latin *venator*, qui signifie choses agissantes, mouvements, actions, subtilitez et malices des animaux chassez et courrus à force, mouvements et actions des chiens, subtilité, bonté, force et sagesse, pour estre adaptez et applicquez à leurs contraires par la vigilance d'un prudent veneur, affin que toutes les agissantes actions de ces animaux soyent aneanties et surmontées, les unes par la force des autres.

DES CORS DE CHASSE, DE SONNER EN VENERIE, SES COMMODITEZ ET INCOMMODITEZ.

Anciennement, il y avoit trois temps pour sonner, depuis qu'un cerf estoit donné aux chiens, que l'on avoit sonné le laissé-courre. Celuy qui estoit à la queue de la meutte accompagnant les chiens, s'il voyoit de son droit asseurement, il luy estoit permis de sonner. Si un chien, sage et hardy chasseur, bien gardant le change de cerf à cerf, de cerf à biche, ou bien de ce qui a le pied eschauffé et les parties qui luy donnent mouvement et la vie, si un chien de double, le quel ne parloit jamais hors des airres, estoient à la teste de la meutte, sur l'asseurance de la voix de ces chiens, le picqueur sonnoit hardiment. Et si au relancé du droit, il se faisoit voir, que les veneurs ayent cognoissance que c'estoit lui-mesme, soit à veue, ou par la cognoissance que sages et prudents veneurs doivent avoir du cerf de la meutte, par les actions des chiens sages et de secours, il leur estoit de mesme permis de sonner. Voilà les trois temps que les veneurs sonnoient ès siecles passez, pour embellir une chasse bien reglée, donner plaisir aux roys et princes; et ainsy tous les assistants veneurs estoient asseurez qu'entendant les cors, c'estoit le cerf de la meutte asseurement, à veue ou par les actions des chiens sages, les quels ne trompent jamais les veneurs, s'ils ne sont violentez en leurs airs. L'autre temps à sonner estoit, en voyant des fuittes du cerf ou d'asseurance, vrays effects d'excellents hommes de venerie, les quels demeurent à la discretion du sonneur, de prendre le temps juste et à propos, pour ne troubler les chiens à sonner trop longtemps; car cela est cause que ces chiens ne s'entendent pas, aux desordres, pour se rallier; de mesme les veneurs, à ceste confusion de tintamare, ne peuvent entendre la voix des chiens gardans le change, des chiens qui chassent bien aux voyes doublées par plusieurs fois, qui est quand un cerf passe cincq ou six fois par mesme lieu desja chassé. Or, voyons les temps de necessité à sonner. Celuy qui s'est fourvoyé ou esgarré de routte il sonne un mot, pour sçavoir si quelqu'un de ses compagnons l'entend pour le redresser; celuy qui l'entend sonne deux mots et respond en la sorte; mais celuy qui desire que son compagnon aille à luy sonne deux mots redoublez. Si en courrant, j'ay affaire d'un cheval, d'un relay, je sonneray deux mots pour les haster à venir relayer; pour advertir à un deffaut les valets de limiers, je sonne encor deux mots, affin qu'ils viennent promptement. Le sonner au laissé-courre est beau, cela anime les chiens; cela est martial, ce grand bruict, pourveu que l'on ne sonne qu'un moment, affin d'escoutter et entendre les chiens qui prennent trop d'avantage sur leurs compagnons. Cela est cause que tous ceux qui mennent la meutte descouplent, tous d'un temps; ou si la meutte alloit au laissé-courre, toute des couplée, sonnant pour chiens, ils s'en vont tous d'un temps, et ameuttent le droit tous ensemble et d'un air. Le sonner aussy rallie les chiens, la meutte, lors qu'un chien a trouvé un retour ou desembarassé une ruze; le sonner alors porte soudain les autres chiens à celuy qui s'en vat, qui n'a perdu nul temps. Si à un deffaut, quelqu'un rencontre les voyes du cerf de la meutte, qu'il en revoit asseurement, il sonne deux mots ou sonne pour chiens, pour tirer tout à luy et redresser le deffaut. Puis après, la mort du cerf se sonne. L'on sonne aussy pour rallier les chiens à la mort; l'on sonne la retraicte, pour donner permission à tous les veneurs, valets de limiers, à tous les suivants la chasse, d'aller à la retraicte. De plus, l'on envoye sonner après les chiens perdus, qui est le principal suject et pourquoy les cors et le sonner, en venerie, ont esté inventez et en usage. Comme aussy les cors se portent à la chasse, en faveur des suivans la chasse; lors qu'ils n'entendent plus les chiens, l'on peut ouïr les cors. Cela est le temps de necessité à sonner en venerie et les commoditez qui en reussissent. Voyons les incommoditez qu'apportent les cors à ceux qui ne s'en sçavent servir moderement et à propos. En premier lieu, je veux improuver et blasmer ce grand bruict de sonneurs, lors que les chiens et la meutte tombent dans les grands desordres de venerie, comme voyes embarassées de change, voyes doublées simples ou par plusieurs fois, soit par retour ou croisement d'airres forlongées et difficiles à emporter, comme aussy aux chemins, guerrests deseichez et haslez de l'ardeur du soleil, lieux aquatiques, spongieux, marrets pleins de petits rozeaux, les quels monstrent seulement la superficie; en tels lieux, le grand bruict et son des cors troublent les chiens. Les chiens ardans et violents, cela leur augmente la fougue, leur fait transporter les airres de leur droit; et les chiens timides, le bruict les rend encor plus timides et peureux dans cette confusion, et n'empaument pas les aires hardiment, et ne perchassent pas de leur air accoustumé. Donc sonner à propos est chose utile en venerie et à bien forcer cerf ou chevreuil, et sonner hors de temps est chose dangereuse et fait souvent faillir ce que bons chiens ont ameutté. Combien de fois arrive-t-il que l'on donne les chiens, que le cerf ne s'en va pas de temps pour estre les voyes emportées de la vistesse des chiens ? Il fuit ou va de trop hautes airres, les chiens s'emportent et les faut reprendre; et sans ce grand bruict et confusion de cors, la meutte l'auroit allé requerir par les menus et fait repartir. Combien de fois aussy le son des cors empesche-t-il que l'on n'entend pas un chien advantageux, le quel s'en va forlongeant le droit, que, sans le bruict et son des cors, quelque picqueur l'auroit ouy et arresté, à un renouvellement de voyes du change, change qui se lance et relance, au quel temps les chiens sages ne parlent pas ? Alors les picqueurs violents redoublent de sonner, et ce grand bruict est la seule cause que l'on ne peut ouïr la voix des chiens sages, pour tourner à eux et les accompagner à separer le droit accompagné; et ainsy le son des cors inconsideré enleve le plaisir de venerie. Outre cela, combien de cerfs sont faillis, à sonner hors de temps ! Si un cerf passe à quelque veneur bouillant ou à un suivant la chasse qui ayent un cor, souvent, sans juger s'il est haslé, s'il vient de loing, ils sonneront. Vous n'entendez que cors, à gauche, à droite, à une lieue devant ou derriere, bref, il faut que ces braves sonneurs se fassent entendre. Et si ce n'est pas le cerf de la meutte, souvent ils font faillir, car les veneurs qui n'ayment qu'à abbreger la vie de leur droit, ils portent les chiens et la meutte à ces sonneurs et perdent la chasse. De mesme si, lors qu'ils sonnent ainsy hors de temps, vous tombez en quelque deffaut, ou si le cerf a fait une ruze ou retour, vous portez vos chiens à ce bruict et quelque fois c'est le change. Voilà une grande erreur en venerie, car sans ces sonneurs vous auriez laissé perchasser et esplucher à vos chiens les voyes de leur droict. Il y en a aussy, les quels ayment tant à sonner, que, bien qu'ils ne soyent pas à la queue de la meutte, qu'ils soyent fort esloignez des chiens, en quelque chemin, taille ou plaine, ils ne laissent pourtant de sonner: c'est contre les regles de venerie, mais ils veulent estre ouïs en qualité de bons sonneurs. Et que l'on leur demande pourquoy ils sonnent si esloignez des chiens, ils ne sçauroient dire autre chose et ne sçauroient donner autre raison, sinon pour se faire entendre et faire bruict. Cela n'est pas recevable en venerie; celuy qui y agit doit dire la cause qui le meut à faire quelque action violente ou moderée, laquelle cause ne doit estre tirée que sur les mouvements et actions des chiens sages et de secours. Le sonner, arrivant près du quartier de la Venerie, apporte de la commodité, et advertit les valets de preparer ce qu'il faut à leurs maistres, de prendre leurs chevaux, d'ouvrir la grange ou autre lieu preparé et commode à loger les chiens. Le sonner au quartier redresse les chiens perdus, lors qu'il y en a des demeurez derriere, ou bien d'autres outrez et malmennez de la chasse, les quels souvent se couchent au pied d'un chesne ou autre arbre, pour reprendre force et vigueur. Le sonner est agreable à la curée; de plus, cela est à propos pour remener les chiens, à ce son de retraicte, à la paille et au chenil.

Voyons les incommoditez des cors, à la retraicte, à toute heure du jour, de la nuict, au quartier de la Venerie. Tout est troublé et importuné de ceux qui ayment à sonner hors de temps, sans raison, sinon pour sonner des fanfares; ce n'est que tintamarre, les chiens pleins de furie, et autres mis nouvellement aux couples, ils n'ont nul repos, ils sont esveillez à tout moment; ceux qui logent avec ces grands sonneurs, ils n'ont pas manque de bruict, l'hoste, l'hostesse, tout le voisinage, nul temps asseuré de repos; les malades et les dames sont incommodez de ce bruict, c'est de mesme comme s'ils estoient logez auprès de l'enclume d'un mareschal. Jeunes veneurs, croyez-moy, vous ne trouverez pas le genie de venerie ny la quintessence de cest art, à souffler dans un cor, je veux qu'il soit d'une grandeur monstrueuse, d'argent, de cuivre, de laiton; c'est dans les forests et à la campaigne, dans les cachots des deserts, que vous apprendrez à estre vrays veneurs; les cors de chasse vous apportent distraction en ceste science et vous abbregent les jours. La venerie s'apprend, à considerer le pied d'un cerf, en estre bon cognoisseur, comme aussy de toutes les parties de son corps, à estre bon cognoisseur de toutes les actions des chiens chassans en meutte, pour en tirer au desordre conjecture et consequence asseurée des ruzes de vostre droict, pour ayder les chiens à relever les deffauts, les accompagner en fort et en foible, comme hardis et considerez picqueurs : voilà les parties essentielles de venerie, et non les cors ny le sonner, la quelle action n'est sinon accessoire de venerie, tesmoings Messieurs les veneurs d'Angleterre, les quels ne sonnent jamais, s'ils ne voyent le cerf, leur droict. Ils ne sonnent point à la chasse du lievre, et neantmoins ils ont des meuttes aussy sages et excellentes, qu'il y aye en pays du monde. Je n'improuve donc pas les cors pour courre cerf et chevreuil, pourveu que celuy qui fait le bruict ne le fasse hors de temps, et qu'il die les raisons de necessité de sonner receues en venerie. Les veneurs d'Angleterre portent des petits huchets, des petits cors fort proprement accomodez ; c'est leur ordre de venerie, qu'ils portent au col et du quel ils ne troublent jamais leurs chiens. L'on peut sonner pour lievre, lors qu'il est pris, s'il y a quelques chiens qui ne soyent à la mort, pour les rallier aux autres; mais en courrant, je ne sonne jamais pour lievre. Passons aux incomoditez qu'apporte le cor de grandeur excessive. Celuy qui le porte, allant au bois, faisant sa queste, il a toute une matinée les jarretz frappez et battus de la grandeur et pesanteur de ce cor, tellement qu'il est constraint de tourner la monture pour l'accourcir. En après, en ceste posture, tantost l'embouchure luy blesse les reins, le pavillon frappe ailleurs, tellement que de necessité il le porte sur l'espaulle; plus loing, ce cor s'embarasse dans le traict de son limier. Tous ces changements ne luy ostent pas sa pesanteur, c'est tousjours le mesme faix et incommodité. Si le veneur laisse courre et lance le cerf, il n'est pas moins incommodé en son travail, car ceste grandeur dereglée l'embarasse; tantost les esperons l'accrochent, les branches l'arrestent court, le traict du limier, à un retour, l'empesche de maintenir son advantage, de gaigner pays; si le veneur met le genouil en terre pour en revoir, le milieu du cor ou le pavillon donne en terre, l'embouchure le frappe dans les reins ou le long des espaulles. Nonobstant ces incommoditez, je n'improuve pas les cors, car la grandeur du cor et le sonner se peuvent regler, et rendre le tout convenable à n'empescher pas le travail de venerie, et que celuy qui le porte ne soit pas affoibly et incommodé toute une chasse. Voyons presentement les incommoditez, que ces grands cors apportent à ceux qui accompagnent les chiens et qui les font chasser. Je les considere avec ces machines de grandeur dereglée, des quelles, le pavillon estant plus avancé que le genouil, l'embouchure va abboutir vers la crouppe du cheval ou le haut de la queue, et le milieu ou rotondité du cor va aussy bas que l'estrieu, bref il passe le ventre du cheval pour le moins; cela n'est pas equipage propre à percer les grands fors, les recreuttes de quinze et vingt ans, les gaullis de trente ans. Je vous voy là dedans, le cor à la main, tantost panché sur la crouppe du cheval, plus loing advancé sur l'encollure, à gauche, à droite, toutes ces actions pour sauver ce cor à la mode; mais enfin l'un est accroché par l'embouchure, l'autre par le pavillon, un autre sort son cor brizé par le milieu, le pavillon froissé, applatty, l'embouchure perdue, et le bras qui a porté ceste pesanteur estroppié à moictié. Mais si de hazard les picqueurs se desembarassent des fors, des gaullis, que ce cor soit encor entier, et que ce soient lieux clairs, brandes, plaines, bruyeres, futayes, en tels lieux le mouvement est libre, vous leur voyez emboucher ce cor par dessous le bras, par dessus le bras, ailleurs le pavillon sur la crouppe du cheval, tantost sur l'espaulle du cavallier; en mesme temps il se bande sur les estrieux, il se balance tout le corps, se panche à gauche, à droite de son cheval, il bransle le bras haut et bas, pour se donner un air plus agreable et pour trouver plusieurs tons sur ce cor de grandeur dereglée; bref, les nerfs et muscles, qui font la liaison de l'espaulle, les quels soustiennent et fortifient le bras, qui donnent mouvement à la main, tout cela n'est pas capable de supporter sans incommodité le faix de ces machines espouvantables. Et souvent, si en ces lieux difficiles à picquer, ou ces fors ou bien des rochers quasi inaccessibles, l'on se veut servir de cors de grandeur à la mode, l'on se fait saigner aux dents, à la levre; bref, le bras n'est pas souvent assez fort ny capable de destourner les branches avec ceste pesanteur. Que si vous rencontrez un cheval qui pese à la main, vos deux mains seront suffisamment employées, posture fort incommode à secourrir les chiens, les rompre à un desordre de venerie, et pour demeurer à cheval douze ou quinze heures. Que si un cheval vient à vous passer sur le corps en ses cheuttes, cela est capable de vous enfoncer ou brizer les costes, ou vous apporter d'autres grandes incommoditez et blessures. Passons aux incommoditez, que le sonner par trop apporte à la santé de celuy qui sonne à tout moment après une meutte, ou qui ayme à sonner par pays, à faire des fanfares à toutes heures au logis. Il se met au hazard d'avoir de grandes incomoditez sur le retour de l'aage; il sera suject à douleur de teste, s'il n'est fort robuste, à fluxions sur les dents, les poulmons alterez, l'estomac affoibly, sa couleur naturelle changée, il l'aura plus olivastre, les yeux qui luy sortent de la teste plus que de nature. Le sonner trop luy eschauffe et brusle le sang; l'esté, estant à la queue de la meutte, aux jours caniculairs, il aura des langueurs de cœur ou des esblouissements, qui l'incommoderont à picquer et accompagner les chiens. Tels efforts causent souvent des enflures sur les parties les plus sensibles, engendrent des descentes des boyaux, des battements et palpitations de cœur. Au contraire, le sonner reglement ou point n'apporte nulle confusion en venerie, n'incommode pas la santé. J'ay veu des veneurs, en montant à cheval, ces grands cors à la mode se mettre entre la selle du cheval et la cuisse du cavallier; et en ceste posture, le cavallier ne pouvant trouver promptement son assiette ny embrasser fermement son cheval, alors le cheval sensible partoit de la main; et le cavallier en ce desordre estoit constraint, de crainte de tomber, de tirer la bride à son cheval, luy donnoit une saccade hors de temps et trop rudement, tellement que le cheval en s'arrestant levoit brusquement la teste, et donnoit au picqueur contre les dents et contre le nez; et en ay veu saigner tout un jour, et avoient le nez gros, enflé et à moictié froissé. Il n'y a pas longtemps qu'un brave seigneur, ayant mis pied à terre en courrant, il voulut remonter à cheval; son cor de chasse se mit entre la selle du cheval et sa cuisse, son cheval sensible partit de la main; et en ceste posture, n'ayant aucune tenue, ne pouvant serrer les genoux à cause du cor de chasse, il fut constraint de parer son cheval, pour l'arrester; mais estant en desordre, il fit donner à son cheval de la crouppe en terre, le cheval s'abbattit sur luy, et en se relevant il mit un pied sur la jambe du cavallier, et luy rompit et froissa la jambe. Jeusnes veneurs ou seigneurs, evitez ces inconvenients, car la venerie n'est pas marastre de ses professeurs, elle les traitte plus doucement; ce n'est pas comme ceux qui travaillent aux mines d'azur, les quels ne vivent pas longtemps. Les professeurs de venerie vivent autant et plus que les autres, s'ils ne mesusent de leur santé, et qu'ils ne soyent prodigues de leurs forces; il faut jouir des plaisirs de venerie avec discretion. Ainsy que celuy qui prend du vin par trop, il se trouble; ce n'est pas la faute du vin, car de soy il fortifie, mais c'est la faute et la coulpe du beuveur, le quel en boit outre raison; il faut ainsy agir en venerie avec discretion, l'on y peut user d'un cor, sans incommoder la santé, car quand vous ne sçauriez pas sonner, vous ne laisseriez pas d'estre excellent veneur, ce n'est pas partie essentielle que sonner. Si je me trouve en un quartier de cavallerie, j'entends un trompette qui sonne au guet, boutte-selle, en après à cheval, je ne vois aucun soldat qui luy porte envie de ce qu'il sonne mieux que luy. Si je suis dans une armée, je considere les generaux, après qu'ils ont donné les ordres, prendre plaisir à ouïr les trompettes; mais ils ne leur portent aucune envie de ne sçavoir sonner des fanfares. Les capitaines commandent à leurs trompettes de sonner la charge, à l'estandart ou la retraicte, cela va de mesme, sans que les capitaines portent envie à leurs trompettes de ce qu'ils ont un estomac robuste et puissant, pour sonner mille fanfares après l'occasion finie. Mais si je vas à un laissé-courre, j'entends tout ce monde faire bruict, veneurs, non veneurs, ce n'est que tintamare et bruict de toutes parts; tous les jeusnes seigneurs portent envie à celuy qui a la plus forte haleine et à celuy qui a le cor plus hautain. Croyez-moy, lecteur, tout cela n'est pas partie essentielle de venerie. Il seroit bien mieux, selon l'art, de laisser ameutter les chiens doucement, sans un tel tintamare, sans furie, ils empaumeroient les airres de leur droict plus sagement; la chasse en seroit plus belle, si elle estoit commancée avec prudence, laissant seulement sonner ceux qui laissent courre ou donnent le cerf aux chiens, et tous les autres picqueurs, après avoir sonné moderement le laissé-courre, tenir les chiens ensemble et en corps de meutte; car le bruict ne vaut rien en venerie, si les chiens ne font le bruict, estans bien ameuttez et chassants bien ensemble; en après, considerer et recevoir l'air de toutes les actions des chiens sages, pour les secourrir aux difficultez de change ou autres inconvenients de venerie, et non pas souffler tout un jour dans un cor et en troubler les chiens. Ce n'est pas tout, dans un quartier ou aux assemblées, aux retraictes, si un gros valet de chiens va rechercher des chiens perdus, esgarrez, s'il entonne bien un cor, s'il sonne bien; la plus part des jeusnes seigneurs, des jeusnes veneurs, desesperent de ce qu'ils n'ont pas l'estomac assez puissant ny l'haleine assez forte pour en faire autant, sans considerer que Dieu et la nature les ont douez d'autres perfections plus relevées en venerie, leur ont donné un esprit plus subtil et intelligent pour juger du pied d'un cerf, et pour considerer toutes les actions de tous les chiens chassans en meutte, parties seules essentielles de venerie pour faire tout agir avec prudence et moderation. J'ay conferé avec plusieurs jeusnes seigneurs et veneurs, les quels se negligeoient en ceste science, estoient prests de ne se mesler plus de cest art de venerie, alleguoient qu'ils ne pouvoient bien sonner du cor; mais je leur mettois leur esprit en repos, leur faisant voir que, sans blesser leur santé, ils en sçavoient assez, car un homme peut sçavoir bien sonner, qui pourtant n'est pas bon veneur; mais celuy à qui les parties essentielles de venerie sont familieres, encor qu'il n'entende rien à souffler dans un cor, à sonner, il ne laisse d'estre parfait en venerie, quand bien qu'il n'auroit qu'un sifflet en son col; pourveu qu'il se fasse entendre, c'est assez. Je veux qu'il ne porte rien tout à fait en courrant, il ne laisse pourtant d'avoir un si puissant genie en venerie, comme s'il avoit un cor pendu au col, veu que tout depend du jugement et de l'intellect, qui sont les vrays ressorts de venerie. Jeusnes veneurs, ces grands cors ne sont pas ces cors d'abondance figurez aux moresques de l'antiquité, les quels presentent et offrent à leurs spectateurs et à ceux qui les considerent quantité et abondance de fleurs, de fruicts et toutes sortes de biens. Vous ne pouvez ny devez esperer de ces cors de grandeur desmesurée, si vous n'en usez reglement et sobrement, sinon incommodité et desordre en venerie, et finalement ils vous offrent et vous causeront une courte vie ou fort fascheuse viellesse. Pour courre le cerf et chevreuil, je m'en sers; mais ils sont petits de grandeur, et ne m'empeschent pas de percer les fors, d'aller tantost à la teste de la meutte, plus loing arrester un chien qui prend trop d'advantage. Je ne me sers pas de mon cor de venerie à sonner après les chiens à lievre, je ne sonne jamais. L'on peut sonner à la mort du lievre, s'il y a quelque chien perdu. Je porte un petit cor à la chasse du lievre, pour monstrer que je suis veneur. Ces grands cors sont fort propres à la chasse des sangliers, ours, loups et autres bestes mordantes. Que ces grands cors serviroient bien en Asie, en Affrique, vers les montagnes de Pangeon, de Cissus ou de Zaga, d'Olimpe en la Macedoine, pour chasser les panteres, tigres, onces, lions et leopards! Ces sons furieux appartiendroient plustost aux chasses de ces bestes dangereuses et devorantes, que non pas aux chasses des lievres, de ces petits esprits peureux, les quels ne font aucun mal; et tiens que c'est un grand crime en venerie de faire tant de bruict à une chasse si subtile et delicate, et d'estourdir ainsy ces petits animaux en leurs fuittes et ruzes, dont les petits levraux estoient consacrez à la chasseresse Diane ès siecles de l'antiquité, et nul veneur ne les faisoit ameutter à ses chiens qu'ils ne soyent grands. Que ces sons effroyables et ces machines eussent esté propres aux veneurs de Cyrus, de Tigranes, roy d'Armenie, ou aux veneurs du roy de Medie, tous les quels se plaisoient à chasser aux lions et autres animaux furieux! Voyageant autresfois, l'on me fit voir, à Aix-la-Chapelle, sur les frontieres des Ardennes, le cor de venerie de l'empereur Charlemaigne; ce cor est de grandeur à n'incommoder pas, en perçant les fors; ce cor est d'yvoire fort enrichi. A Sainct-Hubert en Ardenne, l'on me fit voir des cors de l'antiquité et de ceux dont il se servoit, ils estoient de mediocre grandeur. Estant à Munic, à la cour de Son Altesse de Baviere, l'on me monstra quantité de cors de chasse, soit des empereurs ou princes d'Allemaigne, qui ont regné ès siecles passez; tout cela est de grandeur convenable à n'incommoder pas, en accompagnant les chiens. A Nancy, au Palais, en la galerie des Cerfs, la Venerie y est representée au naturel, comme elle estoit il y a deux cents ans; les veneurs et chiens y sont peints au naturel, les cors qu'ils ont, peints au col, sont de grandeur mediocre, plustost petits que trop grands; ils pouvoient, avec ces cors de grandeur convenable, accompagner les chiens, en fort et en foible, sans incommodité. Je me donnay ces jours passez l'honneur de voir Monsieur le duc d'Angoulesme, le quel me fit l'honneur de me dire qu'il avoit le cor de chasse du roy Charles neufiesme, ce cor est de grandeur à n'incommoder celuy qui le porte. Il n'y avoit que le roy Charles qui aye un cor à la chasse, tous les autres portoient des trompes tournées; cela ne les incommodoit pas en broussant, et n'y ayant que le roy qui portoit un cor, venant à sonner, tout le monde entendoit le roy et se rendoit à son devoir. Il n'y a que quarante ou cincquante ans que l'on portoit encor des trompes en venerie, j'ay veu introduire la coustume que les veneurs portent des cors; ils estoient petits, l'on perçoit les fors avec, sans incommodité, ils donnoient lustre à un habit de chasse. Ils sont bien seants, ils donnent cognoissance de l'ordre de venerie; il faut que l'object y soit gardé, qui s'entend, que le veneur n'aye pas pendu à son col un cor de venerie, le quel ne convient à sa taille, de crainte qu'il ne blesse la veue de ceux qui le regardent et des assistans; comme en geometrie, ce qui est contre l'ordre de l'architecture chocque et blesse la veue de ceux qui sont du mestier. Un cor est bien seant à un veneur; les anciens l'avoient souvent pendu au col, cela ne les incommodoit pas mesme à la cour, cela leur donnoit entrée à la chambre des roys et des princes; c'estoit leur passe-partout. Et en tel equipage, je me suis souvent trouvé à la chambre des puissants roys avec mon ordre de venerie. Du regne de Henry quatriesme, estant en Lorraine, j'ay eu l'honneur de luy faire rapport, de luy representer les pays les plus plaisans à forcer les cerfs; avec mon cor au col, j'avois l'honneur d'entrer en sa chambre par tout, mesme à Fontainebleau, à Saint-Germain, à Monceau. De mesme, lors que j'ay voyagé en Angleterre, j'ay eu l'honneur d'entrer en la chambre du roy d'Angleterre, en faveur de mon ordre de venerie. Les veneurs d'Angleterre portent de petits huchets et cors, des quels ils n'incommodent pas le monde aux quartiers et aux retraictes, ny ne troublent les chiens en courrant; ils sonnent seulement, quand ils voyent le cerf de la meutte. Jeusnes veneurs, quittons maintenant ce grand bruict, ce tintamare; croyez-moy, le son de ces cors n'est pas tant agreable à tout le monde, à ceux qui ne sont pas veneurs, comme à nous qui le souffrons comme veneurs. Ces cors de venerie ne sont pas comme l'instrument d'Orphée, du quel les sons convioient et obligeoient les Dieux et Deesses à l'aymer; ce n'est nullement ce son d'Orphée, qui a ravy comme en extase les Nymphes, bref tous les hommes et femmes de son temps; ce n'est pas aussy cette melodie d'Orphée, qui a autres fois touché les oreilles des Muses; ce n'est nullement la lyre d'Orphée, au bruict de la quelle, lors qu'il estoit dans les forests, les cerfs, les biches et fans, les animaux les plus cruels et devorans, comme lions, tigres, panteres, tous les animaux des deserts, s'assembloient, alloient autour de luy, luy rendre hommage, et, comme enchantez du son de sa lyre, ne luy faisoient aucun mal. Nos cors de venerie font un effect bien dissemblable ; ce bruict entonné dans le creux des forests chasse les cerfs, biches et fans, de leurs douces reposées, il le faut donc moderer. Ne vous attachez à ces grands cors, jeusnes veneurs ; allez droit aux parties essentielles de venerie, vous trouverez ceste science, non en faisant bruict ; ce sera, comme l'on trouve la vertu, entre les deux extremes du plus et du moins ; ce sera dans les solitudes, en reglant ce qui est trop violent et furieux, et emanciper ce qui est trop retenu et qui s'allentit et assoupit ; vrays effects d'excellents hommes de venerie, de trouver et loger la temperance entre les deux extremes. Il faut que tout soit bien reglé en venerie ; Xenophon, l'un des grands capitaines qui aient esté du temps des Grecs et brave veneur, nous y oblige en ces termes et sentences : « Les chasses bien reglées sont les vrayes et vives images de la guerre, les chasses bien reglées sont les vrayes et vives images des batailles. » Xenophon n'entend pas des guerres d'incendies, de violements et de tous desordres, mais guerres et batailles bien disciplinées, à l'imitation des Grecs ou Romains, comme leurs legions d'Africque et autres, ou bien selon les anciennes phalanges à la Macedoine.

LES TERMES DE VENERIE POUR LE CERF, EN CENT SOIXANTE-QUATRE ARTICLES.

I

Un grand vieux cerf, c'est celuy qui a le tour des meulles grand et large, fort près du test et suc de la teste, les meulles bien pierrées, grosses et eslevées, les marreins hauts, longs et ouverts, fort gros, les gouttieres des marreins creuses et larges, enfoncées, les marreins bien perlez, les perlures grosses et eslevées, les premiers antouilliers près des meulles longs et gros, bien perlez, les surantouilliers, cors et espois de mesme, les marreins bien brunis et noirs, les bouts des antouilliers, surantouilliers, cors et espois, fort blancs; qui a la teste ou ramure fort haute et ouverte, courronnée, ou quantité d'espois en confusion à la sommité et bout des perches ou marreins, si donc il ne l'avoit racourcie, rouée ou contrefaicte, à cause de viellesse, et que nature luy deffaut. Pline, en son Histoire naturelle, livre VIII, chapitre XXXII, escrit que tous les naturalistes sont d'accord de la longue vie des cerfs, et que cent ans après la mort d'Alexandre le Grand, on en prit plusieurs avec colliers d'or, que ce roy leur avoit fait mettre; mais on ne les voyoit plus, par ce que la chair, la venaison et la peau estoient crues pardessus et les couvroient. Voicy ce que dit Guillaume Paradin, en ses Devises heroïques : « Charles sixiesme de ce nom, roy de France, desirant perpetuer la memoire de la prise qu'il avoit faite, en la forest de

Senlis, d'un cerf qui avoit au col un collier de cuivre doré, au quel estoit gravé en lettres anciennes, *Hoc Cæsar mihi donavit*, prit pour sa devise un cerf volant, ayant une couronne au col. » Plussieurs qui vivoient alors de cette prise en firent des beaux discours, jusques à dire que ce collier y avoit esté mis de la main de Jules Cæsar, au quel cas il faudroit que le cerf eust vescu quatorze cents ans. D'autres alleguoient que ce pouvoit estre de Julian Cæsar, n'y ayant pas grande difference du nom de celuy-là avec celuy de Jules Cæsar. Si c'eust esté l'empereur Julian Cæsar, qui fut par deçà, qui eust donné ce collier de question, le cerf auroit vescu environ mil ans; et si c'estoit aucun des empereurs françois, qui ont tous esté de la race de Charlemaigne, il auroit vescu environ cincq cents ans. Je ne puis croire que les cerfs soyent de si longue durée et vie. Et quand cela seroit, quelle apparence qu'un cerf ait peu esviter et eschapper tant de hazards des meuttes et chiens, des rets et pieges, des tireurs qui leur font continuellement la guerre, puis tant de maladies et blessures accidentelles, qui leur peuvent arriver durant tant de siecles? De plus, les loups acharnez aux cerfs veillent après continuellement, et en prennent quantité aux glaces, quand les estangs, lacs ou maretz sont tous gelez et glacez; car un cerf glisse et s'abat continuellement sur la glace, et il en perit quantité de la sorte. Je crois plustost que ce cerf de Charles sixiesme estoit passager et venoit de loing, et que quelque empereur qui portoit le nom de Cæsar auroit peu donner ce collier à ce cerf, et le faire lascher en quelque forest de ses plaisirs; et comme l'Allemagne est voisine des Ardennes, qui est un pays couvert et remply de forests, ce cerf s'est depaysé et forpaysé au temps du rut, et passé de forest à autre vers ces grands bois de Sainct-Hubert et de Villemont aux Ardennes, et de là au pays d'Artois; et ainsy de forest en forest, de buisson en buisson, les cerfs s'abandonnent du temps de leur rut, et peuvent faire des longues traictes et changer de pays. Ceux qui ont escrit du naturel des cerfs rapportent qu'ils vont chercher le rut d'isle à autre, et que l'on leur a veu passer trente lieues de mer, ayant l'air et le vent des biches; or, si les cerfs font tant de chemin par eau, il n'est pas impossible qu'un ne puisse estre allé par terre d'Allemagne à la forest de Senlis, en la saison du rut ou en plusieurs, n'y ayant que soixante lieues ou environ des frontieres d'Allemagne jusques à Senlis, et particulierement du pays de Luxembourg. Les cerfs font leurs muzes, au temps de leurs amours, volontiers le nez dans le vent; or, au temps de leurs amours ou rut, les vents du Septentrion ou du Nort regnent souvent, qui me fortifie en ceste conjecture que ce cerf peut estre venu de là; car le cerf se forpaïse presque tousjours du costé de là où les vents regnent, affin d'avoir le sentiment des biches de plus loing; et par ce moyen, il n'y a pas de difficulté pour l'aage, ny quel empereur peut estre celuy qui avoit donné ce collier. Je ne veux pas neantmoins refuter absolument l'epitaphe d'Ausone ou de Virgile, en ce qui touche la longue vie des cerfs, ny ce qu'en dit Guillaume Paradin, en ses Devises heroïques; je m'oppose encor moins à l'Histoire naturelle du bon Pline sur la longue vie du cerf; ce que j'en dis est seulement par forme de divertissement.

II

Un grand cerf, c'est celuy qui a la solle grande et large, le talon gros et large, les os gros et courts ou longs, et creux, la jambe large et bas jointée, le corsage grand et puissant, haut sur jambes, gros et long à proportion de sa grandeur, la teste ou rameure haute et ouverte, paumée ou troncheuée, bien née, bien chevillée et semée, et dont tous les jugements en sont bons et tesmoignent que nature ne luy deffaut pas encor, et qu'il est en sa plus grande force et vigueur.

III

Une grande biche, c'est celle qui a le pied long, estroit et creux, selon nos anciens autheurs et cognoisseurs, et la quelle est grande, longue, puissante, haute sur jambes à proportion de sa grandeur; qui a le col long, la teste seiche et longue, les oreilles droictes, et fuit, la teste plus levée et les oreilles plus droictes, qu'un cerf qui a mué et mis bas.

IV

Un cerf, cerf de dix cors, c'est celuy dont tous les jugemens, que le veneur en peut tirer cognoissance, satisfont ses sens visuels, tellement que, par le rapport de sa veue à son intellect et jugement, il luy donne ceste qualité de cerf, cerf de dix cors, qui se doit estre expliquée un cerf qui merite de le laisser courre en presence d'un roy, et le donner aux chiens de la meutte d'un roy. Plusieurs m'ont demandé quel aage pouvoit avoir un cerf, cerf de dix cors; je ne veux pas entreprendre de regler cela; neantmoins selon les termes qui estoient et ont esté tousjours en usage aux veneries, là où j'ay eu l'honneur de commander, je puis en dire mon sentiment et mon opinion; mais auparavant voyons le naistre de ce grand cerf et de cette grande biche, et de suicte je representeray ses jugements, termes et qualitez.

V

Sa premiere année, il est fan pour le moins le temps qu'il est marqueté ou moucheté. Mais sur la fin de l'année, les fans masles se monstrent communement le pied court et plat, les pinses leur paroissent moussues, comme s'ils avoient esté nourrys domestiquement, cela nous est de nulle consideration. Mais le voyant à la taille ou aux gaignages après la mere, il a la teste plus courte et grossette, plus camuse que la jeusne biche de mesme aage et temps, les oreilles pas si serrées, droictes et pointues, que celles de la petite biche; les nodus ou petites bossettes, qui se levent à l'endroict où se forment les meulles, paroissent et poussent le cuir plus haut derriere les oreilles qu'ailleurs. Neantmoins, en nostre venerie, nous luy donnons encore et seulement la qualité de fan.

VI

La seconde année, ils ont, la plus part, le pied rond et comblé ou plat, et ne donnent souvent que du bout des pinses en terre, les quelles ils ouvrent à tout moment. Il n'y a pas encore grand jugement, nous tirons seulement conjecture et consequence qu'il doit estre masle, ayant consideré ses voyes. Alors sa seconde année, il pousse sa premiere teste : les uns disent sont des dagues, plusieurs, des fuseaux. D'autres l'apellent un brocheattre, mais mes compagnons et moy nous l'appelons un daguet.

VII

A trois ans, il est cognoissable; il a plus de pied et plus de solle qu'une biche, le tallon plus gros, la jambe plus large, les os plus gros et courts, et est plus bas jointé; mais il doit avoir les costez de la solle trenchants, les pinses menues et desliées. Si donc un pays de rochers et de pierres ne luy a emoussé et usé le pied, il doit avoir encor le pied plat, comblé, à cause que nature n'a pas encor eu assez de temps pour luy retirer le vif à soy, et luy rendre le pied plus creux, la solle plus enfoncée. Nonobstant tous ces jugements, s'il fait mauvais revoir, le veneur ira quelques fois longtemps, consultant en soy : voilà d'un cerf; plus loing, c'est d'une meschante beste; cela ne vaut rien, c'est une biche; ailleurs, en quelque lieu frais, il en revoit à son aise; enfin il luy donne la qualité d'un jeusne cerf, par le pied. De mesme à trois ans, selon les autheurs de venerie, il peut porter quatre, six ou huict, cela est à l'esgal de la nourriture, des bons viandis qu'il a eus; voilà alors un jeusne cerf portant sa seconde teste.

VIII

Sa quatriesme année, portant sa troisiesme teste, il porte huit ou dix et peut pousser antouilliers, surantouilliers et espois. S'il a deux espois en amont au bout du marrein, c'est une teste fourchue. Mais s'il portoit dix, il doit avoir antouilliers, surantouilliers et des cors, et de plus deux espois au haut des perches ou marreins; c'est tousjours une teste ou ramure fourchue. Alors il est cerf de dix cors jeusnement; mais comme sa teste n'est refaicte qu'à la fin de juillet ou au commencement d'aoust, et qu'il est desja advancé dans le tiers de sa quatriesme année, l'on dit seulement aux rapports : je le mescrois estre cerf de dix cors jeusnement, par le pied; ou bien l'on use de ce terme : il peut estre cerf de dix cors jeusnement, à cause qu'il est plus cognoissable, estant accompagné, que l'année precedente. Les jugements en sont aussy plus puissans, neantmoins les cognoisseurs sont encor assez empeschez à le separer, le matin, aux tailles d'autres jeusnes cerfs ou daguets, car il ouvre souvent lés pinses allant d'asseurance. Il y en a qui ne donnent sinon des pinses en terre, cela est cause d'en faire des jugements douteux. Là où il ne donne pas du tallon et de toute la solle, le veneur est en inquietude de se mesprendre; il le publie bien quelques fois jeusne cerf, et en autre lieu il le juge plus cerf qu'il n'est, s'il pose bien la solle en terre. Neantmoins il ouvre les pinses souvent, et comme il leve le gazon en lieu mol, à cause qne levant le pied en ses alleures il porte le gazon, il paroît avoir plus de pied qu'il n'a; c'est pourquoy il est necessaire de prendre garde si la terre s'eslargit ou se reserre, et faut en revoir sur le dur pour en juger. Mais là où nous en puissions revoir, mes compagnons et moy nous luy donnons encor la qualité de jeusne cerf, pour les raisons predites.

IX

A cincq ans, qu'il a poussé sa quatriesme teste, il est cerf de dix cors jeusnement. Il a peu porter dix l'année precedente, et les peut et doit porter la cincquiesme; c'est pourquoy l'on luy donne absolument la qualité de cerf, cerf de dix cors jeusnement; sa teste doit porter dix ou douze, selon les autheurs. A cest aage, la nature luy donne la faculté, en ses alleures, de me laisser une partie de la solle du pied de devant pour en juger; il ne se mesjuge plus si souvent, son pied de derriere ne brize plus, ne rompt plus celuy de devant entierement; il m'en laisse quelques fois le tiers, la moictié, les deux tiers, et quelques fois la totalité de la solle de devant n'est pas brizée du pied de derriere; ses alleures deviennent longues, à cause de la grandeur et hauteur de son corps, que nature fait croistre evidemment, qui cause que ses alleures sont inegales.

X

A sa sixiesme année, qu'il refait sa cincquiesme teste ou rameure, il peut estre cerf de dix cors. L'on use de ce terme, il peut estre, à cause que sa teste n'est recreue et refaicte, alongée, fraiée et brunie, sinon en aoust, pour commencer le rut en septembre. En aoust, il est en venaison, le corps grand et puissant, et en haute et entiere cervaison; et comme nature luy augmente encor, qu'il est encor en croissant, cela oblige à dire ce mot et terme, il peut estre cerf, cerf de dix cors; car si nature n'avoit fait ses fonctions et qu'elle ayt esté retardée, pour avoir esté nourry en pays de mauvais viandis ou malade, remply d'ennuicts, qu'il ayt esté mal allaicté de sa mere ou s'il avoit receu quelque blessure, il ne pourroit estre si cerf, ny les jugemens n'en seroient pas entiers, ny les sens visuels du cognoisseur n'en seroient pas satisfaits. Le seigneur du Fouilloux dit qu'à six ans, il peut porter et pousser douze, quatorze ou seize. S'il porte quatre en amont ou trois, les espois en confusion comme un boucquet, il se doit appeller teste troncheue ou teste portant troncheure; mais s'il portoit les espois en forme de fourche, et qu'ils doublassent au bout des marreins, ce seroit une teste enfourchie, et seroit semée d'antouilliers, surantouilliers, de cors et de quatre espois en amont.

XI

A sept ans, il est cerf de dix cors et porte sa sixiesme teste. Alors les jugements en sont bons et puissants; il se juge bien, les alleures en sont bonnes. L'on n'use plus de ce terme, il peut estre cerf de dix cors; l'on dit aux rapports, il est cerf de dix cors, sans autres parolles superflues, qui s'entend, qu'il est cerf bien courable et sans refus, comme disoient nos devanciers vrays veneurs. Que si ce cerf tourne le bois, qu'il fasse des portées, il les fait belles, hautes et larges, ou basses et larges. Il n'escorche pas seulement le bois; mais il le lime, s'il va d'effroy, à cause des pierreures des meulles qui sont grosses et hautes, et des perlures qui sont hautes et eslevées sur les marreins, antouilliers, surantouilliers, cors et espois, les quelles liment continuellement les branches, de part et d'autre de ses portées et du bois mené et tourné, et particulierement lors qu'il est bien ammeutté ou allant d'effroy, si quelqu'un le lance le matin dans son enceinte, et que les fors et demeures soyent raisonnables pour tel effect.

XII

A huict ans, portant sa septiesme teste, il est cerf de dix cors, sans doute. L'on use de ce terme de venerie, sans doute, parce que tous ses jugements paroissent promptement aux sens visuels du cognoisseur. Aussi tost qu'il apperçoit pieds ou les foullées, il tire certitude asseurée d'un grand corsage de cerf, par sa mesme pesanteur, la quelle constraint la solle, le tallon, les pinses, de brizer et bien fouller la terre par tout, et ferme les pinses tousjours en ses alleures, tellement que les foullées paroissent par tout, qui cause que le veneur n'est plus en doute qu'il ne soit bien cerf de dix cors et courable. Voylà d'où derive ce terme : il est cerf de dix cors, sans doute.

XIII

Et de dix ou douze ans en avant et le temps que le cerf vit, le cognoisseur luy donne, en ses rapports à l'assemblée, telle qualité qu'il en a peu tirer de cognoissance par ses jugements, et selon les conjectures asseurées qu'il a tirées, en demeslant la nuict du cerf, en voyant des fuittes ou des voyes qui vont d'asseurance, de ses fumées, viandis et portées; et en suite il luy donne qualité de grand cerf ou de grand vieux cerf.

XIV

Un cerf, cerf de dix cors par le pied, c'est celuy le quel a la solle grande et large, les pinses rondes et moussues, le pied creux, les costez usez et espais, si donc il n'avoit esté nourry en pays de maretz et aquatique.

XV

Un cerf, cerf de dix cors par ses fuittes, c'est celuy qui a le tallon gros, bas jointé, la jambe large, les os gros et courts; s'il avoit esté nourry en pays de maretz et aquatique, il auroit les os plus gros, longs et creux. Tout cerf qui a le pied long ou pied de nacelle fait des plus belles fuittes, que celuy qui a le pied court ou rond. Les belles fuittes doivent paroistre aux yeux du cognoisseur comme un quadre ou quarré, autant de hauteur ou approchant, depuis le tallon jusques aux os; comme il a la jambe large, cela ne se doit juger sinon aux fuittes, et non ayant levé le pied du cerf.

XVI

Un cerf, cerf de dix cors par les foullées, c'est celuy qui brize, enfonce et rompt la terre par tout, du tallon, de la solle, des pinses; le quel, aux lieux feutrez d'herbes, de mousses, de feuilles et jeusnes bruieres et brandes qui ne font que naistre, qui les foulle, enfonce, et emprint bien dans ces voyes à cause de sa pesanteur.

XVII

Un cerf, cerf de dix cors par ses alleures, c'est celuy qui a deux pieds et demy ou trois pieds d'alleures. Les cerfs font leurs alleures à l'esgal de la grandeur de leur corsage; il n'y a point de regle fixe, c'est aussy selon les pays. En Angleterre, ils sont plus petits qu'en France, et en Lorraine plus grands de corsage qu'en France; en Allemagne et Baviere, plus grands qu'en Lorraine et en Hongrie, ils sont plus puissans et hauts de corsage, et portent plus belles testes ou rameures qu'en ces pays predits. L'on tient qu'en Moscovie ils sont encor plus grands et ont leurs testes plus belles, hautes et ouvertes; mais je ne puis l'affirmer, pour n'y avoir esté.

XVIII

Un cerf, cerf de dix cors par les portées, c'est celuy qui tourne bien le bois, haut et large, ou bien bas et large; le quel brise les branches seiches, qui plie et entreine les rameaux, qui escorche et lime bien les branches, qu'il tourne de ses antouilliers, cors et espois, de sorte que les portées en sont belles.

XIX

Un cerf, cerf de dix cors par les fumées, c'est celuy au printemps, comme en avril et may, ayant nourry et imbibé son corps de verdure, de la renaissance de ses viandis, qui jette ses fumées en platteaux gros, larges et espois; plus advancé à la saison, comme juin et juillet ou environ, qui les jette en torches grosses et tournées, monstrant la grosseur de son franc boyau; et de là en avant, vers le mois d'aoust, qui les jette bien formées, grosses et longues, bien moullues, oinctes ou dorées, point entées, sans avoir aucun piquon, ny esguillonnées par l'un des bouts, les quelles il doit semer et en jetter peu à la fois. Ce jugement ne dure que jusques à ce qu'ils vont au rut pour estre asseuré.

XX

Un cerf qui paroist estre cerf de dix cors par les freyoirs et par les hardoiers, c'est celuy qui touche souvent au bois, aux gros arbres; le quel escorche et lime bien le bois, qui brize et rompt par tout les branches qu'il attrappe de ses espois, marquées et brizées fort haut à cause de la hauteur de sa teste; et quand il a la teste fraiée et brunie, lors qu'il fait des hardoiers par tout là où il se rencontre, soit à gros arbres ou petits, ou à des tronchées de bois, qui les brize et lime bien, à cause de la quantité de ses antouilliers, surantouilliers, cors et espois, de ses pierrures et perlures qui sont grosses et eslevées.

XXI

Un cerf, cerf de dix cors par ses viandis, c'est celuy qui tire delicatement la substance du bourgeon, qui va erusant la seve du bois de la recreutte, escorche l'escorce des recreuttes et taillis; et comme il trouve et gouste la superficie tendre et delicate, alors il coupe le bout du bourgeon, ce que la nature du bois a poussé nouvellement. Les jeusnes cerfs et biches le couppent de prime abord, et sont plus gourmands en leurs viandis.

XXII

Un cerf, cerf de dix cors par ses reposées et resuits, c'est celuy qui fait ses reposées longues et larges, bien battues, la terre pressée et estreinte, les herbes et feuilles presque aneanties; qui a fort amolly la terre dans sa reposée et rendue plus souple et maniable qu'ailleurs, à cause de la chaleur de son corps qui a attiré et s'est unie à l'humidité de la terre; et ainsy la terre estant mollifiée, lors que le cerf s'élance d'effroy, ses genouils enfoncent dans la reposée, s'il y a esté longtemps, et font des trous profonds, longs, gros et larges; de mesme l'on y voit à son aise, du tallon, des os, de la jambe. Et en ses resuits, il les fait longs et larges, les herbes, mousses et feuilles, bien serrées et espreintes contre terre en tout le contenu du resui, à cause de sa grande pesanteur.

XXIII

Le massacre d'un cerf, c'est sa teste, ses rameures, que l'on couppe et leve d'après le test proprement, trois doigts ou environ derriere les meulles, en tournant sur les yeux et aboutissant au bas du front, en forme d'un escusson.

XXIV

Les meulles de la teste d'un cerf, ce sont les bazes des marreins, ces rons plus larges et eslevez que les marreins.

XXV

Pierrures de la meulle, ce sont ces grains eslevez que nature y a produits.

XXVI

Les marreins de la teste d'un cerf, ce sont ces perches qui sortent des meulles, et tirent leur nourriture et racine de la teste et du test.

XXVII

Antouilliers, ce sont ces premiers cors que les marreins poussent près des meulles.

XXVIII

Surantouilliers, ce sont les seconds sur les antouilliers.

XXIX

Cors de la teste d'un cerf, ce sont ceux que les marreins produisent entre les surantouilliers et espois; autant qu'il y en at, ils s'appellent cors.

XXX

Espois de la teste d'un cerf, ce sont ces chevilles ou cors, que les marreins poussent à leurs sommitez et en haut.

XXXI

Gouttieres de la teste d'un cerf, ce sont ces rayes enfoncées le long des marreins et sur les antouilliers, surantouilliers, cors et espois. Plus les gouttieres sont creuses et larges, c'est signal de vieux cerf.

XXXII

Perlures de la teste d'un cerf, ce sont ces grains que nature a poussés et produits sur les marreins, antouilliers, surantouilliers, cors et espois. Plus elles sont eslevées et plus il est cerf.

XXXIII

Teste bien nourrie ou bien née, c'est celle qui est creute et revenue aussy haut ou approchant, d'un costé comme de l'autre, à qui les marreins, antouilliers, surantouilliers, cors et espois, sont bien proportionnez.

XXXIV

Teste mal nourrie, mal née, c'est celle qui a un costé plus gresle et menu que l'autre, et les antouilliers, cors et espois, de dissemblable proportion.

XXXV

Teste bien semée, c'est celle qui porte autant d'antouilliers, de surantouilliers, cors et espois, d'un costé comme de l'autre.

XXXVI

Teste mal semée, c'est celle qui ne porte pas tant d'un costé que de l'autre.

XXXVII

Une teste contrefaicte est celle qui a des antouilliers, surantouilliers, cors et espois, renversez ou tortus, et les marreins ou perches dissemblables aux autres testes ou rameures.

XXXVIII

Testes diverses ou rares, ce sont celles qui ont plus de deux meulles, et ont poussé et portent plus de deux marreins.

XXXIX

Les mües d'un cerf, ce sont ses marreins, ses rameures, lors qu'il les a jetées et mis bas, que nature en veut refaire et produire des nouvelles et qu'elles tombent d'elles-mesmes.

XXXX

Les cerfs ont mis bas ou mué, c'est lors qu'ils n'ont plus de rameures, qu'elles leur sont tombées. Au printemps l'on use de ce terme, les voyànt.

XXXXI

Le refait, le revenu ou recreu d'un cerf, ce sont ses rameures, sa teste, qui luy poussent et recroissent. Nous disons de temps en temps, il a desja les meulles couvertes de revenu ou de refait, ou, il n'a encor sinon des petites bosses, elevations ou nodus, que nature fait seulement sortir de la teste ; et puis advançant dans la saison, il pousse les antouilliers, il porte quatre doigts, demy pied de haut, aussy haut que les oreilles; puis l'on use de ces termes, il a poussé les surantouilliers, il porte my teste de refait; après, il a poussé les cors, et de suitte, les espois.

XXXXII

Teste molle et en sang, c'est celle qui n'a pas encor alongé, qui est encor delicate, à qui les bouts des antouilliers, cors et espois n'ont pas encor poussé les lambeaux, la quelle n'est pas encor seiche et durcie.

XXXXIII

Teste seiche et durcie, c'est celle à qui le bout des antouilliers, surantouilliers, cors et espois perce les lambeaux, et en estat d'estre fraiée et brunie, car nature y a fait son effect.

XXXXIV

Teste de cerf allongée, c'est lors que tous les antouilliers et surantouilliers, cors et espois ont percé les lambeaux.

XXXXV

Les lambeaux de la teste d'un cerf, c'est cette peau veloutée dans la quelle le revenu se nourrit, là où le sang se caille, durcit et produit les rameures en leur perfection.

XXXXVI

Un cerf qui a frayé, qui a touché au bois, c'est celuy le quel a fait tomber les lambeaux de dessus ses rameures.

XXXXVII

Couleur des lambeaux de la teste d'un cerf, brun, fauve, blond; et semble que nature les a ainsy produits de dissemblable couleur, pour estre recognuz, pour estre separez du change.

XXXXVIII

Couleur de la teste d'un cerf qui a frayé et bruny, fort noir et le bout des antouilliers fort blanc; d'autres sont rougeastres, il y en a d'un gris lavé, plus blanchastres, tellement qu'un cerf peut estre recognu à la couleur de sa teste pour le droit.

IL

Cerf qui a fraié et bruny, c'est celuy qui a refait sa teste de l'une de ces couleurs predites.

L

Des freoirs d'un cerf, c'est qu'il a donné de sa teste contre les arbres, lors qu'elle est allongée, pour faire tomber les lambeaux, les quels arbres il a escorchez, limez, bien brisé et emondé plussieurs branches, et d'autres bien marqué de ses antouilliers et espois; cela s'appelle des freoirs jusques à ce qu'il a fraié et bruny.

LI

Les hardoiers d'un cerf. Après que les cerfs ont frayé et bruni, le reste de l'année, s'ils brisent du bois de leur teste, qu'ils brisent des petits arbres, qu'ils les tronçonnent, escorchent et liment, cela s'appelle des hardoiers; ils en font souvent, estants au rut.

LII

Cerf au rut, c'est le temps qu'il est en amour ou en chaleur.

LIII

Biche au rut, le temps qu'elle est en chaleur.

LIV

Une biche qui a faonné, c'est qu'elle a fait son petit, que nous appellons fan de biche.

LV

Le rere d'un cerf, c'est sa voix quand il est en amour.

LVI

Voire rere les cerfs, ouïr le cri des cerfs ; les uns mettent la teste contre terre pour rere, les autres la levent.

LVII

Le cerf va reant, c'est qu'il va criant après les biches. L'on use aussy du terme de braiment, pour representer leurs muglements.

LVIII

Le pellage est couleur des cerfs, brun, fauve, blond, rouge ; et ainsy à leur pellage, ils sont recognuz par les bons cognoisseurs de veue, estans accompagnez du change.

LIX

Le souillart d'un cerf, c'est là où il se met sur le ventre, dans les marests, dans la boue, lors qu'il est au rut, ou bien estant courru et haslé.

LX

Le souillart du cerf, c'est la boue qui est sur son corps, au partir des lieux aquatiques et fangeux, la quelle s'attache aux branches et tiges des arbres, lors qu'il perce et brosse les fors ; cela s'appelle aussy souillart du cerf.

LXI

L'enceinte d'un cerf, c'est le lieu là où il demeure le jour, lors qu'il est sur le ventre et destourné.

LXII

Un cerf destourné, c'est lors que le veneur a fait le tour de l'enceinte, et estant au rembuchement il retourne sur les mesmes pas qu'il est venu, comme une contre-ronde, et ayant achevé le tour jusques au rembuchement il est alors destourné. Mais s'il n'avoit pris sinon qu'une fois les devans, il ne seroit que tourné; et comme le mot de tourner est impropre en venerie, celuy qui n'a fait qu'un tour doit dire à l'assemblée : j'ay pris les devans de toutes parts, ou à l'entour de l'enceinte; il ne passe pas, si mon limier ne me trompe.

LXIII

Un cerf qui se releve, qui se desbuche, c'est qu'il sort de son enceinte, pour aller aux viandis ou ailleurs.

LXIV

Les viandis d'un cerf, c'est tout dont il a accoustumé de se repaistre, comme rejettons et recreuttes de toutes tailles et jeusnes bois, glans, faines et toutes sortes de gaignages et d'herbes, qu'il a mangez ou mange ordinairement.

LXV

Un cerf qui se recelle, c'est lors qu'il demeure plus d'une nuict dans une enceinte.

LXVI

Un cerf qui se decelle, quand il a demeuré plusieurs jours et plusieurs nuicts dans une enceinte et qu'il en sort.

LXVII

Un cerf qui viande sur luy aux fors, c'est qu'il vit en crainte, qu'il ne sort pas de son enceinte pour viander.

LXVIII

Un cerf qui va de temps pour demeurer, c'est qu'il ne fait que de venir de ses viandis, et va aux fors de temps pour demeurer.

LXIX

Un cerf qui se rembuche, c'est celuy qui entre aux forts et autres lieuz propres, pour y demeurer le jour, si l'on ne luy fait aucun ennuy.

LXX

Voyes de bon temps, c'est quand un cerf ne fait que d'aller et passer.

LXXI

Les voyes d'un cerf de vieux temps, c'est qu'il y a plusieurs jours qu'il les a faites.

LXXII

Voyes surpluiées, c'est quand il a pleu depuis que le cerf les a faictes.

LXXIII

Voyes lavées ou eslavées, c'est lors que le cerf a passé une riviere ou autres eaues, et que l'eau de son corps s'est escoullée le long des jambes dans ses voyes.

LXXIV

Voyes des cerfs qui vont de hautes airres, c'est quand la meutte ou les limiers ont peine de les emporter, qu'il y a longtemps que le cerf at passé.

LXXV

Voyes qui vont de bon temps, quand la meutte et les chiens les chassent et emportent de leur furie.

LXXVI

Desmesler la nuict du cerf, c'est laisser suivre le limier sur les voyes par tout, en fort ou en foible, là où le cerf a esté faire ses viandis ou ailleurs.

LXXVII

Un limier qui renouvelle les voyes, c'est que de temps en temps il trouve les lieux là où le cerf a esté arresté pour viander ou escoutter, et ainsy le sentiment est plus violent qu'il n'estoit auparavant.

LXXVIII

Un cerf brizé, c'est lors que le veneur en rencontre, qu'il revoit des voyes, il jette des petits rameaux dessus, la pointe tournée là où va le cerf.

LXXIX

Voyes du cerf rayées, c'est lors que le veneur en a fait jugement, il raye la voye ; il ne vaut quelque fois la peine de brizer, ou bien que cela ne luy plaist pas, il raye du pied auprès de la voye pour monstrer qu'il en a reveu.

LXXX

Brizées basses, ce sont ces petits rameaux, que nous jettons à l'entrée des chemins ou routtes, pour monstrer que l'on y a esté, ou bien sur le rembuschement du cerf.

LXXXI

Brizées hautes, ce sont des branches que l'on rompt à moictié, fort haut, affin que si quelque passant emportoit les brizées basses, que l'on puisse recognoistre le rembuschement par les brizées hautes, les quelles ne se peuvent enlever par les harnois qui passent.

LXXXII

Brizées pendantes, ce sont des rameaux que l'on met sur des arbres, après des branches, et pendantes et accrochées, pour se recognoistre ou pour brizer des voyes.

LXXXIII

Le resui d'un cerf, c'est là où il se met sur le ventre, pour se seicher de l'esguail ou rozée.

LXXXIV

La reposée d'un cerf, c'est le lieu là où il se met sur le ventre, pour demeurer le jour, attendant l'heure du relevé.

LXXXV

Un cerf lancé, c'est quand il est party d'effroy de sa reposée.

LXXXVI

Un cerf donné aux chiens, c'est quand on est allé le requerir du limier et sonné pour chiens, que les chiens le chassent à leur desir, ou que toute la meutte l'est allé requerir et lancer, et qu'on leur permet de le chasser furieusement.

LXXXVII

Cerf bien ammeutté, quand la meutte chasse de sa force, vigoureusement, à beau bruict, bien ensemble, et les voix des chiens que l'on entend, d'un ton esgal, sans estre escartées.

LXXXVIII

Malice du cerf, quand il tourne souvent sur luy et fait des faux rembuschements.

LXXXIX

Ruse du cerf, quand il va et vient sur ses voyes en mesme chemin ou ailleurs.

LXXXX

Un cerf accompagné, quand il fuit avec d'autres cerfs ou quelque harde de biches.

LXXXXI

Un cerf separé, c'est celuy qui a quitté la harde ou d'autres cerfs, un ou plusieurs, et fuit seul.

LXXXXII

Voye d'un cerf, les airres d'un cerf, ce sont les marques de ses pieds en terre. Nous disons voye en ce qui touche les veneurs, car ils considerent les voyes; et pour les chiens, nous disons les airres, à cause qu'ils ne sçauroient emporter les voyes, s'ils n'en recevoient l'air et le sentiment.

LXXXXIII

Le droict, en termes de venerie, c'est le premier cerf que l'on a permis aux chiens d'ameutter et de chasser.

LXXXXIV

Un deffaut, c'est lors que la meutte a perdu les voyes du cerf, qu'elle ne chasse plus, qu'il est trop forlongé.

LXXXXV

Relever un deffaut, quand la meutte chasse de nouveau leur cerf ou le relance.

LXXXXVI

Le contrepied d'un cerf, c'est de là où il est venu. Les anciens disoient le contre-ongle.

LXXXXVII

Un chien qui garde le change, c'est qu'il ne fait estat d'autre beste, sinon du premier cerf à quoy l'on l'a donné et emancipé de chasser.

LXXXXVIII

Chien ou meutte qui chasse de forlonge, qui emporte les voyes d'un cerf qu'il y a longtemps qu'il a passé.

IC

La queste d'un veneur, c'est le pays que l'on luy a destiné pour y trouver un cerf et le destourner.

C

Bien accompagner la meutte, c'est la suivre à propos, en fort et en foible, sans trop presser les chiens.

CI

Cerf en belle meutte, celuy qui est au plus beau lieu pour courre.

CII

Hardes de fauve, de cerfs, de biches, fans, harpails, ce sont trouppes et quantité de bestes ensemble.

CIII

Faire rapport à veue, c'est quand l'on a veu le cerf le matin, en le destournant, ou au gaignage ou à la taille.

CIV

Faire rapport par le pied, c'est lors que l'on n'a pas veu le cerf le matin au bois.

CV

Rapport de veneur, c'est representer fidelement ce que l'on a fait au bois.

CVI

Forhuer un cerf, c'est advertir que l'on le voit, ou bien en le forhuant, le monstrer aux hommes et aux chiens, à toute la meutte.

CVII

Chasser par les menus, quand les chiens et la meutte ne chassent sinon au trot et au pas.

CVIII

Un cerf relancé, c'est la meutte qui le fait repartir, ou un limier qui le va relancer et fait repartir.

CIX

Un cerf relayé, c'est celuy à qui l'on a donné des chiens frais.

CX

Un cerf qui a pris tous les relais à propos, c'est celuy le quel en ses fuittes a esté en tous lieux et carrefours, là où il y avoit des chiens frais, que nous appellons relays en termes de venerie.

CXI

Un cerf rapproché, c'est celuy que la meutte a renouvellé ses voyes ou fait repartir; alors ils chassent de leur furie accoustumée, et avant cela ils ne chassoient que mollement.

CXII

Requester un cerf, c'est tacher à le relancer avec la meutte à un deffaut ou avec les limiers, ou bien le requester le lendemain, lors qu'il a esté failly le jour auparavant.

CXIII

Un cerf qui se forpaïze, c'est qu'il fuit au rebours de son droit, qui est le lieu là où il devoit aller.

CXIV

Un cerf qui bat les eaux, c'est celuy qui courre les eaux, estant eschauffé.

CXV

Un cerf qui halle, c'est celuy qui tire la langue et à qui les flancs battent.

CXVI

Un cerf retraict, c'est celuy qui fuit, la gueulle ouverte, la langue retirée, la bouche seiche, sans escume.

CXVII

Un cerf malmenné, c'est celuy qui n'en peut plus, qui fuit ballançant et chancellant.

CXVIII

Les abois d'un cerf, c'est lors qu'il tourne aux chiens, qu'il les attend et se laisse abbayer.

CXIX

Abbois au fort ou foible, ou aux plaines, c'est qu'il attend les chiens en ces lieux-là.

CXX

Abbois aux eaux, c'est que le cerf s'est rendu devant les chiens aux eaux, et là il se fait abbayer.

CXXI

Un cerf pris de la meutte, c'est qu'il a esté forcé, sans relais, des premiers chiens que l'on luy a donnez.

CXXII

Un cerf pris de la meutte et des relais, c'est que tous les chiens ont courru et l'ont forcé.

CXXIII

Une meutte de chiens, c'est une multitude de chiens, quantité de chiens, voilà d'où derive ce mot de meutte.

CXXIV

Menner esbattre la meutte, c'est luy faire prendre de l'air, la menner esgayer le matin, manger le chiendent.

CXXV

Faire maintenir le droict aux chiens, c'est les bien secourrir aux desordres de chasse.

CXXVI

Rompre les chiens, c'est les empescher de chasser, quand l'on veut, aux desordres de chasse qu'ils font.

CXXVII

Un chien qui se rechauffe, c'est qu'il redouble sa voix et son air.

CXXVIII

Rencontrer d'un cerf, c'est lors qu'un veneur en revoit, ou que son limier s'en rabat ou la meutte.

CXXIX

Suitte de limier, c'est lors que les chiens qui sont au traict emportent bien des voyes.

CXXX

Lancer, c'est lors que le cerf, que l'on veut courre, est party.

CXXXI

Relancer, c'est quand la meutte ou les limiers le font repartir une autre fois.

CXXXII

Chasser, c'est quand les chiens chassent, qu'il n'y a encor point eu de deffaut.

CXXXIII

Perchasser, c'est quand les chiens le raprochent bien à une longue traicte.

CXXXIV

Redresser, c'est à un retour, le premier chien qui emporte les voyes, il les at redressées.

CXXXV

Coupper les jarrests à un cerf, c'est luy coupper le gros nerf qui soustient la cuisse, à trois doigts du neud de la jointure. Que si le cerf fuit, quand on luy veut coupper le nerf, il faut prendre le temps juste qu'il pose le pied en terre, alors un petit coup fait l'effect; mais s'il avoit le pied en l'air, le nerf obeit, il est plus difficile. Les anciens disoient esjarretter un cerf.

CXXXVI

Lever le pied du cerf, c'est coupper le pied droit à la premiere jointure, avec le gros nerf qui donne mouvement à la jambe, lever le cuir depuis un peu plus bas que le genouil, y faire deux incisions et le tourner qu'il puisse tenir à la garde de l'espée, puis le presenter au roy, prince ou seigneur qui l'a forcé.

CXXXVII

Un cerf emperché, c'est qu'il est les quatre pieds en amont, en haut, les perches contre terre et les pointes des antouilliers, cors et espois, ses espaulles et son corps sont contenus dans la largeur de ses marreins, et ainsy il est en posture pour estre despouillé. Je fais lever les oreilles, pour mettre au crochet, et la langue, et fais despouiller les machoires et la gorge; et ainsy accommodé, les limiers font curée, nous disons, faire tirer les limiers. Celuy qui l'a destourné, laissé courre, fait tirer son limier le premier; les autres veneurs ou leurs valets tiennent les leurs à l'entour de celuy qui tire; en après, par ordre, ceux qui commandent ou les plus vieux veneurs font de mesme, après que celuy qui a laissé courre a retiré son limier; et ainsy le maistre a le plaisir de voir tous les limiers en cette action, et d'ouïr la voix de ceux à qui ils sont; mais il n'y a que celuy qui fait tirer le sien qui parle, et puis consecutivement les autres. Ceste forme de faire curée aux limiers, de faire tirer les limiers, est plus selon l'art et la science, que de lever le massacre et s'aller cacher pour faire tirer les limiers : c'est l'ancienne methode, la quelle j'ay tousjours fait mettre en pratique aux veneries, là où j'ay eu l'honneur de commander.

CXXXVIII

Les folluilaisses du cerf, c'est une chair et venaison qui est à l'entour du col du cerf, que les autheurs anciens ont appellé le collier.

CXXXIX

Les dintiers du cerf, ses genitoires.

CXL

La verge du cerf, c'est son nerf.

CXLI

La hampe du cerf, c'est tout le dessous de l'estomac et du ventre, jusques vers les dintiers, depuis le bas de la gorge.

CXLII

L'entredeux d'un cerf, c'est une piece de chair qui se prend et leve entre les deux cuisses.

CXLIII

Les neuds, ce sont morceaux de chair et venaison, qui se levent derriere les espaulles et du devant des cuisses, les quels se mettent au crochet.

CXLIV

Le crochet, c'est une houssine ou baston, avec un acroc au bout, là où l'on met les morceaux les plus delicats et frians, qui soyent sur le cerf; c'est pour la bouche du maistre.

CXLV

Les nouibles, comme les appelloient les anciens, c'est une chair et venaison qui est proche des rognons, par dedans, auprès des longes, tirant aux cuisses.

CXLVI

Venaison du cerf, c'est la gresse, le suif, dont il se charge en la pleine et haute cervaison.

CXLVII

La veine du cœur, c'est une grosse veine cave que l'on leve, avec quelques droicts, du cœur, que l'on met au crochet.

CXLVIII

La croix du cerf, c'est un petit os ou cartillage qui se trouve dans le cœur d'un cerf. Nous avons trouvé une balle d'harquebuse, en faisant une curée, au milieu du cœur d'un cerf. Les medecins de Nancy et de la cour firent une consultation à ce subject; tous furent d'un accord, que la balle y avoit descendu et coullé par quelque veine ou canal qui respond au milieu du cœur, car si la balle eut percé le cœur en y entrant, sans doute le cerf eut esté tué promptement.

CXLIX

L'herbiere, c'est ce qui reçoit les viandis du cerf, avant que passer ailleurs.

CL

Le franc boyau, c'est le grand boyau, là où se forment les fumées du cerf et de là où elles sortent de son corps.

CLI

La nappe du cerf, c'est sa peau, son cuir. L'on l'appelle nappe, à cause que l'on fait manger les curées aux chiens dessus, s'entend les curées froides au village.

CLII

Le cimier d'un cerf, c'est sa crouppe, depuis les costes jusques au joint des cuisses.

CLIII

Le cincq et quatre, ce sont trois neuds de l'eschine qui se levent au bout du cimier.

CLIV

L'os corbin, c'est l'os du bout de la queue. L'on l'apelle ainsy, à cause que l'on tient que c'est poison, et à ce suject l'on le doit jetter pour les corbeaux.

CLV

Deffaire un cerf, c'est le mettre en pieces et lever les droits proprement.

CLVI

Faire droict aux chiens ou faire curée à la meutte, c'est leur donner ce que l'on veut du cerf.

CLVII

La mouiée, c'est le sang meslé avec du pain et du laict, si l'on veut, s'il n'y a assez de sang pour la quantité du pain que l'on y met, et des dedans que l'on y couppe avec la panse bien nettoyée et lavée. L'on l'appelle mouiée, à cause que l'on y doit mettre des mous et des dedans, horsmis ce qui se met au crochet et ce que l'on donne pour les limiers, car si cela n'estoit mouié, quelque chien s'estrangleroit à la curée.

CLVIII

Le forhu, ce sont les tripailles que l'on met au bout d'une fourche, affin de ne les jetter aux chiens jusques à ce que tous soient arrivez à celuy qui tient le forhu.

CLIX

Curées chaudes, ce sont celles que l'on fait aux chiens, au bois, sur les lieux là où ils ont forcé le cerf et promptement, quand les chiens sont un peu rafroidis.

CLX

Curées froides, ce sont celles qui se font au village, quand il fait grand froid, affin que les chiens ne soyent rafroidis.

CLXI

Autre forhu. Plusieurs font aussy servir l'eschine du cerf pour forhuer les chiens, et les appeller et faire tirer arriere de la mouiée, quand ils l'ont mangée, pour en garder aussy pour les chiens maigres.

CLXII

Donner le massacre aux chiens courrants, c'est le col, depuis les espaulles, qui tient à la teste et aux rameures, que l'on jette à la meutte, ayant auparavant levé ce que l'on met au crochet et les autres droits ; c'est pour aprendre aux chiens fols et jeusnes à cognoistre les cerfs à la teste. Cela leur est excellent, quand on leur fait une curée chaude là où le cerf a rendu les abois.

CLXIII

Le coffre du cerf, c'est son corps, quand l'on a levé les espaulles et cuisses.

CLXIV

Un cerf despouillé et mis en pieces, c'est que l'on a levé tous les droicts et fait curée aux chiens, soit curée chaude ou curée froide.

LES TERMES DE VENERIE, DONT JE ME SERS ET METS EN PRATIQUE, POUR QUESTER, DESTOURNER, LANCER ET DONNER UN CERF AUX CHIENS, AVEC UN LIMIER, EN QUARANTE-SIX ARTICLES.

I

Estant à l'entrée de ma queste, j'emancipe mon limier en ces termes : Va outre, mon valet; mon limier commence sa queste gayement. S'il bande trop son traict, qu'il m'incommode, je l'intimide : Hau bellement, compagnon.

II

Un moment après, je tiens mon chien en humeur et en gayeté : Hau guarre à toy, mignon.

III

Si mon limier va d'un air qui me plaist, que sa queste me contente : Hau là là, mignon, là donc là.

IV

Si mon chien porte le nez aux branches, ou en quelque coullée ou faux-fuiant : Hau qu'est là, mon valet.

V

S'il n'y va rien, que je ne revoy de rien : Hau vary, hé mignon, va outre donc.

VI

Mais si je revoy d'un cerf : Vellecy à moy, après, après, aga tien, vellecy allé le cerf.

VII

Si mon limier veut parler, que je brise le cerf : Bellement, bellement, compagnon. Après je me retire et continue à prendre les devants.

VIII

Si mon limier veut aller au vent dans l'enceinte, je le retire : Hau reva à moy, tiens, va outre, guarre à toy, là là.

IX

Si je trouve le cerf passé, que mon limier se rabatte : Après, Mariault, après, vellecy allé, tu dis vray, hau bellement.

X

Si le cerf rentre au fort, je le brize, et caresse mon chien et luy parle doucement, crainte de faire bruict. Je crache au nez à mon limier, je luy bats les flancs et parle à luy doucement.

XI

Si mon limier suralloit, je le fais rabattre et luy remonstre des voyes : Aga tiens, compagnon, vellecy à moy, après, après.

XII

Si mon limier va le nez haut au vent, je l'intimide : Hau bellement, mon valet.

XIII

Et s'il souffle les poudres des chemins, qu'il tient le nez trop près de terre, qu'il ballie et ramonne les chemins, je le fais advancer et quester plus gayement : Va outre, va outre.

XIV

Et s'il va trop muguettant les branches, qu'il perde temps, je le pousse en avant : Va outre donc.

XV

Si la queste de mon limier est d'un air qui me plaist, pour luy faire continuer cest air : Hau là là, mon valet, là, petit, là.

XVI

Si je trouve une taille et qu'un cerf y ait fait sa nuict, que mon limier se leve debout, en suivant, pour recevoir l'air des viandis du cerf, qu'il a faits en couppant et erusant le bourgeon : Hau qu'est cela, compagnon, va outre, après, vellecy allé par les viandis.

XVII

Si mon limier se rabat et qu'il aille le contrepied du cerf, je l'adverty : Hau, hau reva, hau reva, à moy, tiens, mignon, aga vellecy à moy, après.

XVIII

Si je trouve quelque chemin à propos et à commodité pour racourcir l'enceinte, et qu'il y ait plusieurs chemins, que mon chien n'aille pas à celuy que j'ay dessein de prendre, je l'adverty : Aga tiens, mon valet, tiens, à moy, va outre.

XIX

Si je rencontre d'un cerf, que mon limier ballance, qu'il ne tienne pas bien les voyes et que j'en revoye : Aga vellecy à moy, bellement.

XX

Lors que je veux fouller une enceinte, percer des fors ou des hautes tailles de plusieurs années : Hau, va outre, mignon, hau perce là dedans, là là, Mariault, là, petit, là,

XXI

Si mon limier lance quelque beste fauve, qu'il veulle parler : Hau tout coy, tout coy, bellement, bellement.

XXII

Si je suis constraint de prendre mes devants entre les demeures et les tailles ou recreuttes, je va secretement : Hau bellement, guarre à toy, guarre à toy, Mariault.

XXIII

Si en ma queste il y a force de gaignages au bord du bois, je prends entre le bois et les gaignages, et tiens mon limier en humeur : Va outre, mon valet, là donc là, à moy, petit.

XXIV

S'il se rabat de quelque cerf qui va faire ses viandis au gaignage, je laisse mon limier en bien ressentir; je l'eschauffe moderement : Vellecy, vellecy, après.

XXV

Si je veux laisser demesler la nuict au gaignage, je me mets en suicte : Après, mignon, allons à luy, vellecy allé, tu dis vray, Mariault.

XXVI

Mais si c'est le jour de la chasse, je ne m'amuse pas à demesler la nuict du cerf; je vas promptement prendre les devants des forts, pour trouver le retour du cerf et rencontrer les dernieres voyes, affin d'abbreger; et si mon limier se rabat : Hau vailla, mignon.

XXVII

Si le limier veut parler : Hau bellement, après, tout coy, mignon. Je le flatte, ayant rembusché le cerf, et je me retire.

XXVIII

Je vas chercher les chemins propres à faire le tour de l'enceinte, et emancipe mon chien : Va outre, valet.

XXIX

Si je trouve quelque autre beste passée, je parle à mon limier : Hau reva à moy, ce n'est pas cela, va outre.

XXX

Ayant fait le tour de l'enceinte, je laisse recognoistre à mon limier son rembuschement, mes brizées; puis je le flatte, je luy fais cognoistre qu'il a bien fait : Vellecy allé, tu dis vray, vellecy allé le cerf; puis je le retire secretement.

XXXI

Et si je ne veux plus prendre d'autres devants, je m'en vay à l'assemblée, puisque le cerf est destourné; je ne laisse plus quester mon limier, je plie le traict : Hau derriere, Mariault, aga tiens, derriere.

XXXII

Lors que je vas laisser courre, lancer le cerf, je n'ay point de peine à emanciper mon limier, car il recognoist son rembuschement et mes brizées; je frappe à routte et luy donne du traict : A routte, à routte, à luy, Mariault, vellecy, va avant, vellecy, va avant, mignon, après, petit, après.

XXXIII

Si je vois des portées, le bois tourné, je parle en ces termes : Vaullecy par les portées, vaullecy par les portées, vaullecy par les portées, après, mon valet, après, hau icy va, cy va, cy va, mignon.

XXXIV

Plus loing, si je revoy du cerf, je donne cœur à mon limier : Vaullecy le cerf, vaullecy, compagnon, vaullecy donc, allons après, allons après.

XXXV

Si je revoy des foullées : Vaullecy par les foullées, vaullecy par les foullées, vaullecy par les foullées, hau icy va, cy va, cy va, Mariault.

XXXVI

Plussieurs parlent à leurs limiers en ces termes : Cy vo, cy vo, cy vo, vellecy va vo, vellecy va vo. Je ne veux pas rejetter ceste façon de parler au limier; seulement j'adverty que tous les mots de venerie ont leur signification. Icy va signifie que le cerf va là où le limier en parle; mais Cy vo, cy vo, n'est pas l'ancien terme ny mot. L'on use encor de ces termes et mots : Vellecy va vo, vellecy va vo. Il semble que ce langage soit corrompu; l'ancien mot estoit Vellecy vat avant, vellecy vat avant, qui se doit entendre que le cerf va en avant, soit dans les forts ou ailleurs, tellement que ce terme est entendu de tout le monde; mais Cy vo, ny Vellecy va vo, n'est pas si intelligible au sens commun.

XXXVII

Plus loing, si j'apperçois d'un retour, j'adverty mon limier : Haureva, haureva, à moy, mon valet, aga tiens, vellecy, à moy, mon valet.

XXXVIII

Mon limier ayant redressé le retour, s'il bande son traict : Hau va il là, là, Mariault. S'il parle et que j'en revoy : Hau vellecy, tu dis vray, vellecy le cerf, vellecy le cerf, allons après, après, mignon.

XXXIX

En septembre que les cerfs sont au rut, s'il donne dans un marest, dans des eaux, et que mon limier aille muguettant les herbes ou rozeaux : Hau après, après, il bat l'eau, il bat l'eau.

XL

Si au sortir de là le cerf s'est souillé et que j'apperçoive du souillart, j'esgaye mon limier : Hau vellecy par le souillart, Mariault, vellecy par le souillart, après, petit, après donc.

XLI

Si le cerf va aux grands forts, pour demeurer et se mettre à la reposée, mon limier se reschauffe un peu plus, je voy des portées : Vaullecy par les portées, vaullecy le cerf par les portées.

XLII

Et lors que je vois d'un retour, c'est signal que le cerf veut faire son resui ou se veut mettre à la reposée; j'adverty mon limier : Hau, haureva, vaullecy, à moy, mignon.

XLIII

Si mon limier redresse le retour, je parle à luy : Va il là, là, mignon. Si mon limier parle après : Cy va, cy va, Mariault, vellecy, va van, vellecy, va avant, compagnon.

XLIV

Plus loing, si je trouve des fumées du cerf : Vaullecy par les fumées le cerf, vaullecy par les fumées.

XLV

Et lors que le cerf est lancé, si je l'entend partir de la reposée, j'adverty la compagnie : Gar, gar, gar, gar.

XLVI

Je laisse suivre mon limier, jusques à ce que toute la meutte aye bien ressenty du cerf lancé, et esgaye mon limier en la sorte : Vaulecy allé, vaulecy allé, vaullecy allé le cerf, après, Mariault, après, mon mignon, vaulcy fuiant, vaulcy fuiant. Après je caresse mon limier et monte à cheval, et puis je sonne pour chiens; alors j'ay donné le cerf aux chiens.

LES TERMES DE VENERIE, DONT JE ME SERS ET METS EN PRATIQUE, POUR FAIRE CHASSER ET PERCHASSER LES CHIENS ET MEUTTES POUR LE CERF, AVEC L'ABBREGÉ ET METHODE DE MON TRAVAIL, EN LEUR FAISANT FORCER LEUR DROICT, EN TRENTE ET QUATRE ARTICLES.

I

Un cerf estant donné aux chiens et bien ammeutté, je les laisse quelque temps se recognoistre, s'entendre et bien rallier, et puis je les secourre de la voix : Ha tous à luy, tous à luy, mes beaux, tous à luy, mes valets, ha il s'en va, il s'en va, ha, ha, ha.

II

Un moment après, je parle aux chiens ou au chien qui menne la compagnie : Ha Merlant, ha Signault, ha Gerbeault, ha il fuit là, il fuit là, mignon, ha, ha, ha, ha, ha, ha.

III

S'ils continuent de bien chasser : Il va là, il va là, chiens, il va là, petits mignons, ha Clerault, ha Finault, il y va.

IV

Si mes chiens ne chassent pas si furieusement, je leur donne cœur : Outre ira, outre ira, chiens, outre ira, hei il va là, il va là.

V

Si je vois passer le cerf, que je sois sur les voyes, je forhue les chiens : Tiau, tiau, ha, ha, tia hillaut, tiau hillaut.

VI

Et quand les chiens sont arrivez à moy : Hau il passe, il passe, mes valets, il passe le cerf, hau tous à luy, compagnons.

VII

Plus loing, si je vois des fuittes du cerf : Hau vellecy fuiant, vaulecy fuyant, il fuit à Monfrault, à Monfrault, à Monfrault, hei tous à Monfrault.

VIII

Si je voy d'un retour, d'une ruze : Vellecy revary, vellecy revary, compagnon, aga tiens, vellecy revary fuiant à moy, hau bellement, bellement.

IX

Et lors qu'un chien redresse le retour, qu'il a trouvé la fin de la ruze, je fais rallier les chiens à cestuy-là : Hau il a tourné à Barrault, ralliez-vous tous à Barrault, à luy, chiens, à luy, à luy.

X

Si la meutte passe quelque descouvert, taille ou plaine, et que quelques chiens courrent à costé des voyes, ou qu'ils barrent ou ondoyent les airres, je pousse mon cheval à ces chiens et les fais rejetter au fort de la meutte : Hau à la meutte, à la meutte, hé tenez les voyes, tenez les voyes, mes beaux, hei tous à luy, tous aux voyes.

XI

Lors que mes chiens trouvent de l'eau, que le cerf s'est rafreschy ou passé quelque riviere ou estang, si quelque chien tasche d'en recevoir les airres, je luy donne cœur : Il bat l'eau, il bat l'eau, mon valet, hau il passe, il passe, allons à luy, allons à luy, hau tous à Pinault, à Pinault.

XII

S'il fait fort chaud ou que le cerf soit forlongé, que les chiens n'en crient pas bien, qu'ils n'appellent que quelques fois, je les eschauffe et donne cœur : Appellez à luy, mes valets, appellez à luy, hé il vat là, il fuit là, ha, ha, ha.

XIII

Lors que les chiens lancent le change ou que le cerf est accompagné, j'adverty les chiens fols : Hau tout bellement, mes beaux, tout bellement, compagnons, hau gardez le change, gardez le change, à luy, mignons, à luy.

XIV

Si mes chiens maintiennent et perchassent le droit, et que les chiens fols et les jeusnes chiens courrent le change, je va promptement à eux les rompre en ces termes : Ha haie, ha haie, ha haie, arriere, arriere, hé arriere, arriere, mes valets, tirez à la meutte, à la meutte, à coutte, à coutte, à la meutte.

XV

Plus loing, si je voy du retour, d'une ruze dans un chemin, j'adverty les chiens : Vellecy revary, mes beaux, vellecy revary fuiant la voye, téau tien à moy, téau ha ha.

XVI

Le premier chien qui trouve le bout de la ruze, qui desembarasse le retour, je parle à luy : A Frelant, il tourne à Frelant, hau tournez tous à luy, mignons, il s'en reva là, compagnons, il s'en reva là.

XVII

Si mes chiens s'estonnent dans des voyes doublées, aux airres doublées, qui est quand un cerf fuit et passe plussieurs fois par un mesme lieu, j'esgaye les chiens qui chassent bien aux voyes doublées par plussieurs fois : Hau il at doublé icy ses voyes, Bilhault, à Bilhault, à Tanbelle, à Tanbelle, ha il double, il double, allons, allons, mes valets, allons, il perce. Et quand les chiens ont trouvé là où le cerf se jette et que les voyes sont desembarassées, je parle au chien qui a relevé ce deffaut : Il fuit à Souchault, à Souchaut, hau ralliez vous tous à Souchaut.

XVIII

Si je voy des portées : Il fuit là par les portées, il fuit là, ha, ha, ha, ha.

XIX

Plus avant, s'il y a des hardes de bestail, de vaches ou porcs, qui soyent au bois, que les chiens s'estonnent là où ils ont pasturé, dans la puanteur du bestail, ou aux plaines de mesme, je parle aux chiens qui ont accoustumé de vuider ces differents de chasse, les quels ne s'estonnent point en tels lieux : Allons à luy, il passe le cerf, hau il passe, il passe, allons tous à luy, tous à luy, à Verdault, à Verdault, il y va.

XX

Et lors que j'ay passé quelque plaine, si mes chiens ne sont bien ensemble, je les arreste, ou bien s'il est necessaire de les arrester, pour reprendre haleine ou pour quelque autre desordre, ou bien que l'on veuille relayer : Hei bellement, bellement, chiens, bellement. A ce terme toute la meutte s'arrette sur les voyes; et puis quand je veux qu'ils repartent : Allons, mes beaux, allons, chiens, allons à luy. Lors toute la meutte repart tout d'un temps, et chasse à beau bruict et bien ensemble.

XXI

L'on trouve d'ordinaire des guerrets, des hersiers, aux plaines, ou des terres fiembrées, couvertes de fumier; et quand un cerf est forlongé en tels terrcins, en tels lieux, les chiens s'estonnent, s'ils ne chassent bien de forlonge. Si mes chiens demeurent en tels lieux et qu'ils s'allentissent, je leur donne cœur; particulierement je parle aux chiens qui ne dedaignent les puanteurs du fumier, puis aux chiens de haut nez qui perchassent aux lieux secs : Hau il perce, il perce, chiens, il perce, vaulecy fuiant à Noblesse, à Noblesse.

XXII

Si le cerf fait une ruze ou retour, j'adverty les chiens qui sçavent bien travailler à telles difficultez : Hau revary, hau revary, hau revary, vellecy, revary à moy teau. Plussieurs disent Hourevary; ce terme de Hou doit estre renvoyé à la chasse du sanglier ou autres bestes puantes, car aux chases des bestes nobles et legeres le terme est : Hau revary, hau revary, hau revary, mes valets.

XXIII

Mais si je suis constraint de prendre des devants, des cernes et enceintes avec les chiens, ou bien en quelque deffaut, je parle aux chiens : Hau là ira, là ira, mes beaux, hau là ira, Cognart, là ira, mignon. La pluspart des veneurs disent : Là illa, lailla, chiens; ce n'est pas l'ancien terme. Là illa, laila ne signifie rien; mais Là ira, là ira signifie que le cerf va là où les chiens se rabattent; car il n'y a aucun mot, aucune parolle, en venerie, qui n'aye sa signification et son explication, tellement que le mot de Là illa a esté corrompu et changé par ceux qui ne peuvent prononcer les R, et ne pouvant dire Là ira, ils ont dit Là ila, hau laila, laila.

XXIV

Si mes chiens perchassent hors des lieux difficiles et qu'ils relancent le cerf, si je le voy repartir, ou si je l'entend seulement au bruict dans les fors, j'adverty la compagnie, craignant le choc : Gar, gar, gar, gar, ha il est reparty, mes beaux, hé il est debout, tous à luy, valets, tous à luy, compagnons, il va là, il va là donc, il va là, ha, ha, ha.

XXV

Si le cerf fuit la voye, le chemin : Hau il fuit la voye, il fuit la voye, à Pillault, à Patinault, ha, ha, ha, hau ralliez-vous tous à Pillaut, à Patinault.

XXVI

Au sortir de ce chemin, quand les chiens empaument bien les airres : Hau tournez tous à luy, chiens, tournez tous à luy, hau il s'en reva là, il s'en reva là, ha, ha, ha.

XXVII

Si le cerf est malmenné, sur ses fins, il cherche le change, il ruze souvent et se fait relancer, tourne aux chiens et double souvent ses voyes. S'il fait partir le change, mès vieux chiens maintiennent le droit et le perchassent; je parle aux chiens fols, qu'ils ne troublent les sages : Hau tout bellement, tout bellement, hau gard le change, gard le change, hau tournez tous au cerf, tournez tous à luy, tous à luy, mignons, à Galhaut, il vat à Galhault.

XXVIII

Lors que le cerf est sur ses fins, il ruze et fait souvent des retours; alors je tourne la teste de mon cheval là où il avoit la croupe, et donne loisir aux chiens de revenir en arriere trouver le retour et les esgaye : Hau revary, hau revary, chiens, hau revary, mes beaux, hau là ira, là ira, mignons. Et le premier chien qui en parle, qui trouve le retour : Hau ralliez-vous, ralliez-vous à Hunault, à Hunault, il vat à Hunault.

XXIX

Alors le cerf, estant malmenné et se faisant relancer, il double souvent ses airres. Si les chiens s'estonnent au double, là où il a passé plusieurs fois par mesme lieu, je parle seulement aux vieux chiens qui chassent bien les voyes doublées par plusieurs fois, car ces vieux chiens portent le nez aux branches, ils les vont muguettant; je leur donne cœur : Hau il a doné là, mes valets, il a donné là, hau il double. S'il se fait relancer, qu'il n'en peut plus : Teau hillaut, teau hillaut, teau, teau, teau, hau tous à luy, mes beaux, tous à luy.

XXX

Et quand il rend les abois, je resjouy la meutte : Hal, hal, hal, mignons, hal à luy, hal à luy, hal à luy, mes valets.

XXXI

Si le cerf a la teste molle et en sang, je le laisse tirer à terre aux chiens; mais s'il avoit la teste frayée et brunie ou toute durcie, je luy coupperois les jarrests, craignant qu'il ne tue des chiens, ou je tascherois à le tuer promptement. Et estant tombé ou mort, un de nous empesche que les chiens ne mangent le refait, et s'il a la teste frayée et brunie, nous empeschons seulement que les chiens n'endommagent le cimier ny les dintiers; et nous laissons bien fouller le cerf aux chiens, et quelqu'un de nous luy bransle la teste, affin que les jeusnes chiens le foullent à la teste, vers la gorge, cela leur apprend à cognoistre les cerfs à veue à la rameure; nous resjouissons les chiens : A la mort, chiens, à la mort, à la mort, teau hau hau, hei il est mort, compagnons, il est mort, hau tous à la mort, mes beaux.

XXXII

Et quand les chiens l'ont assez foullé, que tous les chiens sont arrivez et qu'ils ont eu assez de plaisir en le foullant, l'on les retire doucement : Hau bellement, bellement, arriere, arriere, gar le mort, gar le mort, hau gar, il est mort.

XXXIII

Quelqu'un appelle les chiens, l'on les fait tirer à celuy qui les appelle : Hautte, hautte, allons, allons, il est mort, à moy, tien, mes valets, hautte, hautte.

XXXIV

L'on fait tirer les chiens après, pour leur faire curée ou les menner à la retraicte : Tirre chien, tirre, à luy outre, outre à luy, mes valets.

QUESTIONS DE VENERIE AU SUBJECT DES TERMES DE VENERIE TOUCHANT LES LIMIERS, ET DE QUELQUES TERMES DE VENERIE AU SUBJECT DE LA VOIX DES CHIENS COURRANTS ET LIMIERS.

Sur les questions qui m'ont esté faites par quelques veneurs, qui ne veullent demeurer dans les anciens termes de venerie, et particulierement sur deux points, à sçavoir : si lors qu'un limier est après un cerf, le veneur doit dire que son chien suit ou qu'il chasse; l'autre, si le veneur, parlant de ses chiens chassans à grand bruict, doit dire qu'ils jappent bien, ou qu'ils en crient bien, ou qu'ils en parlent bien. Quant au premier, sur le discours du limier, mon opinion est, et ay tousjours veu user de ce terme, du regne de très heureuse memoire Henry le Grand, que les limiers font de belles suittes et non de belles chasses. Messieurs de Vitry, Frontenac, l'Isle-Rouet, Migennes, Moustiers, Beaumont, la Combe, la Motte, Saint-Bon, la Neufville, Gressac et la Mouilliere, tous lieutenants ou gentilshommes de la Venerie et très excellents veneurs, l'ont ainsy pratiqué. Et lors les termes de venerie, en ce qui touche les discours des limiers, estoient qu'un limier avoit fait ou faisoit de belles suittes, qu'il alloit bien requerir un cerf, qu'il alloit bien après; en ce temps, ce mot n'estoit nullement terme de venerie, parlant d'un limier, qu'un limier chassoit bien, faisant sa suicte. Ce n'est pas que je sois si presumptueux, que de vouloir censurer et rejetter les termes nouveaux; mais puis qu'il est permis à un veneur de dire et representer sur les differens et questions de venerie son opinion, et ce qu'il a veu anciennement mettre en usage, parlant de ceste science, je diray, si j'ay l'honneur d'entretenir les roys et les princes de mon art de venerie en ce qui touche les limiers : mon limier a fait une belle suicte, et non pas une belle chasse, ny mon limier a bien chassé. Nous disons aller requerir, non pas aller rechasser un cerf; celuy qui laisse ou veut laisser courre, son terme est : Je m'en vay laisser courre ou donner un cerf aux chiens. Et si ce terme de chasser est receu, pour les limiers, des veneurs, je ne sçay comme il se pourra adapter, y ayant eu en tous siecles distinction et termes differents pour ce subject; et me semble que ce different doit estre suffissament vuidé, veu qu'il y a des termes qui appartiennent aux meuttes qui courrent toutes sortes d'animaux, que l'on a accoustumé de forcer. Les termes pour les chiens du cerf ne servent pas pour ceux qui chassent le sanglier et le lievre; de mesme est-il des autres bestes puantes que l'on court à force, et neantmoins ce n'est qu'un mesme art, qu'une mesme science au parfait et vray veneur. J'advoüe que la plus part des veneurs ne sont pas universels en toutes chasses, mais ils le devroient estre, pour acquerir la qualité de parfaits veneurs; que si un veneur n'est tel, si on le tire du mestier qu'il a accoustumé de faire, il est fort estonné, il est hors de son nord et de son centre, n'estant pas familier à toutes sortes de meuttes, ny n'a le discours propre en ceste science, pour conferer de l'art avec les plus parfaits veneurs. Il faut donc une grande pratique, pour demeurer dans ces termes et les sçavoir adapter, en tous discours de venerie, ponctuellement.

C'est pourquoy, de rendre ce mot de chasser general, tant pour les limiers que pour les chiens chassans en meutté, les anciens veneurs ne l'ont pas fait, ce seroit oster les moyens de discourrir parfaictement de ceste science. Et aux pays estrangers, où je me suis rencontré, comme curieux de sçavoir quelle chasse l'on y faisoit et de quelles sortes de chiens on se servoit, j'ay trouvé des limiers et des chiens courrants par tout; mais il n'y a qu'en France, où l'on use de ce terme de chiens courrants, l'on dit ailleurs chiens chassans, et parlant de leurs chiens de chasse, c'est en termes differents de leurs limiers. Le seigneur Gaston de Foix, qui a escrit de la venerie, il y a deux cent trente-sept ans, apporte aussy une distinction entre les termes et mots, qu'il usoit pour des chiens courrans et pour les limiers. Parlant des limiers, il dit : « Lors que les limiers commencent leurs suictes.... » Il use donc du mot de suicte et non de chasse. Il dit encor, en ce mesme discours, « un limier emporte bien ses voyes, » et non il chasse bien ses voyes, il laisse ce terme pour les chiens courrans; et en un autre endroict où il parle encor du limier, il dit « le faire traire à main, » et non pas le faire chasser à main. Le seigneur du Fouilloux, parlant de mesme du limier, dit qu'un limier « suit », non qu'il chasse. Je puis dire hardiment, puis que c'est le terme ordinaire : mon limier a la queste belle, non pas la chasse belle; mon limier va renouvellant ses voyes, non pas rechassant ses voyes. Bref, ce sont mots differens dans l'art du cognoisseur; car tel est excellent veneur pour le lievre et dresse bien une meutte à lievre, et, un limier à la main, qui ne sçait que c'est d'aller au bois et destourner un cerf, le desmeslant de la nuict des autres cerfs ou hardes de bestes; bref, ce sont sciences differentes, neantmoins familieres au parfait veneur. J'ay lu, au livre de Venerie du roy Charles neufviesme, que ces sciences estoient separées; celuy qui estoit cognoisseur, qui alloit bien au bois, il ne sçavoit pas bien acompagner les chiens ny les faire chasser; bref, la violence de ces deux exercices ne se rencontroit pas en une mesme personne, comme à present. Or, touchant ces deux differents de venerie, je trouve, par les escrits du roy Charles neufviesme, aux chapitres XXVII, XXVIII et XXIX, qu'un limier « dresse et redresse les voyes », ce terme y est neuf ou dix fois en ces mesmes chapitres; parlant du limier, « qu'il fait sa suicte, qu'il le faut faire suivre »; parlant des voyes, « qu'elles sont suivies ». Ces mots y sont en treize ou quatorze endroicts. Parlant des voyes, je trouve plusieurs fois « qu'elles sont poussées », ou « qu'un limier pousse les voyes ». Et touchant au terme de chasser, pour limier, je le trouve seulement en deux ou trois endroits, l'un des quels dit « qu'il faut faire suivre un jeusne chien trois sepmaines aux tailles et bois, avant que de le faire chasser aux plaines »; tellement que pour une fois que je trouve chasser, il y a vingt-cincq fois suivre, dresser et pousser des voyes; et faudroit avoir veu l'exemplaire en minute du livre, pour voir asseurement si ce terme de chasser est recevable pour le limier, à cause que plusieurs imprimeurs font des erreurs, imprimant, et y changent des mots, par mesgard ou ne les entendant pas. Il est impossible de faire transcrire un chapitre de venerie à un qui n'est pas veneur, qu'il ne change quelque mot, si quelque veneur n'est present; car pour chasser de forlonge, il met chasser de fort loing; pour rapprocher, il escrit reprocher, pour limier levrier; et ainsy plussieurs des escrivains croyent que ce sont fautes que nous avons faites, et en nous corrigeant à leurs modes, ils perdent nos termes de venerie. Mais encor que ce ne soit pas le vray terme, pour le limier estant au traict et ayant la botte, que chasser, il ne s'ensuit pas pourtant qu'il ne puisse bien chasser; car j'ay eu des excellents limiers qui chassoient fort bien en meutte, en des desordres, mesme en ma meutte pour chevreuil. Je n'ay jamais limiers particuliers, qui ne courrent en meutte pour chevreuil; je les fais mettre aux relais, à cause de l'effort qu'ils ont fait le matin. J'ay plussieurs fois conféré et parlé de la venerie avec un brave gentilhomme, nommé Monsieur de la Tour de Merevau, mon ami et mon allié, le quel avoit esté nourry page de la venerie du roy Charles neufviesme, et très excellent en ceste science, le quel m'a dit et asseuré plussieurs fois que les meilleurs limiers, qui estoient de son temps à la Venerie, et qui alloient mieux requerir un cerf au haut du jour, et qui emportoient des voyes de plus hautes aires, c'estoient des chiens qui avoient chassé en meutte à lievres deux saisons, chiens que l'on choisissoit aux meuttes qui chassoient de forlonge, qui raprochoient, qui parloient fermement par tout de la nuict d'un lievre. A tels limiers, l'on pouvoit dire qu'ils chassoient bien, car leur abattant la botte, ils chassoient en la perfection de venerie; mais non pas pourtant que cela puisse supprimer les vrays termes de suittes, suivre, pousser, emporter des voyes, les dresser, redresser : ce sont les vrays termes qui ont esté de mon temps en usage, lors que les limiers n'ont pas eu la botte abattue ou avallée. L'autre question agitée touchant la voix du chien courrant; anciennement nous avions plusieurs termes, touchant la voix et menée des chiens, pour entretenir les roys et princes; mais aucuns aujourd'hui veullent que les termes de venerie soyent restraints et changez. Nous disons du chien courrant qu'il parle, que l'espagneul jappe et que le mastin abboye; mais pour le chien courrant, il y a plusieurs termes de l'art : il a la mennée belle, il chasse à grand bruict, il en crie bien, il a la voix belle et se recrie bien. Voilà les termes anciens de ceste science; presentement il y en a qui veullent mettre le terme de japper en usage et l'adapter pour les chiens courrans. L'usage est puissant et emporte beaucoup; neantmoins il faut considerer si ce seul mot sera suffissant pour parler generalement de l'art de venerie, en ce qui touche la voix des chiens; car n'y ayant que ce terme, il faudroit estre fort court au discours de l'art, si on en rejettoit les termes que plusieurs veullent supprimer. Et m'estonne comment il seroit possible de parler de tous les differents et inconvenients de venerie, où il faut que les chiens en donnent cognoissance par leurs voix et menées; car au change, qui est la plus grande difficulté de venerie pour cerf, j'en ay cognoissance par plussieurs sortes, mais la plus certaine est au travail de mes chiens et à leurs voix. Je me meffie que le change part, quand mes chiens se recrient, qu'ils se rechauffent et redoublent leurs voix. Il y a trois temps que les chiens se rechauffent et redoublent leurs voix : lors que le change part, quand les voyes doublent et quand le droict se fait relancer. Quand les voyes doublent, tous parlent, tous se recrient et redoublent de voix; quand le droict se fait relancer, tous crient encor, jeusnes et vieux, fols et sages; mais quand le change part, il n'y a que les chiens fols qui se recrient et qui font bruict, les chiens sages demeurent court et requestent leur droict, le perchassent et l'emportent. Cette difficulté de venerie m'arrivant, je preste l'oreille, j'escoutte, pour entendre la voix de mes chiens fermes au change, affin de les accompagner et emporter mes autres chiens à eux. Et à cest effect, j'adverty mes compagnons et leur dis : Prennons garde à nous, nos chiens se recrient, redoublent leurs voix et se rechauffent. Si vous m'ostez donc ce terme de venerie, que diray-je? Diray-je : mes chiens se rejappent et redoublent leurs jappements? Si j'entend un chien loing, qui perchasse et emporte le droict, je diray, en l'ancien mot : j'entend un chien qui chasse le droict; je ne diray pas : j'entend le jappement d'un chien qui chasse le droict. Nous disions anciennement aux limiers : Va il là, parle à luy; ce mot sera fort changé, si je dis : Va il là, jappe à luy. Le seigneur Gaston de Foix disoit, parlant des chiens courrants, que, « lors que le sentiment leur estoit osté par grande difficulté de venerie, ils n'en peuvent crier »; il n'a pas dit qu'ils n'en peuvent japper. Il represente au bon veneur « qu'il doit cognoistre le change à la voix de ses chiens sages »; et ailleurs il dit encor que « les bons chiens au change vont lentement, sans crier, jusques à ce qu'ils se soyent recognuz », il ne dit pas japper. Il dit aussy que « ses chiens, au sortir d'un ruisseau, en crioient », ce n'est pas donc qu'ils en jappoient. Le mesme autheur represente que, pour cognoistre si les chiens courrent le contrepied d'un chevreuil ou le droit, il use de ce terme : « Plus ils iront avant le droict, plus ils se reschaufferont et crieront, car ils renouvelleront de voix »; il ne met pas : plus ils iront avant, plus ils japperont. Il a mis encore, en son traicté de Venerie pour chevreuil, que, « parlant à ses chiens, lors qu'ils estoient refroidis, il les faisoit crier malgré leurs volontez »; il ne met pas japper. Le mesme, parlant des bons chiens et de leur naturel, dit aussy que « chien sage, voyant, ne doit jamais crier, s'il n'est à son droict »; il dit que « les chiens muets au change iront, sans crier, tant que le droict est accompagné », et n'use jamais du terme de japper.

En parlant de la foogue des chiens, ses termes sont que « bons chiens chassent tout un jour ». Je trouve encor que, parlant et riottant en son langage, il use de ce mot de « jangleur », pour le chien qui crie hors de temps ou qui est menteur. Peut-estre que les Latins ont trouvé ce mot de japper propre pour tous les chiens qui font cry et bruict, et l'ont receu pour universel au cry de tous les chiens indifferemment; mais qu'il soit receu par tout le monde pour les chiens courrants, ceux qui ont escrit de la venerie n'en parlent jamais. Mesme le seigneur du Fouilloux a escrit des limiers, lors qu'ils sont en queste, qu'il les faut « tenir de court, craignant qu'ils ne caquettent » ; et dit tousjours que son chien « suit », et non qu'il chasse. Il represente, en son traicté du Laissé-courre, que « le veneur en a cognoissance, lors que le limier redouble la voix » ; il ne dit pas redouble le jappement. J'ay veu un petit livre imprimé en l'an mil cincq cent soixante, il use de ce terme, en parlant du change, que « le bon veneur doit entendre le cry de ses chiens sages » ; il n'a pas dit qu'il doit entendre le japper ou jappement de ses chiens sages. Le mesme autheur, parlant du laissé-courre, advertit le veneur qu'il « doit cognoistre que le cerf est lancé, quand son limier redouble la voix ». J'ai cherché par tout où il m'a esté possible, et n'ay jamais trouvé que le mot de japper aye esté pour les chiens courrants ny pour les limiers. Neantmoins je trouve, aux escrits du roy Charles neufviesme, plusieurs mots et termes qu'il donne et dont il use, lors qu'un limier dresse sur les voyes et suit : « qu'un limier va hognant, joue de la queue, en se rabattant... ; qu'un limier, en jappillant, en jappant et grondant, monstre qu'il va à luy ». Voylà donc plusieurs differents termes ; mais je ne crois pas que cela fasse rien contre les anciens termes du laissé-courre, que nos devanciers et autheurs, vrays veneurs, souloient dire, en laissant courre : Hau, va il là, di. Et si le limier ne parloit pas promptement, qui est respondre son maistre par sa voix, en criant des airres, il usoit à son chien de ces termes : Hau, parle à luy donc, hau va il là, appelle à luy, mon valet; mais jamais il ne dit : Jappe à luy. Or ce puissant roy Charles neufviesme a eu raison d'user de ces termes, « qu'un limier vat japillant, jappant, grondant, hognant »; car lors qu'un limier rencontre d'un cerf, le quel va de bon temps, il suit, faisant quelques fois bruict, il fait entendre sa voix, l'on a peine de le faire taire; et ainsy cela a esté appellé par ce puissant autheur de venerie « aller japillant, jappant, grondant. » Et veritablement lors que le limier est constraint, qu'il n'ose se recrier à sa volonté, sa voix est changée, soit de crainte ou qu'il ne veut parler haut de son air accoustumé; et ainsy sa voix paroist plustost estre d'un espagneul, que non pas d'un vray chien de race, et ce terme de japper en tel temps a esté emprunté fort à propos. Nous disons bien que le chien courrant aboye, que le cerf rend les abois; c'est à cause que le chien courrant, alors de l'abboy, change sa voix, nous empruntons ce mot qui appartient aux mastins; en ce temps, le chien courrant n'a pas sa voix gaye ny comme il chasse naturellement, c'est une voix furieuse, pretendant devorer ce qu'il voit. Mais hors de cette action et l'abboy finy, cela ne destruict en rien les anciens termes, que nous usons et qui appartiennent à la voix du vray chien de race, lors qu'il empaume ses aires. Je trouve en ce mesme autheur, lors que son limier vient à la reposée de ce qu'il lance, qu'il « s'escrie » ou « rescrie; » il n'use plus du terme de japper. C'est comme il a peu emprunter ce mot de japper pour la voix constrainte du limier, la quelle en tel temps paroist estre d'un espagneul; mais après que le limier retourne à son air accoustumé, qu'il appelle son « air naturel », ce mot emprunté de japper, le quel appartient aux espagneuls, cela ne peut plus alors changer ny destruire les anciens termes qui appartiennent aux limiers, touchant leur voix naturelle. C'est pourquoy, Messieurs, qui tirez consequence de ces beaux livres et de ces escrits admirables de venerie, prenez garde de n'expliquer pas ces intentions selon le vray sens de ces escrits. Le rossignol est rare en son espece, à cause qu'il contrefait tous les ramages des autres oysillons, et les autres volatiles ne sçauroient en leurs ramages jamais contrefaire le sien. Il est de mesme du vray chien courrant de vraye bonne race; selon sa taille, il peut faire ce que les autres races de chiens peuvent faire, il courre, il abboye, il jappe, il queste et requeste; il y en a des furieux et des mordants, qui peuvent garder les maisons; mais comme le rossignol excede les autres oysillons en son ramage, le chien courrant excede et surpasse les autres races de chiens, à chasser de forlonge; car il n'y a que le limier et le chien courrant qui emportent des voyes forlongées du soir au lendemain, à cause que le limier et le chien courrant sont mesme race, mais toutes autres races de chiens ne sçavent que c'est de chasser de forlonge; car aux voyes de hautes aires, les limiers et chiens courrants se font entendre par leurs voix et mennées; alors ce n'est plus japper, il faut rendre ce mot pour les espagneuls, comme nous faisons lors que l'abboy est finy, nous renvoyons ce mot pour les mastins. Les termes de venerie sont beaux et polis, avec les quels l'on peut entretenir les roys et les princes; il me semble qu'ils ne se doivent changer qu'en grande necessité; ils sont coulants, pour parler parfaictement de ceste science entre les hommes du mestier. Je serois d'advis que l'on laissat ce mot de japper pour les espagneuls et braques, affin que Messieurs les fauconniers ne se peussent plaindre des veneurs; ce n'est pas que je veuille aller contre l'usage, et lors que ces mots nouveaux seront receuz de la venerie des roys et grands princes, je m'en serviray comme les autres; mais j'ay bien voulu en escrire mon sentiment, et crois que depuis que la venerie a esté en pratique l'on n'a point usé de ce terme, soit pour le chien courrant, soit pour le limier. On tient que Pollux a dressé le premier limier et a monstré la science du cognoisseur, et Orion at adjusté les meuttes. Si ainsy est, je crois que l'un a donné des termes differents de l'autre; neantmoins comme je ne suis pas capable de vuider ce different, je remets le tout et renvoye Messieurs les censeurs à ces braves autheurs receuz de toute l'antiquité.

LE SENTIMENT DU COMTE DE BEY AU SUBJECT DES CHIENS SAGES ET GARDANTS LE CHANGE, ET PARTICULIEREMENT S'ILS LE GARDENT, QUAND UNE BICHE A FAONNÉ ET QU'ELLE EST ENCORE EN SANG.

C'est icy la vraye quintessence de venerie; je ne puis parler de cette question, sans m'appuyer et authoriser des excellents autheurs de venerie, principalement du seigneur Gaston de Foix, le quel represente pertinement, par ses escrits de deux cents ans, la race de ses chiens bauds, le seigneur du

Fouilloux, la race des chiens blancs servants aux meuttes des roys, les quels il appelle Greffiers, race de chiens remarquée particulierement au change. Mais le seigneur Gaston de Foix me parle absolument de ses chiens bauds, requestant hardiment au change, dans la foulle des picqueurs, sans nul temps limité, soit hyver, soit esté, soit jours caniculaires, ou autre violence de chaleur ou renaissance de fleurs et herbes au printemps, propres à deseicher et aneantir promptement les voyes du droit d'une meutte. Nonobstant tout cela, je me rencontray ces jours passez en compagnie de bons veneurs, les quels agiterent plusieurs differens de venerie. D'aucuns tenoient qu'il y a certains temps de l'année que les chiens ne gardent pas le change, et particulierement lors que les biches ont fait leurs fans, qu'elles ont faonné et qu'elles sont encor en sang; d'autres disoient aux jours caniculaires, aux grandes ardeurs du hal et du soleil. Mais avant que dire icy mon sentiment de venerie, voyons les humeurs des chiens au change, leurs differentes actions, ceux qui sont aisez à s'emporter et s'esbransler en tel temps, ou ceux qui doivent demeurer fermement à leur droit. Les chiens bauz, dont je vous parle, du seigneur Gaston de Foix, ne s'emporteroient pas, car il dit ces mesmes termes : « Chiens bauz, voyans, ne crient jamais, s'ils ne sont à leur droit; » qui s'entend que, bien qu'ils voyent d'autres cerfs à veue ou le leur mesme, ils ne parleront jámais, qu'ils n'ayent esté droit où ils ont veu bondir ce qui s'est lancé, ou ce qui est venu de loing à leur veue; et après, ayant receu cognoissance par le sentiment si c'est le droit, ils en crient; si c'est le change, ils n'en crieront pas. Rarement tels chiens iroient aux biches; et je crois que, s'ils n'estoient violentez, qu'ils n'y iroient jamais. Nous avons des humeurs de chiens, qui ne gardent pas seulement le change de ce qui a le pied eschauffé, mais ils ne courrent jamais les biches et ne courrent que cerfs. J'en ay eu autres fois de si sages, que, les descouplant dans une forest et questant, ils n'eussent jamais emporté des airres sinon de cerfs; et incontinent qu'ils lançoient des biches, ils venoient derriere les chevaux; mesme si quelqu'un donnoit une biche aux chiens, comme il n'y a si excellent veneur qui ne puisse quelquefois se mesprendre, aussi tost que l'on sonnoit pour chiens, ces chiens, qui ne couroient jamais biche, venoient derriere les picqueurs. Or telles humeurs de chiens se mesprendroient difficilement. Nous avons d'autres naturels de chiens qui guardent le change de cerf à cerf; il y en a qui le gardent de ce qu'on leur permet d'ameutter le premier, de ce à quoy on les emancipe de chasser; d'autres, de ce qui a le sentiment plus violent et qui a le pied eschauffé. Le bon veneur doit avoir cognoissance de toutes sortes d'humeurs de chiens, pour bien et dignement servir. Nous avons les chiens les plus justes sur les aires; ceux-là apprennent plustost à garder le change, que les autres chiens d'humeur plus violente et qui courrent esmancipez, barrant et ondoyant les aires de leur droit. Il y a des chiens qui chassent de forlonge, et ceux qui chassent par les menus. Voicy une grande difference aux airs de ces deux humeurs de chiens, bien que plusieurs n'y apportent nulle distinction, mais elle est très grande. Le chien qui ne chasse que de forlonge appuye le nez en terre, et ayant receu le sentiment des aires, il s'en va d'ardeur, tantost à gauche, à droite des aires, tantost il est hors des voyes, puis il retourne sur les aires, il en crie, se rabat; ce chien ne laisse d'aller requerir un cerf forlongé, par l'ayde de celuy qui l'accompagne. Mais ce n'est nullement l'humeur du chien, que je demande pour chasser de forlonge. Je veux encor qu'il chasse par les menus, de patience, sans furie, à l'esgal que le sentiment des voyes luy permet de les emporter. Je desire que ce chien chasse, par les menus, sur des aires forlongées; qu'il ait la patience de pousser au pas, s'il ne peut pousser et emporter au trot ou gallop, qu'il appuye le nez de voye en voye, sans s'emporter : voilà chasser par les menus. Jugez, lecteurs, quels effects de venerie une meutte entiere fait, lors qu'elle sçait chasser par les menus, à aller requerir un droict forlongé. A cecy la race y sert; mais neantmoins dans une portée ou litée de petits chiens, il y en aura tousjours des plus esmancipez et ardants en leurs chasses et questes, les uns plus que les autres. Et de ces deux humeurs et naturels de chiens, celuy qui a la patience de chasser par les menus, s'il est adjusté au change, sera plus ferme que l'autre plus ardant, à cause qu'il aura plus de patience, au desordre de venerie et de change, que le chien ardant et furieux; car l'ardant et furieux est bientost esbranlé à changer de voye, s'il est violenté en son air par la foulle des picqueurs et sonneurs; et l'autre plus temperé a plus de patience à se recognoistre au desordre, il appuie patiemment le nez en terre, va au desordre muguettant les branches, bref il veut prendre plus de cognoissance de son travail que l'autre et de son droict. Ce n'est pas sans cause que les anciens ont representé la prudence en forme de chien, car il y en a les quels en leur brutalité representent veritablement la prudence. Or, je tiens que ce chien chassant bien par les menus et de forlonge ne s'emporteroit pas si tost à chasser une biche qui auroit fait son fan, que l'autre, le quel ne chasse sinon de forlonge à cause de son ardeur et furie, bien qu'ils gardassent bien le change esgalement. Mais ces humeurs de chiens sont bien inesgales; car je crois que ce chien qui chasse par les menus, le quel veut recevoir l'air des aires, n'iroit pas aux biches legerement, quand bien elles auroient encor pendues aux trousses toutes ces toillettes, dans les quelles leurs fans estoient enveloppez, car il prend cognoissance de son cerf de voye en voye, de pas en pas. Nous avons encor les chiens timides au change : les uns, pour avoir esté souvent chastiez au change, les autres de nature timides, les quels, incontinent que le change part, ils viennent derriere les chevaux. Ces chiens ne sont pas bien aisez à s'esbranler à chasser tout ce qui part; car les uns ont esté battus, ils font quantité d'actions d'estonnement; et les autres de mesme à cause de leur naturel, car vous les voyez mesme au chenil, lors qu'il y va quelque estranger, ils se cachent sous les bancs au coing des murailles. Toutes sortes de chiens, au change, font des actions differentes, et au renouvellement de voye, ils changent d'air; alors, jeusne veneur, c'est à vous à les secourir, il faut les advertir et ils vous ayderont à relever le different de venerie. Comme ceux qui font chasser les chiens couchants les quels ne sont pas encor bien asseurez, ou d'autres qui sont ardants, ils crient : Tout beau, gare; ce sont leurs termes, ils advertissent leurs chiens, avant qu'ils eussent poussé les perdrix, car sans leurs voix ces chiens pousseroient tout; il faut ainsy advertir les chiens au change, avant qu'ils soyent esbranlez et emancipez, car souvent les bons chiens sont emancipez. Comme les hommes, aux grandes presses, au milieu d'une multitude, sont quelques fois portez là où ils ne desirent pas d'aller, et après ils reprennent leur routte et chemin, de mesme ces chiens de change sont quelques fois emportez dans la foulle des autres chiens et des picqueurs; mais s'ils sont secourruz et si l'on prend intelligence du travail par leurs actions, ils reviennent à leur droict. Que si Messieurs les fauconniers, qui ont des oyseaux pour les champs, soit laniers, aultours ou tiercelets, s'ils ne tenoient leurs espagneuls et leurs chiens en obeissance, combien de fois leurs oyseaux seroient pillez! A tout propos, leurs espagneuls prendroient les perdrix entre les serres des oyseaux, mangeroient les oyseaux mesme ou les rebutteroient; bref, ils parlent à leurs chiens en leurs termes de faulconnerie, ils les advertissent avant le desordre. Voilà comme il faut advertir les chiens chassants en meuttes, avant qu'ils soyent esbranlez et emancipez; car si l'on perd le temps juste, ils iront quelques fois loing avant que se recognoistre; et si c'est une meutte la quelle ne soit pas bien tenue en crainte et obeissance, tout est en desordre, il faut aller les rompre à un quart de lieue de là où le desordre est arrivé. Voyons les actions que plusieurs naturels de chiens font au desordre du change. Il y en a qui vont pissant contre les branches, d'autres regardent fixement à la veue des veneurs; vous en voyez qui demeurent court, estonnez, la teste basse, d'autres la queue basse, comme s'il y avoit quelque chose qui leur fît frayeur; plusieurs viennent derriere les chevaux, les plus hardis chasseurs demeurent sur le desordre, portent le nez aux branches ou en terre, ils travaillent requestant le droict. Alors le sage et prudent veneur les secourre promptement; il se porte viste aux chiens qui vont aux biches, avant qu'ils soyent esbranlez; il laisse travailler les vieux chiens sages, car il a cognoissance du change par leurs actions. Mais s'il n'y a à la queue des chiens, sinon des picqueurs jeusnes et incognuz de ceste science et des belles actions des chiens, ils picquent au plus grand bruict, à ce renouvellement d'air et de voix des chiens fols au change. Et voyant, en passant, les chiens sages demeurer et faire leurs actions accoustumées, ils disent de l'un : Voyez ce meschant chien qui s'est mis hors d'haleine, sa boutade est maintenant passée; d'un autre chien, ils disent : Tu devois bien pisser au logis, avant que d'estre à la chasse; et de ce chien qui demeure requestant le droict, qui tasche de demesler le desordre, s'ils rencontrent quelqu'un, ils disent : Allez rompre ou reprendre ce chien derriere, qui s'amuse et se rabat de vielles aires; à un autre chien qui s'arreste souvent, qui regarde derriere, mais comme ardant il regaigne la meutte et chasse ce change, ces veneurs qui devroient juger par ceste action que c'est le change, ils sont tousjours plus incognus de cela, ils disent : Voilà un meschant chien, il ne chasse pas esgalement, il ne chasse que par humeur et boutade; un autre chien le quel regarde les veneurs d'un œil triste, ils disent : Voyez ce chien le quel craint la foulle des picqueurs. J'ay veu plusieurs chiens les quels, incontinent qu'un cerf avoit touché au rut, ils ne chassoient plus pour tout, bien que c'estoient d'aussy excellens chiens que j'ay jamais veu chasser; et demeuroient en ceste fascheuse humeur six sepmaines ou deux mois, jusques à ce que la puanteur du rut estoit passée; ces chiens courroient à costé de la meutte, ou s'en alloient le long des chemins sans chasser. J'ay eu un chien, qui venoit de Monsieur de Saint-Ravy, qui chassoit dans la perfection pour chevreuil; mais comme je courre par saison le lievre, lors que je remettois mes chiens à courre le lievre à la saison, et un lievre estoit debout et moy à la queue de la meutte, ce chien s'en alloit recevoir le sentiment des aires et voyes, et voyant que ce n'estoit ce qu'il avoit accoustumé de courre, il venoit à costé de mon cheval, me considerer droit à la veue, et m'abboyoit, comme s'il m'eust voulu advertir que ses compagnons ne courroient par leur droit. Et après avoir fait ceste action une chasse ou deux, il chassoit après ce que je desirois de forcer, soit cerf, chevreuil ou lievre; car c'estoit un fort excellent et sage chien, bien gardant le change. Je crois que telle humeur de chien n'auroit jamais couru les biches qui auroient leurs fans; il n'iroit, estant à la voye droicte, à ce sang, comme representent plusieurs; car j'asseure aux lecteurs que jamais ce desordre n'est arrivé en tel temps, que toute ma meute aye chassé les biches ayant fait leurs fans, sans que plusieurs de mes chiens soyent demeurez et ayent perchassé leur droit, bien que de mon temps j'ay pris et aydé à forcer quatre mil cerfs pour le moins. Et si je courrois, au temps que les biches faonnent, plus souvent qu'aux autres temps, à cause que je voulois mettre les chiens à la voye et en haleine, avant les grands chauds et les jours caniculaires. Or, tous les autheurs et vieux veneurs de l'antiquité s'accordent que, depuis la my-avril jusques à la my-juin, les chiens ne guardent pas si bien le change qu'aux autres saisons, à cause de la renaissance du printemps, violence des fleurs, de la seve du bois, des bourgeons; mais neantmoins tout cela, chiens pour le cerf se trompent difficillement, s'ils sont bien exercez et tenus en crainte. Mais, Messieurs de venerie, je m'estonne pourquoy vous ne courrez pas matin, puisque vous avez cognoissance que le chaud empesche les chiens de garder le change; les braves veneurs d'Angleterre courrent souvent matin, affin que les chiens ayent le sentiment entier. Il ne m'importe pas si je chasse matin ou tard, pourveu que mes chiens chassent bien; mais le bon veneur sçait prendre le temps propre pour les chiens, et le temps qu'il juge qu'il aura plus de plaisir, que ses chiens pourront mieux garder le change, chasser et perchasser, et le temps que ses chiens n'iront pas si tost à ces biches encor en sang. Mais plusieurs veneurs s'estonnent comme il est possible que des chiens bien fermes au change s'empeschent d'aller à ce sang, veu que cela resent la curée et que les chiens ne chassent que pour en manger. Ceste reigle n'est pas universelle aux chiens; car il y en a de moins ardants et goulus aux curées les uns que les autres, il y en a de si froids qui ne s'en soucient pas beaucoup et ne chassent pas pour en manger. Combien de chiens voyons-nous en nos meuttes pour lievres, les quels, un lievre estant pris, ils ne s'approchent pas de la curée? Les ardants devorent tout, et nous en avons qui se tirent arriere des curées; c'est tout ce qui se peut faire, de leur mettre un peu de sang de la curée sur le muffle, leur ensaigner un peu le nez, et souvent ce sont des chiens très excellents. Si tel humeur de chien chassoit en meutte pour le cerf et s'il guardoit le change, il ne chasseroit pas les biches encor en sang. Ces chiens ardants sont bientost esbranlez et vont aysement aux desordres de change; mais les plus froids, qui ne sont pas si joyeux, sont plus sages et moins subjects à s'emporter. Il y en a de tellement difficiles à esmouvoir en leurs tristes humeurs, que, bien que les veneurs visitent les chenils, que tous les chiens se resjouissent, qu'ils crient à gueulles ouvertes à l'entour des veneurs, ces humeurs de chiens froids ne crient jamais; s'ils vont par pays, de mesme; allant à la chasse, jusques au laissé-courre c'est la mesme humeur; mais s'ils sont emancipez et que l'on leur donne des airres à chasser, alors ils font des merveilles de venerie et sont souvent les plus excellents de la meutte. Or si ces humeurs de chiens gardent le change, ainsy reduits en la prudence de chasse et de venerie, ces chiens qui ne crient et n'appellent jamais qu'ils n'ayent les aires de leur droict entre les jambes, je tiens qu'ils n'iroient pas aux biches qui ont fait leurs fans. J'ay eú de ces chiens froids aux curées et de ces humeurs de chiens lents à esmouvoir, à crier par pays, les quels, lors que je courrois chevreuil en temps que les chevrettes ont fait leurs fans, qu'ils sont tout petits, ces chiens ne branloient pas au fan chevreuil; et comme il arrive quelques fois que des fans se jettent et partent, au bruict des chiens, au milieu de la meutte et sont pris à la rencontre, ces chiens que j'avois d'humeur telle que je represente, ils ne les approchoient pas. Voyons d'autres naturels de chiens. Il y a quelque temps qu'un de mes sujects, nommé Jacque Marchal, residant au village de Champdray, en nos montagnes, avoit un chien de race bastarde et meslée, un chien viste et qui appelloit quelques fois en chassant; ce chien alloit à la chasse seul, lors que son maistre n'y alloit pas, prennoit quantité de lievres et les apportoit à son maistre, ruinoit tout le pays de lievres, tellement que je fus constraint à le faire oster de la contrée; or cela justifie que tous chiens, sans exemptions, ne chassent pas ny ne courrent pas seulement pour en manger. Nous avons des chiens, en nos frontieres, les quels sont fort communs en Allemagne; ils les appellent *bechitter*. Ces chiens ne chassent et ne courent pas pour en manger, car incontinent qu'un lievre est pris des chiens, comme quelques fois il y a vingt chiens, ces chiens dressez à garder le lievre empeschent tous les chiens à le manger, ils le gardent jusques à ce que tous les chasseurs soyent arrivez à la mort et à la prise; ces chiens ne courrent pas donc pour en manger. J'ay veu plusieurs fois ce que je represente. J'ay autres fois esté à la chasse avec des chasseurs de nos frontieres, les quels m'ont asseuré qu'ils en avoient veu autres fois plusieurs, les quels ne gardoient pas seulement les lievres pris, mais si les chasseurs estoient trop esloignez et tardoient trop à arriver, ces chiens *pechitter* portoient les lievres au devant de leurs maistres. Ces chiens ne chassent pas pour en manger, mais le soing, le travail de ceux qui les ont ainsy bien dressez et accoustumez à cela font cest effect. J'ay autres fois veu ameutter une biche à cincquante chiens, que j'avois adjustez et dressez, la quelle avoit esté laissée courre par un bon cognoisseur, nommé François Ferron; comme il n'y a si excellent cognoisseur qui ne soit quelques fois trompé et deceu, nous ne vismes jamais ceste biche, qu'aux abbois; mais aux premiers abbois, il y eut plussieurs chiens qui ne voulurent jamais approcher l'abboye; et comme c'estoit ma coustume de donner du sang aux chiens et de la curée, là où je prennois les cerfs, s'il ne faisoit trop froid et si j'avois du temps suffisant, je voulus donc faire curée aux chiens; mais aussitost que plussieurs chiens virent et apperceurent que l'on vouloit faire curée, ils se retirerent à plus de cincquante pas de la curée de ceste biche, et ne voulurent jamais taster du sang ny autre venaison de curée. Ces chiens ne chasserent pas ny ne coururent pas pour en manger, mais ils furent emportez et violentez par la furie des picqueurs et des autres chiens, et puis par l'ardeur naturelle qui se rencontre aux chiens aisez à s'esbranler et emporter; mais si l'on leur eust donné un cerf, ils n'eussent jamais chassé une biche ny poussé le change, quand bien elle auroit faonné la mesme nuict : voilà mon sentiment de venerie. Mais ce qui cause souvent ce desordre, c'est que les chiens ne sont pas secourus. Les biches font leurs fans aux grands fors et halliers espais, elles cherchent le creux des forests et des demeures ; l'on ne voit pas bien les chiens en tel lieu, l'on les laisse emanciper, ne les voyant pas ; mais s'ils estoient secourrus de la voix, plusieurs tourneroient à leur droit, et fairoient des actions ravissantes au vray veneur ; car Guenar, l'un des braves autheurs du monde, dit, en ses Epistres dorées, que la nature a donné aux chiens une inclination conforme à la raison ; ils sont donc capables de faire une partie de ce que l'on leur veut faire faire. Mais puisque le seigneur Gaston de Foix ny le seigneur du Fouilloux n'ont jamais agité cette question, ny n'ont pas rendu ce temps difficile pour chasser, lors que les biches ont faonné, je crois que leurs chiens ne s'emportoient à telle difficulté ; car ils auroient eu la charité d'advertir la posterité de venerie de cest inconvenient et de ce temps propre au change ; car ils avoient des chiens les plus excellents de leur temps, et particulierement le seigneur du Fouilloux, parlant de la race des Greffiers, il les loue grandement aux chaleurs et ardeur du soleil et grand hasle. Je crois donc que cest accident de chasse ne les retardoit pas à forcer leur droict desja eschauffé et haslé. Mais, jeunes veneurs, si vous craignez cest inconvenient de sang, de villenie, à vos chiens, qu'ils ne soyent aisez à esbranler, ne leur faites jamais manger de carnage, s'il n'est cuit. Les miens n'en mangent jamais, aussy ils ne sont pas sujects à quitter leurs airres et les voyes de leur droict, pour aller à des carnages que l'on trouve souvent, en chassant, dans les plaines et derriere les villages, comme j'en ay veu, les quels d'une montagne à autre ils esventent un carnage, ils quittent les veneurs et vont à ce carnage ; mais les miens ne font pas cela, ce n'est pas là leur gibier. J'evite cela, car outre cest inconvenient de venerie, les chiens accoustumez au carnage sont plus sujects à maladies, galles, farcin et autres bouttons, les quels gastent les meuttes, que non pas ceux qui n'en mangent jamais. Que si une meutte mange d'nn cheval qui aye du farcin ou autre villainie, c'est un hazard si, avant qu'elle aye passé dix ou douze jours, quantité de chiens ne sont pleins de villainie, pleins de ces bouttons, chancres et autres miseres. Si l'on leur donne du carnage de vache, souvent la teste enfle à plussieurs chiens, aussy grosse qu'un boisseau ou tonneau, et en meurent souvent de tels accidents. C'est pourquoy je me suis souvent estonné de voir devant des chenils tant de carnages, comme si c'estoit une voirie; cela est souvent la cause de gaster et perdre les meuttes. Laissez les carnages pour les loups, pour les matins et autres chiens, les quels ne demeurent pas actuellement enfermez; les carnages empoisonnent les chenils, font que les chiens se desplaisent et s'attristent là dedans. Mais voyons encor de fort beaux exemplaires de venerie dans les vielles Metamorphoses d'Ovide; nous trouverons peut-estre dans ces escrits quelques beaux misteres cachez, les quels pourront obliger plusieurs veneurs à bien dresser, adjuster et rendre leurs meuttes sages, les arrester en la violence et furie de leur chasse. Je trouve Cephale, excellent veneur; il est favory, ami de la chaste Diane, neantmoins cela ne l'emporte pas, il ne mesuse nullement des faveurs de la Deesse; il n'a autre ambition sinon à dresser sa meutte, la rendre sage et à commandement; il sert sa chaste Diane à l'esgal de sa volonté, il se contente de la voir à chasse excerçant la venerie, habillée en chasseresse; il n'eut pas l'ambition de la voir nue dans une fontaine avec les Nymphes, bien qu'il fût serviteur des Dames, courtois, gentil et accort; mais il ne rendoit ses devoirs sinon aux vertueuses, et estoit grandement ennemi du vice et de ses complices. Voilà un beau fondement de venerie, pour nous obliger à regler et moderer nos meuttes et nos passions. Mais Cephale eut, pour compagnon de venerie en ce temps-là, le jeusne Acteon, propre nepveu du grand et brave Cadmus; fort heureux à la chasse, il forçoit ce qu'il laissoit ameutter à ses chiens, mais non pas dans les mesmes ordres et reigles de venerie que faisoit Cephale, ses chiens n'estoient pas à commandement; lors qu'il tournoit d'un costé, ses chiens tournoient de l'autre; bref, c'estoient chiens courageux, mais non pas reglez ny adjustez, ils alloient à tout. Le genie de venerie de Cephale estoit plus puissant en venerie que celuy d'Acteon ; car visitant les forests, c'estoit pour trouver un cerf, pour le donner à ses chiens et les tenir à la voie. Acteon ayant appris que Diane se baignoit souvent avec ses nymphes, aux fontaines plus secrettes des creux de leurs forests voisines et desertes, il va au bois, pendant que ses chiens et ses veneurs prennoient quelque repos, estans harassez des chasses precedentes, car il laissoit trop de repos à ses chiens, ils n'estoient pas exercez assez souvent et ne les tenoit pas en obeissance. Ce brave Acteon s'en va au bois, il va de routte en routte, perce les enceintes, de vallée en vallée, là où il juge qu'il y pourroit avoir quelque source de fontaine ; il rencontre plusieurs degouts d'eau, force petits torrents qui tombent en bas des rochers, des fontaines et des maretz; cela se trouve dans sa queste, ce n'est pas encor celle qu'il cherche, il n'y trouve pas la chaste Diane. Pendant ce temps, il rencontre de plusieurs cerfs, qui descendoient dans ces maretz, dans ces fontaines, le long de ces lieux aquatiques ; mais cela ne le touche plus, son genie de venerie luy fait banqueroutte, il a l'esprit ailleurs. Il ne considere plus la descente des cerfs dans ces lieux mous, aquatiques, là où il en peut revoir à son ayse; les foullées d'un cerf ne l'esmeuvent plus. Il ne considere pas les voyes d'un cerf, cerf de dix cors, la descente qu'il fait, entrant dans un marest, là où il donne non seulement de la solle, mais du tallon, des os, de la jambe large. Il ne considere pas s'il est bas joincté, s'il se juge bien; cela ne le touche plus les alleures, pour prendre cognoissance si un cerf doit estre grand de corsage. Cela l'oblige à aller plus viste et fait telle diligence, qu'il rencontre dans un chemin la forme, les marcques de certains petits soulliers à la mode, qu'il jugea, comme bon cognoisseur, que c'estoit autre que voyageur. Mais n'estant pas asseuré de prime abord, le voilà les genoux en terre; il souffle les poudres, il voit asseurement que c'est Diane et sa compagnie de nymphes, il se met en suicte. Enfin les sources des fontaines et torrents le convient de trouver ce qu'il cherche; il va secrettement, comme s'il rembuschoit un cerf, le matin; il apperçoit Diane et ses nymphes nues dans la fontaine, mais Diane irritée, elle le mue et le metamorphose aussy tost en cerf, serf de ses passions dereglées. Et comme meutte signifie multitude, la multitude de ses passions et de ses vices l'attaque de toutes parts, n'ayant point eu de craincte d'offenser la Deesse. Il fuit chez luy, il cherche les quatre coings de sa maison, mais ses chiens le pressent par tout, le desordre est en sa maison; il est là, relayé de vieilles meuttes, de vieilles concupiscences qui le contraignent à sortir de là. Il va ruzant par tout, il tasche à se demesler de ses chiens; il courre tantost en un bordeau, tantost en un cabaret, jeux illicites et compagnies de desbauche, infames et malheureuses; il ruze et fait des retours en tous ces lieux-là. Bref, il apperçoit Venus, ne pouvant plus se demesler de ses chiens; elle commande à Adonis, son favory, de le secourrir, de rompre les chiens. Il n'en peut venir à bout, car ils ne sont pas à commandement, ils ne s'arrestent pas aux voix d'Adonis; son genie de venerie n'est pas assez puissant, pour empescher un si grand desordre de chasse. Le pauvre Acteon est presque sur ses fins, encor qu'Adonis ait fait par cydevant ce qu'il a peu, pour estre compagnon de venerie de Cephale; mais au printemps, le temps estoit trop aquatique, quelques fois après trop chaud, l'esté trop vehement, l'automne trop rude, et l'hyver trop froid et incommode; Acteon ne fut pas bien secourru par Adonis. Or Venus y envoye son propre fils, le petit dieu d'Amour, selon les fictions; mais voulant rompre les chiens, il ne sceut gaigner la teste de la meutte, il ne peut arrester les passions furieuses d'Acteon. Le voylà aux abois, il est terrassé, en un mot, il est perdu; Cupidon n'estoit nullement propre à arrester ses chiens : il a les yeux bandez, ce bandeau l'empesche de voir en terre, de brousser, de grimper les rochers. Jeusnes veneurs, je vous laisse moraliser et consulter de vostre science de venerie dans ces Metamorphoses, si funebres pour Acteon. Que si vous desirez de servir dignement en venerie, demeslez-vous de ces chiens de meschante nature, de ces passions illicites et dereglées, et principalement du bandeau de Cupidon. ADIEU.

TABLE

DES

MEUTTES ET VENERIES

PREMIÈRE PARTIE

Pages.

Pages.

IMPRIMÉ

PAR

CHAMEROT ET RENOUARD

19, rue des Saints-Pères, 19

PARIS

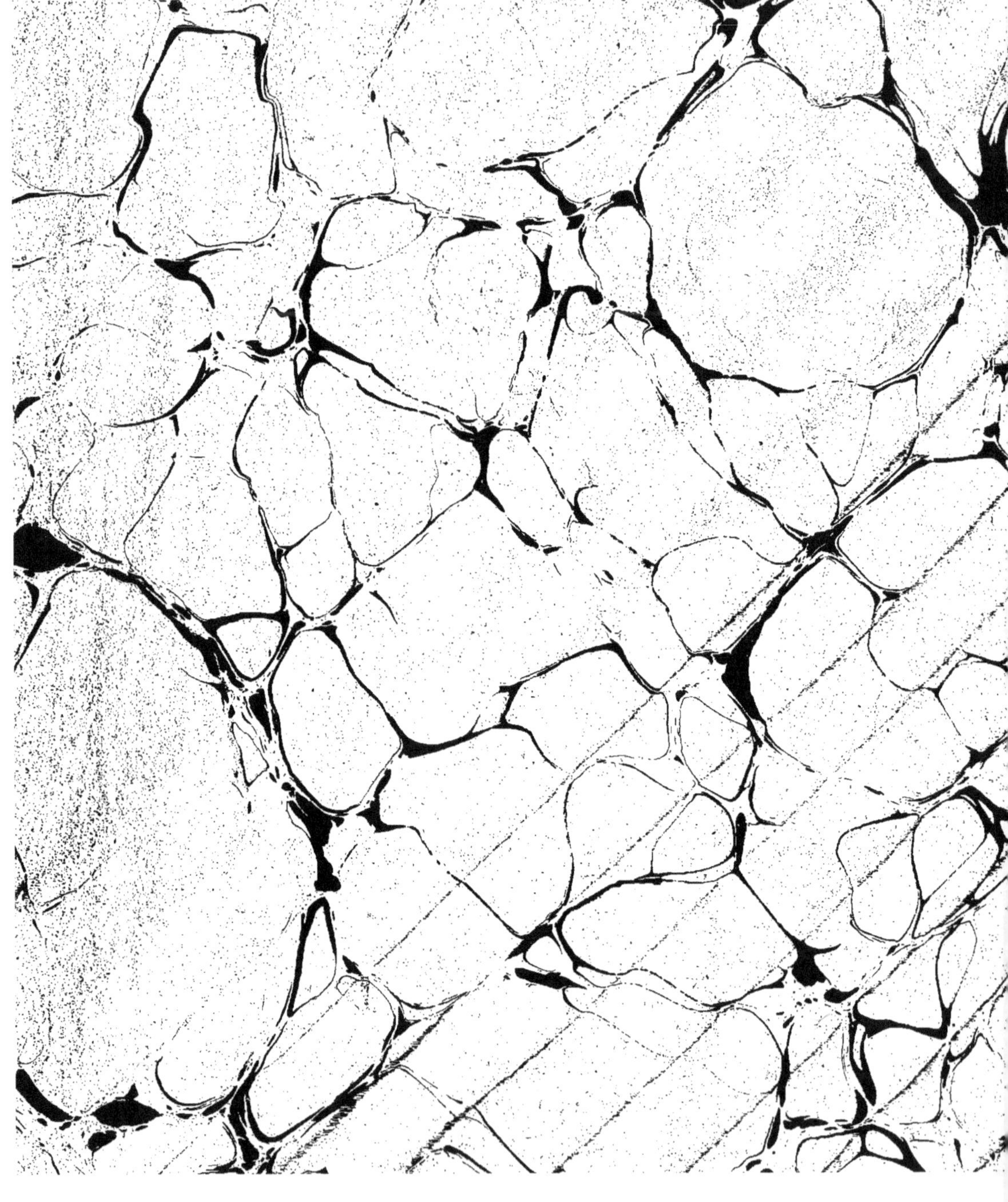

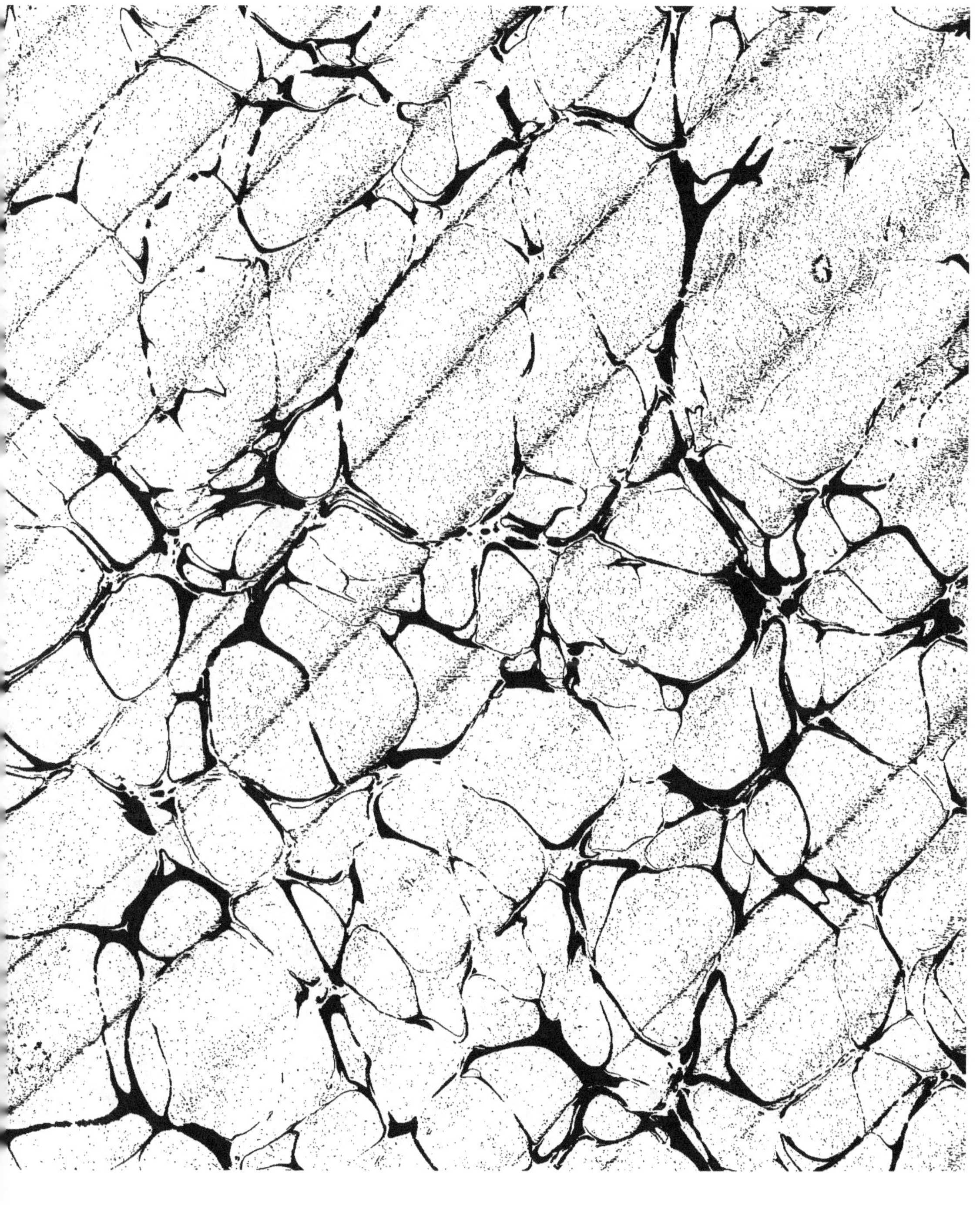

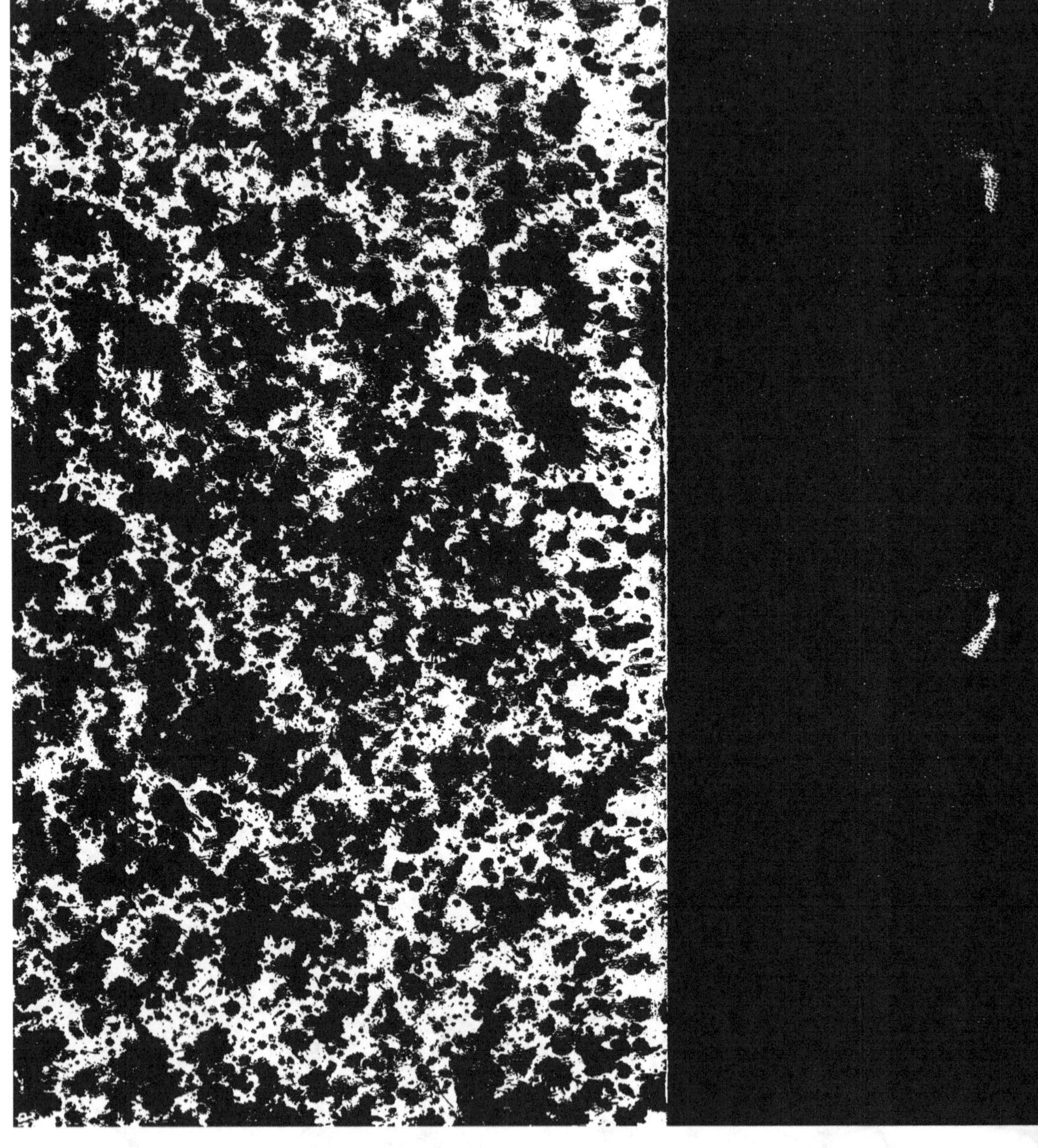

www.ingramcontent.com/pod-product-compliance
Lightning Source LLC
LaVergne TN
LVHW010122230826
846091LV00001BA/114

* 9 7 8 2 0 1 2 8 9 7 9 3 9 *